普通高等院校机械工程学科"十二五"规划教材

液压与液力传动

主编　贺利乐

参编　吕刚　张平　郑建校

主审　焦生杰

国防工业出版社

·北京·

内容简介

本书包含液压传动和液力传动主要内容,共12章。

全书以液压传动为主线,在全面阐述液压传动基本内容的基础上,主要讲述液压泵、液压执行件、液压控制元件、液压系统基本回路、液压伺服控制与比例控制的基本知识,结合实例系统地讲述液压系统的设计方法和计算步骤;着重阐述液力元件的结构、工作原理(包括性能参数和运转特性)及选择计算等内容;扼要介绍液压系统的安装、调试及使用和维护方面的知识;有针对性地对几种典型机械设备的液压系统进行了分析。各章内容先后相互照应,同时又有一定的独立性。为了便于学生预习和复习,本书各章后附有习题。

本书可作为高等院校机械类专业本科生教学用书,也可供从事流体传动及控制技术的工程技术人员参考。

图书在版编目(CIP)数据

液压与液力传动 / 贺利乐主编. —北京:国防工业出版社,2011.1(2016.7重印)
普通高等院校机械工程学科“十二五”规划教材
ISBN 978-7-118-06842-9

Ⅰ.①液... Ⅱ.①贺... Ⅲ.①液压传动-高等学校-教材②液力传动-高等学校-教材 Ⅳ.①TH137

中国版本图书馆CIP数据核字(2010)第201134号

※

国防工业出版社出版发行
(北京市海淀区紫竹院南路23号 邮政编码100048)
北京嘉恒彩色印刷有限责任公司
新华书店经售

*

开本 787×1092 1/16 **印张** 18¾ **字数** 430千字
2016年7月第1版第3次印刷 **印数** 6001—8000册 **定价** 32.00元

国防书店:(010)88540777 发行邮购:(010)88540776
发行传真:(010)88540755 发行业务:(010)88540717

前　言

本教材是根据长期的教学、实践经验，结合当前国内外液压技术的应用情况编写的。本书在编写过程中，以液压传动为主线，力求理论联系实际，注重基本概念和原理的阐述，突出理论知识的应用，加强针对性和实用性，着重反映液压、液力技术在现代机械工程技术中的应用。

全书共12章内容，在全面阐述液压传动基本内容的基础上，重点分析了各类液压元件的工作原理和结构，基本液压回路的组成、特点及应用；着重阐述了液力元件的结构、工作原理（包括性能参数和运转特性）及选择计算等内容；简要介绍了液压伺服与比例控制系统的基本知识、液压系统的安装、调试及使用和维护方面的知识；系统讲述了液压传动系统的设计方法和计算步骤；有针对性地对几种典型机械设备的液压系统进行了分析，以帮助读者尽快达到学以致用、提高综合应用能力的目的。另外，为便于读者加深理解和巩固所学内容，各章后附有习题。

本书由贺利乐任主编。参加编写的有：西安建筑科技大学吕刚（第1、7、12章），贺利乐（第2、3、5、8章）、张平（第4、6章）、郑建校（第9、10、11章）。

本书承蒙长安大学焦生杰教授主审。焦教授仔细审阅了全书初稿，并提出了许多宝贵意见，编者在此表示衷心感谢。

由于编者水平有限，加之时间短促，书中难免存在错误和不妥之处，敬请广大读者批评指正。

编　者

2010年3月

目 录

第1章 液压传动基础知识

通常,一台完整的机械设备都是由原动机、传动装置和工作机构三大部分组成。原动机是机械的动力源,包括电动机、内燃机等;工作机构即指完成该机械工作任务的直接工作部分。由于原动机的功率和转速变化范围有限,为了适应工作机构的工作力及工作速度变化范围较宽以及控制性能等要求,故在原动机和工作机构之间设置了传动装置,而传动装置的作用就是传递能量和进行控制。

在各类机械设备中,传动是指能量或动力由发动机向工作装置的传递,通过不同的传动方式使发动机的转动变为工作装置的各种不同的运动形式,如推土机、推土板的升降,起重机转台的回转,挖掘机铲斗的挖掘工作等。

目前,根据传递能量的工作介质的不同,可将传动分为机械传动、电气传动、气体传动和液体传动,气体传动和液体传动统称为流体传动。液体传动是以液体为工作介质传递能量和进行控制的一种传动方式,按其工作原理的不同,又分为液压传动和液力传动。液压传动是利用液体的压力能传递能量的一种液体传动,液力传动则是利用液体的动能传递能量的一种液体传动。

液压传动相对于机械传动而言还是一门新学科,从17世纪中叶帕斯卡提出静压传动原理(密闭液体上的压强,能够大小不变地向各个方向传递),18世纪末英国制造出世界第一台水压机算起,液压传动已有近300年的历史。这期间,随着科学技术的不断发展,液压传动技术本身也在不断发展,特别是在第二次世界大战期间及战后,由于军事及建设需求的刺激,液压传动技术得到了迅猛发展。近二十几年来,由于航空航天技术、控制技术、微电子技术、材料科学技术等学科的发展,液压技术已发展成为集传动、控制和检测于一体的一门完整的自动化技术,在国民经济的各个部门都得到了广泛应用,如建设机械、机械制造业、航空航天、石油化工等。

1.1 流体力学基本知识

流体力学是研究液体平衡和运动规律的一门学科,是本书的理论基础,这里只简要介绍一下流体静力学和流体动力学的一些基本知识。

1.1.1 流体静力学基础

作用在液体上的力有两种,即质量力和表面力。单位质量液体受到的质量力称为单位质量力,在数值上就等于加速度。表面力是由与流体相接触的其他物体(如容器或其他液体)作用在液体上的力,这是外力;“液体静止”指的是液体内部质点间没有相对运动,不呈现黏性而言,至于盛装液体的容器,不论是静止的还是匀速、匀加速运动都没有关系。表面力也可以是一部分液体作用在另一部分液体上的力，这是内力。单位面积上作用的表面力称为应力，它有法向应力和切向应力之分。当液体静止时，液体质点间没有相对运动，不存在摩擦力，所以静止液体的表面力只有法向力。

1. 液体静压力及其特性

静压力是指液体处于静止状态时，单位面积上所受的法向作用力。静压力在液压传动中简称压力，在物理学中则称为压强。

静止液体中各点的压力不均匀，则液体中某一点的压力可写为

$$p=\lim_{\Delta A\to 0}\frac{\Delta F}{\Delta A} \tag{1-1}$$

如法向作用力 F 均匀地作用在面积 A 上，则压力可用下式表示：

$$p=\frac{F}{A} \tag{1-2}$$

法定的压力单位为牛/米²（N/m^2），称为帕斯卡，简称为帕（Pa）。由于此单位太小，使用不便，因此常用兆帕（MPa）来做单位。$1MPa=10^6Pa$，在工程实际中还用巴（bar）作为单位，$1bar=10^5Pa=0.1MPa$。

静压力有两个重要性质：

（1）液体静压力垂直于作用面，其方向和该面的内法线方向一致。这是因为液体只能受压，不能受拉。

（2）静止液体中任何一点受到各个方向的压力都相等。如果液体中某点受到的压力不相等，那么液体就要运动，这就破坏了静止的条件（静止液体内任一点各方向静压力均相等）。

2. 静压力基本方程

在重力作用下的静止液体，其受力情况如图1－1所示。如要求得液面下 h 处的压力，可以从液体中取出一个底面包含 A 点的竖直小液柱，其上顶与液面重合，液柱底面积为 ΔA。高度为 h。小液柱在重力及周围压力作用下在垂直方向的力平衡方程式为

$$p\Delta A=p_0\Delta A+\rho gh\Delta A \tag{1-3}$$

化简后得

$$p=p_0+\rho gh \tag{1-4}$$

式中 p——静止液体中某一点的压力；

p_0——作用在液面上的压力；

h——该点离液面的垂直距离；

ρ——液体的密度；

g——重力加速度。

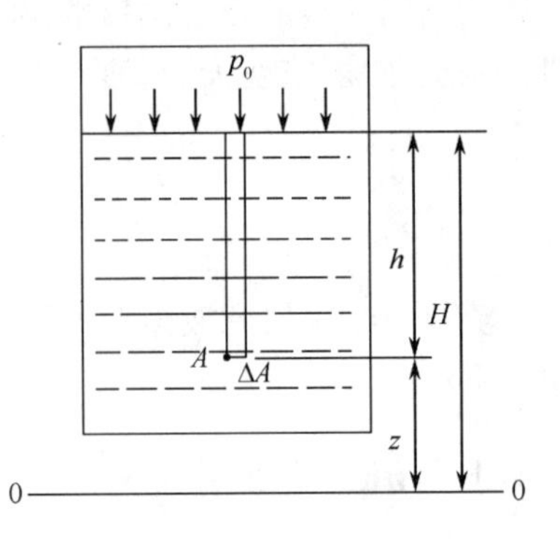

图1－1 重力作用下的静止液体

静压力基本方程说明了：

（1）静止液体中任一点的压力是液面上的压力 p_0 和液柱重力所产生的压力 ρgh 之和。当液面上只有大气压力 p_a 作用时，A 点处静压力为

$$p=p_a+\rho gh \tag{1-5}$$

(2)静止液体内的压力随着深度 h 的增加而线性地增加。

(3)同一液体中,深度 h 相同的各点压力相同。由压力相同的点组成的面称为等压面。在重力作用下,静止液体中的等压面是水平面。

在工程应用中,还可以用另外的形式来表达压力分布规律,将式(1-4)按坐标 z 变换一下,整理后可得

$$p = p_0 + \rho g h = p_0 + \rho g (H - z)$$

$$\frac{p}{\rho g} + z = \frac{p_0}{\rho g} + H \tag{1-6}$$

对于静止液体,ρ_0、H、ρh 均是常数,设 $c = \frac{p_0}{\rho g} + H$,则有

$$\frac{p}{\rho g} + z = c(\text{常数}) \tag{1-7}$$

式中 z 实质上表示了 A 点单位重量液体相对于基准平面的位能。设 A 点液体质量为 m,重量为 mg,相对于基准水平面的位置势能为 mgz,则单位重量的位能就是 $mgz/mg = z$,故 z 又常称为位置水头。

$\frac{p}{\rho g}$表示了单位重量的压力能,如图1-2所示,如果在与 A 点等高的容器壁上,接一根上端封闭并抽去空气的玻璃管,可以看见在静压力的作用下,液体将沿玻璃杯上升至高度 h_p,根据静力学基本方程,有 $p = \rho g h_p$。这说明 A 处液体质点由于受到静压力作用而具有 mgh_p 的势能,或单位势能具有的势能为 h_p。又因为 $h_p = \frac{p}{\rho g}$,故$\frac{p}{\rho g}$为单位重量液体的压力能,也称为压力水头。

3. 绝对压力、相对压力和真空度

压力有两种表示方法:一种是以绝对零压力作为基准所表达的压力,称为绝对压力;另一种是以当地大气压力为基准所表示的压力,称为相对压力。绝大多数测压仪所测得的压力都是高于大气压力的压力,故相对压力又称表压力。显然:

$$\text{绝对压力} = \text{大气压力} + \text{相对压力(表压力)} \tag{1-8}$$

或

$$\text{相对压力(表压力)} = \text{绝对压力} - \text{大气压力} \tag{1-9}$$

在工程上会遇到绝对压力高于大气压力的情况,也会遇到绝对压力低于大气压力的情况。例如,当液压泵运转时,在液压泵吸油腔内,液体的绝对压力就低于大气压力。这时相对压力是负值,工程上称为真空度,即有

$$\text{真空度} = \text{大气压力} - \text{绝对压力} \tag{1-10}$$

绝对压力、相对压力和真空度之间的相互关系如图1-3所示。

通常,在液压传动系统的压力管路和压力容器中,外力所产生的压力 p_0 要比由液体自重所产生的压力 $\rho g h$ 大许多倍。例如,液压缸、管道的配置高度一般不超过10m,如取油液的密度为900kg/m^3,则由油液自重所产生的压力 $\rho g h = 900 \times 9.8 \times 10 = 0.0882\text{MPa}$,而液压系统内部的压力通常在几到几十兆帕之间。因此,液压传动系统中,为使问题简化,由油液自重产生的压力通常忽略不计,一般认为静止液体内部各处的压力都是相等

的。这种提法不严格，但解决实际工程问题很实用，以后在分析某些控制阀和液压系统的工作原理时常要用到它。

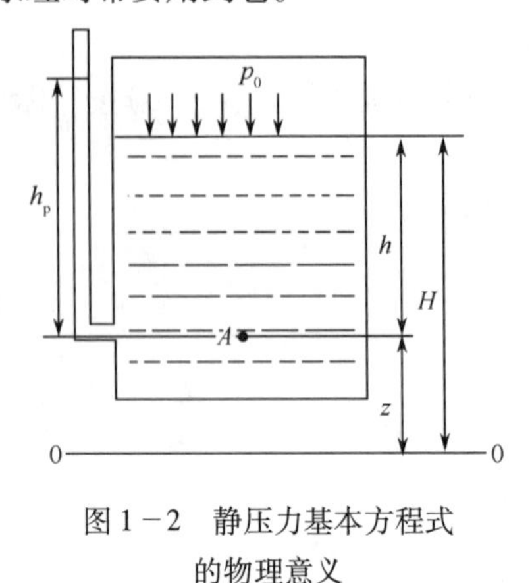

图1－2　静压力基本方程式的物理意义

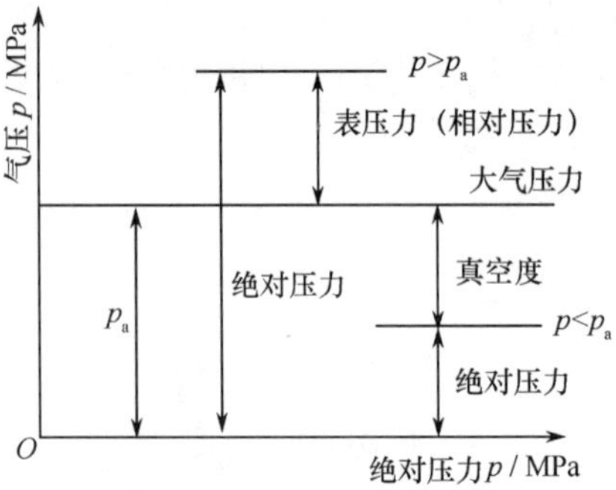

图1－3　绝对压力、相对压力与真空度间的相互关系

1.1.2　流体动力学基础

液体动力学研究液体在外力作用下的运动规律，即研究作用于液体上的力与液体运动间的关系。由于液体具有黏性，液体流动时有内摩擦力，因此研究液体流动时必须考虑黏性的影响。

流动液体的连续性方程、伯努利方程（能量方程）和动量方程是流动液体力学的三个基本方程。这里只介绍连续性方程和伯努利方程。

1. 几个基本概念

（1）理想液体：既无黏性又不可压缩的液体。

（2）实际液体：既有黏性又可压缩的液体。

液体具有黏性，并且只有在液体流动时才显现黏性。但黏性阻力的规律比较复杂。所以开始时，先假设液体无黏性，在此基础上推导出基本方程，然后再考虑黏性的影响，并通过实验验证的方法对基本方程予以修正。

液体流动时，若液体中任何一点的压力、流速和密度都不随时间而变化，这种流动称为稳定流动（恒定流动）；反之称为非稳定流动（非恒定流动）。

（3）通流截面：垂直于液体流动方向的截面。

单位时间内流过某通流截面的液体体积称为流量，即

$$q=\frac{V}{t}=vA \tag{1-11}$$

式中　q——流量，在液体传动中，流量单位为 L/min 或 mL/s；

V——液体体积；

t——通过体积 V 所需要的时间；

A——通流截面面积；

v——平均流速。

2. 液体流动的连续性方程

液体的压缩性很小，在一般情况下，可认为是不可压缩的。当液体在管道内作稳定流

动时，根据质量守恒定律，管内流体的质量不会增多也不会减少，所以在单位时间内流过每一通流截面的液体质量必然相等。

$$m_1=m_2 \Rightarrow \rho V_1=\rho V_2 \Rightarrow \rho(v_1A_1)t=\rho(v_2A_2)t$$

$$\rho v_1A_1=\rho v_2A_2=\text{常数}$$

$$\text{或}\ \frac{v_1}{v_2}=\frac{A_2}{A_1} \tag{1-12}$$

式(1-12)称为连续性方程，它说明了在同一管路中，无论通流面积怎样变化，只要液体是连续的，即没有空隙，没有泄露，液体通过任一截面的流量是相等的；同时还说明了同一管路中通流面积大的地方液体流速小，通流面积小的地方则液体流速大。当通流面积一定时，通过液体的流量越大，其流速也越大。液流的连续性原理如图1-4所示。

3. 能量方程(流体的伯努利方程)

1)理想流体的伯努利方程

理想液体没有黏性，它在管内作稳定流动时没有能量损失。根据能量守恒定律，同一管道在各个截面上液体的总能量都是相等的。

如流体静力学所述，对于静止液体，任一点液体的总能量为单位重量液体的压力能$\frac{p}{\rho g}$和位能z之和。对于流动液体，除上述两项外，还有单位重量液体的动能$\frac{\frac{1}{2}mv^2}{mg}=\frac{v^2}{2g}$。

如图1-5所示，液体在管道内作稳定流动，任意取两个截面A_1、A_2，它们距离基准水平面的标高分别为z_1、z_2，流速分别为v_1、v_2，压力分别为p_1、p_2。根据能量守恒定律，有

$$\frac{p_1}{\rho g}+z_1+\frac{v_1^2}{2g}=\frac{p_2}{\rho g}+z_2+\frac{v_2^2}{2g} \tag{1-13}$$

由于两截面是任取的，故式(1-13)可改写为

$$\frac{p}{\rho g}+z+\frac{v^2}{2g}=\text{常数} \tag{1-14}$$

式中各项分别称为：比压能(压力水头)、比位能(位置水头)、比动能(速度水头)，每一项的量纲都是长度单位。

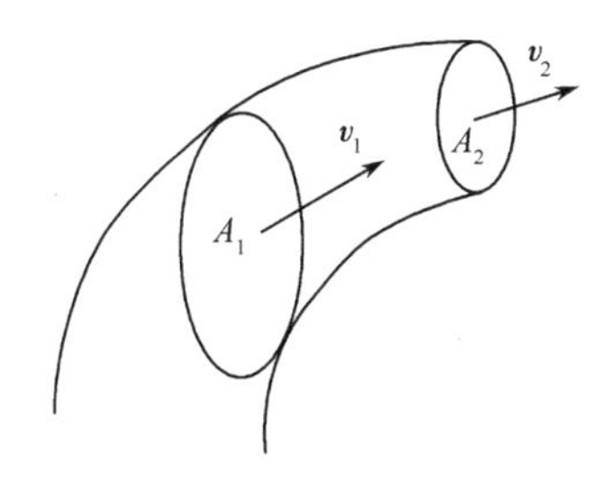

图1-4　液流的连续性原理

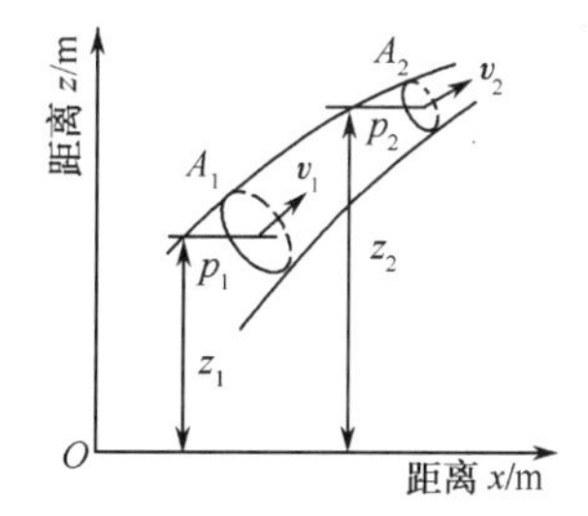

图1-5　伯努利方程推导简图

伯努利方程的物理意义：在管内作稳定流动的理想液体具有压力能、位能和动能三种形式的能量，在任一截面上这三种能量可以互相转换，但其总和却保持不变。而静压力基本方程则是伯努利方程(在流速为零时)的特例。

2)实际流体的伯努利方程

实际液体具有黏性，在管中流动时，为克服黏性阻力需要消耗能量，所以实际液体的伯努利方程为

$$\frac{p_1}{\rho g}+z_1+\frac{v_1^2}{2g}=\frac{p_2}{\rho g}+z_2+\frac{v_2^2}{2g}+h_w \tag{1-15}$$

式中　h_w——以水头高度表示的能量损失。

实际液体流动时的能量损失也可以用压力损失表示，即

$$h_w=\frac{\Delta p}{\rho g} \tag{1-16}$$

式中　Δp——压力损失。

1.1.3　管路压力损失计算

实际液体具有黏性，流动时就有阻力，为了克服阻力就必然要消耗能量，这样就有能量损失。能量损失主要表现为压力损失，这就是实际液体伯努利方程最后一项的含义。

压力损失过大，将使功率消耗增加，油液发热，泄露增加，效率降低，液压系统性能变差。因此正确估算压力损失的大小，从而找出减少压力损失的途径是有其实际意义的。

液体压力的损失分为两类：一是有油液流经直管时的压力损失，称为沿程压力损失，这类压力损失是由液体流动时的内摩擦力引起的；另一类是油液流经局部障碍（如弯管、管道突然扩大或收缩以及阀控口等）时，由于液流方向或速度突然变化，在局部地区形成旋涡引起液体质点相互碰撞和剧烈摩擦而产生的压力损失，这种损失称为局部压力损失。

沿程压力损失的大小与液体流动状态有关，因此下面将首先介绍液体的两种流态和判断准则。

19世纪末，雷诺通过大量实验发现了液体在管道内流动时具有两种状态（图1－6）：层流和紊流，并找到了判别这两种状态的方法。

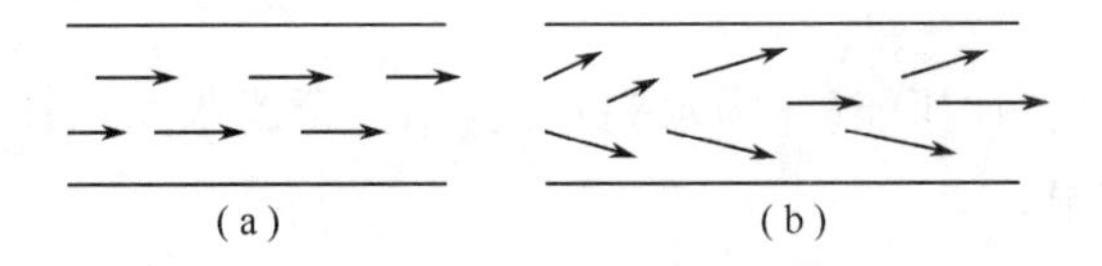

图1－6　液体流态示意图

(a)层流；(b) 紊流。

层流时，液体质点沿管道作直线运动而没有横向运动，即液体作分层流动，各层间的液体互不混杂。紊流时，流体质点的运动杂乱无章，除沿管道轴线运动外，还有横向运动，呈现紊乱混杂状态。

层流和紊流是两种不同性质的流态。层流时，液体流速较低，质点受黏性制约，不能随意运动，这时黏性力起主导作用。紊流时，液体流速较高，黏性制约作用减弱，因而惯性力起主动作用。

大量实验证明，流体在圆管内的流动状态，不仅与液体的平均流速 v 有关，还和管径 D 及油液的运动黏度 ν 有关。决定液流状态的是这三个参数组成的一个称之为雷诺数

Re 的无量纲数，即 $Re=\frac{vD}{\nu}$。

液体在圆管内流动时，如雷诺数相同，它的流动状态亦相同。液流由层流转变为紊流时的雷诺数和由紊流转为层流时的雷诺数是不同的，后者数值小，一般用后者作为判别液流状态的依据，称为临界雷诺数，记作 Re_c。各种形状通道的临界雷诺数由实验确定。实验表明，在管道形状相同的条件下，其临界雷诺数基本上是一个定值。当 $Re > Re_c$ 为紊流，$Re < Re_c$ 为层流。常见液流通道的临界雷诺数见表 1－1。

表 1－1　常见液流通道的临界雷诺数

通道形状	临界雷诺数	通道形状	临界雷诺数
光滑金属圆管	2320	有环槽的同心环状缝隙	700
橡胶软管	1600～2000	有环槽的偏心环状缝隙	400
光滑的同心环状缝隙	1100	圆柱形滑阀阀口	260
光滑的偏心环状缝隙	1000	锥阀阀口	20～100

在液压系统中，当判断出液体流态后，就可分别计算出管路系统中所有直管中的沿程压力损失和局部压力损失，这两者之和就是系统总的压力损失 $\sum \Delta p$，具体的计算过程可以查阅有关的液压设计手册。

考虑到存在的压力损失，一般液压系统中液压泵的工作压力 p_p 应比执行元件的工作压力 p_1 高 $\sum \Delta p$，即

$$p_p = p_1 + \sum \Delta p \tag{1-17}$$

1.1.4　液体流经孔口及缝隙的特性

在液压传动和伺服控制中经常会遇到液流流经薄壁孔、细长孔或介于两者之间的孔口。液体流过这些孔口，当其通流面积和通道长度不同时，对液流的阻力也不同。如果它们两端的压差不变，则改变它们的通流面积或长度，就可以调节流经它们的流量，为此将它们称为节流器。

薄壁小孔——当小孔的通道长度 l 与孔径 d 之比 $\frac{l}{d}\leqslant 0.5$ 时，称为薄壁小孔；

细长孔——当小孔的通道长度 l 与孔径 d 之比 $\frac{l}{d}>4$ 时，称为细长孔；

短孔——当小孔的通道长度 l 与孔径 d 之比 $0.5<\frac{l}{d}\leqslant 4$ 时，称为短孔。

可以把薄壁小孔、细长孔及介于两者之间的所有节流器写成一个式子

$$q = KA\Delta p^m \tag{1-18}$$

式中　K——与节流孔（器）的形状、尺寸和液体性质有关的节流系数，由实验求得；

A——节流孔的通流面积；

Δp——节流孔前后的压力差；

m——由节流孔的形状（即孔径与孔长的相对大小）决定的指数，$0.5\leqslant m\leqslant 1$。对于薄壁小孔 $m=0.5$，对于细长孔 $m=1$，其余孔介于两者之间。

三种节流孔的流量特性曲线如图 1－7 所示，其中直线 OA 表示细长孔的流量特性，抛物线 OB 表示薄壁小孔的流量特性，而介于两种孔之间的节流器流量特性位于 OA 与 OB 之间的阴影部分中。

当为薄壁小孔时，K 与绝对黏度 μ 无关；为细长孔时，K 是 μ 的函数，所以当其他条件相同而温度变化较大时，细长孔的流量变化也大，薄壁小孔的流量就不受温度变化的影响。所以液压技术上为使流量稳定，多采用薄壁孔作为控制流量的节流器，而细长孔则多为阻尼孔用。

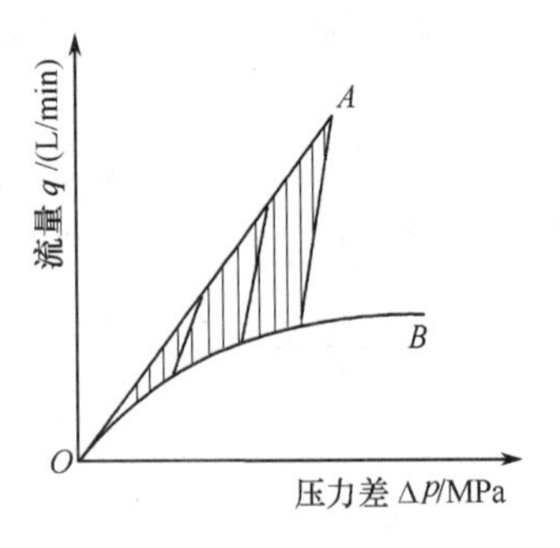

图 1－7　三种节流孔的流量特性曲线

对于薄壁小孔，其流量为

$$q = CA\sqrt{\frac{2\Delta p}{\rho}} = K_1 A \Delta p^{\frac{1}{2}} \qquad (1-19)$$

对于细长孔，其流量为

$$q = \frac{\pi d^4}{128\mu l}\Delta p = K_2 A \Delta p \qquad (1-20)$$

式中　$K_1 = C\sqrt{\frac{2}{\rho}}$——薄壁小孔的节流系数，其中 C 为流量系数，ρ 为液体密度；

$K_2 = \frac{d^2}{32\mu l}$——细长孔的节流系数，其中 d 为孔径，l 为孔长，μ 为液体绝对黏度。

薄壁小孔、细长孔或缝隙等对液体流动产生阻力（即形成压力降或压力损失）。通流面积和通道长度不同，其阻力也不同，这种阻力称为液阻。节流阀是借助改变阀口通流面积或通道长度来改变阻力的可变液阻。

1.1.5　液压冲击和气穴现象

1. 液压冲击

在液压系统中，由于某种原因，液体压力在一瞬间突然升高，产生很高的压力峰值，这种现象称为液压冲击，液压冲击产生的压力峰值往往比正常工作压力高很多，且常伴有很大的噪声和振动，它的压力峰值有时会大到正常工作压力的几倍至几十倍，严重时会损坏液压元件、密封装置和管件等，有时还会引起某些液压元件的误动作，因此必须采取措施以减少或防止液压冲击。液压冲击的类型有以下几种：

（1）液流通道迅速关闭或液流方向突然改变使液流速度的大小或方向突然变化时，由液流的惯性力引起的液压冲击。

可以采取以下措施来减少这种液压冲击：

①使完全冲击改变为不完全冲击，可用减慢阀门关闭速度或设计缓冲装置来达到；

②限制管中油液的流速；

③用橡胶软管或在冲击源处设置蓄能器，以吸收液压冲击的能量；

④在出现液压冲击的地方，安装限制压力的安全阀。

（2）运动部件制动时产生的液压冲击。运动部件质量越大，制动前速度越高，制动时产生的冲击压力也越大。降低制动前的速度、设置缓冲卸荷阀是解决该问题的途径。

2. 气穴现象

通常,液压油中都溶解有一定的空气,常温时在一个大气压(101kPa)下溶解量为6% ~12%(体积)。液体中能溶解的空气量与绝对压力成正比。溶解在液体中的气体对液体的体积弹性模量没有影响,但游离状态的气泡则对液体的体积弹性模量有显著影响。在大气压下溶解于油液中的空气,当压力低于大气压时,就成为过饱和状态,当压力降低到某一值时,过饱和的空气将从油液中分离出来形成气泡,这一压力称为空气分离压。若压力继续降低到相应温度的油液饱和蒸气压时,油液将沸腾汽化产生大量气泡,这两种现象都称为气穴。由于饱和蒸气压比空气分离压低得多,在液压技术中常把绝对压力是否低于空气分离压作为产生气穴的标准。液压系统中产生气穴后,气泡随油液流至高压区,在高压作用下迅速破裂,于是产生局部液压冲击,压力和温度均急剧上升,出现强烈的噪声和振动。当附着在金属表面上的气泡破裂时,所产生的局部高温和高压会使金属剥落、表面粗糙,元件的工作寿命降低,这一现象称为气蚀。

当液压泵吸油管直径过小、安装高度过高、密封不严使空气进入管道和吸入口滤油器堵塞等时,都会使泵吸油腔产生气穴。液压泵产生气穴后,不仅使输油量减少,还会导致流量和压力脉动并产生振动和噪声,使液压泵不能正常工作。

在液压系统中,当压力油流过节流口、喷嘴或管道中狭窄缝隙时,由于流速急剧增加,根据伯努利方程可知,该处压力将降得很低,这时也可能产生气穴。

为了防止气穴,可采取下列措施:

(1)系统中应减小流经节流小孔、缝隙的压力降,一般希望小孔前后的压力比$p_1/p_2 < 3.5$。

(2)使用、安装泵时应注意以下几点:尽量降低吸油高度;吸油管路应有足够的管径并避免吸油管内有急弯和局部狭窄处;接头应有良好的密封;滤油器应及时清洗或更换滤芯等。必要时可采取低压辅助泵向吸油口供油。

(3)正确选择液压系统各管段的管径,对流速要加以限制。

(4)整个系统的管道应尽可能做到平直,避免急弯和局部窄缝。

1.2 液压传动的工作原理和组成

1.2.1 液压传动的工作原理

图1-8所示为工程机械上常见的一种举升机构(如液压起重机的变幅机构、液压挖掘机动臂的升降机构等)的液压系统结构式原理。

现结合图1-8说明其工作原理。当换向阀处于图1-8(a)所示位置时,原动机带动液压泵8从油箱10经单向阀1吸油,并将有压力的油经单向阀2排至管路,压力油沿管路经过节流阀4和换向阀5进入液压缸7。此时,压力油经过换向阀5阀芯左边的环槽,经管路进入液压缸7的下腔。由于液压缸7的缸体被铰接在机座上,所以在压力油的推动下,活塞向上运动,通过活塞杆带动工作机构6产生举升运动。同时,液压缸7上腔中的油液被排出,经管路、换向阀5阀芯右边的环槽和管路流回油箱。

如果扳动换向阀5的手柄使其阀芯移到左边位置,如图1-8(b)所示,此时压力油经过阀芯右边的环槽,经管路进入液压缸 7 的上腔,使举升机构降落。同时,从液压缸 7 下腔排出的油液,经阀芯左边的环槽流回油箱。

从图 1-8 中可以看出,液压泵输出的压力油流经单向阀 2 后分为两路:一路通向溢流阀 3;另一路通向节流阀 4。改变节流阀 4 的开口大小,就能改变通过节流阀的油液流量,以控制举升速度。而从定量液压泵输出的油液除进到液压缸外,其余部分通过溢流阀 3 返回油箱。

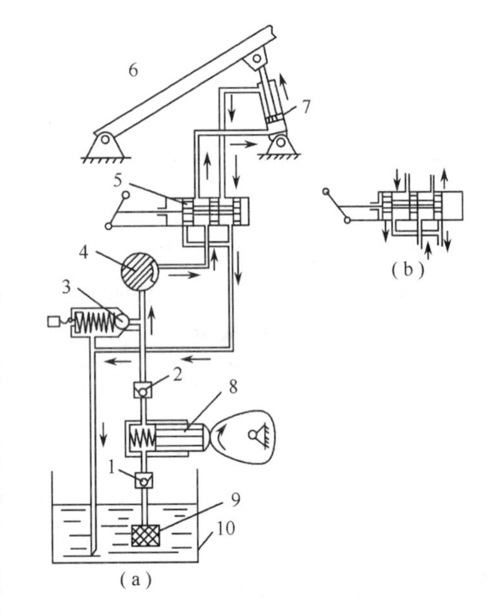

图 1-8　液压举升机构结构式原理

(a)系统原理图;(b)换向阀。
1、2—单向阀;3—溢流阀;
4—节流阀;5—换向阀;
6—工作机构;7—液压缸;
8—液压泵;9—滤油器;10—油箱。

溢流阀 3 起着过载安全保护和配合节流阀 4 改变进到液压缸的油液流量的双重作用。当溢流阀 3 中的钢球在弹簧力的作用下将阀口堵住时,压力油不能通过溢流阀 3。如果油液的压力增高到使作用在钢球上的液压作用力能够克服弹簧的作用力而将钢球顶开时,压力油就通过溢流阀 3 和管路直接流回油箱,油液的压力就不会继续升高。因此,只要调定溢流阀 3 中弹簧的压紧力大小,就可改变压力油顶开溢流阀钢球时压力的大小,这样也就控制了液压泵输出的油液的最高压力,使系统具有过载安全保护作用。通过改变节流阀 4 的开口大小而改变通过节流阀的油液流量,同时改变通过溢流阀 3 的分流油液流量,从而调节举升机构的运动速度。

此系统中换向阀 5 用来控制运动的方向,使举升机构既能举升又能降落;节流阀 4 控制举升的速度;溢流阀 3 控制液压泵的输出压力。图 1-8 中 9 为网式滤油器,液压泵从油箱吸入的油液先经过滤油器,以滤清油液,保护系统。

1.2.2　液压传动的组成

经过上述分析可知,一个完整的液压系统要能正常工作,一般要包括五个组成部分:

(1)动力元件,即液压泵,其作用是将原动机输出的机械能转换成液压能,并向液压系统供给液压油。

(2)执行元件,包括液压缸和液压马达,前者实现往复运动,后者实现旋转运动,其作用是将液压能转化成机械能,输出到工作机构上。

(3)控制元件,包括压力控制阀、流量控制阀和方向控制阀等,其作用是控制液压系统的压力、流量和液流方向,以保证执行元件能够得到所要求的力(或扭距)、速度(或转速)和运动方向(或旋转方向)。

(4)辅助元件,包括油箱、油管、管接头、滤油器以及各种仪表等。这些元件也是液压系统所必不可少的。

(5)工作介质,即液压油,用以传递能量,同时还起散热和润滑作用。

为实现某种规定功能，由液压元件构成的组合，称为液压回路。液压回路按给定的用途和要求组成的整体，称为液压系统。

1.2.3 图形符号和液压系统图

由图1－8可以看出结构式原理图近似于实物的剖面图，直观性强，比较容易理解。当液压系统出现故障时，根据此原理图进行检查、分析也比较方便。但是，它反映不出元件的职能作用，必须根据元件的结构进行分析才能了解其作用，而且其图形比较复杂，特别是当系统中元件较多时，绘制很不方便。为了简化液压系统原理图的绘制，另有一种职能符号式液压系统原理图。在这种原理图中，各液压元件都用符号表示，这些符号只表示元件的职能和连接系统的通路，并不表示元件的具体结构。这对专利元件更具有保密性。我国制定的液压系统图形符号标准(GB/T 786.1—1993)就是采用职能式符号，其中规定，符号都以元件的静止位置或零位置表示。所以图1－8所示的结构式原理图用职能式符号表示就如图1－9所示。

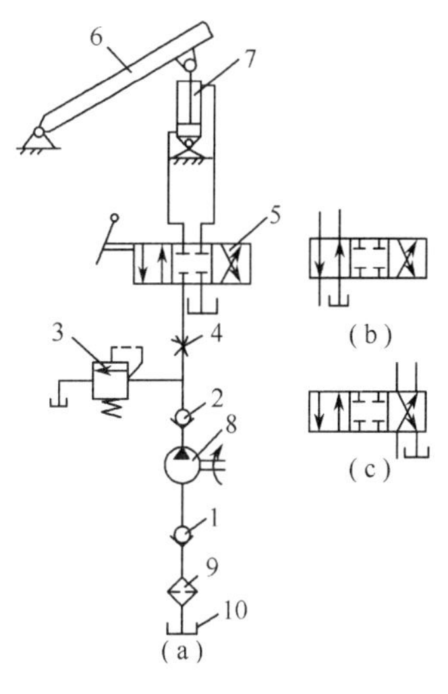

图1－9 用职能符号表示的液压系统原理

(a)系统原理图；(b)、(c)换向阀。
1、2—单向阀；3—溢流阀；4—节流阀；5—换向阀；6—工作机构；7—液压缸；8—液压泵；9—滤油器；10—油箱。

在图1－9中，换向阀5处于中间位置，其压力油口、通液压缸的两个油口以及回油口，均被阀芯堵住。这时，液压泵输出的油液全部通过溢流阀3流回油箱，工作机构6不动。如操纵手柄将换向阀5阀芯向右推，油路连通情况就如图1－9(b)所示。这时，液压缸7下腔通压力油，上腔通油箱，液压缸活塞带动工作机构向上举升。如将换向阀5阀芯向左推，油路就如图1－9(c)所示，工作机构向下降落。溢流阀3上的虚线代表控制油路。控制油路中油液的压力即为液压泵的输出油压，当该压力油的作用力能够克服弹簧力时，即下压溢流阀的阀芯使液压泵出口与回油管构成通路，产生溢流作用。

1.3 液压传动的特点及应用

1.3.1 液压传动的优点

与其他传动相比，液压传动有以下主要优点：

(1)能获得较大的力或力矩；

(2)同其他传动方式比较，传动功率相同，液压传动装置的质量小，体积紧凑；

(3)可实现无级调速，调速范围大；

(4)易于布置，组合灵活性大；

(5)传动工作平稳，系统容易实现缓冲吸振，并能自动防止过载；

(6)可以简便地与电控部分结合，组成电液结合成一体的传动和控制器件，实现各种自动控制。这种电液控制既具有液压传动输出功率适应范围大的特点，又具有电子控制方便灵活的特点；

(7) 自润滑，不需要专门的润滑系统；

(8) 元件已基本上系列化、通用化和标准化，利于 CAD 技术的应用，可提高功效、降低成本。

1.3.2 液压传动的缺点

(1) 易泄漏（内泄漏、外泄漏），故效率降低，液动机位移精度降低，锁精度降低，此外，外泄漏使油浪费且污染环境；

(2) 对元件的加工质量要求高，对油液的过滤要求严格；

(3) 受环境影响较大，液压传动性能对温度比较敏感；

(4) 由于能量转换次数多等原因造成系统的总效率低，目前一般效率为 75% ~85%；

(5) 液压元件的制造和维护要求较高，价格也较贵；

(6) 故障诊断与排除要求较高技术。

1.3.3 液压传动应用

由于液压传动有其突出的优点，所以在国内外各种机械设备上得到了广泛的应用，如表 1－2 所列。

表 1－2 液体传动在各类机械行业中的应用举例

行业名称	应用举例	行业名称	应用举例
起重机械	汽车吊、龙门吊、叉车等	锻造机械	高压造型机、压铸机等
矿山机械	凿岩机、破碎机、提升机、采煤机等	机床机械	液压车床、磨床、液压机等
建筑机械	打桩机、平地机、装载机、推土机、摊铺机等	冶金机械	电炉炉顶电极提升器、轧钢机等
农业机械	联合收割机（康拜因）、拖拉机等	轻工机械	机械手、自卸汽车、高空作业架等
林业机械	木材采运机、人造板机等	船舶机械	起锚机等
纺织机械	整经机、浆纱机等	航空机械	飞机起落架等
石油机械	抽油机、石油钻机等	兵器机械	坦克、火炮稳定器等
建材机械	水泥回转窑、石料切割机、玻璃加工机等	智能机械	机器人等

1.4 液压传动的工作介质

1.4.1 概述

在液压系统中，液压油是传递动力和信号的工作介质，同时它还起到润滑、冷却和防锈的作用。

液压传动介质按照国标 GB/T 7631. 2—87、GB/T 7631. 2—2003 进行分类，主要有石油基液压油和难燃液压油两大类。

石油基液压油可分为普通液压油、液压—导轨油、抗磨液压油、低温液压油、高黏度指数液压油、机械油、汽轮机油和其他专用液压油。难燃液压油可分为合成型、油水乳化型和高水基型。本节主要介绍液压系统通常采用的石油基液压油。

1. 普通液压油(L-HL 液压油)

普通液压油采用精制矿物油做基础油,加入抗氧、抗腐、抗泡、防锈等添加剂调和而成,是当前我国供需量最大的主品种,用于一般液压系统,但只适于0℃以上的工作环境。其牌号有 HL-32、HL-46、HL-68。

在代号 L-HL-32 中,前一个 L 代表润滑剂类,H 为该 L 类产品所属的组别,表示应用场合为液压系统(以下的代号中含义相同),后一个 L 代表防锈、抗氧化型,数字 32 表示该液压油在 40℃时的运动黏度(cst)($1cSt = 10^{-6}m^2/s$)。

2. 抗磨液压油(L-HM 液压油)

抗磨液压油的配制较复杂,除加防锈、抗氧剂外,还需添加抗磨剂、金属钝化剂、破乳化剂和抗泡沫添加剂等。从抗磨剂的组成来看,抗磨液压油分为两种:一种是以二烷基二硫代磷锌为主剂的含锌油;一种是不含金属盐(简称无灰型)的油。含锌抗磨液压油,对钢—钢磨擦副(如叶片泵)来说抗磨性特别突出,而对含有银和铜的部件有腐蚀作用。无灰抗磨液压油对含有银和铜的部件不会产生腐蚀且在水解安定性、破乳化及氧化安定性方面好于含锌抗磨液压油。

抗磨液压油适用于-15℃以上的高压、高速建设机械和车辆液压系统。其牌号有 HM-32、HM-46、HM-68、HM-100、HM-150。其中 M 代表抗磨型。

3. 低温液压油、稠化液压油和高黏度指数液压油(L-HV 液压油)

低温液压油、稠化液压油和高黏度指数液压油用深度脱蜡的精制矿物油,加入抗氧、抗腐、抗泡、防锈、降凝和增黏等添加剂调和而成。其黏温特性好,有较好的润滑性,以保证不发生低速爬行和低速不稳定现象。适用于低温地区的户外高压系统。对油有更好的低温性能要求或无 L-HV 时,可选用 L-HS。

4. 低凝抗磨液压油(L-HS)

低凝抗磨液压油用高黏度指数基础油,加入抗氧、防锈、抗磨剂与黏温性能改进剂调和而成,应用同 L-HV 油。本产品比 HV 低温抗磨液压油的低温性能更好,特别适用于冬季严寒地区户外作业机械的润滑。本产品按照 40℃运动黏度分为 10、15、22、32、46 等牌号。

L-HS 比 L-HV 有更高的低温性能,HS 油凝点达-45°C,对在低温环境下工作的液压设备,要采用低温流动性好的液压油,倾点应比环境最低温度高 10°C。HV 和 HS 油均属于宽温度变化范围下使用的低温液压油,都具有低凝点,优良的抗磨性、低温流动性及低温泵送性,且黏度指数均大于 130。但是,HV 油的低温性能稍逊于 HS 油,而 HS 油的成本及价格都高于 HV 油。L-HV 适用于寒冷地区-30℃以上、作业环境温度变化较大(-30℃~+70℃)的室外的中高压液压系统的机械设备上。L-HS 适用于严寒区-40℃以上、环境温度变化更大(-40℃~+90℃)的室外作业的中高压液压系统的机械设备上。

5. 机械油

机械油是一种工业用润滑油,价格低廉,但精制程度较浅,化学稳定性差,使用时易生成黏稠物质阻塞元件小孔,影响系统性能。系统的压力越高,问题越严重。因此只有在低压系统且压力要求很低时才可以应用机械油。

6. 专用液压油

专业液压油包括10号航空液压油、合成锭子油、炮用液压油和机动车辆制动液。其中，10号航空液压油以深度精制的轻质石油馏分油为基础油，加入8% ~9%的T601增黏剂、0.5%的T501抗氧防胶剂、0.007%的苏丹Ⅳ染料。具有良好的黏温特性，凝点低，低温性能和抗氧化安定性好，不易生成酸性物质和胶膜，油液高度清洁，应用于飞机的液压系统和起落架、减振器、减摆器等，也应用于大型舰船的武器和通信设备，如雷达、导弹发射架和火炮的液压系统。寒区作业的工程机械，有的规定冬季使用航空液压油，如日本的加藤挖掘机等。

1.4.2 液压油的性质

1. 密度

对于均质的液体来说，单位体积所具有的质量称为密度，其计算公式如下：

$$\rho = \frac{m}{V} \tag{1-21}$$

式中 ρ——液体的密度(kg/m^3)；

m——液体质量(kg)；

V——液体体积(m^3)。

我国采用20℃时的密度为液压油的标准密度，以ρ_{20}表示。计算时，液压油的密度常取$\rho_{20}=900\text{kg/m}^3$，在一般条件下，温度和压力引起的密度变化很小，故实用中可近似认为液压油的密度是固定不变的。

2. 压缩性

液体受压力的作用发生体积变化的性质叫压缩性。液体压缩性的大小可用体积压缩系数β来表示，是指液体所受的压力每增加一个单位压力时，其体积的相对变化量，即

$$\beta = -\frac{1}{\Delta p}\frac{\Delta V}{V} \tag{1-22}$$

式中 Δp——液体压力的变化值(Pa)；

ΔV——液体体积在压力变化Δp时，其体积的变化(m^3)；

V——液体的初始体积(m^3)。

式中负号是因为压力增大时，液体体积反而减小，反之则增大。为了使β为正值，故加一负号。液体体积压缩系数的倒数，即为液体体积弹性模量，用κ表示，即

$$\kappa = \frac{1}{\beta} \tag{1-23}$$

常用液压油的压缩系数$\beta=(5\sim7)\times10^{-10}\ \text{m}^2/\text{N}$，故$\kappa=(1.4\sim2)\times10^9\ \text{Pa}$。在液压传动中，如果液压油中混入一定量的处于游离状态的气体，会使实际的压缩性显著增加，也就是使液体的弹性模量降低。在实际液压系统中，一般可忽略油液的压缩性，但当压力较高或进行动态分析时，就必须考虑液体的压缩性。

3. 液压油的黏性

液压油在流动过程中，其微团间因有相对运动而产生内摩擦力。这种流动液体内部

产生内摩擦力的性质就称为黏性。黏性是流体固有的属性,但只有在流动时才呈现出来。因此,黏性是液压油最重要的特性之一。

1)黏性的度量

黏性的大小用黏度表示。黏度是液体流动的缓慢程度的度量。当黏度较低时,液体较稀,很容易流动,液体的黏度较高时较难流动。液体黏度常用动力黏度、运动黏度和相对黏度三种方式来表示。按国标 GB/T 3141—94 所规定,液压油产品的牌号用黏度的等级表示,即用该液压油在 40℃时的运动黏度中心值表示。

液体流动时,由于与固体之间的附着力以及自身的黏性,其内各液层间的速度大小不等。如图 1-10 所示,两平行平面内充满液体,上板 v_0 运动,下板固定不动。由于液体与固体间的附着性及各层之间的吸附性,各液层速度呈线性分布。

实验表明,各层间的内摩擦力 T 与下述因素有关:与层间速度 $\mathrm{d}v$ 成正比,与层间距离 $\mathrm{d}z$ 成反比,即 T 与 $\frac{\mathrm{d}v}{\mathrm{d}z}$ 成正比。这里,$\frac{\mathrm{d}v}{\mathrm{d}z}$——速度梯度,即由下层向上层速度变化的快慢程度;与两层液体的接触面积 A 成正比;与液体的品种有关,与压力无关。用数学表达式为:内摩擦力 $T=\mu A\frac{\mathrm{d}v}{\mathrm{d}z}$

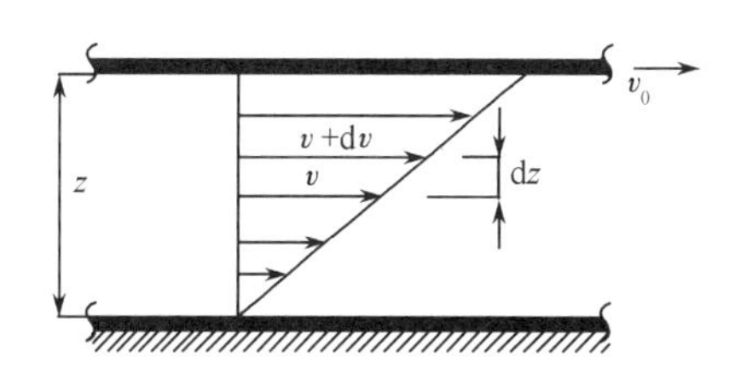

图 1-10　液体黏性示意图

μ——比例系数。

(1)动力黏度。用液体流动时所产生的内摩擦力大小来表示的黏度就是动力黏度,通常用 μ 表示。其物理意义是:面积各为 $1\mathrm{cm}^2$,相距 1cm 的两层液体,以 1cm/s 的速度相对运动,此时产生的内摩擦力,称为动力黏度,如图 1-10 所示。

在 SI 单位制中,动力黏度单位为帕·秒(Pa·s),即 $\mathrm{N\cdot s/m^2}$。常用的 SI 倍数关系 mPa·s。在物理单位制中单位为达因·秒/厘米^2,称为泊(P)。换算单位为1P=0.1Pa·s,1cP(厘泊)=1 mPa·s。

(2)运动黏度。由于许多流体力学方程中出现动力黏度与液体密度的比值,于是流体力学中把同一温度下这一比值定义为运动黏度,以 ν 表示,即

$$\nu=\frac{\mu}{\rho} \tag{1-24}$$

运动黏度 ν 的单位,在 SI 单位制中为 $\mathrm{m^2/s}$,在工程上常用 $\mathrm{mm^2/s}$(厘斯,cSt)或 $\mathrm{cm^2/s}$ 表示(斯,St)表示,其换算关系为 $1\mathrm{m^2/s}=10^4\mathrm{St}=10^6\ \mathrm{cSt}$。

动力黏度和运动黏度是理论分析和推导中经常使用的黏度单位。因采用 SI 制及其倍数单位中的绝对单位制,故称为绝对黏度。两者都难以直接测量,一般多用于理论分析与计算。

(3)相对黏度。又称条件黏度,是指在规定条件下可以直接测量的黏度。根据测定条件的不同,各国采用的条件黏度单位不同,美国用赛氏黏度 SSU,英国用雷氏黏度 R,中国、德国和俄罗斯用恩氏黏度°E。

恩氏黏度是被测液体与水的黏性的相对比值,用恩氏黏度计来测量。其测定办法是在某个标准温度 T 下,将被测液体 $200\mathrm{cm}^3$ 装入恩氏黏度计的容器中,测定这些液体经容

器底部小孔（直径 $\phi 2.8\text{mm}$）流尽的时间 t_1，然后在温度 T 时将 200cm^3 蒸馏水装入恩氏黏度计的同一容器中，测出这些水经容器底部小孔流尽的时间 t_2，时间 t_1 和 t_2 的比值就是被测液体在该标准温度 T 下的恩氏黏度。

工业上用50℃作为测定恩氏黏度的标准温度，并相应地以符号 $°E_{50}$ 来表示。

通常采用如下经验公式作为恩氏黏度和运动黏度的换算式

$$\nu = 0.0731°E - \frac{0.0631}{°E} \quad (St) \tag{1-25}$$

或

$$\nu = 7.31°E - \frac{6.31}{°E} \quad (cSt)$$

另外，还可以利用各种手册上绘制好的黏度图及标尺来进行黏度换算。

2）压力对黏度的影响

一般说来，液压油的黏度随压力的增加而增大。但压力值在20MPa以下时变化不大，故可忽略不计。不同的油液有不同的黏度压力变化关系，这种关系称为油液的黏压特性。在实际应用中，当压力在0 ~ 50MPa的范围内变化时，可用下列公式计算油的黏度：

$$\nu_p = \nu_0(1 + bp) \tag{1-26}$$

式中 ν_p——压力为 p 时的运动黏度；

ν_0——在一个大气压下的运动黏度；

p——油压力；

b——系数，对于一般液压油 $b = 0.002\text{Pa}^{-1} \sim 0.003\text{Pa}^{-1}$。

3）温度对黏性的影响

液压油的黏性对温度的变化十分敏感，在低温范围内表现得特别强烈。不同的油液有不同的黏度温度变化关系，这种关系称为油液的黏温特性。液压油的黏温特性表现为温度升高黏性降低。液压油黏性变化会直接影响液压系统的工作性能，因此希望液压油的黏性随温度的变化越小越好。油温在20℃ ~ 80℃，黏温关系可用如下公式表示：

$$\mu = \mu_0 e^{-\lambda(t - t_0)} \tag{1-27}$$

式中 μ、μ_0——温度为 t 和 t_0 时该油液的动力黏度；

λ——取决于油液物理性能的黏度系数，对矿物系液压油可取 $\lambda = (1.8 \sim 3.6) \times 10^{-2}℃^{-1}$。

液压油的黏性随温度变化而变化的程度可用黏度指数来衡量。它表示被试油液的黏性随温度变化的程度与标准液压油黏性随温度变化的程度之间的相对比较值。黏度指数越大的液压油其黏性随温度的变化越小，黏温特性越好。目前，液压油的黏度指数一般要求在90以上，优良的在100以上。

4）调和油的黏度

有时，一种液压油的黏度不符合要求，需要用两种液压油调和才能达到所要求的黏度，则此调和油的黏度可用下式计算：

$$°E = \frac{a°E_1 + b°E_2 - c(°E_1 - °E_2)}{100} \tag{1-28}$$

式中 $°E_1$、$°E_2$、$°E$——参加调和的两种油及调和后的黏度，而且$°E_1 > °E_2$；

a、b——参加调和的两种油各占的百分比，$a + b = 100$；

c——实验所得的系数，可查相应的手册或资料。

1.4.3 液压油的选用

1. 对液压油的要求

液压油既是液压传动与控制系统的工作介质，又是各种液压元件的润滑剂，因此液压油的性能会直接影响系统的性能，如工作可靠性、灵敏性、稳定性、系统效率和零件寿命。选用液压油时应满足下列要求：

(1)合适的黏度，较好的黏温特性；

(2)润滑性能好；

(3)质地纯净，杂质少；

(4)对金属和密封件有良好的相容性；

(5)对热、氧化、水解和剪切都有良好的稳定性；

(6)抗泡沫性和抗乳化性好，腐蚀性小，防锈性好；

(7)体积膨胀系数低，比热容高；

(8)流动点和凝固点低，闪点和燃点高；

(9)对人体无害，成本低。

2. 液压油的选择

一般来说，选用液压油时最先考虑的是它的黏度，因为液压油黏度对液压装置的性能影响最大。黏度太大，则流动压力损失就会加大、油液发热，会使系统效率降低；黏度太小，则泄漏过多，使容积效率降低。因此在实际使用条件下应选用使液压系统能正常、高效和长时期运转的液压油黏度。

液压油的选择通常按下述三个步骤进行：

(1)列出液压系统对液压油性能的变化范围要求，如黏度、密度、温度、压力、抗燃性、润滑性、空气溶解率、可压缩性和毒性等。

(2)尽可能选出符合或接近上述要求的工作介质品种。从液压元件的生产厂及产品样品本中获得对工作介质的推荐资料。

(3)最终综合、权衡、调整各方面的要求，决定采用合适的油液。

在具体选择时可按照以下两种方法进行：一种方法是考虑系统压力、工作温度、运动速度及经济性等因素来选用合适黏度，使液压泵和控制阀在最佳黏度范围内工作；另一种方法是按照液压泵的类型等要求来确定液压油的黏度及型号。

第一种选择方法的具体步骤为：

(1)考虑液压系统的工作压力。当液压系统工作压力较高时，宜选用黏度较高的油，以免泄漏过多、效率过低；当工作压力较低时，宜采用黏度较低的油，以减少压力损失。

(2)考虑液压系统的环境温度。液压油的黏度随着温度的变化较大，为保证工作温度下有适宜的黏度，就必须考虑周围环境的温度。环境温度高时，宜采用黏度较高的液压油；环境温度低时，宜采用黏度较低的液压油。

(3)考虑液压系统中的运动速度。当液压系统中工作部件的运动速度较高时，油液的流速也高，压力损失增大，漏油率减少，因此宜采用黏度较低的液压油；当工作部件运动速度较低时，每分钟所需流量很小，漏油率增大，对系统的运动速度影响较大，所以宜采用黏度较高的液压油。

第二种选择方法如表1－3所列。

表1－3 液压泵用油的黏度范围及用油表

名称	运动黏度范围 $\times 10^{-6}$(m^2/s)		工作压力/MPa	工作温度/℃	推荐用油
	允许	最佳			
叶片泵(1200r/min)	16~220	26~54	7	5~40	L-HH32、L-HH46，机械油
				40~80	L-HH46、L-HH68，机械油
叶片泵(1800r/min)	22~220	25~54	14以上	5~40	L-HL32、L-HL46
				40~80	L-HL46、L-Hl68
齿轮泵	4~220	25~54	12.5以下	5~40	L-HL32、L-HL46
				40~80	L-HL46、L-HL68
			10~20	5~40	L-HL32、L-HL46
				40~80	L-HM46、L-HM68
			16~32	5~40	L-HM32、L-HM46
				40~80	L-HM46、L-HM68
径向柱塞泵	10~65	16~48	14~36	5~40	L-HM32、L-HM46
				40~80	L-HM46、L-HM68、L-HM100
轴向柱塞泵	4~76	16~47	35以上	5~40	L-HM46、L-HM68
				40~80	L-HM68、L-HM100、HM150
螺杆泵	19~49		10.5以上	5~40	L-HL32、L-HL46
				40~80	L-HL46、L-HL68
注：表中L-HH表示无抗氧剂的精制矿物油					

1.4.4 环保型液压油简介

传统的液压油分为石油型和难燃型两种，其中，石油型液压油是由石油经过提炼再加入相应的添加剂而形成的，这种液压油成本低，是目前液压系统中普遍使用的液压油液。但石油型液压油易燃，而且难以生物降解，如果泄漏到环境中，会带来安全隐患或对环境造成长久的污染。难燃型液压油主要应用于矿山和钢铁等具有防爆要求的行业，有些难燃型液压油是水和石油型液压油的乳化液；有些难燃型液压油含有大量水，并以乙二醇做黏稠剂;有些是由有毒的磷酸酯合成的,其主要组成成分生物可降解率很低。随着人类环境保护意识的逐渐增强以及地球石油资源的逐渐枯竭,各国纷纷开展了环保型液压油的研究和生产。

液压油的环保性指的是液压油的生物可降解能力,即生物可降解性。通常,一种材料的生物可降解性是指该材料具有普通环境下分解的能力,即在3年内通过自然生物过程,材料变成无毒的、含碳的土壤、水、碳氧化合物或者甲烷的能力。生物可降解性用生物可降解率作为其评价标准。生物可降解率是指一定条件下、一定时间内被自然界存在的微生物消化代谢分解为二氧化碳、水或降解中间体的百分率,即材料被微生物降解的百分率。

生物可降解液压油是指既能满足机器液压系统的要求,其损耗产物又对环境不造成危害的液压油,又称为环境友好型液压油或绿色液压油。

根据基础油的种类不同,环保型液压油主要可分为聚乙二醇、植物油、合成酯及碳氢化合物等。国际标准ISO 6743-4—1999(中国标准GB/T 7631.2—2003)中对环保型液压油的分类见表1-4。

表1-4 环保型液压油的分类

分类代码	组成及特性	常用名称
L—HETG	植物油(甘油脂)不溶于水	天然脂肪液压油
L—HEES	合成酯类油 不溶于水	合成酯液压油
L—HEPG	聚乙二醇(聚醚) 可溶于水	聚乙二醇液压油
L—HEPR	碳氢化合物(合成烃PAO)不溶于水	合成烃液压油

目前,国外已有多家公司生产环保型液压油,如Mobil公司的EAL 224 H系列、Cognis公司的PROECOEAF 300系列、Fuchs公司的PLANTOHYD S系列合成酯型液压油,Castrol公司的Carelube HTG植物油型液压油,Quaker公司的Quintolubric 855合成酯抗燃型液压油,ACT公司的EcoSafe FR系列抗燃液压油以及Houghton公司的COSMOLUBRIC HF-130合成酯抗燃液压油等。

尽管环保型液压油既具备普通矿物油的抗磨及润滑等特性,同时又不会对环境造成污染,但在目前阶段仍然存在着一些问题,例如:

(1)低温问题。低温下许多以植物油作为基础油的环保型液压油会出现胶凝或固化现象。

(2)承载压力不能过高。目前,环保型液压油的工作压力一般不超过34.5MPa,如超过,则会对使用菜籽油的液压泵产生较大磨损,较大的承载工况甚至可把甘油三酸酯分解为酸,从而破坏泵内的有色金属。

(3)寿命问题。若曝露在光照下,环保型液压油会变黑,因为油中的光敏类脂类和脂肪材质会由于吸收紫外线而改变颜色。

但是,随着科学技术的进步,环保型液压油的性能必然会得到提高和改善,上述问题必将得到解决,环保型液压油的应用会越来越广泛。

习 题

1. 什么是液体传动、液压传动和液力传动?
2. 液压系统一般由哪几部分组成?
3. 液压传动有那些优缺点?
4. 什么是动力黏度、运动黏度和相对黏度?
5. 简要回答温度和压力对液压油黏度的影响。

第2章　液压泵和液压马达

液压泵和液压马达都是液压系统中的能量转换元件。液压泵是将原动机(电动机、柴油机等)的机械能转换成油液的液压能,再以压力、流量的形式输送到系统中去,按其职能属于液压能源元件,又称为动力元件。液压马达是将来自液压泵输入的液压能转换为旋转形式的机械能,以扭矩和转速的形式驱动外负载工作,按其职能属于执行元件。液压泵和液压马达都是靠密闭的工作空间的容积变化进行工作的,所以又称为容积式液压泵和液压马达。本章主要对液压泵和液压马达的类型、结构、工作原理及性能参数进行重点分析,并对液压泵、液压马达的选择和使用进行介绍。

2.1　概　述

2.1.1　液压泵和液压马达的工作原理

液压泵和液压马达的类型较多,但可按其每转排出油液的体积能否调节而分为定量和变量两大类,按其组成密封容积的结构形式的不同又可分为齿轮式、叶片式、柱塞式三大类。

图2-1为单柱塞泵的工作原理。

在图2-1中,当偏心轮1被带动旋转时,柱塞2在偏心轮和弹簧4的作用下在泵体3的柱塞孔内作上下往复运动,柱塞向下运动时,泵体的柱塞孔和柱塞上端构成的密闭工作油腔A的容积增大,形成真空,此时排油阀5封住出油口,油箱7中的液压油便在大气压力的作用下通过进油阀6进入工作油腔,这一过程为柱塞泵进油过程;当柱塞向上运动时,密闭工作油腔的容积减小、压力增高,此时进油阀封住进油口,压力油便打开排油阀进入系统,这一过程为柱塞泵排油过程,若偏心轮连续不断地转动,柱塞泵即不断地进油和排油。

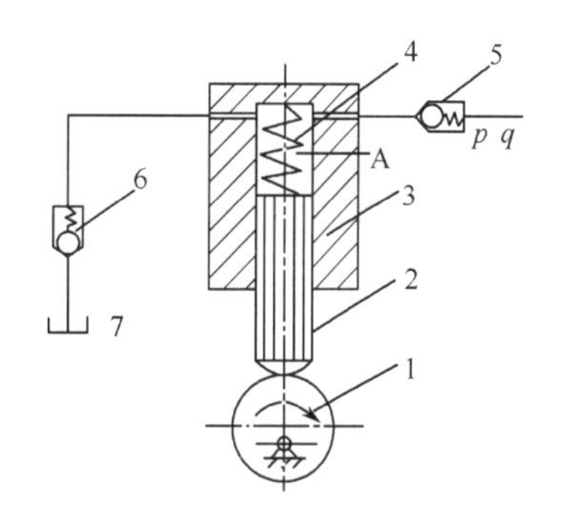

图2-1　单柱塞泵的工作原理

1—偏心轮;2—柱塞;3—泵体;4—弹簧;5—排油阀;6—进油阀;7—油箱。

由上述可知,构成容积式液压泵所必须具备的条件是:有若干个良好密封的工作容腔;有使工作容腔的容积不断地由小变大,再由大变小,完成进油和排油工作过程的动力源;有合适的配油关系,即进油口和排油口不能同时开启。

从原理上讲,液压泵和液压马达是可逆的,但由于使用目的不同,导致其结构上存在某些差异,一般情况下,液压泵和液压马达不能互换。本章在前面几节先介绍各类液压泵的具体结构及某工作原理,后面几节介绍各类液压马达的具体结构及其工作原理。

2.1.2 液压泵与液压马达的主要性能参数

液压泵和液压马达的性能参数主要有压力(常用单位为 Pa)、转速(常用单位为 r/min)、排量(常用单位为 m^3/r)、流量(常用单位为 m^3/s 或 L/min)、功率(常用单位为 W)和效率。

1. 液压泵的主要性能参数

1) 压力(p_p)

工作压力:泵实际工作时的压力,它是随负载的大小而变化的。

额定压力:泵在正常工作条件下,按试验标准规定能连续运转的最高压力。

2) 转速(n_p)

额定转速:泵在额定压力下,能连续长时间正常运转的最高转速。

3) 排量和流量

排量(V_p):液压泵每转一转,由其密封容积几何尺寸变化计算而得到的排出液体的体积,即在无泄漏的情况下,液压泵每转一转所能输出的液体体积。

理论流量(q_{pt}):在不考虑泄漏的情况下,泵在单位时间内排出液体的体积,其值等于排量与转速的乘积,与工作压力无关。

实际流量(q_p):泵在工作中,实际排出的流量,它等于泵的理论流量与泄漏量之差。

额定流量:在正常工作条件下,按试验标准规定必须保证的流量,亦即在额定转速和额定压力下泵输出的实际流量。

4) 功率

输入功率(P_{pin}):液压泵的输入量是泵轴的转矩和转速(角速度),输入功率是指驱动泵轴的机械功率,即转矩与转速的乘积。

输出功率(P_{po}):液压泵的输出量是输出液体的压力和流量,输出功率是泵输出的液压功率,即泵实际输出流量和压力的乘积。

5) 效率

容积效率(η_{pV}):泵实际输出流量与理论流量的比值。

机械效率(η_{pm}):理论上驱动泵轴所需的转矩与实际驱动泵轴的转矩之比。

总效率(η_p):泵的输出液压功率与输入的功率之比,等于容积效率与机械效率之积。

2. 液压马达的主要性能参数

1) 压力(p_M)

工作压力:实际工作中,液压马达的输入压力。

额定压力:液压马达在正常工作条件下,按试验标准规定能连续运转的最高压力。

压力差:液压马达输入压力与输出压力之差。

2) 转速(n_M)

额定转速:在额定压力下,能连续长时间正常运转的最高转速。

最低稳定转速:液压马达在额定负载时,不出现爬行现象的最低工作转速。

3) 排量和流量

排量(V_M):液压马达每转一转,由其密封容积几何尺寸变化计算而得的输入液体的体积。

理论流量(q_{Mt}):液压马达没有泄漏时,达到指定转速所需的流量。

实际流量(q_M):液压马达入口处的实际流量。实际流量大于理论流量,实际流量与理论流量之差值,即为液压马达的泄漏量。

4)功率

理论功率(P_{Mt}):液压马达的理论功率为压力差与理论流量的乘积。

实际输入功率(P_M):液压马达的压力差与实际流量的乘积。

实际输出功率(P_{Mo}):液压马达输出轴上输出的机械功率。

5)效率

容积效率(η_{MV}):液压马达的理论流量与实际流量的比值。

机械效率(η_{Mm}):液压马达的实际输出扭矩与理论扭矩之比。

总效率(η_M):液压马达输出功率和输入功率之比,等于容积效率与机械效率之积。

2.2 齿轮泵

齿轮液压泵(简称齿轮泵)是液压系统中常用的一种定量泵,具有结构简单、工作可靠、体积小、质量轻、成本低、使用维修方便等特点。另外,齿轮泵还具有自吸性能好、转速范围大、对滤油精度要求不高、对油液污染不敏感等优点。齿轮泵的主要缺点是流量和压力脉动大、排量不可调、噪声也较大。

齿轮泵按其啮合形式可分为外啮合齿轮泵和内啮合齿轮泵,内啮合齿轮泵结构紧凑,运转平稳,噪声小,有良好的高速性能,流量脉动小,但加工复杂,高压低速时容积效率低;外啮合齿轮泵工艺简单。目前应用较多的是外啮合渐开线直齿形的齿轮泵。

2.2.1 外啮合齿轮泵

1. 工作原理

外啮合齿轮泵工作原理如图2-2所示。其主要由装在泵体1内的一对外啮合齿轮2、3,齿轮轴及两侧端盖组成。在泵体内,一对互相啮合的齿轮与齿轮两侧的端盖及泵体相配合,把泵体内部分为左右两个互不相通的容腔。当主动齿轮2按图示方向旋转时,在右腔由于一对齿轮轮齿脱开,密封工作腔容积不断增大,形成局部真空,油箱内的油液在大气压的作用下进入右腔,填满轮齿脱开时形成的空间,这一过程为齿轮泵的进油过程。随着齿轮的旋转,油液被带往左腔,一对轮齿相继啮合,使密封工作容积不断减小,齿间的油液被挤压出来排往系统,这就是齿轮泵的排油过程。这样,随着齿轮不停的旋转,进油腔和压油腔就不断地进油和排油。

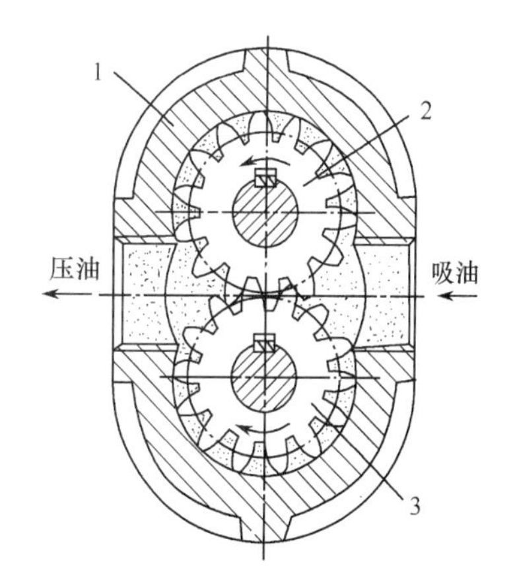

图2-2 外啮合齿轮泵的工作原理
1—泵体; 2—主动齿轮; 3—从动齿轮。

2. 排量和流量的计算

外啮合齿轮泵排量可以近似地看作是两个啮合齿轮齿间的工作容积之和,若假设齿轮齿间的工作容积等于齿轮轮齿的体积，则齿轮泵的排量就等于一个齿轮的齿间容积和其轮齿体积总和的环形体积。

$$V_p = \pi DhB = 2\pi zBm^2 \tag{2-1}$$

式中 V_p——齿轮泵的排量（m^3/r）；

z——齿轮的齿数；

m——齿轮的模数（m）；

B——齿轮的齿宽（m）；

D——齿轮的节圆直径（m），$D = mz$；

h——齿轮的有效工作高度（m），$h = 2m$。

实际上，齿间的容积比轮齿的体积稍大一些，且齿数越少，差值越大，考虑这一因素，实际计算时取6.66代替式（2－1）中的2π，则齿轮泵的排量为

$$V_p = 6.66zBm^2 \tag{2-2}$$

由此得齿轮泵的输出流量为

$$q_p = \frac{1}{60}V_p n_p \eta_{pV} \tag{2-3}$$

式中 q_p——齿轮泵的输出流量（m^3/s）；

n_p——齿轮泵的额定转速（r/min）；

V_p——齿轮泵的排量（m^3/r）；

η_{pV}——齿轮泵的容积效率。

3. 脉动率

由式（2－3）计算所得的流量是齿轮泵的平均流量，实际上齿轮泵在工作中，排量是转角的周期函数，存在排量脉动，所以瞬时流量也是脉动的，即当啮合点处于啮合节点时，瞬时流量最大；当啮合点开始进入啮合和开始退出啮合时，瞬时流量最小。流量的脉动直接影响液压系统工作的平稳性。流量脉动的大小，用流量脉动率σ来表示，即

$$\sigma = \frac{q_{max} - q_{min}}{q_{pt}} \tag{2-4}$$

式中 σ——液压泵的流量脉动率；

q_{max}——液压泵最大瞬时流量（m^3/s）；

q_{min}——液压泵最小瞬时流量（m^3/s）；

q_{pt}——液压泵的理论流量（m^3/s）。

流量脉动率是衡量容积式液压泵性能的一个重要指标，在容积式液压泵中，齿轮泵的流量脉动最大，且流量脉动的大小与齿轮啮合长度有关，啮合长度长，流量脉动就大，当齿轮节圆直径相同时，齿数越多，则啮合长度变小，流量脉动减小，但这样会使泵的流量减小，此时z增大而m减小，因此齿轮泵齿数z选择要恰当，低压齿轮泵的齿数z一般取13～19，高压齿轮泵齿数z一般取6～13。

4. 困油现象及消除措施

理论上，齿轮油泵在整个啮合过程中有一对齿啮合就可以了，但实际上，由于制造和

装配都有误差，因而在啮合过程中有可能出现高低压强串通使输油中断的现象。为了保证油泵能够连续输油以及传动的平稳性和进、排油腔的可靠密封（使进油腔与排油腔被齿与齿的啮合接触线隔开而不连通），就要求齿轮的重叠系数（ε）大于1。这样在连续啮合的过程中就会出现，当一对齿轮尚未脱开啮合而后一对齿轮便进入啮合的情况，在这一小段时间内，在它们之间的齿洼内形成一个封闭的空间—困油腔（闭死容积），使油液困于其中而形成困油现象（图2－3(a)）。

随着齿轮的回转，困油腔容积由大减小，直至两啮合点 A、B 处于节点两侧的对称位置时（图2－3(b)），困油腔容积减至最小。在这个过程中，被困的油受挤压，使压力急剧上升，齿轮轴承受到巨大的附加径向力，同时，油液从一切可泄漏的缝隙中强行挤出，引起泄漏和噪声，造成功率损失并使油液发热。当齿轮继续旋转时，困油腔容积又逐渐增大，直至前一对齿轮在即将退出啮合时增至最大（图2－3(c)）。在困油腔容积由小变大的这个过程中，被困的油液由于体积增大而产生部分真空，使溶于油液中的空气迅速分离而产生气泡，同时，高压油又通过一切缝隙挤进来填充，以致引起气蚀现象。使排油量减少、容积效率下降，油液发热，产生噪声，并影响齿轮泵的工作平稳性和寿命。

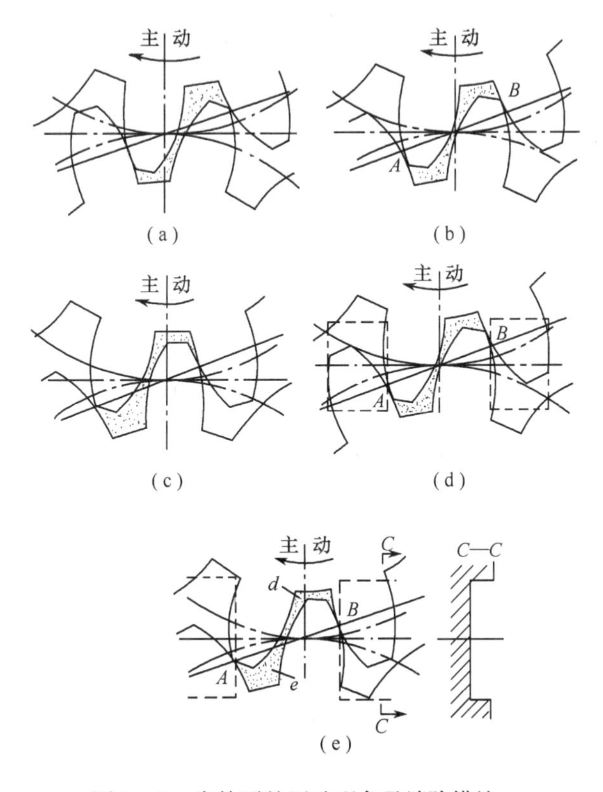

图2－3　齿轮泵的困油现象及消除措施

消除困油现象的方法，通常是在齿轮泵两侧的盖板上开卸荷槽。其原则是，当困油腔容积处于最小位置时，卸荷槽不能与困油腔相通，即困油腔不能与进、排油腔相通；当困油腔容积由最大逐渐减小时，通过卸荷槽与排油腔相通；当困油腔容积由最小逐渐增大时，通过卸荷槽与进油腔相通。图2－3(e)是卸荷槽（图2－3中虚线所示）沿两齿轮连心线对称分布的结构。

5. 径向力

图 2－4 为齿轮泵工作时沿齿轮圆周上的压力分布情况。

由于旋转的齿顶和泵的壳体内壁间的径向泄漏，从排油腔到进油腔的过渡范围内，压力是逐渐下降的，由于径向压力不平衡而产生径向液压力，同时由于齿轮啮合传递扭矩而产生径向啮合力，这两个力的合力，分别作用在主动齿轮轴和从动齿轮轴上，而且大小和方向均不相同，因此，齿轮和轴受到径向不平衡力的作用，工作压力越高，径向不平衡力越大，造成泵壳体内壁产生偏磨，同时也加剧轴承的磨损，降低轴承的使用寿命。为了减小径向不平衡力的影响，常采用缩小排油口的方法，使排油腔的压力仅作用在一个齿到两个齿的范围内，同时，适当增大齿顶和泵的壳体内壁之间的间隙，使齿顶不与泵壳体内壁接触。

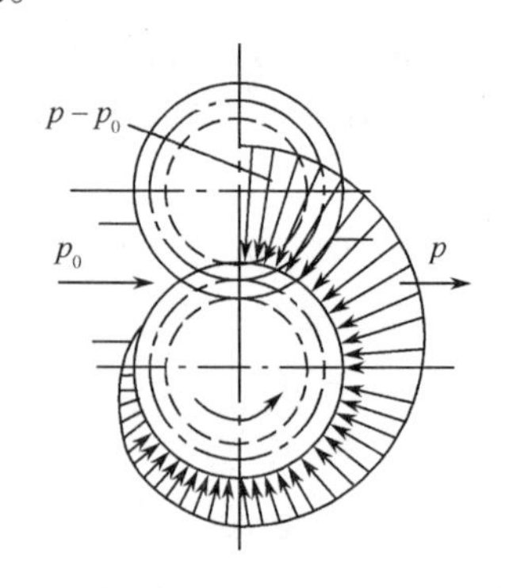

图 2－4　径向液压力的分布

6. 间隙泄漏及轴向间隙自动补偿

齿轮泵工作时，液压油从高压区向低压区的泄漏是不可避免的，其泄漏有三条途径：一是通过齿顶圆和泵体内孔间的径向间隙——齿顶间隙产生泄漏；二是通过齿轮啮合线处的间隙——齿侧间隙产生泄漏；三是通过齿轮端面与泵端盖板之间的间隙——端面间隙产生泄漏，即轴向间隙泄漏。在这三种间隙中，齿侧间隙产生的泄漏量最少，一般不予考虑；端面间隙产生泄漏量最大，占总泄漏量的 75% ～80%，是液压泵的主要泄漏途径，也是目前影响齿轮泵压力提高的主要原因，在齿轮泵的结构设计中必须采取措施予以解决。

在中高压齿轮泵中，为了减少端面间隙泄漏而采用端面轴向间隙自动补偿装置，如图 2－5 所示。

图 2－5(a)是浮动轴套式的间隙补偿原理图，将泵的出口压力油，引到齿轮轴 3 上的浮动轴套 1 外侧的 A 腔，在液体压力的作用下，使轴套紧贴齿轮的侧面，因而可以消除间隙并可补偿齿轮侧面和轴套间的磨损量。在泵启动时，由弹簧 4 来产生预紧力，以保证轴向间隙的密封。

图 2－5(b)是浮动侧板式的间隙补偿原理图，将泵的出口压力油引到浮动侧板 5 的

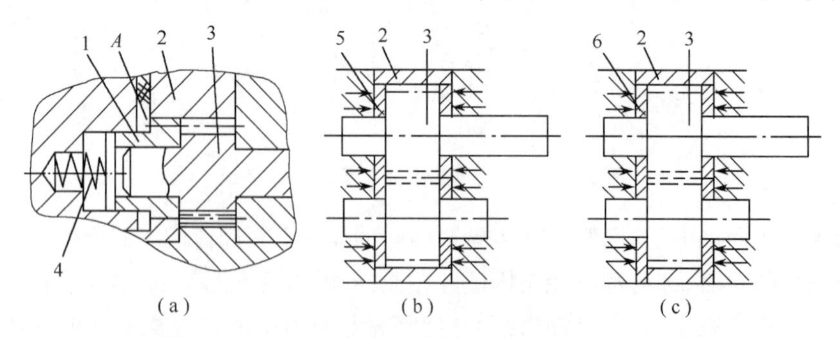

图 2－5　轴向间隙补偿装置示意图

1—浮动轴套；2—泵体；3—齿轮轴；4—弹簧；5—浮动侧板；6—挠性侧板。

背面,使之紧贴于齿轮的端面来消除并补偿间隙。启动时,浮动侧板靠密封圈来产生预紧力。

图2-5(c)是挠性侧板式的间隙补偿原理图,同样将泵的出口压力油引到挠性侧板6的背面,靠挠性侧板自身的变形来补偿间隙。

2.2.2 内啮合齿轮泵

内啮合齿轮泵分渐开线齿轮泵和摆线齿轮泵两种,本节仅对渐开线齿轮泵作简要叙述。

内啮合渐开线齿轮泵主要由内齿轮、外齿轮、月牙板等组成,图2-6为内啮合齿轮泵的工作原理图。

图2-6中内齿轮和外齿轮相啮合,月牙板将进油腔与排油腔隔开,当传动轴带动外齿轮旋转时,与此相啮合的内齿轮也随着旋转,进油腔由于齿轮脱开容积不断增大而连续进油,进入的油液经月牙板后进入压油腔,压油腔由于齿轮啮合容积不断减小而将油液连续排出。

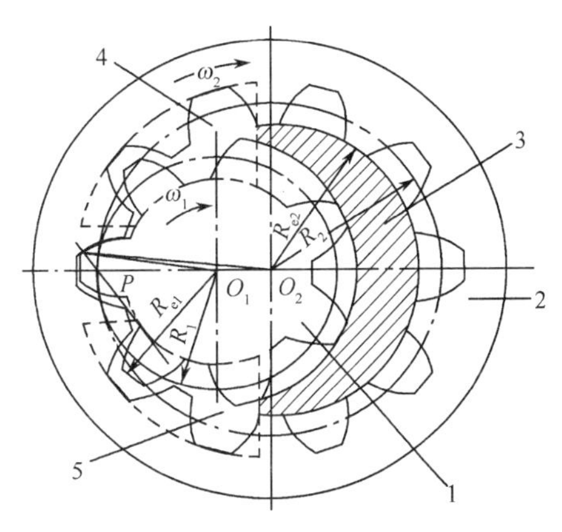

图2-6 内啮合齿轮泵工作原理
1—外齿轮(主动齿轮);2—内齿轮(从动齿轮);
3—月牙板;4—吸油腔;5—排油腔。

内啮合齿轮泵相对外啮合齿轮泵可做到无困油现象,流量脉动小,因此相应地压力脉动及噪声也都小;结构紧凑、尺寸小、质量轻;由于齿轮相对速度小,可以高速旋转;又由于内外齿轮转向相同,齿轮相对滑动速度小,因此磨损小、寿命长。其主要缺点是,工艺性不如外啮合齿轮泵,造价高。

2.2.3 螺杆泵

螺杆泵实质上是一种外啮合摆线齿轮泵,按其螺杆根数分为单螺杆泵、双螺杆泵、三螺杆泵、四螺杆泵和五螺杆泵等;按螺杆截面分为摆线齿型、摆线—渐开线齿型和圆形齿型三种不同形式的螺杆泵。

图2-7为三螺杆泵的结构简图。在三螺杆泵壳体2内平行地安装着三根互为啮合的双头螺杆,主动螺杆为中间凸螺杆3,上下两根凹螺杆4和5为从动螺杆。

图2-7中,三根螺杆的外圆与壳体对应弧面保持着良好的配合,螺杆的啮合线将主动螺杆和从动螺杆的螺旋槽分割成多个相互隔离、互不相通的密封工作腔。当传动轴(与凸螺杆为一整体)如图示方向旋转时,这些密封工作腔随着螺杆的转动一个接一个地在左端形成,并不断地从左向右移动,在右端消失。主动螺杆每转一周,每个密封工作腔便移动一个导程。密封工作腔在左端形成时逐渐增大将油液吸入来完成进油工作,在右面的工作腔逐渐减小直至消失因而将油液压出完成排油工作。螺杆直径越大,螺旋槽越深,螺杆泵的排量越大;螺杆越长,进、排油口之间的密封层次越多,密封就越好,螺杆泵的额定压力就越高。

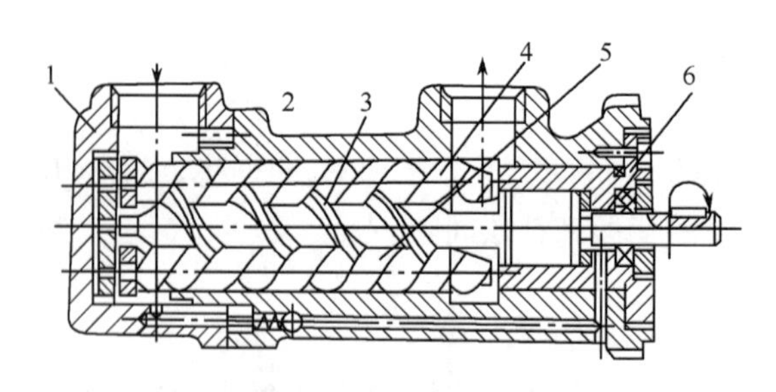

图 2-7　三螺杆泵结构简图

1—后盖;2—壳体;3—主动螺杆(凸螺杆);4、5—从动螺杆(凹螺杆); 6—前盖。

螺杆泵与其他容积式液压泵相比,具有结构紧凑,体积小,质量轻,自吸能力强,运转平稳,流量无脉动,噪声小,对油液污染不敏感,工作寿命长等优点。目前常用在精密机床上和用来输送黏度大或含有颗粒物质的液体。螺杆泵的缺点是其制造工艺复杂,加工精度要求高,因此应用受到限制。

2.3 叶 片 泵

叶片液压泵简称叶片泵,具有工作平稳、噪声小、流量均匀和容积效率高等优点。但其自吸能力较差,对液压油的污染比较敏感,结构较复杂,泵的转速较齿轮泵低,一般为600r/min ~ 2000r/min。

叶片泵按转子每转吸排油的次数,即作用次数可分为单作用叶片泵和双作用叶片泵两大类。单作用叶片泵可作为变量泵使用,但工作压力较低,双作用叶片泵均为定量泵,工作压力可达6.5MPa ~ 14MPa。

2.3.1 单作用叶片泵

1. 工作原理

单作用叶片泵工作原理如图 2-8 所示。叶片泵主要由配流盘1、传动轴2、转子3、定子4、叶片5 组成。定子的内表面是圆柱面,转子和定子中心之间存在着偏心 e ,叶片装在转子槽中,并可在槽内自由滑动。当传动轴带动转子回转时,在离心力以及叶片根部油压力作用下,叶片顶部紧贴在定子内表面上,于是两相邻叶片、配流盘、定子和转子便形成一个密闭的工作腔。当转子按图示的方向旋转时,图右侧的叶片向外伸出,密闭工作腔的容积逐渐增大,产生真空,液压油通过配流盘上的进油窗口(配油盘上右边腰形窗口)进入密封工作腔;而在图的左侧,叶片往里缩进,密封腔的容积逐渐减小,密封腔中的液压油经配油盘上的排油窗口(配流盘上左边腰形窗口)被排入到系统中。

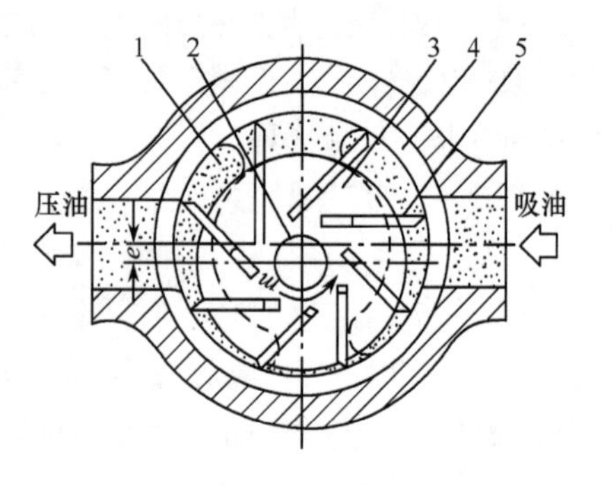

图 2-8　单作用叶片泵工作原理

1—配流盘; 2—传动轴; 3—转子; 4—定子; 5—叶片。

由于两窗口之间的距离大于相邻两叶片之间的距离,因此形成封油区,将吸油腔和排油腔隔开,转子每转一周,每个工作容腔完成一次进油和排油,故称单作用叶片泵。若改变定子和转子间偏心矩 e 的大小,便可改变泵的排量,形成变量叶片泵。单作用叶片泵的主要缺点是转子受到来自排油腔的单向压力,由于径向力不平衡,轴承上所受的载荷较大,称非平衡式叶片泵,故不宜用作高压泵。

单作用叶片泵的理论排量为

$$V_p = 2Be(2\pi R - \delta z) \tag{2-5}$$

式中 V_p——单作用叶片泵的理论排量(m^3/r);

B——叶片宽度(m);

e——定子与转子的偏心矩(m);

R——定子半径(m);

δ——叶片厚度(m);

z——叶片数。

单作用叶片泵的叶片底部小油室和工作油腔相通,即当叶片处于进油腔时,它和进油腔相通,也参加吸油;当叶片处于压油腔时,它和排油腔相通,也向外排油,叶片底部的进油和排油作用,可基本补偿工作油腔中叶片所占的体积,因此可不考虑叶片对容积的影响,则单作用叶片泵的理论排量为

$$V_p = 4\pi BeR$$

单作用叶片泵的实际流量为

$$q_p = \frac{1}{60} V_p n_p \eta_{pV} \tag{2-6}$$

式中 q_p——单作用叶片泵的实际流量 (m^3/s);

V_p——单作用叶片泵的排量(m^3/r);

n_p——单作用叶片泵的额定转速(r/min);

η_{pV}——单作用叶片泵的容积效率。

2. 性能及结构特点

(1)困油现象及消除措施。单作用叶片泵配油盘的吸、排油窗口间的密封角略大于两相邻叶片间的夹角,另因单作用叶片泵的定子不存在与转子同心的圆弧段,因此在进、排油过渡区,当两叶片间的密封容腔发生变化时,会产生与齿轮泵相类似的困油现象。通常是通过在配油盘排油窗口的边缘开三角卸荷槽的方法来消除困油现象。

(2) 叶片安放角。由于叶片仅靠离心力紧贴在定子内表面上,实际上它还受到哥氏力和摩擦力的作用,因此,为了使叶片所受的合力与叶片的滑动方向一致,保证叶片更容易从叶片槽滑出,通常都将叶片槽加工成沿旋转方向向后倾斜一个角度。

(3) 叶片根部的容积不影响泵的流量。由于叶片头部和底部同时处在排油区或吸油区,因此厚度对泵的流量没有影响。

(4)因定子内环为偏心圆,转子在转动时,叶片的矢径是转角的函数,瞬时理论流量是脉动的。故叶片数取奇数,以减小流量的脉动。

3. 限压式变量叶片泵的变量原理

图 2-9 为限压式变量叶片泵的结构图,图 2-10 为其原理图。

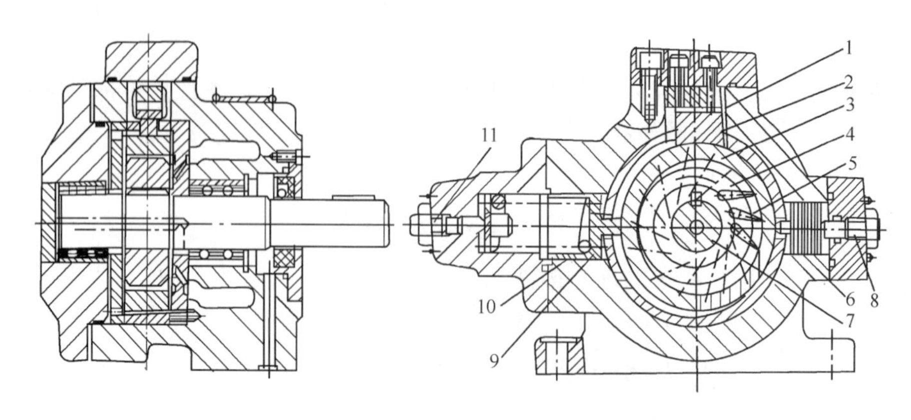

图 2－9　限压式变量叶片泵的结构

1—滚针；2—滑块；3—定子；4—转子；5—叶片；6—控制活塞；7—传动轴；
8—最大流量调节螺钉；9—弹簧座；10—弹簧；11—压力调节螺钉。

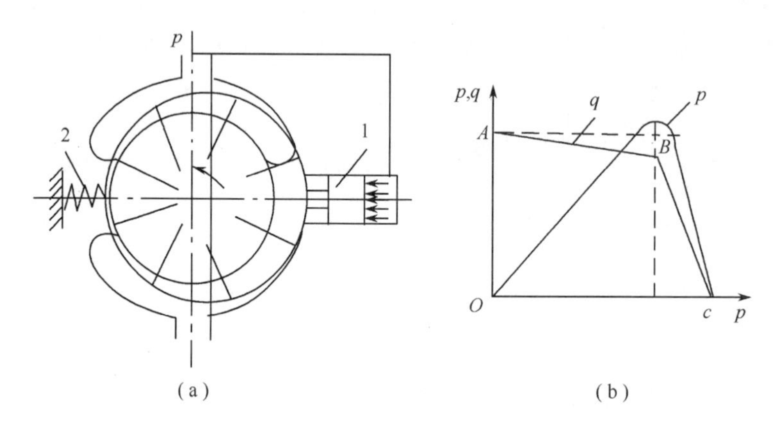

图 2－10　限压式变量叶片泵原理

(a)简化原理图；(b)特性曲线。
1—控制活塞；2—弹簧。

如图 2－10(a)所示，在定子的左侧作用有一个弹簧 2(刚度为 K，预压缩量为 x_0)；右侧有一个控制活塞 1(作用面积为 A)，控制活塞油室常通泵的出口压力油 p。现将作用在控制活塞上的液压力 $F=pA$ 与弹簧力 $F_t=Kx_0$ 相比较进行分析，可知有以下几种情况：当 $F<F_t$ 时，定子处于右极限位置，偏心距最大，即 $e=e_{max}$，泵输出最大流量；若泵的出口压力 p 因工作载荷增大而升高，导致 $F>F_t$ 时，定子将向偏心减小的方向移动，其位移为 x。定子的位移一方面使泵的排量(流量)减小，另一方面使左侧的弹簧进一步受压缩，弹簧力增大为 $F_t=K(x_0+x)$；当 $F=F_t$ 时，定子平衡在某一偏心($e=e_{max}-x$)下工作，泵输出一定的流量。泵的出口压力越高，定子的偏心越小，泵输出的流量就越小。其压力流量特性曲线如图 2－10(b)所示。

在图 2－10(b)所示的特性曲线中，B 点为拐点，对应的压力 $p_B=Kx_0/A$；C 点为极限压力 $p_C=K(x_0+e_{max})/A$。在 AB 段，作用在控制活塞上的液压力小于弹簧的预压缩力，定子的偏心距 $e=e_{max}$，泵输出最大流量。由于随着压力增高，泵的泄漏量增加，泵的实际输出流量减小，因此线段 AB 略向下倾斜。在拐点 B 之后，泵输出流量随出口压力的升高而自动减小，如曲线 BC 所示，曲线 BC 的斜率与弹簧的刚度有关。到 C 点泵的输出流量为零。

调节图2－9中的压力调节螺钉可以改变弹簧的预压缩量 x_0，即改变特性曲线中拐点 B 的压力 p_B 的大小，曲线 BC 沿水平方向平移。调节定子右边的最大流量调节螺钉，可以改变定子的最大偏心距 $e = e_{max}$，即改变泵的最大流量，曲线 AB 上下移动。由于泵的出口压力升至 C 点的压力 p_C 时，泵的流量等于零，压力不会再增加，泵的最高压力限定为 p_C，因此将其命名为限压式变量泵。

2.3.2 双作用叶片泵

1. 工作原理

双作用叶片泵工作原理如图2－11所示。它也是由配流盘1、传动轴2、转子3、定子4、叶片5等组成，与单作用叶片泵的不同之处在于定子和转子是同心的，且定子内表面近似椭圆形，由两段长半径为 R 和两段短半径为 r 的圆弧和四段过渡曲线组成。

在图2－11中，当转子逆时针方向旋转时，密封工作腔的容积在右上角和左下角处逐渐增大，为进油区；在右下角和左上角处逐渐减小，为压油区。进油区和压油区之间有一段封油区将进、压油区分开。由于有两个进油区和压油区，所以这种泵的转子每转一周，每个密封工作腔完成两次进油和压油，所以称为双作用叶片泵，又由于两个进油区和两个压油区是径向对称的，作用在转子上的压力径向平衡，因此又称为平衡式叶片泵。

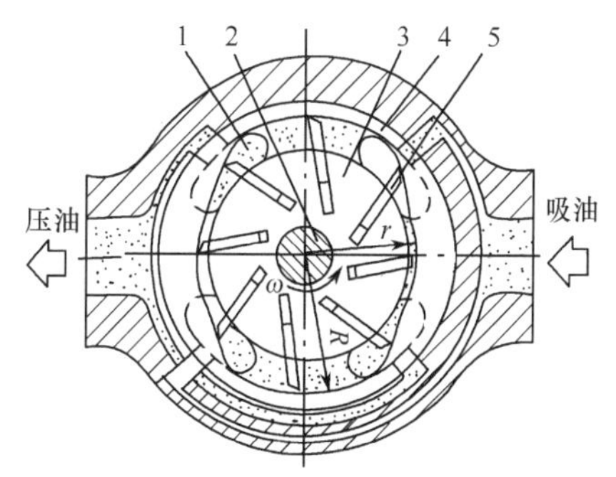

图2－11 双作用叶片泵工作原理
1—配流盘；2—传动轴；
3—转子；4—定子；5—叶片。

双作用叶片泵的理论排量为

$$V_{\mathrm{p}} = 2\pi B\left[R^2 - r^2 - \frac{(R-r)z\delta}{\pi\cos\theta}\right] \tag{2-7}$$

式中 V_{p}——双作用叶片泵的理论排量（$\mathrm{m^3/r}$）；

θ——叶片倾斜角（°）。

2. 性能及结构特点

1）定子过渡曲线

由于定子内表面的曲线由四段圆弧和四段过渡曲线组成，因而泵的动力学特性在很大程度上受过渡曲线的影响。理想的过渡曲线不仅应使叶片在槽中滑动时的径向速度变化均匀，还应使叶片转到过渡曲线和圆弧段交接点处的加速度突变不大，以减小冲击和噪声，同时还应使泵的瞬时流量的脉动最小。

2）叶片安放角

为了保证叶片顺利从叶片槽滑出，减小叶片的压力角，根据过渡曲线的动力学特性，通常都将双作用叶片泵的叶片槽加工成沿旋转方向向前倾斜一个安放角 θ，当叶片有安放角时，叶片泵就不允许反转。

3）端面间隙的自动补偿

为了提高压力，减少端面泄漏，采取的间隙自动补偿措施是将配流盘的外侧与排油腔连通，使配流盘在液压推力作用下压向转子。泵的工作压力越高，配流盘就会越加贴紧转子，对转子端面间隙进行自动补偿。

2.4 柱塞泵

柱塞式液压泵简称柱塞泵，它是利用柱塞在缸体柱塞孔内作往复运动时，使密封工作容积变化来实现进油和排油的。由于柱塞和柱塞孔配合表面为圆柱形表面，通过加工可得到很高的配合精度，所以柱塞泵的泄漏小，容积效率高，一般都作为高压泵。根据柱塞分布方向的不同，柱塞泵可分为轴向柱塞泵和径向柱塞泵，而轴向柱塞泵按其结构形式又可分为斜盘式和斜轴式两种。

2.4.1 斜盘式轴向柱塞泵

斜盘式轴向柱塞泵的工作原理如图2－12所示。

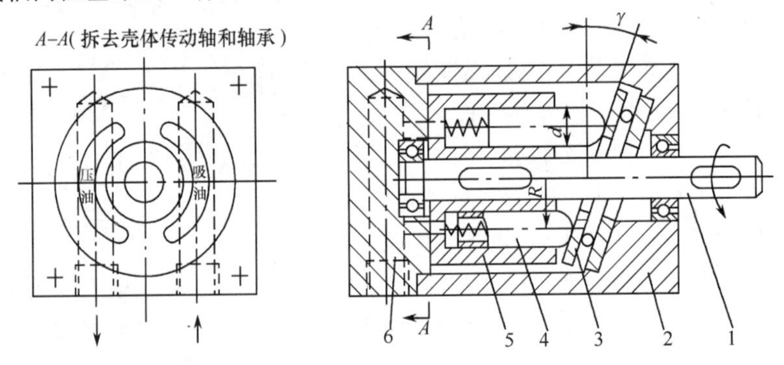

图2－12　斜盘式轴向柱塞泵的工作原理

1—转动轴；2—壳体；3—斜盘；4—柱塞；5—缸体；6—配流盘。

图2－12中，柱塞4装在缸体5中，在弹簧的作用下压向斜盘3。柱塞和缸体上的柱塞孔沿缸体轴向圆周均匀分布。当缸体在传动轴1带动下转动时，柱塞4在缸体内自下而上回转的半周内（$0\sim\pi$）逐渐向外伸出，使缸体柱塞孔的密封工作腔容积不断增加，产生局部真空，油液经配流盘6上的腰形进油窗口进入；反之，柱塞在其自上而下回转的半周内（$\pi\sim2\pi$）逐渐缩回缸内，使密封工作腔的容积不断减小，即将油液从配油盘上的腰形排油窗口向外压出。缸体每转一周，每个柱塞往复运动一次，完成一次进油和压油。缸体在转动轴带动下连续回转，则柱塞不断地进油和压油，将压力油连续不断地提供给液压系统。根据图2－12中的几何关系，可得斜盘式轴向柱塞泵的理论排量计算公式为

$$V_{\mathrm{p}}=\frac{1}{2}\pi d^{2}zR\tan\gamma \tag{2-8}$$

式中　V_{p}——斜盘式轴向柱塞泵的排量（m^3/r）。

实际流量计算公式为

$$q_p = \frac{1}{60}V_p n_p \eta_{pV} = \frac{1}{120}\pi d^2 z n_p R \eta_{pV} \tan\gamma \qquad (2-9)$$

式中 q_p——斜盘式轴向柱塞泵的实际流量(m^3/s)；

d——柱塞直径(m)；

z——柱塞数；

R——缸体柱塞孔中心的分布圆半径(m)；

n_p——液压泵的转速(r/min)；

η_{pV}——液压泵容积效率；

γ——斜盘的倾斜角(°)。

从泵的排量式(2-8)中可以看出：柱塞直径 d、分布圆半径 R、柱塞数 z 都是固定结构参数，并且泵的转数在原动机确定后也是不变的，所以要想改变泵输出流量的大小和方向，只可以通过改变斜盘倾角 γ 来实现。

实际上，斜盘式轴向柱塞泵的排量具有脉动性，脉动率的大小既和柱塞数的奇偶性有关(奇数柱塞泵比偶数柱塞泵的脉动率小)，又和柱塞数量有关(柱塞数越多，流量脉动率越小，但使泵本身结构及加工工艺变得复杂，使成本增加)，所以综合考虑，泵的柱塞数通常取 7 或 9。

斜盘式轴向柱塞泵主要由主体部分和变量机构两大部分组成，根据变量机构的结构形式和工作原理，可分为手动变量、伺服变量、液控变量、电动变量、恒功率变量等多种形式。现介绍几种典型的斜盘式轴向柱塞泵。

1. SCY-1B 型斜盘式手动变量轴向柱塞泵

图 2-13 为 SCY-1B 型斜盘式手动变量轴向柱塞泵结构图。其主体部分由斜盘 2、回程盘 3、轴承 4、滑靴 5、缸体 6、柱塞 7、回程弹簧 8、传动轴 9、配流盘 10、壳体 11、变量活塞 12、拨叉 13 等组成。传动轴通过花键与缸体连接并带动缸体旋转，由于斜盘的法线方向与传动轴的轴线方向有一个夹角，所以均匀分布在缸体上的 7 个柱塞在绕传动轴作回转运动的同时，沿缸体上的柱塞孔作相对往复运动，通过配油盘完成进油、排油。

由图 2-13 可见，使缸体紧压配流盘端面保持两者之间密封的作用力，除弹簧作为预密封推力外，还有柱塞孔底部台阶上所受的液压力，此液压力比弹簧力大得多，而且随泵的工作压力增大而增大。由于缸体始终受液压力作用，从而紧贴着配流盘，就使缸体和配流盘端面之间的间隙得到了自动补偿。

该泵由变量手轮 1、壳体 11、变量活塞 12、拨叉 13 组成变量机构。当转动变量手轮时，通过丝杠带动变量活塞沿壳体上下运动，活塞通过拨叉使斜盘绕其自身的回转中心摆动，这样就改变斜盘中心法线方向和传动轴轴线方向之间的夹角，从而改变泵排量的大小。

一般斜盘式轴向柱塞泵都在柱塞头部装一个滑靴，每个柱塞的球头与滑靴铰接，回程弹簧通过内套、钢球、回程盘将滑靴紧紧压在斜盘上，起预密封作用。滑靴是按静压原理设计的，其结构如图 2-14 所示。

图 2-14 中，柱塞的球头与滑靴的内球面接触，并能任意方向转动，而滑靴的平面与斜盘接触，这样就大大降低了接触应力。此外，压力油通过柱塞上的小孔 f 和滑靴上的小孔 g 进入油室，使滑靴和斜盘间形成一定厚度的油膜，即形成静压轴承。其工作原理为，

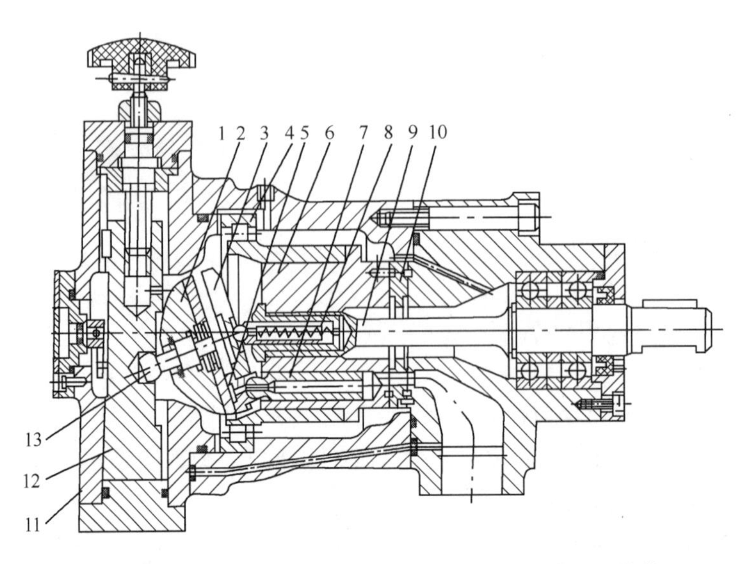

图 2－13　SCY－1B 型斜盘式手动变量轴向柱塞泵的结构

1—变量手轮；2—斜盘；3—回程盘；4—轴承；5—滑靴；6—缸体；7—柱塞；8—回程弹簧；9—传动轴；10—配流盘；11—壳体；12—变量活塞；13—拨叉。

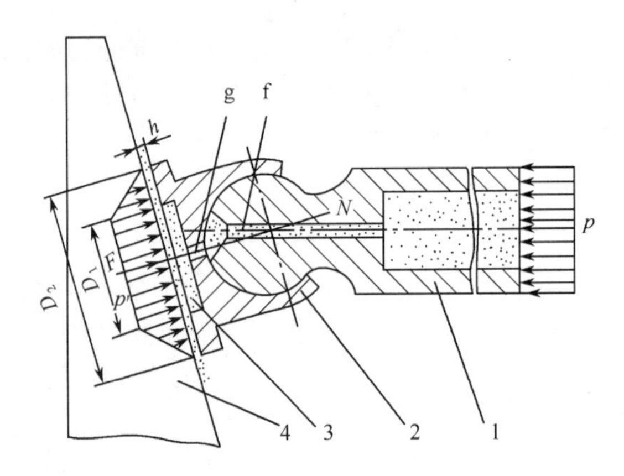

图 2－14　滑靴的静压支撑原理

1—柱塞；2—滑靴；3—油室；4—斜盘。

当泵开始工作时，滑靴紧贴斜盘，油室 1 中的油没有流动，所以处于相对静止状态，此时 p' 等于 p，在设计时，使处于这种状态下的反推力 F 大于压紧力 N，使滑靴被逐渐推开，产生间隙 h，油室中的油通过间隙漏出并形成油膜，此时油腔中的油在流动状态中，所以压力油 p 经阻尼孔 f、g 到油室，阻尼孔造成的压力损失，使 p' 小于 p，直至使反推力 F 与压紧力 N 相等，使滑靴和斜盘保持一定的油膜厚度，并处于平衡状态。

2. 手动伺服变量轴向柱塞泵

图 2－15 所示为手动伺服变量轴向柱塞泵结构。

其工作原理如下所述。

液压油从出油口流经孔道 a，打开单向阀 14 进入变量活塞的下腔 b 内，当压下拉杆 8 时，拉杆推动伺服活塞向下运动，则下腔 b 内的压力油经通道 c 进入上腔 f 内。由于变量活塞上端面面积大于下端面面积，作用在它上端的液压力比作用在下端的液压力大，变量

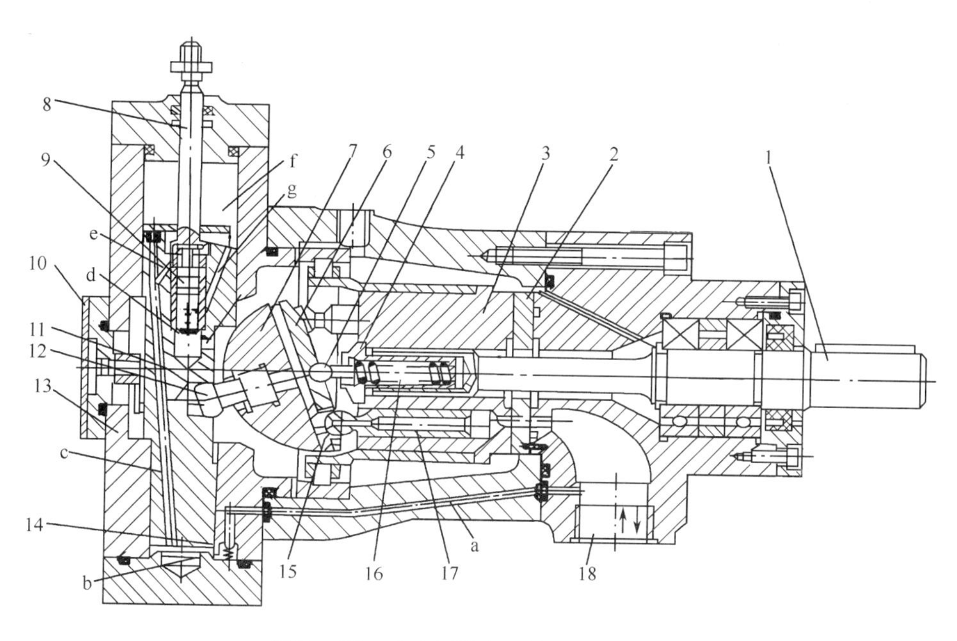

图 2－15　手动伺服变量轴向柱塞泵结构

1—传动轴；2—配油盘；3—缸体；4—内套；5—定心球头；6—回程盘；7—斜盘；
8—拉杆；9—伺服活塞；10—刻度盘；11—变量活塞；12—销轴；13—变量壳体；
14—单向阀；15—滑靴；16—弹簧；17—柱塞；18—进油口或出油口。

活塞 11 就向下运动，带动销轴 12 使斜盘 7 绕自身耳轴的中心线摆动，斜盘倾斜角 γ 的变化使柱塞行程变化。加大 γ，行程增加，流量变大；减小 γ，流量减小。这一变量机构，其实质为一个随动机构，斜盘的倾角 γ（输出）完全跟随伺服滑阀的位置（输入）的变化而变化。

手动伺服变量机构与手动变量机构不同的是，手动变量是直接提拉变量活塞，由于斜盘的作用力较大，提拉很困难；手动伺服变量机构是提拉伺服活塞，作用力很小，变量活塞随伺服活塞的移动而移动，有力的放大作用。因此，手动伺服变量机构比较简单、方便，可以在油泵工作中变量。

3. 恒功率变量轴向柱塞泵

图 2－16 为恒功率变量轴向柱塞泵的变量机构，这种变量机构属于自供油式，即由泵本身排油口压力经液压伺服滑阀控制变量机构。

变量机构的活塞 2 内装有伺服滑阀 3，滑阀 3 与芯轴 4 相连，芯轴上装有外弹簧 5 和内弹簧 6，弹簧的预压紧力使滑阀 3 处于最低位置（如图 2－16 所示位置）。

工作时，泵排油腔的压力油经单向阀进入活塞 2 的下腔室 a，再经通道 b 进入腔室 d 和环槽 c，活塞 2 的上腔室 e 通过通道 f 与环槽 g 相连。因为滑阀 3 的直径 D_1 大于 D_2，所以在 d 腔室内，作用在滑阀上的液压力方向向上。当排油口的压力在某一定值压力以下时，作用在滑阀上向上的液压力小于外弹簧 5 的预压紧力，滑阀 3 处于图示最低位置，此时环槽 c 打开，压力油经通道 b 与活塞 2 上腔室 e 接通，环槽 g 被堵死，活塞 2 上腔使 e 与回油不通，所以活塞下腔 a 与上腔 e 中的油压相等。由于活塞 2 为差动活塞，在压力油作用下，活塞处于最下位置，斜盘倾角最大，泵的流量最大。随着系统压力的升高，泵的排油腔的压力也逐渐升高，当压力超过外弹簧5的预压紧力时，滑阀3将克服外弹簧5的预压紧力而上升，环槽c被堵死，环槽g被打开，活塞上腔e中的油经f、g从滑阀中心孔流回油箱，则下腔室的压力油将活塞2向上推，使其跟随滑阀3向上运动，斜盘倾角减小，则流量减小。随着滑阀的上升，外弹簧5的预压紧力也逐渐增加，当使滑阀3处于新的平衡位置时，滑阀3停止运动，活塞2也随着停止运动，滑阀3和活塞2的相对位置又回到图示位置，斜盘停止转动，泵的流量保持不变。当系统压力降低时，泵的排油腔的压力也逐渐降低，则流量增大，工作过程相同。该泵的最小流量由调节螺钉7限定，弹簧套8用于调节外弹簧5的预压紧力，内弹簧5参与工作时，弹簧刚度将增大，弹簧套9用于调节内弹簧5参加工作的迟早。

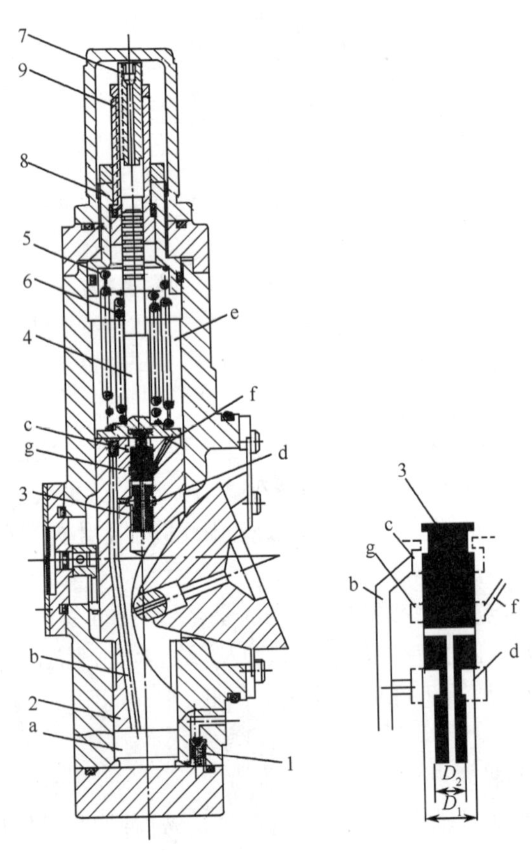

图2－16　恒功率变量轴向柱塞泵变量机构

1—单向阀；2—活塞；3—滑阀；4—心轴；5—外弹簧；6—内弹簧；7—调节螺钉；8—外弹簧套；9—内弹簧套。

恒功率变量轴向柱塞泵的变量机构的特性，是根据泵的出口压力调节输出流量，使泵的输出流量与压力的乘积近似保持不变，即泵的输出功率大致保持恒定。这种特性最适合工程机械的要求，因为工程机械（如挖掘机）的外负荷变化比较大，而且频繁，所以使用恒功率变量系统，可以实现自动调速，当外负荷大时，压力升高，速度降低；当外负荷小时，压力降低，速度升高。这样就可以使机械经常处于高效率工况下运转，从而提高机械效率。

2.4.2 斜轴式轴向柱塞泵

传动轴轴线与圆盘轴线一致而与缸体轴线倾斜一个角度 γ 的轴向柱塞泵，称斜轴式轴向柱塞泵。斜轴式轴向柱塞泵的工作原理与斜盘式轴向柱塞泵基本相同，如图 2－17 所示。

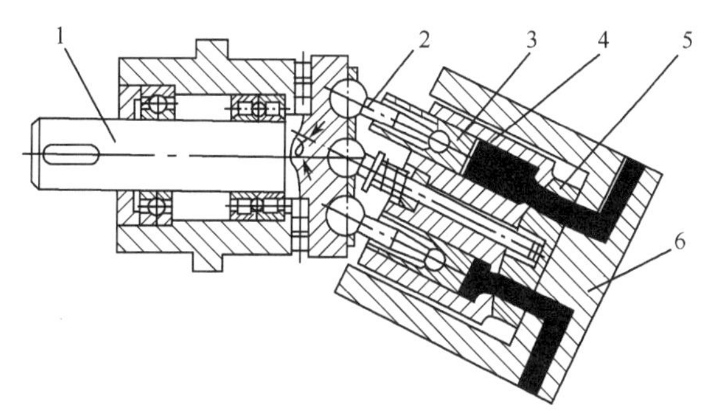

图 2－17 斜轴式轴向柱塞泵的工作原理
1—传动轴；2—连杆机构；3—柱塞；4—缸体；5—配流盘；6—泵体。

斜轴式轴向柱塞泵由传动轴 1、连杆机构 2、柱塞 3、缸体 4、配流盘 5 和泵体 6 等零件组成。传动轴为驱动轴，轴的右端部做成法兰盘状，盘上有 z 个球窝（z 为柱塞数），均布在半径为 r 的同一圆周上，用以支撑连杆 2 的球头，连杆 2 的另一端球头铰接于柱塞 3 上。当传动轴带动右端的法兰盘旋转时，通过连杆机构 2 带动缸体 4 绕其倾斜的轴线旋转，使柱塞 3 在缸体内作往复运动，通过配流盘 5 上的配流窗口完成进油和排油的过程。改变缸体的倾角 γ 便可改变其流量，如果 γ 角做成可以调节的，即成为一种变量泵。由图 2－17 可以看出，法兰盘每转一周，柱塞的行程为 $L=2r\sin\gamma$，所以泵的排量公式计算为

$$V_p=\frac{1}{4}\pi d^2 zL=\frac{1}{2}\pi d^2 zr\sin\gamma \tag{2-10}$$

式中 V_p——斜轴式轴向柱塞泵的排量（m^3/r）。其他符号意义同前。

实际流量计算公式为

$$q_p=\frac{1}{60}V_p n_p \eta_{pV}=\frac{1}{120}\pi d^2 zrn_p\eta_{pV}\sin\gamma \tag{2-11}$$

式中 q_p——斜轴式轴向柱塞泵的实际流量（m^3/s）；

d——柱塞直径（m）；

z——柱塞数；

r——法兰盘球窝中心分布圆半径（m）；

n_p——液压泵的转速（r/min）；

η_{pV}——液压泵容积效率

γ——缸体轴线的倾斜角（°）。

与斜盘式轴向柱塞泵相比，由于柱塞所受侧向力很小，泵能承受较高的压力与冲击，且总效率也略高于斜盘式轴向柱塞泵。另外，斜轴式轴向柱塞泵的缸体轴线与驱动轴的夹角 γ 较大，变量范围较大。目前，斜轴式轴向柱塞泵使用相当广泛。但斜轴式轴向柱塞

泵是靠缸体摆动实现变量,运动部分的惯量大,动态响应慢,缸体摆动将占有较大的空间,所以外形尺寸较大,结构也较复杂。

2.4.3 径向柱塞泵

柱塞相对于传动轴轴线径向布置的柱塞泵称为径向柱塞泵。径向柱塞泵的工作原理是通过柱塞的径向位移,改变柱塞封闭容积的大小进行进油和排油的。按其配流方式(进油和排油)的不同,径向柱塞泵又可分为配流轴式和配流阀式两种结构型式。

1. 配流轴式径向柱塞泵

配流轴式径向柱塞泵的结构及工作原理如图2-18所示。在转子3上径向均匀分布着数个柱塞孔,孔中装有柱塞1,通常是靠离心力的作用使柱塞1的头部顶在定子2的内壁上(此类泵中有的是靠弹簧或低压补油的作用实现);转子3的中心与定子2的中心之间有一个偏心量e。在固定不动的配流轴5上,相对于柱塞孔的部位有上下两个相互隔开的配油腔,该配油腔又分别通过所在部位的两个轴向孔与泵的进、排油口连通。当传动轴带动转子3转动时,由于定子2和转子3间有偏心距e,所以柱塞1在随转子3转动时,又在柱塞孔内作往复运动。当转子3顺时针转动时,柱塞1绕经上半周时向外伸出,柱塞腔的容积逐渐增大,通过配流衬套4上的油口从轴向孔进油;当柱塞转到下半周时,定子内壁将柱塞向里推,柱塞底部的工作容积逐渐减小,通过配流轴5向外排油。

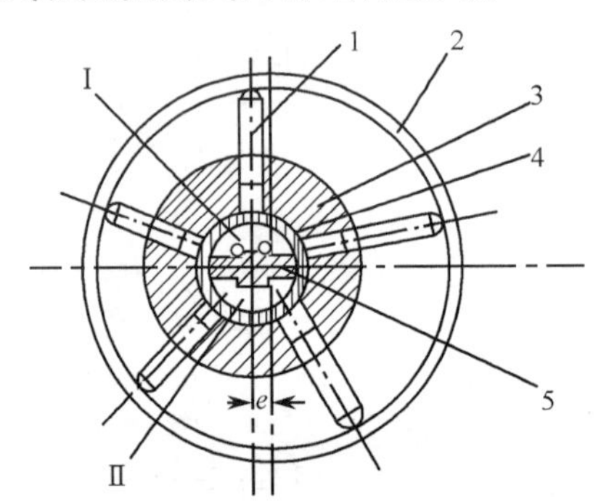

图2-18 配流轴式径向柱塞泵结构及工作原理

1—柱塞; 2—定子; 3—缸体(转子)

4—配流衬套; 5—配流轴。

移动定子,改变偏心量e就可改变泵的排量,当移动定子使偏心量从正值变为负值时,泵的进、排油口就互相调换,因此径向柱塞泵可以是单向或双向变量泵,为了使流量脉动尽可能小,通常采用奇数柱塞数。为了增加流量,径向柱塞泵有时将缸体沿轴线方向加宽,将柱塞做成多排形式的,对于排数为i的多排形式的径向柱塞泵,其排量和流量分别为单排径向柱塞泵排量和流量的i倍。

2. 配流阀式径向柱塞泵

配流阀式径向柱塞泵的工作原理如图2-19所示。柱塞2在弹簧3的作用下始终紧贴偏心轮1(和主轴做成一体),偏心轮每转一周,柱塞就完成一个往复行程。当柱塞向下运动时,柱塞缸6的容积增大,形成真空,将进油阀5打开,从油箱吸油,此时压油阀因压力作用而关闭;当柱塞向上运动时,柱塞缸6的容积减小,油压升高,油液冲开压油阀4进入工作系统,此时进油阀5因油压作用而关闭。这样,偏心轮不停地旋转,泵也就不停地吸油和

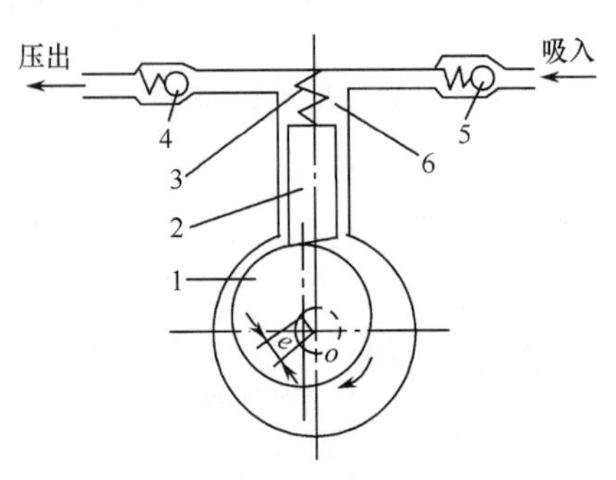

图2-19 配流阀式径向柱塞泵工作原理

1—偏心轮; 2—柱塞; 3—弹簧;

4—压油阀; 5—进油阀; 6—柱塞缸。

排油。

这种泵采用阀式配流，没有相对滑动的配合面，柱塞受侧向力也较小，因此对油的过滤要求低，工作压力比较高，一般可达 20MPa ~ 40MPa。而且耐冲击，使用可靠，不易出故障，维修方便。采用阀式配流密封可靠，因而容积效率可达 95% 以上。但泵的吸、排油对于柱塞的运动有一定的滞后，泵转速越高时滞后现象越严重，导致泵的容积效率急剧降低，特别是进油阀，为减小吸油阻力，弹簧往往比较软，滞后更为严重。因此这种泵的额定转速不高，另外，这种泵变量困难，外形尺寸和质量都较大。

径向柱塞泵的排量可参照轴向柱塞泵和单作用叶片泵的计算方法计算。

泵的排量为

$$V_{\mathrm{p}}=\frac{1}{2}\pi d^{2}ezk \tag{2-12}$$

泵的实际流量公式为

$$q_{\mathrm{p}}=\frac{1}{120}\pi d^{2}ezkn_{\mathrm{p}}\eta_{\mathrm{pV}} \tag{2-13}$$

式中 V_{p}——配流阀式径向柱塞泵的排量（$\mathrm{m^3/r}$）；

q_{p}——配流阀式径向柱塞泵的实际流量（$\mathrm{m^3/s}$）；

d——柱塞直径（m）；

z——单排柱塞数；

e——偏心矩（m）；

k——缸体内柱塞排数；

例题 2.1 某齿轮泵的额定流量 $q_{\mathrm{p}}=100\mathrm{L/min}$，额定压力 $p_{\mathrm{p}}=25\times10^{5}\ \mathrm{Pa}$，泵的转速 $n_{\mathrm{p}}=1450\ \mathrm{r/min}$，泵的机械效率 $\eta_{\mathrm{pm}}=0.9$。由实验测得，当泵的出口压力 $p_{\mathrm{p}}=0$ 时，其流量 $q_{\mathrm{pt}}=107\ \mathrm{L/min}$，试求：

（1）该泵的容积效率 η_{pV}；

（2）当泵的转速 $n'_{\mathrm{p}}=500\mathrm{r/min}$，估算泵在额定压力下工作时的流量 Q'_{p} 及该转速下泵的容积效率 η'_{pV}；

（3）两种不同转速下，泵所需的驱动功率。

解：（1）通常将零压下泵的输出流量视为理论流量。故该泵的容积效率为

$$\eta_{\mathrm{pV}}=\frac{q_{\mathrm{p}}}{q_{\mathrm{Pt}}}=\frac{100}{107}=0.93$$

（2）泵的排量是不随转速变化的，可得

$$V_{\mathrm{p}}=\frac{q_{\mathrm{pt}}}{n_{\mathrm{p}}}=\frac{107}{1450}=0.074(\mathrm{L/r})$$

故 $n_{\mathrm{p}}=500\ \mathrm{r/min}$ 时，其理论流量为

$$q'_{\mathrm{pt}}=V_{\mathrm{p}}n'_{\mathrm{p}}=0.074\times500=37(\mathrm{L/min})$$

齿轮泵的泄漏渠道主要是端面泄漏，这种泄漏属于两平行圆盘间隙的压差流动（忽略齿轮端面与端盖间圆周运动所引起的端面间隙中的液体剪切流动），由于转速变化时，其压差 Δp、轴间间隙 δ 等参数均未变，故其泄漏量与 $n_{\mathrm{p}}=1500\mathrm{r/min}$ 时的相同，其值为 $\Delta q=q_{\mathrm{pt}}-q_{\mathrm{p}}=(107-100)\mathrm{L/min}=7\ \mathrm{L/min}$。所以，当 $n'_{\mathrm{B}}=500\mathrm{r/min}$ 时，泵在额定压力

下工作时的流量 q_p' 为

$$q_p' = q_{pt}' - \Delta q = 30(\mathrm{L/min})$$

其容积效率为

$$\eta_{pV}' = \frac{q_p'}{q_{pt}'} = 0.81$$

(3)所需的驱动功率

$n_p = 1500$ r/min 时:

$$P = \frac{p_p q_p}{\eta_{pm}\eta_{pV}} = \frac{25 \times 10^5 \times 100 \times 10^{-3}}{60 \times 0.9 \times 0.93} = 4978(\mathrm{W}) = 4.98(\mathrm{kW})$$

$n_B' = 500$r/min 时，假设机械效率不变，$\eta_{pm} = 0.9$，则

$$P = \frac{p_p q_p'}{\eta_{pm}\eta_{pV}'} = \frac{25 \times 10^5 \times 30 \times 10^{-3}}{60 \times 0.9 \times 0.81} = 1715(\mathrm{W}) = 1.72(\mathrm{kW})$$

2.5 齿 轮 马 达

齿轮液压马达简称齿轮马达，具有结构简单、体积小、质量轻、惯性小、耐冲击、维护方便、对油液过滤精度要求较低等特点。但其流量脉动较大、容积效率低、转矩小、低速性能不好。

齿轮马达的工作原理如图 2－20 所示。

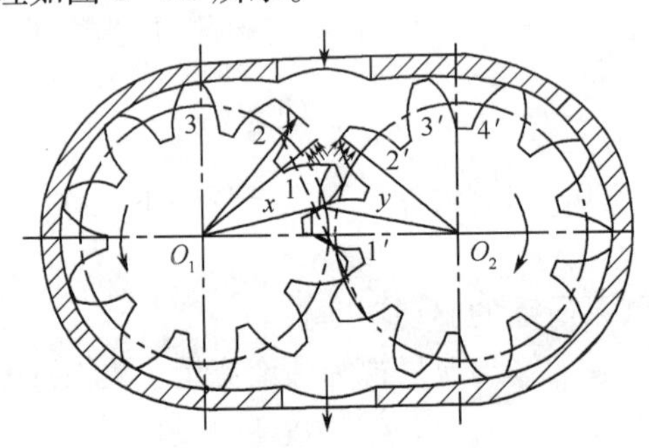

图 2－20　齿轮液压马达工作原理

当高压油进入齿轮马达的进油腔(由齿 1、2、3 和 1′、2′、3′、4′的表面及其泵体和端盖的有关内表面组成)之后，由于啮合点半径 x 和 y 永远小于齿顶圆半径，因而在齿 1 和 2′的齿面上，便产生如箭头所示的不平衡的液压力。该液压力就相对于轴线 O_1 和 O_2 产生转矩。在该转矩的作用下，齿轮马达就按图示箭头方向旋转，拖动外负载做功。

随着齿轮的旋转，齿 1 和 1′所扫过的容积要比齿 3 和 4′所扫过的容积小，这样随着啮合齿的不断变化，进油腔的容积不断增加，高压油便不断进入，同时又被不断地带入回油腔排出。这就是齿轮马达按容积变化进行工作的原理。

在齿轮马达的排量一定时，其输出转速只与输入流量有关，而输出扭矩则随外负载而

变化。

随着齿轮的旋转，齿轮啮合点是在不断变化的（即 x 和 y 是变量），这就是即使输入的瞬时流量一定时，也造成齿轮马达输出转速和输出扭矩产生脉动的原因。所以齿轮马达的低速性能不好。

齿轮马达和齿轮泵的结构基本一致，但由于齿轮马达需要带载启动，而且要求能够正、反方向旋转，所以齿轮马达在实际结构上和齿轮泵还是有差别的，主要在以下几个方面：

（1）进、出通道对称，孔径相同，以便正、反转使用时性能一样。

（2）采用外泄漏油孔。因为齿轮马达回油有背压，当其正、反转时，其进回油腔也相互变化。如果采用内部泄漏，容易将轴承内部冲坏，所以齿轮马达与齿轮泵不同，必须采用外泄漏油孔。

（3）轴向间隙自动补偿的浮动侧板，必须适应正、反转时都能工作的结构。同时，解决困油现象的卸荷槽必须是对称布置的结构。

（4）应用滚动轴承较多，主要为了减少摩擦损失而改善启动性能。

2.6 叶片马达

叶片液压马达简称叶片马达，其特点是体积小、质量轻、惯性较小、换向频率也较高。但泄漏大、容积效率较低、低速域旋转不稳定。叶片马达是一种高速小扭矩马达。

叶片马达的工作原理如图 2－21 所示。液压马达是将液压能转换为机械能的液压元件，因此其进油腔内必须是高压油，而出油腔内为低压油。当压力油进入进油腔时，位于进油腔中的叶片 2、6 两面均受压力油作用，所以不产生转矩，而位于封油区的叶片 1、3、5、7 一面受压力油作用，另一面所受的是压油腔中低压油作用，所以能产生转矩。同时，叶片 3、7 和 1、5 受力方向相反，但因叶片 3、7 伸出长，压力作用面积大，产生的转矩大于叶片 1、5 产生的转矩，因此转子作顺时针方向旋转。所以叶片马达的输出转矩即为叶片 3、7 和叶片 1、5 所产生的转矩差。定子内表面的长、短半径 R 和 r 的差值越大，转子的直径越大，输入的油压越高则叶片马达的输出转矩也越大。当改变输油方向时，叶片马达反转。

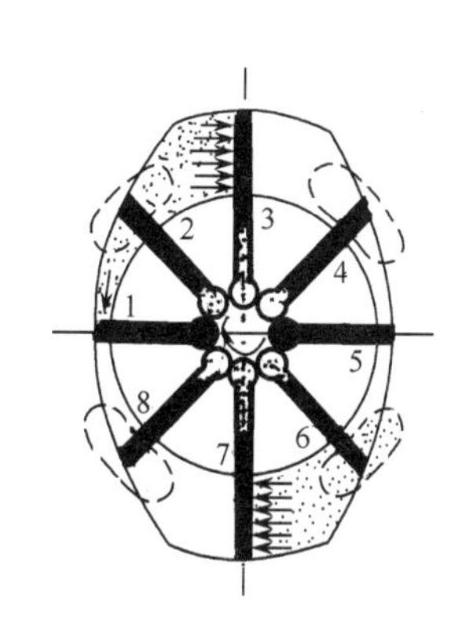

图 2－21　双作用叶片马达的工作原理

叶片马达结构如图 2－22 所示。

叶片马达的结构特点如下：

（1）转子两侧有环形槽，其间放置燕式弹簧 5（该弹簧套在销子 4 上），除靠压力油作用外，还靠弹簧的作用力，使叶片压紧在定子内表面上。这样可防止叶片马达在启动时，由于叶片未贴紧定子内表面，进油腔和排油腔相通，不能建立油压，无法保证有足够的启动力矩。

（2）叶片马达必须能正反转，所以叶片在转子中是径向放置的。

（3）为了使叶片的底部能始终都通压力油，不受液压马达回转方向的影响，在泵体上装有两个单向阀(单向阀由钢球1和阀座2、3组成)。

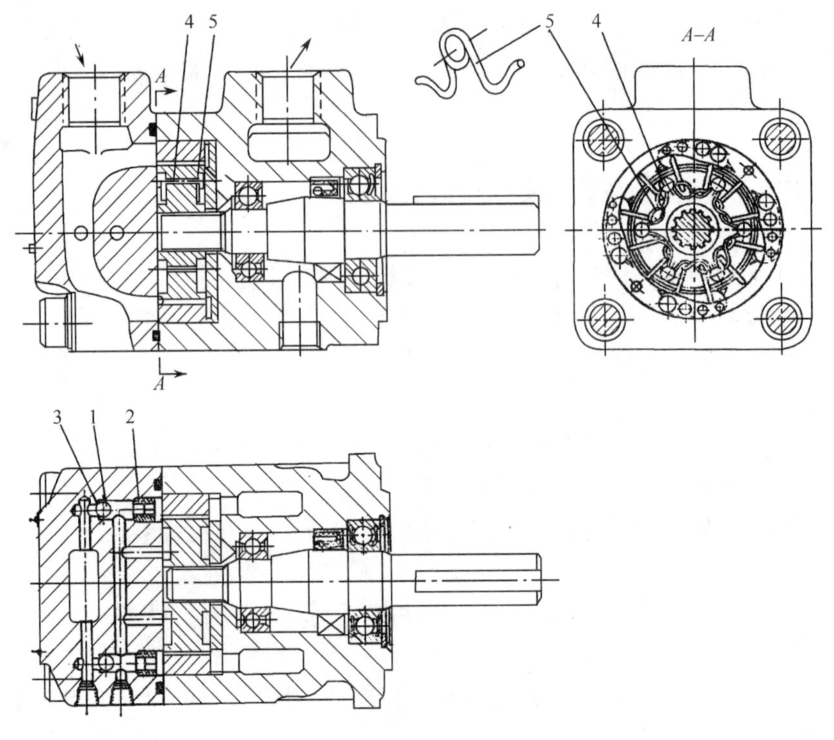

图2-22 叶片马达结构
1—钢球;2、3—阀座;4—销子;5—弹簧。

2.7 柱塞马达

根据柱塞分布方向的不同柱塞式液压马达(简称柱塞马达)可分为轴向柱塞马达和径向柱塞马达。

2.7.1 轴向柱塞马达

轴向柱塞马达的工作原理如图2-23所示。轴向柱塞马达在结构上与轴向柱塞泵相似,但考虑到正、反转要求,其结构布置(包括配油盘油槽布置及进、出口油道)均为对称。由于轴向柱塞马达能容易实现变量,因此应用也比较广泛。

图中斜盘1和配流盘4固定不动,柱塞3在缸体2中,驱动轴5和缸体2相连,并能一起转动,斜盘中心线和缸体中心线相交一个夹角γ。当压力油通过配流盘上的配流窗口a进入到与窗口a相通的缸体上的柱塞孔时,压力油把柱塞顶出,使之压在斜盘上。由于斜盘对柱塞的反作用力F垂直于斜盘表面(作用在柱塞球头表面的法线方向上),这个力的水平分力F_x与柱塞右端的液压力平衡,而垂直分力F_y则使每个与窗口a相通的柱塞都对缸体的回转中心产生一个转矩,使缸体和驱动轴作逆时针方向旋转,输出转矩和转速,同时与配流窗口b相通的柱塞孔中的柱塞被斜盘压回,将柱塞孔中的油液从配流窗口b排出。必须指出,因为液压马达是用来拖动外负载做功的,只有当外负载扭矩存在时,

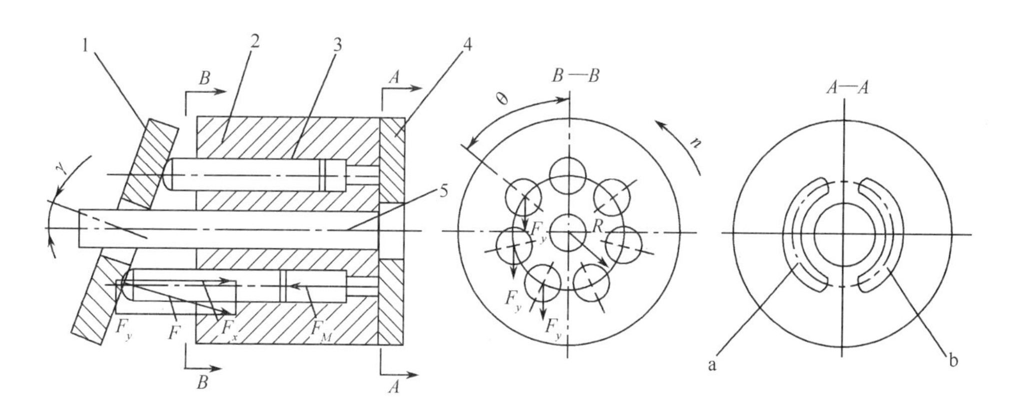

图 2-23 轴向柱塞马达工作原理

1—斜盘；2—缸体；3—柱塞；4—配流盘；5—驱动轴。

进入液压马达的压力油才能建立起相应的压力值，液压马达才能产生相应的扭矩去克服它，所以液压马达的扭矩是随外负载扭矩的变化而变化的。

2.7.2 径向柱塞马达

前面所叙述的液压马达，其转速高、转矩小，通常称为高速马达，径向柱塞马达为低速大转矩液压马达，其特点是转矩大，低速稳定性好（一般可在 10 r/min 以下平稳运转），因此可以直接与工作装置连接，不需要减速装置，使机械的传动系统大为简化，结构更为紧凑。所以在一些工程机械的工作装置和传动装置，如起重机的卷筒、履带挖掘机的履带驱动轮、混凝土泵（车）的搅拌装置等得到了广泛应用。

径向柱塞马达通常分为两种类型，即曲轴连杆式（单作用曲轴式）和多作用内曲线式。

1. 曲轴连杆式低速大扭矩马达

曲轴连杆式低速大扭矩马达是以通过增大柱塞直径，从而增大排量来增大其输出转矩的。其工作原理如图 2-24 所示。在壳体 1 的圆周上呈放射状地均匀布置了 5 个缸体，缸中的柱塞 2 通过球铰与连杆 3 的小端相连接，连杆大端做成鞍形圆柱面紧贴在曲轴 4 的偏心轮上（偏心轮的圆心为 O_1，它与曲轴旋转中心 O 的偏心距 $OO_1=e$）。曲轴的一端通过十字接头与配流轴 5 相连，配油轴上“隔墙”两侧分别为进油腔和排油腔。

工作时，高压油进入液压马达进油腔后，经过壳体的槽，进到相应的柱塞缸①、②、③中去。高压油产生的液压力作用于柱塞顶部，并通过连杆传递到曲轴的偏心轮上。例如，柱塞②作用在偏心轮上的力为 F_N，这个力的方向通过连杆中心线，指向偏心轮的中心 O_1，该力可分解成两个分力：法向分力 F_r（力的作用线与连心线 OO_1 重合）和切向分力 F_t。

切向分力 F_t 对曲轴的旋转中心 O 产生转矩，使曲轴绕逆时针方向旋转。缸①、③也与此相似，只是它们相对曲轴的位置不同，产生转矩的大小与缸②不同，所以使曲轴旋转的总转矩应等于与高压腔相通的柱塞缸（在图 2-24 中为①、②、③）所产生的转矩之和。

随着曲轴、配流轴的转动，进、排油腔分别依次和各柱塞接通，配油状态交替变化，位于高压侧（进油腔）的油缸容积逐渐增大，而位于低压侧（排油腔）的油缸容积逐渐减小，因此，在工作时高压油不断进入液压马达，推动曲轴旋转，然后由排油腔排出。将连接液

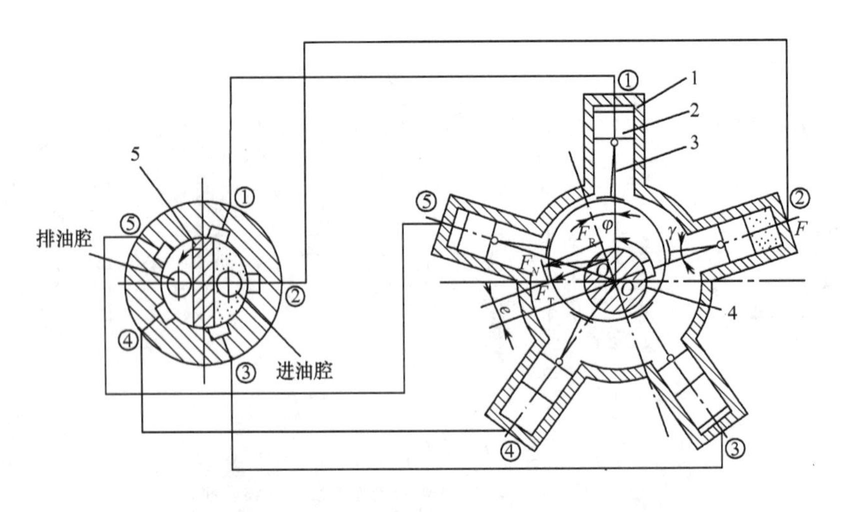

图2-24　曲轴连杆式低速大扭矩马达工作原理

1—壳体；2—柱塞；3—连杆；4—曲轴；5—配流轴。

压马达进、出油口的油路对换，即可改变液压马达的转向。

以上是壳体固定、曲轴旋转的情况，如果将曲轴固定，进、排油管直接接到配流轴中，就能达到外壳旋转的目的，外壳旋转的液压马达用来驱动车轮、卷筒十分方便。

图2-25为1JMD型径向液压马达的结构图。压力油从壳体1的进油口流入，经过转阀（即配流轴）11进入壳体3的柱塞缸，作用在柱塞4上并通过连杆5传递给曲轴6的偏心轮使曲轴旋转。与此同时，曲轴由十字接头2带动转阀同步转动，使各柱塞缸依次接通高、低压油。高压区的柱塞不断作用在曲轴一个方向上，产生平稳而连续的扭矩，在低压区一侧的柱塞则不断地被曲轴上推而进行排油。由于是按曲柄连杆机构的动作原理进行工作，且曲轴每转一周各个柱塞只作用一次，故通常称作单作用曲柄连杆式液压马达。

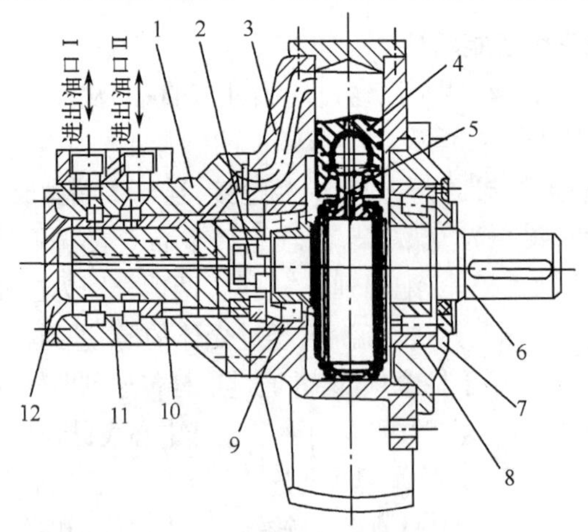

图2-25　1JMD型径向液压马达结构

1—阀壳；2—十字接头；3—壳体；4—柱塞；5—连杆；6—曲轴；

7、12—盖；8、9—圆锥滚子轴承；10—滚针轴承；11—转阀。

2. 内曲线径向柱塞式低速大扭矩液压马达

内曲线低速大扭矩马达简称内曲线马达，是低速大扭矩马达的主要形式之一，其主要

特点是作用数 $x \geqslant 3$，所以其排量 V 较大。由于它具有结构紧凑、质量小、传动扭矩大、低速稳定性好、变速范围大、启动效率高等优点，所以其用途越来越广泛。

内曲线低速大扭矩马达的结构形式很多，就使用方式而言，有外壳固定轴转动、轴固定外壳转动。而从内部结构来看，根据不同的传力方式和柱塞部件的结构可有多种形式，但主要工作原理是相同的。图 2－26 是一种内曲线低速大扭矩马达的结构原理图，其额定工作压力为 25 MPa，排量为 0.32 L/r。

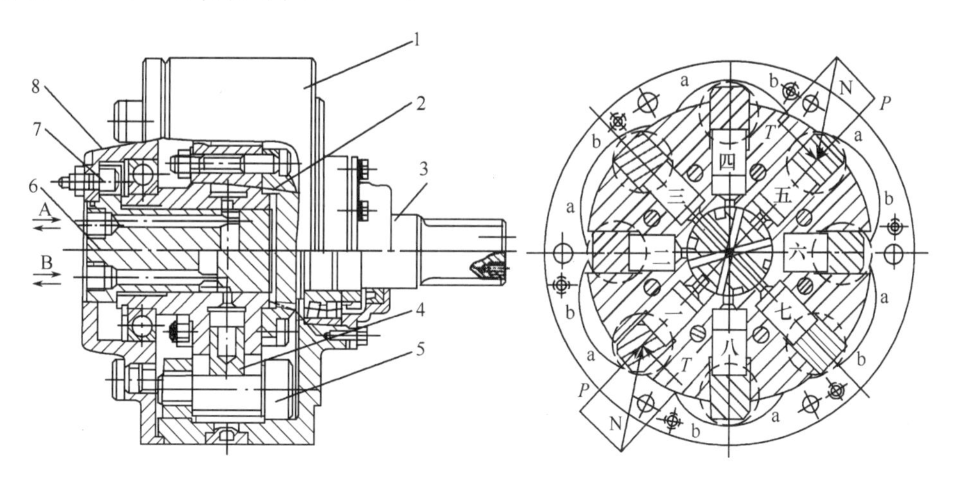

图 2－26　内曲线低速大扭矩马达的结构原理

1—壳体；2—缸体；3—输出轴；4—柱塞；5—滚轮组；6—配流轴；7—微调凸轮；8—端盖。

该内曲线低速大扭矩马达壳体 1 是整体式的，其内壁由两条六个形状相同的导轨曲面组成，每个导轨曲面可分成对称的 a、b 两段，其中允许柱塞副向外伸的一段称为进油工作段，与它对称的另一段称为排油工作段。每个柱塞在每转中往复的次数就等于曲面数 x，x 被称为该液压马达的作用次数。所以图 2－26 中液压马达的作用次数 $x=6$。缸体 2 和输出轴 3 通过螺栓连成一体，柱塞 4、滚轮组 5 组成柱塞组件。缸体有八个径向布置的柱塞孔，柱塞 4 安放其中。柱塞顶部做成大半径球面（或锥面），顶在滚轮组的横梁上。横梁呈矩形断面，可在缸体内的径向槽内沿直径方向滑动。滚轮在柱塞腔室内油压作用下顶在壳体内的导轨曲面上，并在其上作纯滚动，推动缸体旋转。配油轴 6 由微调凸轮 7 限制其相对壳体周向固定不动。配油轴圆周上均匀分布着 12 个配流窗口，这些窗口交替分成两组，通过配流轴的两个轴向孔分别和进回油口 A、B 相通。每一组的六个配油窗口应分别对准六个同向半段曲面 a 或 b。微调凸轮 7 就是为了校正因加工误差引起配流不准而设的。

现通过图 2－26 来说明液压马达是如何转动的。假定内曲线的 a 段对应高压区，b 段对应低压区，在图示瞬时，柱塞一、五处于高压油的作用下；柱塞三、七处于回油状态；二、六、四、八处于过渡状态（即高低压均不通）。柱塞一、五在压力油的作用下产生轴向推力 P（径向力），作用在滚轮组的横梁上，使滚子紧紧压在曲线的轨道面上，于是产生一反作用力 N，N 的径向分力与柱塞轴向推力平衡，切向分力 T 则经横梁传到缸体上，推动缸体沿顺时针旋转。随着缸体旋转，柱塞外伸，越过顶点进入 b 段，使其和回油路相通，使柱塞内缩。柱塞滚轮组在 a 段向 b 段过渡的一瞬时，柱塞油孔被配油轴密封间隔封闭，此时，柱塞应没有径向位移，以免发生困油（或气蚀）现象。凡处于相应于 a 段的柱塞都进油，处于 b 段的柱塞都回油，而设计时使曲线数（作用数 x）和柱塞数不相等，因此总有一部分柱塞处于导轨曲面的 a 段，（相应的总有一部分柱塞处于曲面的 b 段），使缸体和输出轴能均匀地连续旋转。

若将液压马达的进、出油方向对调，液压马达将反转。内曲线液压马达带动履带用于行走机构时，多做成双排的。两排柱塞处于一个缸体中，外形上如同一个液压马达。因此，改变各排柱塞之间的组合，就相当于几个液压马达的不同组合，便能实现变速。

2.8 液压泵与液压马达的选择与应用

前几节分别介绍了齿轮式、叶片式、轴向柱塞式和径向柱塞式液压泵及液压马达，在选择与使用时，首先应充分了解各种液压泵和液压马达的工作性能和主要特点，然后根据不同机械主机的工况、功率的大小、元件效率、寿命和可靠性等进行全面分析，再合理选择和使用。表 2－1 列出了几种液压泵和液压马达的主要特点。

表 2－1 液压泵、液压马达的主要特点

名称	特点和应用
齿轮泵 齿轮马达	结构简单、工艺性好、体积小，质量轻、维护方便、使用寿命长，但工作压力较低，流量脉动和压力脉动较大，如高压下不采用端面补偿时，其容积效率将明显下降。 内啮合齿轮泵和外啮合齿轮泵相比，其优点是结构更紧凑、体积小、吸油性能好、流量均匀性好，但结构复杂，加工性较差。 齿轮马达和其他型式的液压马达相比，结构简单，制造容易，但输出的扭矩和转速脉动性较大，尤其是在低转速时，由于泄漏量大，容积效率低，加上浮动轴承压紧力不稳定，扭矩脉动更为显著。但当转速高于 1000r/min 时，其扭矩脉动受到抑制。因此，齿轮马达适用于高速低扭矩情况下。 为了增加齿轮马达的扭矩，常采用多齿轮式液压马达。
叶片泵	结构紧凑，外形尺寸小，运转平稳，流量均匀，噪声小，寿命长，但与齿轮泵相比，对油液污染较敏感，结构较复杂。 单作用式叶片泵有一个排油口和一个进油口，转子旋转一周，叶片间的容积各进、排油一次，若在结构上把转子和定子的偏心距做成可变的，就是变量叶片泵。单作用式叶片泵适用于低压大流量的场合。 双作用式叶片泵转子每转一周，叶片在槽内往复运动两次，完成两次进油和排油。由于它有两个进油区和两个排油区，相对转子对称分布，所以作用在转子上的作用力互相平衡，流量比较均匀，应用较广泛。
柱塞泵	精度高，密封性能好，工作压力高，因此得到广泛应用。但它结构比较复杂，制造精度高，价格贵，对油液污染敏感。 轴向柱塞泵是柱塞平行于缸体轴线，沿轴向运动；径向柱塞泵的柱塞沿径向布置，这两类泵均可作为液压马达用。 在相同功率情况下，径向柱塞泵的径向力大，常作为大扭矩、低转速的液压马达。轴向柱塞泵结构紧凑，径向尺寸小，转动惯量小，转速高，易于变量，能用多种方式自动调节流量，适用范围广。

下面根据液压泵和液压马达的工作特点及性能对它们的选择和使用做一简要介绍。

2.8.1 液压泵的选择

在为主机的液压系统选择液压泵时，首先应满足主机对其液压系统所提出的要求，如流量、工作压力等，然后根据主机的特点对泵的性能、使用维护等方面进行综合考虑。

选择泵的型式时，要使泵具有一定的压力储备，一般泵的额定压力应比系统压力略高。

若液压系统采用单泵系统（一个泵同时或间隔地向几个工作回路供油），泵的压力应根据最高工作回路所需的工作压力来选择。

在液压系统中，液压泵通常是由发动机或电动机驱动的，选择泵的使用转速时，要求在其额定转速下工作，这样才能充分发挥其工作效率。同时泵的使用转速不能超过泵规定的最高转速。泵的转速过高会使泵的进油不足、寿命降低，甚至会使泵先期损坏。另外，由于泵的供油量取决于泵的排量和转速，所以在单泵系统中，选择泵时，若各工作回路不同时工作，则以所需流量最大的工作回路选择液压泵，若有某几个工作回路同时工作（包括或不包括所需流量最大的回路），所需流量超过所需流量最大的回路时，应根据该流量选择液压泵。

2.8.2 液压马达的选择

这里介绍低速液压马达的选择，高速液压马达的性能与同类泵的性质相类同，这里不再讲述。

使用压力是液压马达的主要参数之一，多作用马达（内曲线马达）与单作用马达（曲轴连杆式马达）相比，由于柱塞较多，缸体受力平衡，所以使用压力较高，额定压力可达25MPa～30MPa，而曲轴连杆式马达则在16MPa～21MPa之间。压力进一步提高除受效率限制外，对内曲线马达来说则表现为滚子轴承寿命的缩短，横梁传递切向力机构的比压和导轨接触应力较大；对曲轴连杆式马达，则缩短轴承和摩擦副寿命。

液压马达转速取决于进口流量、排量及容积效率。但对某一种液压马达来说，由于惯性力的影响和内部通道流速限制，有一个最高工作转速。内曲线马达的最高转速比曲轴连杆式马达低，一般不大于150 r/min，而曲轴连杆式马达的转速可达300 r/min。

最低稳定转速也是低速马达的主要参数，液压马达最低稳定转速，曲轴连杆式在10 r/min左右，质量好的可达2 r/min。而内曲线马达可达0.2r/min ～ 0.5 r/min。这主要是因为后者的流量脉动理论上可等于零的缘故。

液压马达的效率随设计制造质量和使用条件不同而有较大的变化。由于内曲线马达的泄漏线长，密封长度短，最易泄漏。试验数据表明，内泄为外泄的8倍 ～ 10倍，甚至更大。因此，容积效率比曲轴连杆式低。质量好的可达90% ～ 93%，而曲轴连杆式马达可达95%。

液压泵的启动多是在空、轻负荷状态下，而工程机械中液压马达的启动多是在带载情况下进行的（如起重机的起升机构，全液压挖掘机的回转机构等），如果启动转矩过低，将无法启动。所以启动性能对液压马达是很重要的，因为在同样工作压力情况下，液压马达在由静止状态到开始转动的启动状态的输出扭矩要比运行中的小，这给液压马达带载启动带来了困难。液压马达启动性能的指标是启动机械效率 η_{MmO}，其关系式为

$$\eta_{\mathrm{MmO}} = \frac{T_0}{T_t} \tag{2-14}$$

式中 T_0——液压马达的启动扭矩（N·m）；

T_t——液压马达的理论扭矩(N·m)。

由式(2-14)可以看出,液压马达启动扭矩的提高,意味着启动机械效率的提高,即意味着启动性能的提高。曲轴连杆式马达摩擦副较多,有扭矩脉动,启动机械扭矩效率为80%~90%,而内曲线马达可达90%~98%,选择时应考虑液压马达的启动机械效率。

2.8.3 液压泵和液压马达的使用

要想使液压泵和液压马达获得满意的使用效果,除选择高质量的产品外,还应根据主机各工况对液压系统的要求,选择最佳的设计方案,并按照液压泵和液压马达使用说明书的要求进行安装、使用和维护。这里仅对液压泵和液压马达直接有关的问题简述如下:

(1)使用条件不能超过液压泵和液压马达所能允许的范围。

①转速压力不能超过规定值;

②若液压泵旋转方向有规定,则不能反向旋转,特别是叶片泵和齿轮泵反向旋转可能会引起低压密封甚至泵本身损坏;

③泵的自吸真空度应在规定范围内,否则会造成进油不足而引起气蚀、噪声和振动;

④使用时必须保证液压马达的主回油口有一定的背压,对于内曲线马达,应随着转速的提高而提高其背压;

⑤液压系统中的油液应严格保持清洁,过滤精度应不低于25μm。

(2)安装时要充分考虑液压泵和液压马达的正常工作要求。

①液压泵和液压马达与其他机械连接时要保证同心,或采用柔性连接;

②应尽可能使泵和液压马达输出轴不受或少受径向负荷,不能承受径向力的泵和液压马达不得将皮带轮、齿轮等传动件直接装在输出轴上;

③泵和液压马达的泄漏油管要畅通,一般不接背压。液压马达的泄油管应单独引回油箱,若与回油管相连时,需保证其压力不超过一个大气压;

④液压马达在首次启动前应向壳体内灌清洁的工作液,以保证摩擦副的润滑;

⑤具有相位微调机构的液压马达,调整后不得任意拨动,采用浮动配流机构的液压马达,其进、回油口应用软管连接,以保证配流机构的浮动性;

⑥停机时间较长的泵和液压马达,不应满载启动,待空运转一段时间后,再正常使用。

习 题

1. 容积式液压泵的工作原理是什么?其工作压力取决于什么?工作压力与铭牌上的额定压力和最大工作压力有什么关系?

2. 叶片泵能否实现正、反转?请说出理由并进行分析。

3. 齿轮泵为什么会产生困油现象?其危害是什么?应当怎样消除?

4. 说明高速小扭矩液压马达与低速大扭矩液压马达的主要区别、应用场合。

5. 某液压泵的额定压力为200×10^5 Pa,液压泵转速为1450 r/min,排量为100cm^3/r,已知该泵容积效率为0.95,总效率为0.9,试求:

(1)该泵输出的液压功率;

(2)驱动该泵的电机功率。

6. 已知齿轮泵的齿轮模数 $m=3$,齿数 $z=15$,齿宽 $B=25\text{mm}$,转速 $n_p=1450\text{r/min}$,在额定压力下输出流量 $q_p=251\text{L/min}$,求泵的容积效率。

7. 已知液压泵输出压力为 $p_p = 10\text{MPa}$,机械效率 $\eta_{pm} = 0.94$,容积效率 $\eta_{pV} = 0.92$,排量 $V_p = 10\ \text{mL/r}$,液压马达的机械效率为 $\eta_{Mm} = 0.92$,容积效率为 $\eta_{MV} = 0.85$,排量 $V_M = 10\ \text{mL/r}$。若液压泵转速为 $n_p=1450\text{r/min}$ 时,试求:

(1)液压泵的输出功率;

(2)驱动液压泵所需的功率;

(3)液压马达的输出转矩;

(4)液压马达的转速;

(5)液压马达的输出功率。

第3章 液压缸

液压缸和前述的液压马达,同属于液压系统的执行元件,它们都是将液体的液压能转换为机械能的能量转换装置。液压缸结构简单、工作可靠,除了单独使用外,还可以与其他机构组合起来,实现一些特殊的功能。因此,液压缸可广泛地应用于各种机械设备中。

3.1 液压缸的主要类型及特点

3.1.1 液压缸的工作原理

下面以双作用单活塞液压缸为例来说明液压缸的工作原理。图3-1为双作用单活塞液压缸的工作简图,其基本工作原理为:当压力为p、流量为q的油液由油口A进入液压缸左腔(无杆腔),活塞及活塞杆在油液压力作用下以速度v_1向右伸出,产生的推力为F_1,活塞杆承受压应力,液压缸右腔(有杆腔)的油液从油口B排出;反之,当压力为p、流量为q的油液由油口B进入液压缸右腔(有杆腔),活塞及活塞杆在油液压力作用下以速度v_2向左缩入,产生的拉力为F_2,活塞杆承受拉应力,液压缸左腔(无杆腔)的油液从油口A排出。液压缸输入的是压力p和流量q,压力用来克服负载,流量用来形成一定的运动速度。输入液压缸的是油液压力和流量形成的液压能。液压缸输出的是力F和速度v,活塞作用于负载的力F和运动速度v就是液压缸输出的机械功率。压力p、流量q和力F、速度v是通过液压缸活塞直径D和活塞杆直径d联系起来的。

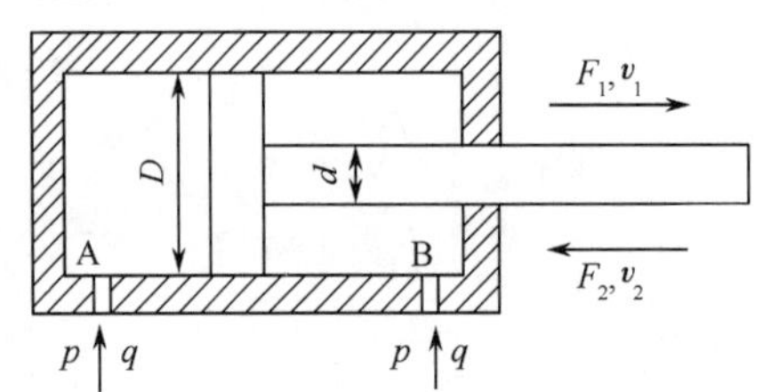

图3-1 双作用单活塞液压缸的工作原理

3.1.2 液压缸的分类及工作特点

由于各种机械用途不同,执行的运动形式也各不相同,因此液压缸的种类比较多,一般根据供油方式、结构作用特点和用途来分类。

按供油方式不同,液压缸可分为单作用液压缸和双作用液压缸。单作用液压缸只在液压缸一腔由系统供油,实现一个方向上的运动,另一个方向上的运动靠外力实现;双作用液压缸可实现两个方向上的运动,液压缸两腔均可由系统供油。

按结构形式,液压缸可分为活塞缸、柱塞缸、伸缩套筒缸和摆动缸等。

按液压缸的特殊用途可分为串联缸、增压缸、增速缸、步进缸等。此类液压缸不是由单个缸筒组成，一般由两个以上缸筒或构件组合而成。

表 3－1 为机械设备中常用液压缸的分类、结构简图及工作特征。

表 3－1　液压缸的分类、结构简图及工作特征

类型			符　号	速度 v/(m/s) 转速 n/(r/min)	牵引力 F/N 转矩 M/(N·M)	工 作 特 点
活塞缸	单杆	单作用	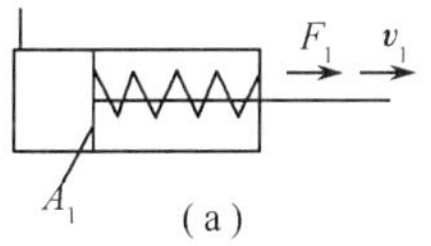 (a)	$v_1=\frac{q}{A_1}$	$F_1=pA_1$	单向液压驱动，回程靠自重、弹簧或其他外力
活塞缸	单杆	双作用	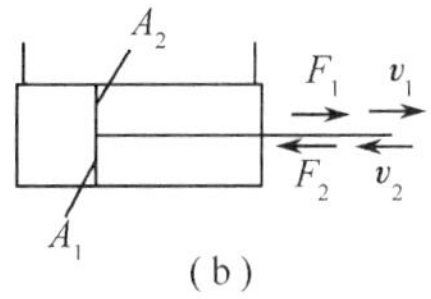 (b)	$v_1=\frac{q}{A_1}$ $v_2=\frac{q}{A_2}$	$F_1=pA_1-p_0A_2$ $F_2=pA_2-p_0A_1$	双向液压驱动 $v_1<v_2$，$F_1>F_2$
活塞缸	单杆	差动	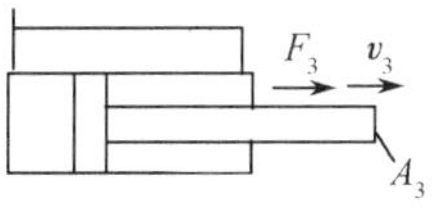 (c)	$v_3=\frac{q}{A_3}$	$F_3=pA_3$	可加快无杆腔进油时的速度，但推力相应减小
活塞缸	双杆		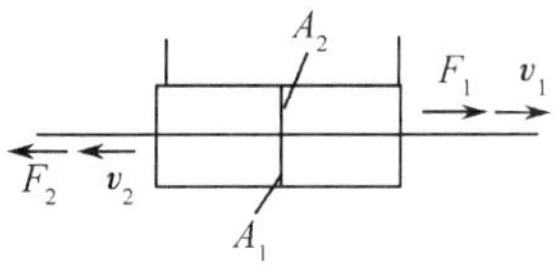 (d)	$v_1=\frac{q}{A_1}$ $v_2=\frac{q}{A_2}$	$F_1=(p-p_0)A_1$ $F_2=(p-p_0)A_2$	可实现等速往复运动
柱塞缸			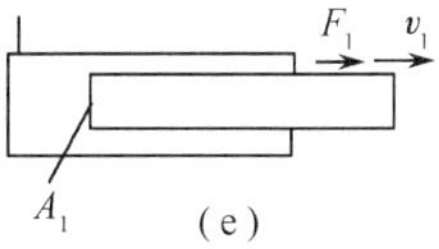 (e)	$v_1=\frac{q}{A_1}$	$F_1=pA_1$	柱塞粗，受力较好，单向液压驱动
伸缩套筒缸	单作用		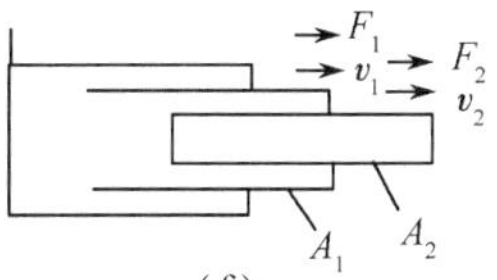 (f)	$v_1=\frac{q}{A_1}$ $v_2=\frac{q}{A_2}$	$F_1=pA_1$ $F_2=pA_2$	用液压由大到小逐节推出，然后靠自重由小到大逐节缩回
伸缩套筒缸	双作用		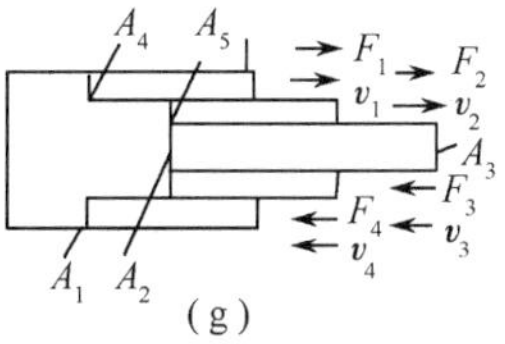 (g)	$v_1=\frac{q}{A_1}$　$v_2=\frac{q}{A_2}$ $v_3=\frac{q}{A_3}$　$v_4=\frac{q}{A_4}$	$F_1=pA_1-p_0A_4$ $F_2=pA_2-p_0A_3$ $F_3=pA_3-p_0A_2$ $F_4=pA_4-p_0A_1$	双向液压驱动，伸缩程序同上

（续）

类型		符　号	速度 v/(m/s) 转速 n/(r/min)	牵引力 F/N 转矩 M/(N·M)	工作特点
摆动缸	单叶片	(h)	$n_1=\dfrac{q}{\pi b(R^2-r^2)}$	$M_1=\dfrac{b(R^2-r^2)\Delta p}{2}$	回转往复运动,最大摆角为300°
	双叶片		$n_2=\dfrac{1}{2}n_3$	$M_2=2M_1$	最大摆角为150°
注:p 为进油压力,p_0 为回油压力					

按所使用的压力,液压缸又可分为低压液压缸、中压液压缸、高压液压缸和超高压液压缸。对于机床类机械设备,一般采用中低压液压缸,其额定压力为2.5MPa~6.3MPa;对于建筑机械、工程机械和飞机等机械设备,多数采用中高压液压缸,其额定压力为10MPa~16MPa;对于油压机一类机械,大多数采用高压液压缸,其额定压力为25MPa~31.5MPa。

现结合表3-1将各类液压缸的主要用途介绍如下。

1. 活塞式液压缸

活塞式液压缸有单杆和双杆两种。

单杆单作用液压缸(表3-1(a))为单向液压驱动,回程需借助自重、弹簧或其他外力来实现。这种缸连接管少,结构简单,建设机械常用其作为液压制动器和离合器的执行元件。

单杆双作用液压缸(表3-1(b))是机械设备中应用最广泛的一种液压缸,它是双向液压驱动,因此两个方向都可获得较大的牵引力。由于两腔有效作用面积不等,无杆腔进油时牵引力大而速度慢,有杆腔进油时牵引力小而速度快,这一特点与一般机械的作业要求是相符的,即工作行程要求力大而速度慢,而回程则要求力小速度快。

如果将活塞缸的无杆腔和有杆腔连通(表3-1(c)),称之为油缸的差动连接,其特点是:两腔同时接通压力油,由于两腔的作用面积差产生推力,活塞朝有杆腔一边移动,这时有杆腔排出的油液也流入无杆腔,加速活塞的移动。

双杆双作用活塞缸(表3-1(d))的特点在于,其往返行程的速度和推力均相等,故可用于需要往返速度相同的工况。

2. 柱塞式液压缸

一般单作用液压缸大多是柱塞式的(表3-1(e)),它的结构特点是柱塞较粗,受力较好,而且柱塞在缸体内并不接触缸壁,两者非配合面,因此对缸体内壁的表面粗糙度无特殊要求。所以结构简单、制造容易、成本低廉。由于柱塞缸是单作用的,需借助工作机构的重力作用回位。

3. 伸缩套筒式液压缸

伸缩套筒式液压缸又称多级液压缸,它由两级或多级活塞缸套装而成,前一级缸的活塞是后一级缸的缸筒,其特点是活塞杆的伸出行程长度比缸体的长度大,占用空间较小、结构紧凑。它有单作用柱塞式(表3-1(f))和双作用活塞式(表3-1(g))两种结构。由于各级套筒的有效面积不等，因此当压力油进入套筒缸的下腔时，各级套筒缸按直径大小，先大后小依次回缩。这种缸常用于起重机伸缩臂的伸缩运动、翻斗汽车的车厢倾翻、拖拉机翻斗挂车和清洁车自卸系统的举升以及液压电梯等装置。

4. 摆动式液压缸

摆动式液压缸(表 3－1(h))也称回转液压缸或摆动马达，它把液体的压力能转换为摆动运动的机械能，输出转矩和角速度。摆动式液压缸结构上可分为单叶片(图 3－2(a))和双叶片(图 3－2(b))两种结构。单叶片摆动缸的最大摆幅可达 300°，转速较高但输出扭矩相对较小。双叶片摆动缸的最大摆幅不超过 150°，转速相对较慢但输出扭矩较大。

摆动缸经常用于辅助运动，如送料和转位装置、液压机械手以及间隙进给机构。

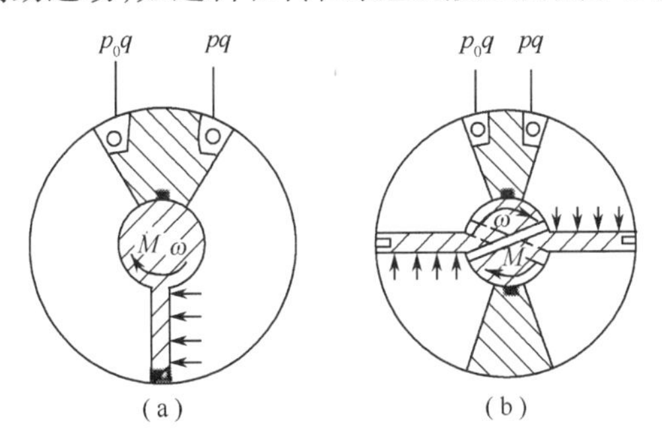

图 3－2　摆动液压缸示意图

(a)单叶片摆动液压缸；(b)双叶片摆动液压缸。

3.2　液压缸的结构及运动分析

液压缸的种类如 3.1 节所述，各种类型液压缸的细部结构千差万别，限于篇幅，不能一一列举。下面对机械设备中常用的几种液压缸的具体结构及运动受力情况作以分析。

3.2.1　单杆活塞式液压缸

图 3－3 所示为一种单杆双作用活塞缸，它是由缸底 2、缸筒 11、缸盖 15 以及活塞 8 和活塞杆 12 等主要零件组成。缸筒一端与缸底焊接，另一端则与缸盖采用螺纹连接，以便拆装检修，两端设有油口 A 和 B，利用卡键 5、卡键帽 4 和挡圈 3 使活塞与活塞杆构成卡键连接，结构紧凑、便于装卸。缸筒内壁表面粗糙度 R_a 为 0.4μm，为了避免与活塞直接发生摩擦而造成拉缸事故，活塞上套有支承环 9，它通常是由聚四氟乙烯或尼龙等耐磨材料制成，但不起密封作用。缸内两腔之间的密封是靠活塞内孔的 O 形密封圈 10，以及外缘两个背靠安装的小 Y 形密封圈 6 和挡圈 7 来保证，当工作压力升高时，Y 形密封圈的唇边就会张开贴紧活塞和缸壁表面，压力越高贴得越紧，从而防止内漏。活塞杆表面同样具有较小的表面粗糙度，R_a 为 0.4μm，为了确保活塞杆的移动不偏离中轴线，以免损伤缸壁和密封件，并改善活塞杆与缸盖孔的摩擦，特在缸盖一端设置导向套 13，它是用青铜或铸铁等耐磨材料制成，导向套外缘有 O 形密封圈 14，内孔则有防止油液外漏的 Y 形密封圈 16 和挡圈 17。考虑到活塞杆外露部分会沾附尘土，故缸盖孔口处设有防尘圈 19。在缸底和

活塞杆顶端的耳环21上,有供安装用或与工作机构连接用的销轴孔,销轴孔必须保证液压缸为中心受压。销轴孔由油嘴1供给润滑油。此外,为了减轻活塞在行程终了对缸底或缸盖的撞击,两端设有缝隙节流缓冲装置,当活塞快速运行临近缸底时(如图3-3所示位置),活塞杆端部的缓冲柱塞将回油口堵住,迫使剩油只能从柱塞周围的缝隙挤出,于是速度迅速减慢实现缓冲,回程也以同样原理获得缓冲。

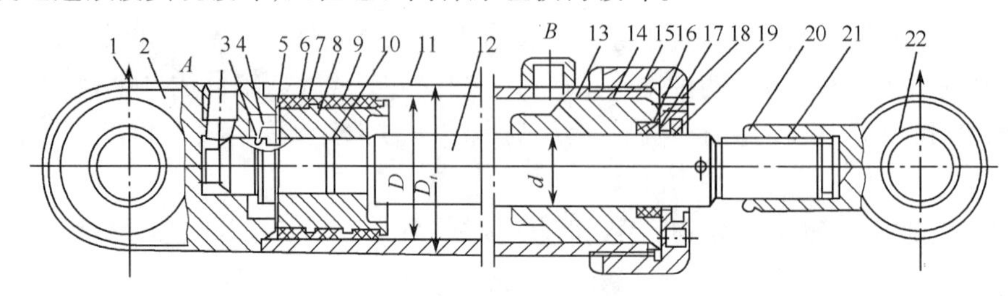

图3-3 单杆双作用活塞液压缸

单活塞杆液压缸活塞受力如图3-4(a)为无杆腔进油,有杆腔出油;图3-4(b)为有杆腔进油,无杆腔出油。因单活塞杆液压缸一端有活塞杆,另一端无活塞杆,所以单活塞杆液压缸左右两腔的有效面积A_1、A_2不相等。当左右两腔分别输入相同的压力p和流量q时,液压缸在左、右两个方向上输出的推力、拉力F_1、F_2和速度v_1、v_2均不相等。

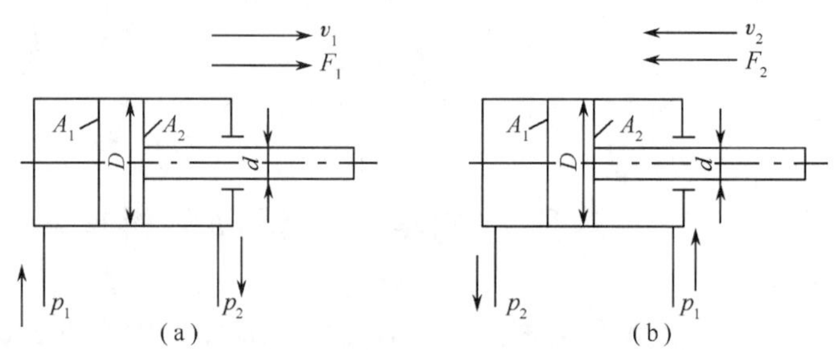

图3-4 单杆双作用活塞液压缸受力情况

(a)无杆腔进油;(b)有杆腔进油。

1. 压力油进入无杆腔

如图3-4(a)所示,若流量为q的压力油进入无杆腔,油压力为p_1,推动活塞向右移动,速度为v_1;回油从液压缸有杆腔流出,油压力为p_2。则推力F_1为

$$F_1=(p_1A_1-p_2A_2)\eta_m\times10^6=\frac{\pi}{4}[D^2(p_1-p_2)+p_2d^2]\eta_m\times10^6(\mathrm{N}) \tag{3-1}$$

活塞向右移动速度v_1为

$$v_1=\frac{q\eta_V}{60A_1}\times10^{-3}=\frac{q\eta_V}{15\pi D^2}\times10^{-3}(\mathrm{m/s}) \tag{3-2}$$

式中 A_1、A_2——无杆腔、有杆腔的有效工作面积。

2. 压力油进入有杆腔

如图3-4(b)所示,若流量为q压力油进入有杆腔,油压力为p_1,推动活塞向左移动,

速度为 v_2；回油从液压缸无杆腔流出，油压力为 p_2。则液压缸产生的推力 F_2 为

$$F_2=(p_1A_2-p_2A)\eta_m\times10^6=\frac{\pi}{4}[D^2(p_1-p_2)-p_1d^2]\eta_m\times10^6 \tag{3-3}$$

液压缸的速度 v_2 为

$$v_2=\frac{q\eta_V}{60A_2}\times10^{-3}=\frac{q\eta_V}{15\pi(D^2-d^2)}\times10^{-3} \tag{3-4}$$

其往返运动的速比为

$$\varphi=\frac{v_2}{v_1}=\frac{D^2}{D^2-d^2} \tag{3-5}$$

式中 A_1、A_2——液压缸左右两腔的有效面积（m^2）；

D、d——液压缸活塞、活塞杆直径（m）；

p_1——液压缸进油腔的压力（MPa）；

p_2——液压缸回油腔的压力，回油腔直接接油箱时可计为0（MPa）；

q——液压缸输入的流量（L/min）；

η_m、η_V——液压缸的机械效率和容积效率。

3.2.2 柱塞式液压缸

活塞式液压缸的内表面因有活塞及密封件的频繁往复运动，要求其内孔形状和尺寸精度很高，并且表面光滑。这种要求对于大型的或超长行程的液压缸有时不易实现，在这种情况下可以采用柱塞式液压缸。柱塞式液压缸是一种单作用液压缸，必须借助外力或自重（垂直安装时）作用返回。在大行程设备中，为了得到双向伸缩运动，柱塞式液压缸常成对使用。

图3-5所示为叉车上用的举升液压缸，这是一种典型的单作用柱塞缸，它主要由缸盖1、V形密封圈2、导向环3、缸体4、柱塞5和缸底6等零件组成，结构比较简单。柱塞是用无缝钢管制成，表面镀铬以增强耐磨性和防锈，粗糙度 R_a 为0.4μm。柱塞插在缸体内并不与缸壁接触，而是靠镶嵌在缸体内的导向环来保证沿中轴线移动。由于是单作用的，只需在缸口处设置一道V形密封圈。缸体也是由无缝钢管制成，下端与缸底为法兰连接，上端则与缸盖用螺纹连接，缸盖内孔的防尘圈用来消除柱塞外露表面的污泥。缸底支承在球面支座7上，以保证中心受压，并用四组缓冲弹簧8来吸收柱塞运动时产生的惯性冲力。缸体内壁无粗糙度要求，对无缝钢管可不必加工。唯一的通油口9设在缸体下端，升举物体时，由此输入压力油将柱塞推出，回程时又由此排油，柱塞便在叉架重力作用下缩回。此外，在缸体上部位于工作腔最高处设有排气螺钉10，用以排除缸内积存的空气。

柱塞式液压缸的输出力 F 和运动速度 v 的计算公式如下：

$$F=\frac{\pi}{4}d^2p\eta_m\times10^6(N) \tag{3-6}$$

$$v=\frac{4q}{\pi d^2} \tag{3-7}$$

式中 d——液压缸柱塞直径。

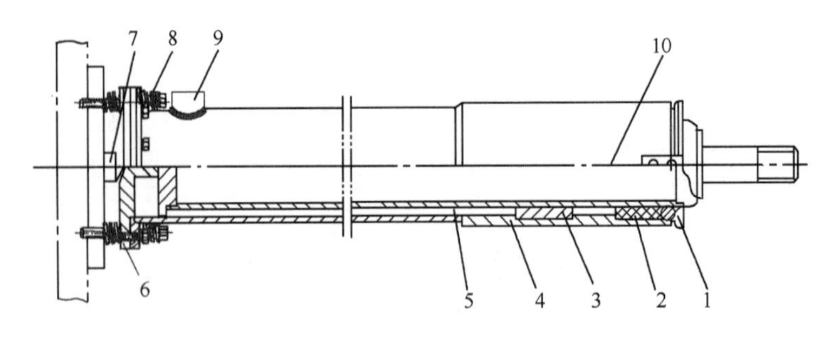

图 3－5　柱塞油缸

1—缸盖；2—V 形密封圈；3—导向环；4—缸体；5—柱塞；6—缸底；
7—球面支座；8—缓冲弹簧；9—通油口；10—排气螺栓。

其他符号意义同前。

3.2.3　伸缩套筒缸

1. 单作用伸缩套筒缸

图 3－6 所示为自卸汽车所常用的一种单作用伸缩套筒缸，它由多节柱塞缸组成。当液压油从底端油口 A 进入缸体时，各级柱塞依次伸出，缸的有效作用面积相应逐级变化，因此在工作过程中，若油压和流量保持一定，则缸的推力和速度也是逐级变化的。开始启动时，推力很大，随着行程的逐级增长而速度逐级递增。这种力和速度的变化规律，正与车箱倾翻力矩的变化规律相一致。

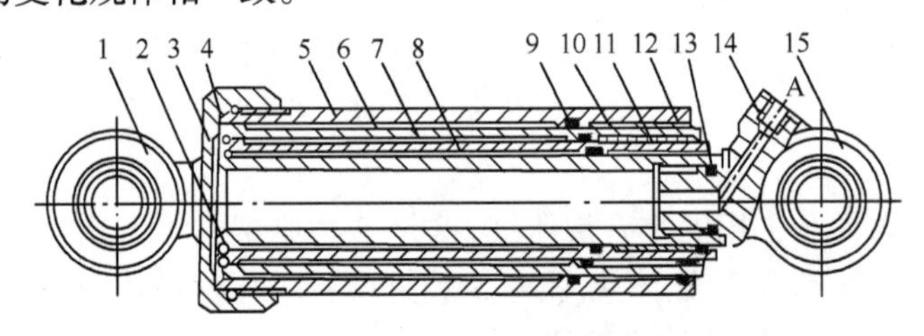

图 3－6　单作用伸缩套筒缸

1、15—安装耳环；2—钢丝挡圈；3—缸盖；4、9、13—O 形圈；5、6、7、8—各级套筒；
10—导向套；11—柱塞头部；12—防尘圈；14—油口。

2. 双作用伸缩套筒缸

图 3－7 所示为自卸汽车所用的另一种双作用伸缩套筒缸，它是由一节活塞缸和一节柱塞缸组成。这是考虑到有些斗箱需要倾翻到接近竖立位置，回程时斗箱拉回一定角度，然后再靠斗箱的重力作用将外部的柱塞缸压缩到初始位置。这种缸同样可以获得较大的启动力。

伸缩套筒缸的输出的力 F 和速度 v 可用下式表示：

$$F_i = p_1 \frac{\pi}{4} D_i^2 \eta_{mi} \times 10^6 (\mathrm{N}) \tag{3-8}$$

$$v_i = \frac{4q\eta_{Vi}}{\pi D_i^2} \times 10^3 (\mathrm{m/s}) \tag{3-9}$$

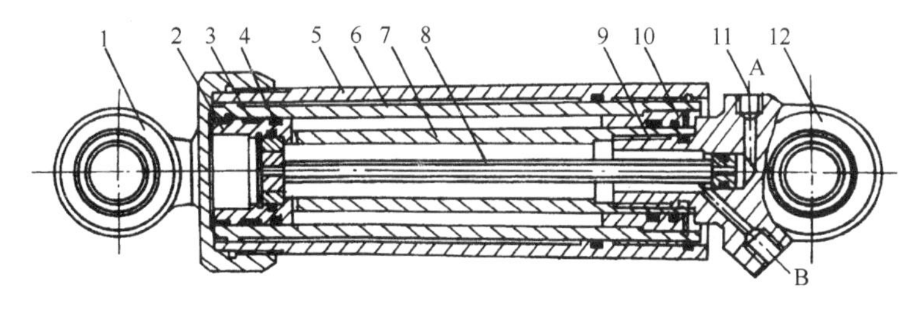

图 3-7　双作用伸缩套筒缸

1、12—安装耳环;2—活塞;3—支承环;4—O 形圈;5—柱塞缸筒;6—活塞缸筒;
7—活塞杆;8—内油管;9—活塞杆头部;10—导向套;11—油口。

式中的 i 指的是第 i 级活塞缸,其他符号意义同前。

3.2.4　摆动液压缸

图 3-8 所示为单叶片摆动液压缸,多用于小型挖掘装载机的回转机构,最大摆角为 300°,最大输出扭矩为 4900N·m。其主体结构是由回转叶片 1、缸体 2、输出轴 3、隔板 4 以及左右端盖 5 和 6 等组成。叶片通过定位销和螺钉与输出轴连成一体,隔板则用定位销和螺钉固定在缸体上,两工作腔之间的密封靠叶片和隔板外缘所嵌的框形密封件 7 来保证。当压力油从管接头 8 通过滤油器 9 和右端盖上的油道 a 进入缸体工作腔时,叶片便在油压的推动下带着轴回转,另一工作腔的回油是从右端盖上另一条对称的油道 b 排出。当高压腔过载时,可通过与油道 a 并联的过载阀 10 向低压腔溢流。交换进回油口,可使摆动缸换向反转。摆动缸结构比较简单,制造方便,但密封较困难,一般只用于中低压系统。

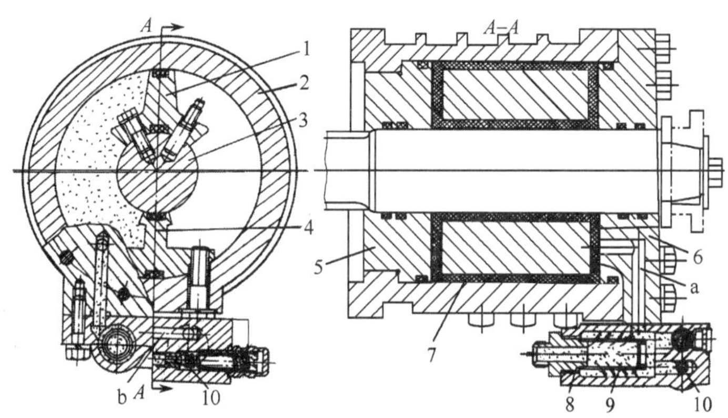

图 3-8　单叶片摆动式液压缸

1—回转叶片;2—缸体;3—输出轴;4—隔板;5、6—左右端盖;
7—框形密封圈;8—接头;9—滤油器;10—溢流阀。

叶片式摆动液压缸的输出转矩 T 和角速度 ω 分别为

$$T = (p_1 - p_2)\eta_m \int_r^R bR\mathrm{d}R = \frac{b}{2}\Delta p(R^2 - r^2)\eta_m \tag{3-10}$$

$$\omega = \frac{2q}{b(R^2 - r^2)}\eta_V \tag{3-11}$$

式中 b——叶片宽度；

R——回转叶片的半径；

r——回转轴的半径；

d——叶片轴的直径；

p_1——液压缸的进油腔压力；

p_2——液压缸的回油腔压力；

Δp——液压缸的两腔压差，$\Delta p = p_1 - p_2$。

例题3.1 串联液压缸如图3-9所示，左液压缸和右液压缸的有效工作面积分别为$A_1 = 100\text{cm}^2$，$A_2 = 80\text{cm}^2$，两液压缸的外载荷分别为$F_1 = 30\text{kN}$，$F_2 = 20\text{kN}$，输入流量$q_1 = 15\text{L/min}$。求：

(1)液压缸的工作压力；(2)液压缸的运动速度。

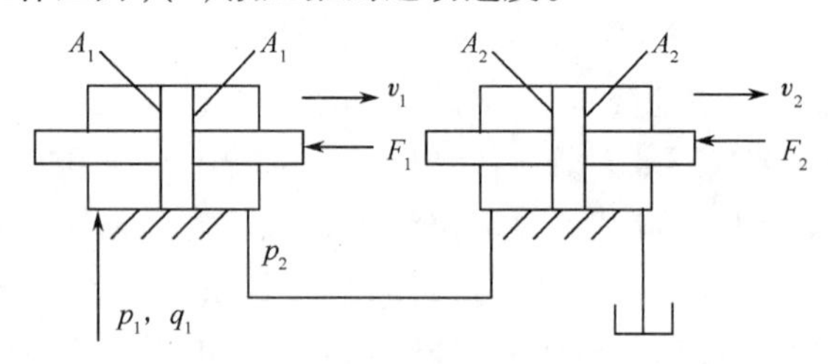

图3-9 例题3.1图

解：(1)右液压缸的的平衡方程为$p_2A_2 = F_2$，则得

$$p_2 = \frac{F_2}{A_2} = \frac{20 \times 10^3}{80 \times 10^{-4}} = 2.5 \times 10^6 = 2.5(\text{MPa})$$

左液压缸的的平衡方程为$p_1A_1 = p_2A_1 + F_1$，则得

$$p_1 = p_2 + \frac{F_1}{A_1} = 2.5 \times 10^6 + \frac{30 \times 10^3}{100 \times 10^{-4}} = 5.5 \times 10^6 = 5.5(\text{MPa})$$

(2)活塞的运动速度：

$$v_1 = \frac{q_1}{A_1} = \frac{15 \times 10^{-3}}{100 \times 10^{-4}} = 1.5(\text{m/min})$$

$$v_2 = \frac{q_2}{A_2} = \frac{v_1A_1}{A_2} = 1.5 \times \frac{100}{80} = 1.875(\text{m/min})$$

3.3 液压缸的设计

液压缸设计的原始资料是负载值、运动速度和行程值及液压缸的结构形式与安装要求等。因此，设计液压缸时，必须对整个系统的工况进行分析，确定最大负载力，选定工作压力，根据负载力和速度决定液压缸的主要结构尺寸，再按照负载情况、运动要求、最大行程以及工作压力等使用要求确定结构类型、安装空间尺寸、安装形式等，最后再进行结构设计，确定缸筒壁厚，验算活塞杆强度和稳定性。

目前，液压缸的供货品种、规格比较齐全，用户可以在市场上购得。厂家也可以根据用户的要求设计、制造，用户一般只需提出液压缸的结构参数及安装形式即可。

由于单活塞杆液压缸在液压传动系统中应用比较广泛,因而它的有关参数计算和结构设计具有一定的典型性,所以下面主要对单活塞杆液压缸的设计作以介绍。

3.3.1 液压缸主要参数的设计计算

1. 液压缸工作压力

液压缸所能克服的最大负载和有效作用面积间的关系可用下式表示:

$$F = pA \times 10^6 \tag{3-12}$$

式中 F——液压缸的最大负载力,包括工作负载、摩擦力、惯性力等(N);

p——液压缸的工作压力(MPa);

A——液压缸(活塞)的有效作用面积(m^2)。

式(3-12)说明,给定液压缸的最大负载后,液压缸的工作压力越高,活塞的有效工作面积就越小,液压缸的结构就越紧凑。但若系统压力高,对液压元件的性能及密封要求也相应提高。在确定工作压力和活塞直径时,应根据工况要求、工作条件以及液压元件供货等因素综合考虑。

不同用途的液压机械,工作条件不同,工作压力范围也不同。机床液压传动系统使用的压力一般为2MPa~8MPa,组合机床液压缸工作范围为3MPa~4.5MPa,液压机常用压力为21MPa~32MPa,工程机械选用16MPa较为合适。

2. 液压缸内径

液压缸的内径一般根据最大工作负载来确定。

液压缸的有效工作面积为

$$A = \frac{F}{p} = \frac{\pi}{4}D^2$$

对于无活塞杆腔,液压缸内径为

$$D = \sqrt{\frac{4F}{\pi p}} \tag{3-13}$$

对于有活塞杆腔,液压缸内径为

$$D = \sqrt{\frac{4F}{\pi p} + d^2} \tag{3-14}$$

活塞杆的直径 d 由受力情况决定,受拉力时 d 取$(0.3 \sim 0.5)D$,受压力时 d 取$(0.5 \sim 0.7)D$。

计算出液压缸内径 D 和活塞杆直径 d 后,先进行圆整,然后按国家标准中规定的液压缸内径系列和活塞杆直径系列,选出合适的数值。液压缸内径系列和活塞杆直径系列见表3-2和表3-3。

表3-2 液压缸内径系列

液压缸内径/mm									
8	10	12	16	20	25	32	40	50	63
80	100	125	160	200	250	320	400	500	

表3-3 活塞杆直径系列

活塞杆直径/mm									
4	5	6	8	10	12	14	16	18	20
22	25	28	32	36	40	45	50	56	63
70	80	90	100	110	125	140	160	180	200
220	250	280	320	360	400				

对动力较小的液压设备,除上述计算方法外,也可按液压缸的往返速比确定液压缸内径 D 和活塞杆直径 d。液压缸的往返速度比 φ 过大会使无杆腔产生过大的背压,速度比 φ 过小则活塞杆太细,稳定性不好。推荐液压缸的往返速比 φ 如表3-4所列。

表3-4 液压缸的往返速度比推荐值

工作压力 p/MPa	≤10	1.25~20	>20
往返速度比 φ	1.33	1.46,2	2

活塞运动速度的最高值受活塞杆密封圈以及行程末端缓冲装置所承受的动能限制,一般不大于1m/s,最低值则以无爬行现象为前提,通常大于0.1m/s~0.2 m/s。

3. 液压缸行程

液压缸的活塞行程系列见表3-5。

表3-5 活塞行程系列

液压缸的活塞行程/mm										
25	50	80	100	125	160	200	250	320	400	500

4. 液压缸长度

液压缸缸筒的长度由最大工作行程及结构上的需要确定。当活塞杆全部外伸时,从活塞支承面中点到导向套滑动面中点的距离称为最小导向长度 H,如图3-10所示。若导向长度 H 太小,当活塞杆全部伸出时,液压缸的稳定性将变差;反之,又势必增加液压缸的长度。因此,对一般液压缸必须有一个合适的导向长度,根据经验,当液压缸的最大行程为 L,液压缸内径为 D 时,最小导向长度为

$$H \geqslant \frac{L}{20} + \frac{D}{2} \tag{3-15}$$

一般情况下,当 $D<80$mm 时,导向套滑动面长度 $A=(0.6\sim1.0)D$;当 $D>80$mm 时,可取 $A=(0.6\sim1.0)d$。活塞宽度 $B=(0.6\sim1.0)D$。若导向长度 H 不够时,可在活塞杆上增加一个导相隔套 K 来增加 H 值。隔套的宽度 $C=H-\frac{1}{2}(A+B)$。

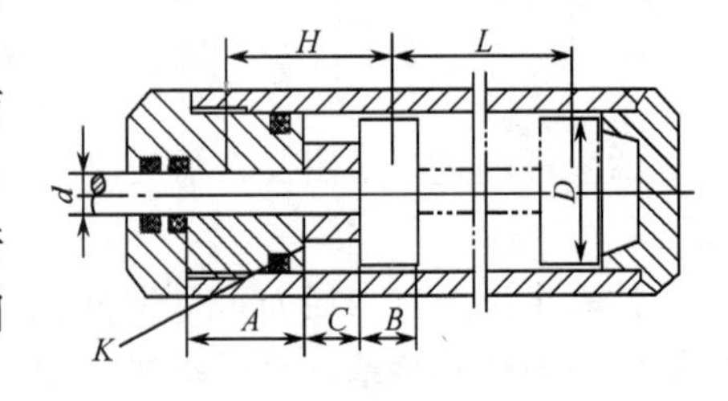

图3-10 最小导向长度

从制造上考虑,一般液压缸筒的长度都不大于其内径的20倍。

5. 活塞杆长度

活塞杆直径确定后,还要根据液压缸的长度确定活塞杆长度。对于工作行程受压的活塞杆,当活塞杆长度与活塞杆直径之比大于10时,必须根据材料力学的有关公式对活

塞杆进行稳定性校核。

6. 液压缸缸体壁厚

液压缸缸体壁厚可根据结构设计确定。当液压缸工作压力较高和缸内径较大时,还必须根据材料力学的有关公式进行强度校核。

3.3.2 液压缸的强度计算与校核

1. 液压缸缸体壁厚的强度计算与校核

在中低压液压系统中,液压缸缸筒的壁厚常由结构工艺上的要求决定,强度问题是次要的,一般都不需验算。在高压系统中,若 $\delta \leqslant \frac{D}{10}$时,可按薄壁公式校核缸筒最薄处的壁厚,即

$$\delta \geqslant \frac{pD}{2[\sigma]} \tag{3-16}$$

式中 δ——缸筒壁厚(m);

D——缸筒内径(m);

p——缸筒试验压力(MPa),当液压缸的额定压力 $p_n \leqslant 16$MPa 时,$p = 1.5p_n$;当额定压力 $p_n > 16$MPa 时,$p = 1.25p_n$;

$[\sigma]$——缸筒材料许用应力(MPa),$[\sigma] = \sigma_b / n$,σ_b 为材料抗拉强度,n 为安全系数,一般取 $n = 5$。

当壁厚 $\delta > \frac{D}{10}$时,按材料力学中厚壁筒公式进行校验,即

$$\delta \geqslant \frac{D}{2}\left[\sqrt{\frac{[\sigma]+0.4p}{[\sigma]-1.3p}}-1\right] \tag{3-17}$$

算出的壁厚一般还要根据无缝钢管标准或有关标准做适当的修正。

2. 活塞杆的稳定性计算与校核

1)强度计算

活塞杆强度按下式校核:

$$d \geqslant \sqrt{\frac{4F}{\pi[\sigma]}} \tag{3-18}$$

式中 d——活塞杆直径(m);

F——液压缸负载(N);

$[\sigma]$——活塞杆材料许用压力(N/m^2),$[\sigma] = \sigma_b / n$,σ_b 为材料抗拉强度,n 为安全系数,一般取 $n \geqslant 1.4$。

2)稳定性验算

活塞杆受轴向压力作用时,有可能产生弯曲,当此轴向力达到临界值 F_k 时,会出现压杆不稳定现象,临界值 F_k 的大小与活塞杆材料、活塞杆长度、直径以及液压缸的安装方式等因素有关。只有当活塞杆的计算长度 $l \geqslant 10d$ 时,才进行活塞杆的纵向稳定性计算。其计算可按材料力学中的有关公式进行。

使液压缸活塞杆保持稳定的条件为

$$F \leqslant \frac{F_k}{n_k} \tag{3-19}$$

式中　F——液压缸承受的轴向压力；

F_k——活塞杆不产生弯曲变形的临界力；

n_k——稳定性安全系数，一般取 $n_k = 2 \sim 4$。

F_k 可根据细长比 l/r_k 的范围按下述有关公式计算：

(1) 当活塞杆长细比 $l/r_k > \psi_1 \sqrt{\psi_2}$ 时，

$$F_k = \frac{\psi_2 \pi^2 EJ}{l^2} \tag{3-19a}$$

(2) 当活塞杆长细比 $l/r_k \leqslant \psi_1 \sqrt{\psi_2}$，且 $\psi_1 \sqrt{\psi_2} = 20 \sim 120$ 时，

$$F_k = \frac{fA}{1 + \frac{\alpha}{\psi_2}\left(\frac{1}{r_k}\right)^2} \tag{3-19b}$$

式中　l——安装长度，其值与安装方式有关，见表 3-6；

r_k——活塞杆横断面的最小回转半径，$r_k = \sqrt{\frac{J}{A}}$；

ψ_1——柔性系数，对钢取 $\psi_1 = 85$；

ψ_2——末端系数，由液压缸支承方式决定，其值见表 3-6；

E——活塞材料的弹性模量，对钢取 $E = 2.06 \times 10^{11} \text{N/m}^2$；

J——活塞杆横截面惯性矩；

A——活塞杆断面面积(mm^2)；

f——由材料强度决定的一个实验数值，对钢取 $f \approx 4.9 \times 10^8 \text{N/m}^2$；

α——系数，对钢取 $\alpha = 1/5000$。

表 3-6　液压缸的支承方式和末端系数 ψ_2 的值

支承方式	支承说明	末端系数 ψ_2
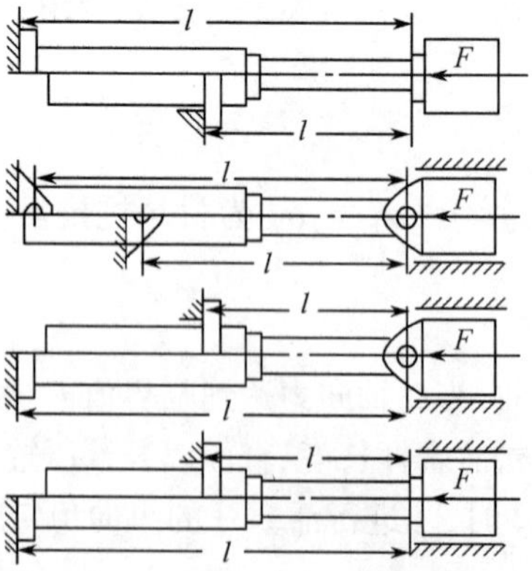	一端自由，一端固定	$\frac{1}{4}$
	两端铰接	1
	一端铰接，一端固定	2
	两端固定	4

(3)当活塞杆长细比 $l/r_k \leqslant 20$ 时,活塞杆具有足够的稳定性,不必校核。

3. 螺栓强度的校核

液压缸缸筒与端盖的连接方法很多,其中以螺栓(钉)连接应用最广。当缸筒与缸盖采用法兰连接时,要验算连接螺栓的强度。验算时可按拉应力 σ 和剪切应力 τ 的合成应力 σ_Σ 来进行,即

$$\sigma = \frac{4KF}{\pi d_{s1}^2 Z} \tag{3-20}$$

$$\tau = \frac{KK_1 F d_{s0}}{0.2 d_{s1}^3 Z} \approx 0.47\sigma \tag{3-21}$$

$$\sigma_\Sigma = \sqrt{\sigma^2 + 3\tau^2} \approx 1.3\sigma \tag{3-22}$$

$$\sigma_\Sigma \leqslant \frac{\sigma_s}{n_s} \tag{3-23}$$

式中 F——液压缸负载(N);

K——螺纹拧紧系数,$K = 1.12 \sim 1.5$;

K_1——螺纹内摩擦系数,一般取 $K_1 = 0.12$;

d_{s0}——螺纹直径(mm);

d_{s1}——螺纹内径,对于标准紧固螺纹,取 $d_{s1} = d_{s0} - 1.224t$,t 为螺纹螺矩;

Z——螺栓个数;

σ_s——材料屈服极限,对 45 钢,取 $\sigma_s = 3 \times 10^8 \mathrm{N/m^2}$;

n_s——安全系数,一般取 $n_s = 1.2 \sim 2.5$。

习 题

1. 按结构形式不同,液压缸有哪些类型?它们的特点分别是什么?

2. 如何计算单杆双作用液压缸的作用力及活塞杆的运动速度?

3. 如图 3-11 所示三种结构形式的液压缸,它们的有关直径分别为 D、d,若进入液压缸的流量为 q,压力为 p,试分析各液压缸所能产生的推力大小、运动速度、运动方向及活塞杆的受力状况(受拉还是受压)。

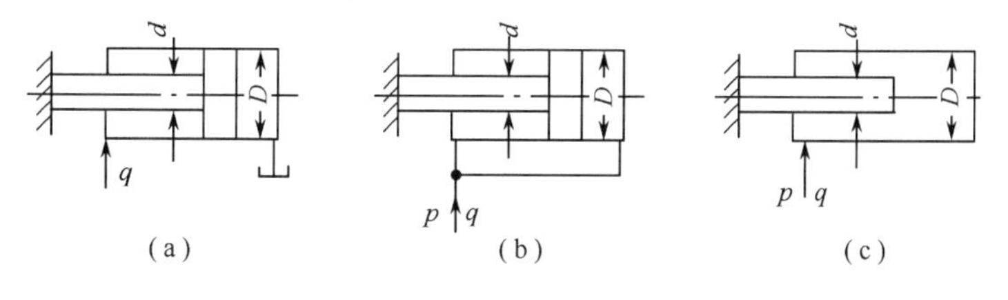

图 3-11 题 3 图

4. 如图 3-12 所示差动连接液压缸,输入流量 $q = 25\mathrm{L/min}$,压力 $p = 5\mathrm{MPa}$,如果 $d = 5\mathrm{cm}$,$b = 8\mathrm{cm}$,试求活塞移运的速度及输出的最大推力(忽略液压缸泄漏及摩擦损失)。

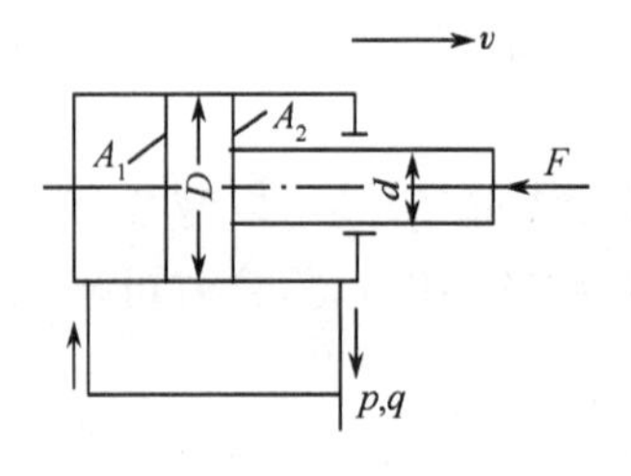

图3－12　题4图

5. 如图3－13所示为一单叶片摆动液压缸，供油压力 $p_1=10\text{MPa}$，流量 $q=25\text{L/min}$，回油压力 $p_2=0.5\text{MPa}$，若输出角速度 $\omega=0.7\text{rad/s}$，$R=100\text{mm}$，$r=40\text{mm}$，忽略容积损失和机械损失，求叶片宽度和输出扭矩。

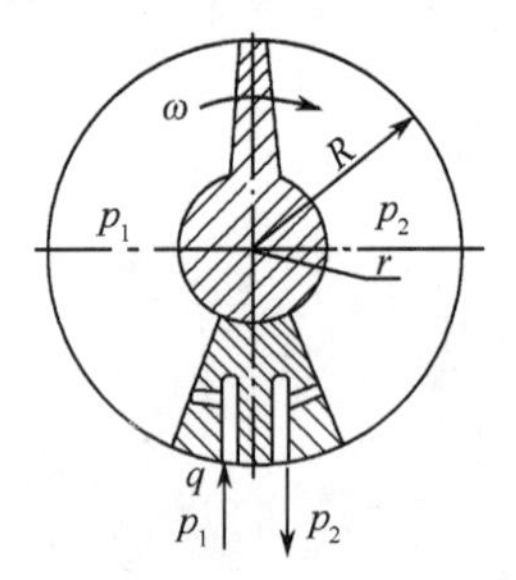

图3－13　题5图

6. 设计一单杆活塞式液压缸，要求快进时为差动连接，快进和快退（有杆控进油）时的速度均为6m/min。工进时（无杆腔进油，非差动连接）可驱动的负载为25000N，回油背压力为0.25MPa，采用额定压力为6.3MPa，额定流量为25L/min的液压泵。试确定：

（1）筒内径和活塞杆直径；

（2）缸筒壁厚（缸筒材料选用无缝钢管）。

第4章　液压控制阀

液压控制阀是液压系统中用来控制液流的压力、流量及方向的控制元件,使执行元件按照负载的要求进行工作。本章主要介绍液压控制阀的分类、结构、工作原理及其应用。

4.1　概　述

4.1.1　液压控制阀的分类

液压控制阀的应用数量大、结构类型多,可按不同的特征进行分类。

1. 按照液压阀在系统中的功能分类

(1)压力控制阀:用来控制和调节液压系统中液体压力的阀类,如溢流阀、减压阀、顺序阀、平衡阀、电液比例溢流阀、电液比例减压阀、压力继电器等。

(2)方向控制阀:用来控制液压系统中液流方向的阀类,如单向阀、换向阀等。

(3)流量控制阀:通过改变节流阀口开度来调节通过它的流量,以实现对系统某负载流量控制的阀类,如节流阀、调速阀、分流(集流)阀 、电液比例节流阀、电液比例流量阀等。

以上所列为单一功能的通用阀,还有一些专用阀和具有两个以上功能的复合阀。前者如工程机械上的多路阀,后者如单向调速阀等。

2. 按照阀的操纵方式分类

(1)手动控制阀:用手柄及手轮、踏板、杠杆等进行控制。

机械控制阀:用挡块及碰块、弹簧等进行控制。

液压控制阀:利用液体压力所产生的力进行控制。

(2)电液控制阀:采用电动控制(普通电磁铁)和液压控制的组合方式进行控制。

(3)电动控制阀:用普通电磁铁、比例电磁铁、力马达、力矩马达、步进电机等进行控制。

3. 按照阀的连接方式分类

(1)管式连接:此类阀采用标准螺纹管接头进行连接。管式连接方式简单、质量小,适合于移动式设备和流量较小的液压元件的连接,应用较广。它的缺点是元件分散布置,可能的漏油环节多,装拆维修不方便。

(2)板式连接:此类阀采用法兰进行连接,通过螺栓将阀安装在底板上。阀的安装底板上相应的油孔和阀体上的油孔对应。由于元件集中布置,安装、维修、操纵、调节都比较方便。

(3)集成连接:由标准元件或以标准参数制造的元件按典型动作要求组成基本回路,然后将基本回路集成在一起组成液压系统的一种连接形式,包括集成块、叠加阀、插装阀等。

此外,还有其他的分类方法,如按阀的结构形式、控制方式等,这里不再一一介绍。

4.1.2 液压阀的性能参数

1. 公称通径

公称通径代表阀的通流能力的大小,对应于阀的额定流量,与阀的进出油口连接的油管的规格应与阀的通径相一致。阀的公称通径已标准化,可查手册或产品样本。阀工作时的实际流量应小于或等于它的额定流量,最大不得大于额定流量的1.1倍。

2. 额定压力

液压控制阀长期工作允许的最高压力。对压力控制阀,实际最高压力有时还与阀的调压范围有关;对换向阀,实际最高压力还可能受其功率极限的限制。

4.1.3 对液压控制阀的基本要求

各种液压控制阀,由于不是对外做功元件,而是用来实现执行元件(机构)所提出的力(力矩)、速度、方向(转向)要求的,因此对液压控制阀的共同要求是:

(1)动作灵敏,使用可靠,工作平稳,冲击振动小;

(2)密封性好,泄漏少;

(3)油液流过时压力损失小;

(4)结构简单、紧凑、体积小,安装、调整、维护、保养方便,成本低廉,通用性好,寿命长。

由于液压控制阀在液压元件中,无论在品种上,还是在数量上都占有相当大的比例,因此,阀类元件性能的好坏在很大程度上影响液压系统的优劣性和可靠性。通过本章的学习,要求掌握各种阀的结构、工作原理、图形符号及其应用。学习时应把图形符号和结构(或结构原理)联系起来,才能深入理解液压控制阀的原理和机能。

4.2 压力控制阀

液压系统中执行机构(如液压缸、液压马达等)输出力或扭矩的大小,与系统中油液压力的高低有直接关系。控制和调节液压系统中的液体压力的阀统称为压力控制阀。

压力控制阀按功能和用途可分为溢流阀(包括远程调压阀)、减压阀、顺序阀、平衡阀、压力继电器等,它们的共同特点是利用油液作用在阀芯上的力和弹簧力相平衡的原理进行工作。

4.2.1 溢流阀

在液压系统中,溢流阀通过阀口的溢流来维持定压和对系统进行安全保护。它常用于节流调速系统中,和流量控制阀配合使用,调节进入系统的流量,并保持系统的压力基本恒定。用于过载保护的溢流阀一般称为安全阀。

对溢流阀的主要要求是:调压范围大,调压偏差小,压力振摆小,动作灵敏,过流能力大,噪声小。

1. 溢流阀的结构及工作原理

根据结构不同,溢流阀可分为直动式和先导式两种。

1)直动式溢流阀

直动式溢流阀的结构主要有滑阀、锥阀、球阀和喷嘴挡板阀等形式。其中锥阀和滑阀型溢流阀应用最为广泛,这里主要介绍滑阀型直动式溢流阀的结构和工作原理。图4-1左边为滑阀型直动式溢流阀的结构原理图,右边为一般溢流阀的图形符号或直动式溢流阀的图形符号。它主要由调节螺母1、弹簧2、上盖3、阀芯4和阀体5等零件组成。P为进油口,T为回油口,被控压力油由P口进入溢流阀,经径向孔f,阻尼孔g进入油腔c后作用在阀芯下部的底面上,产生一个向上的液压力 $F=pA$(p 为溢流阀的进口压力,A 为滑阀底部面积)。当进口压力较低,液压力 F 小于滑阀上端弹簧的预紧力 F_t 时,阀芯在弹簧力的作用下处于最下端位置。由于滑阀与阀体之间有一段封油长度 l,将P口和T口隔断,阀处于关闭状态,溢流阀不溢流(这时系统压力取决于负载)。当系统所带负载变大时,溢流阀进油压力 p 增大,液压力 F 也随之不断升高。当液压力 F 大于(或等于)弹簧预紧力 F_t、滑阀自重 F_g 以及滑阀与阀体之间的摩擦力 F_f 的和时,滑阀向上移动,溢流阀阀口开启,于是液压油由P口经T口排回油箱。使滑阀开启的压力称为溢流阀的开启压力,如果记为 p_k,则有

$$p_kA=F_t+F_g+F_f$$

即

$$p_k=\frac{F_t+F_g+F_f}{A} \tag{4-1}$$

式中 p_k——溢流阀的开启压力(Pa);

A——滑阀端面面积,$A=\pi d^2/4(\mathrm{m}^2)$;

d——滑阀直径(m);

F_t——弹簧预紧力,$F_t=K(x_0+l)$(N);

K——弹簧刚度(N/m);

x_0——弹簧预压缩量(m);

l——阀与阀体之间的封油长度(m);

F_g——滑阀自重(N);

F_f——滑阀与阀体之间的摩擦力,方向与滑阀运动方向相反(N)。

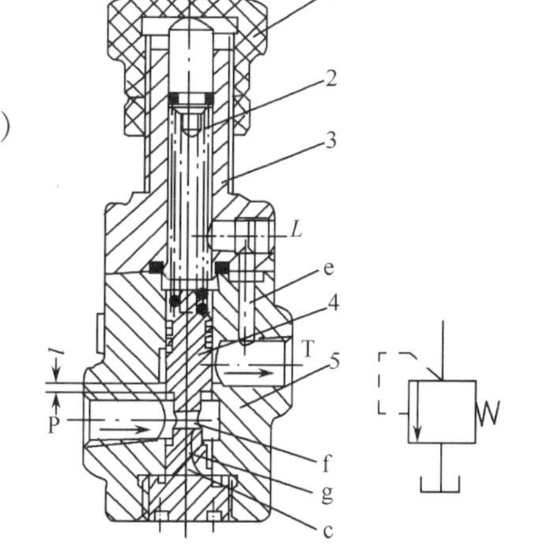

图4-1 直动式溢流阀结构

1—调节螺母;2—弹簧;3—上盖;4—阀芯;5—阀体。

如果视 F_g 和 F_f 为常量,则对应一定的 F_t 值有一个相应的 p_k,通过调整调节螺帽来改变弹簧的预压缩量 x_0,从而得到不同的开启压力 p_k,因此滑阀上端弹簧被称为调压弹簧。为了防止调压弹簧腔形成封闭油室而影响滑阀的动作,在上盖3和阀体5上设有通道e,使阀的弹簧腔与回油口T沟通。阀芯上的阻尼孔g对阀芯的运动形成阻尼,从而可避免阀芯产生振动,提高阀的工作平稳性。

直动式溢流阀利用液体作用在阀芯上的力直接与弹簧力相平衡的原理来控制溢流压力(直动式溢流阀由此得名)。随着工作压力的提高,直动式溢流阀上的弹簧力要增加,弹簧刚度也要相应增加,这就使装配困难,使用不便,并且当溢流量变化时,溢流压力的波动也将加大。所以这种形式的溢流阀一般只用于低压小流量场合,目前已较少应用,但其

工作原理具有代表性,容易理解。

图 4－2 为目前常用的 DBD 型直动式锥阀型和球阀型溢流阀的结构。这种阀节流口密封性能好,不需重叠量,可直接用于高压大流量场合。其中,图 4－2(a)所示为最高压力为 40MPa、流量可达 300L/min 的锥阀型直动式溢流阀;图 4－2(b)所示为最高压力为 63MPa、流量可达 120L/min 的球阀型直动式溢流阀。

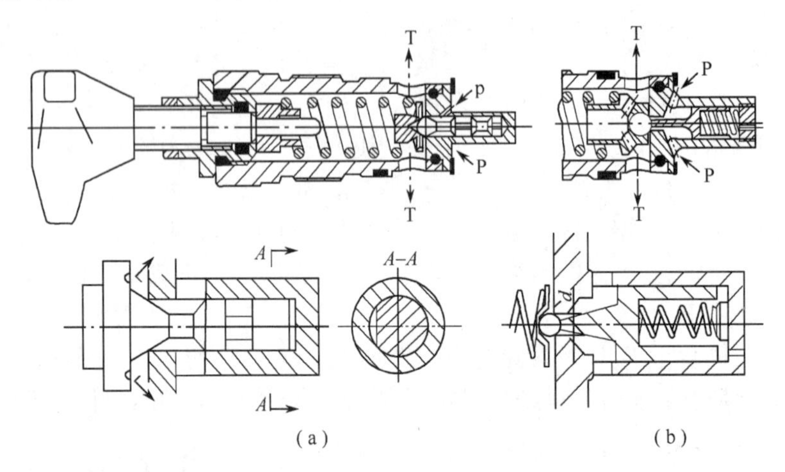

图 4－2　DBD 型高压大流量直动式溢流阀

(a)锥阀型;(b)球阀型。

2)先导式溢流阀

先导式溢流阀由主阀和先导阀两部分组成,其中先导阀部分就是一种直动式溢流阀(多为锥阀式结构)。如果按主阀部分的阀芯配合形式来分类,先导式溢流阀分为以下三类:

(1)三节同心结构。如图 4－3 右边所示的 YF 型溢流阀(左边为先导式溢流阀的图形符号),这类结构形式为管式连接。

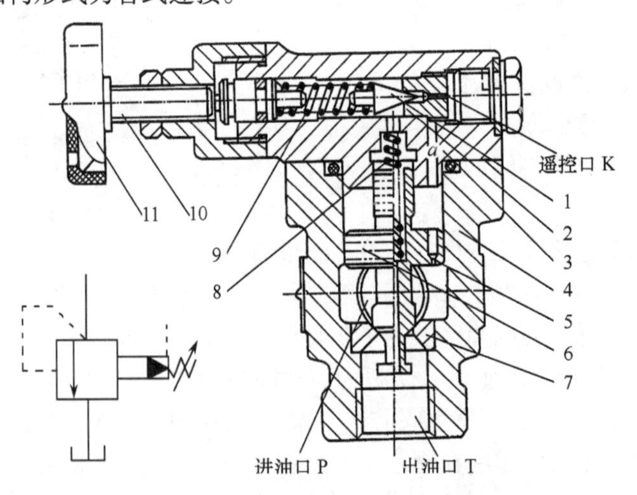

图 4－3　YF 型三节同心先导式溢流阀

1—锥阀;2—先导阀座;3—阀盖;4—阀体;5—阻尼孔;6—主阀芯;7—主阀座;8—主阀弹簧;9—调压弹簧;10—调节螺钉;11—调压手轮。

(2)二节同心结构。如图 4－4 所示，这类结构形式又称为单向阀式结构(一种常用的板式溢流阀)。

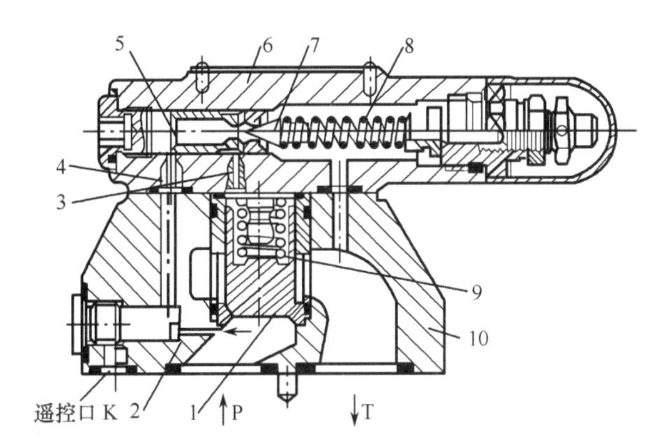

图 4－4　二节同心先导式溢流阀

1—主阀芯；2、3、4—阻尼孔；5—锥阀座；6—先导阀阀体；7—锥阀(先导阀)；8—调压弹簧；9—主阀弹簧；10—主阀阀体。

(3)一节同心结构。如图 4－5 所示，由于滑阀的泄漏等问题，这种阀主要用于中低压场合。

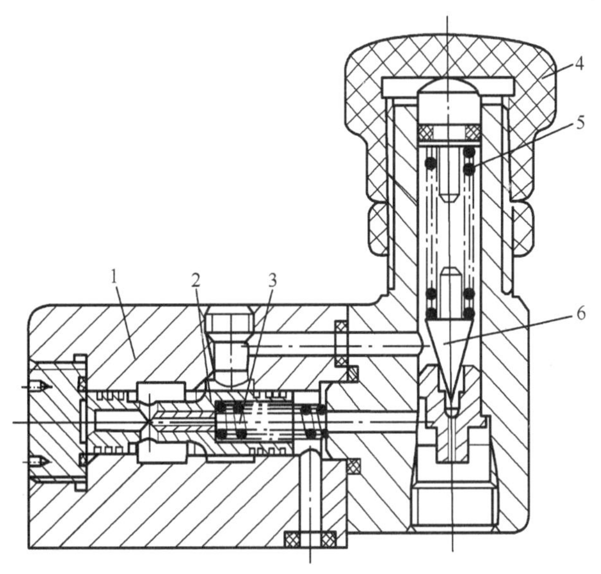

图 4－5　一节同心先导式溢流阀

1—阀体；2—主阀芯；3—复位弹簧；4—调节螺母；5—调节弹簧；6—锥阀芯。

下面以 YF 型溢流阀为例详细介绍先导式溢流阀的工作原理。YF 型先导式溢流阀由于主阀芯 6 与阀盖 3、阀体 4 和主阀座 7 三处有同心配合要求，故属于三节同心式结构。压力油由进油口 P 进入后作用于主阀芯 6 活塞下腔，并经主阀芯上的阻尼孔 5 进入主阀芯上腔，然后由阀盖 3 上的通道 a 并经锥阀座 2 上的小孔作用于锥阀 1 上。当作用在锥阀上的液压力 $F=p_xA_x$(P_x 为作用于锥阀上的液压油的压力，A_x 为锥阀芯的有效承压面积)小于锥阀调压弹簧 9 的预紧力 F_{xt}时，锥阀在弹簧力的作用下处于关闭状态。此时阻尼孔5中没有油液流动，主阀芯6上下两腔压力相等，主阀芯在弹簧8的作用下处于最下端，进、回油口被主阀芯切断，溢流阀不溢流。在P口压力上升时，作用在锥阀上的压力p_x也随之升高，液压力F增大，当F大于锥阀弹簧的预紧力F_{xt}时，锥阀打开，压力油经阻尼孔5、通道a、锥阀阀口、主阀阀芯中间孔流至出油口T后回油箱。由于油液流过阻尼孔5时要产生压力降，主阀芯上腔压力p_1小于下腔压力p（即进油口压力）。当通过锥阀的流量达到一定大小时，主阀芯上、下腔压力差所形成的液压力$pA-p_1A_1$（A为主阀芯下腔的有效面积，A_1为主阀芯上腔的有效面积）大于主阀芯弹簧8的预紧力F_t、主阀芯与阀体的摩擦力F_f和主阀芯及其弹簧的总重力F_g等力的总和时，主阀芯向上移动，使进油口P和出油口T相通，压力油从出油口T溢回油箱。当作用在主阀芯上的所有力处于某一平衡状态时，溢流口保持一定的开度，溢流压力也保持某一定值。调节先导阀调压弹簧9的预紧力，即可调节溢流压力（即系统压力）。而改变弹簧9的刚度，则可改变调压范围。

先导式溢流阀有一个与主阀上腔相通的遥控口K，这就使得它比直动型溢流阀具有更多的功能。若将遥控口K直接接回油箱，则先导阀前腔和主阀芯上腔的压力近似为零。于是先导阀阀口关闭，主阀芯下腔只需要很低的压力即可克服弹簧8（也称为复位弹簧）的预紧力开启阀口，使得主阀进油口P的压力（液压系统的压力）降至零附近，即系统卸荷。若将遥控口K接远程调压阀（相当于一种独立的压力先导阀），则可通过远程调压阀调节主阀进口压力（注意：由于远程调压阀与先导阀并联，因此远程调压阀的调定压力只有低于先导阀的调定压力时，远程调压阀才起作用）。

2. 溢流阀的性能

溢流阀的性能包括静态特性和动态特性两部分。静态特性包括压力—流量特性、启闭特性、调压范围、卸荷压力、最大流量和最小稳定流量等；动态特性包括动态超调量、卸荷时间及压力回升时间等。下面分别予以介绍。

1）压力—流量特性

溢流阀起溢流定压作用时，阀口处于开启状态。当溢流量变化时，阀口开度将相应地变化，其溢流压力也有所改变，这就是溢流阀的压力—流量特性。下面以先导式阀溢流阀（YF型）为例对溢流阀的压力—流量特性进行讨论。影响溢流阀特性的因素很多，这里仅讨论与阀的水力性能有关的部分，即不计阀芯自重、摩擦力、瞬态液动力（指因阀口变化引起流速发生变化导致液体动量变化对阀芯形成的力）、阻尼力（图4-6）等的影响。

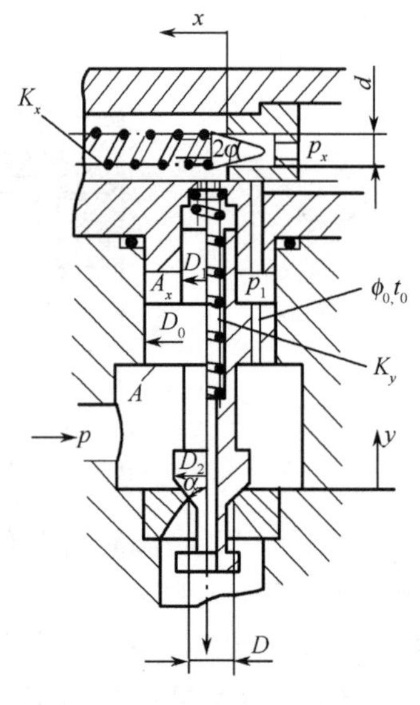

图4-6　YF型溢流阀受力分析图

（1）主阀芯的受力平衡方程（作用在主阀阀芯上力有弹簧力、液压力和液动力）：

$$pA - p_1A_1 - K_y(y_0 + y) - F_{ys} = 0 \qquad (4-2)$$

式中　p——主阀芯下腔压力（阀控压力），主阀回油口压力为零（Pa）；

A——主阀芯下腔有效面积（m^2）；

p_1——主阀芯上腔压力(Pa);

A_1——主阀芯上腔有效面积,一般取 $A_1=(1.04\sim1.1)A$,(m^2);

y_0——主阀弹簧预压缩量(m);

y——主阀阀口开度(m);

K_y——主阀的弹簧刚度(N/m);

F_{ys}——作用在主阀芯上的稳态液动力。

对下流式锥阀,若其下端无尾蝶,稳态液动力起负弹簧作用,对稳定性不利;若其下端做成尾蝶形状,则可使出流方向与轴线垂直,甚至造成回流,从而对稳态液动力起到补偿作用。其表达式为

$$F_{ys}=C_{d1}\pi Dyp\sin2a;$$

式中 C_{d1}——主阀阀口流量系数,$C_{d1}=0.8$;

D——主阀出流口直径(m);

α——主阀芯半锥角($\alpha=46°\sim47°$)。

(2)通过主阀口流量方程:

$$Q=C_{d1}\pi Dy\sin\alpha\sqrt{\frac{2p}{\rho}} \tag{4-3}$$

式中 Q——流经主阀阀口的流量(m^3/s);

ρ——油液密度(kg/m^3)。

(3)通过主阀芯阻尼孔的流量方程:

$$Q_1=Q_x=\frac{\pi\Phi_0^4}{128\mu l_0}(p-p_1) \tag{4-4}$$

式中 Q_1——流经主阀芯阻尼孔 Φ_0 的流量(m^3/s);

Q_x——流经先导阀的流量(m^3/s);

π——圆周率;

Φ_0——主阀芯阻尼孔直径(m),$\Phi_0=0.0008\sim0.0012$;

l_0——主阀芯阻尼孔长度(m),$l_0=(7\sim19)\Phi_0$;

μ——油液动力黏度(Pa·s)。

(4)先导阀芯的受力平衡方程(作用在先导阀阀芯上力有弹簧力、液压力和液动力):

$$p_xA_x=K_x(x_0+x)+F_{sx} \tag{4-5}$$

式中 p_x——先导阀腔压力(这里认为 $p_x=p_1$,先导阀回油口压力为零)(Pa);

A_x——先导阀芯的有效面积,$A_x=\pi d^2/4$(m^2);

d——先导阀阀座孔直径(m);

K_x——先导阀弹簧刚度(N/m);

x_0——先导阀弹簧预压缩量(m);

x——先导阀芯的开口量(m);

F_{sx}——作用在导阀芯上的稳态液动力,对上流式锥阀,其表达式为

$$F_{sx}=C_{d2}\pi dxp_1\sin2\Phi;$$

C_{d2}——先导阀阀口的流量系数，$C_{d2}=0.75$；

Φ——导阀芯的半锥角(°)，一般 $\Phi=12°$或 $20°$。

(5)通过先导阀芯阻尼孔的流量方程：

$$Q_x = C_{d2}\pi dx\sin\Phi\sqrt{\frac{2p_1}{\rho}} \tag{4-6}$$

从理论上讲，在阀的几何尺寸、油液的密度和粘度、阀口流量系数已知的情况下，联立上述五个方程可求得先导式溢流阀的压力—流量特性，即主阀进口压力 p 与 Q 之间的函数关系（阀口开度 x、y 和先导阀流量 Q_x 为中间变量），但因方程为高次方程，直接求解比较困难，因此一般将其在某一状况点附近线性化处理为一阶方程后求解。因只是定性分析先导式溢流阀的压力—流量特性，因此仍以原方程为基础进行讨论。

(1)由式(4-5)可求解先导阀的开启压力：

$$p_{1k} = \frac{K_x x_0}{A_x} = \frac{4K_x x_0}{\pi d^2} \tag{4-7}$$

(2)随着先导阀口开启，流经先导阀口的流量 Q_x（即流经主阀芯阻尼孔的流量）增大，由此使得主阀芯上、下腔压差($p-p_1$)增大，当作用在主阀芯上、下两端的液压力足以克服主阀复位弹簧力时，主阀开启，其开启压力为

$$p_k = \frac{p_1 A_1 + K_y y_0}{A}\ (p_k > p_{1k}) \tag{4-8}$$

(3)主阀口开启后，随着流经阀口的流量 Q 增大，阀口开度 y 增大。当流量为公称流量时，主阀阀口开度为 y_s，此时先导阀进口压力为 p_{1s}，开口长度为 x_s，主阀进口压力为 p_s（额定压力）。由式(4-5)和式(4-2)可求得

$$p_{1s} = \frac{K_x(x_0 + x_s)}{A_x - C_{d1}\pi dx_s\sin 2\Phi} \tag{4-9}$$

$$p_s = \frac{p_{1s}A_1}{A - C_{d1}\pi dy_s\sin 2\alpha} + \frac{K_y(y_0 + y_s)}{A - C_{d1}\pi Dy_s\sin 2\alpha} \tag{4-10}$$

4)比较 p_{1k}、p_{1s}、p_k 和 p_s 可知，先导式溢流阀的调定压力和开启压力之差为(p_s-p_{1k})。为了使溢流阀具有较好的启闭特性，减少 x_s 对启闭特性的影响，根据经验一般取 $x_s=0.01x_0$，$Q_{xs}=0.01Q_s$，则作用在先导阀阀芯上的液动力和附加弹簧力可以忽略不计。另外，取 $x_0\gg x_s$、$A\gg C_{d1}\pi Dy_s\sin 2\alpha$，可减小作用在主阀芯上的附加弹簧力和液动力的影响，减小主阀部分的调压偏差(p_s-p_{1k})，因此，先导式溢流阀的启闭特性较好，开启压力比 $n_k\geq 95\%$，闭合压力比 $n_b\geq 90\%$。

为了更好地理解直动式和先导式溢流阀压力—流量特性的区别，在图4-7中分别画出了调定压力相同的直动式溢流阀和先导式溢流阀的压力—流量特性曲线，以便比较。图4-7中 p_{zk}是直动式溢流阀的开启压力，当阀入口压力小于 p_{zk}时，阀处于关闭状态，其过流量为零。当阀入口压力大于 p_{zk}时，直动式溢流阀打开溢流，处于工作状态（溢流阀同时定压）。图4-7中 p_{1k}是先导式溢流阀先导阀的开启压力，曲线上的拐点 m 所对应的压力是其主阀的开启压力 p_k。当压力小于 p_{1k}时，导阀关闭，阀的过流量为零。当压力大

于 p_{1k}（小于 p_k）时，先导阀打开，此时通过阀的流量只是先导阀的泄漏量，故很小。曲线上 $p_{1k}m$ 段即为先导阀工作段。当阀入口压力大于 p_k 时，主阀打开溢流，先导式溢流阀便进入工作状态。在工作状态下，无论是直动式还是先导式溢流阀，其溢流量都随入口压力增大而增加。当压力增加到 p_s 时，阀芯上升到最高位置，阀口开到最大，通过的流量也最大，为其额定流量值 Q_s，这时的入口压力称为溢流阀的调定压力。从图 4－7 中还可看出，在通过单位流量 ΔQ 时，直动式溢流阀对应的压力降 Δp_z 大于先导式溢流阀压力降 Δp_x，所以，直动式溢流阀的压力波动大于先导式溢流阀。

2）启闭特性

启闭特性指溢流阀从开启到闭合的过程中，通过溢流阀的流量与其控制压力之间的关系。它是衡量溢流阀性能好坏的一个重要指标，一般用溢流阀开始溢流时的开启压力 p_k 以及停止溢流时的闭合压力 p_b 与额定流量下的调定压力 p_s 的比值 $n_k=p_k/p_s$、$n_b=p_b/p_s$ 的百分率来衡量。比值越大以及开启和闭合压力比越接近，溢流阀的启闭性越好。在实际测试时，先把溢流阀调到全流量时的额定压力，在开启过程中，当溢流量加大到额定流量的 1% 时，系统的压力称为阀的开启压力。在闭合过程中，当溢流量减小到额定流量的 1% 时，系统的压力称为阀的闭合压力。

由于溢流阀的阀芯在工作过程中受到摩擦力的作用，阀口开大和关小时的摩擦力方向刚好相反，致使溢流阀的开启压力和闭合压力不等，开启压力大于闭合压力，且开启过程和闭合过程的压力—流量特性曲线不重合，如图 4－8 所示。图中虚线为无摩擦力时的理想曲线。

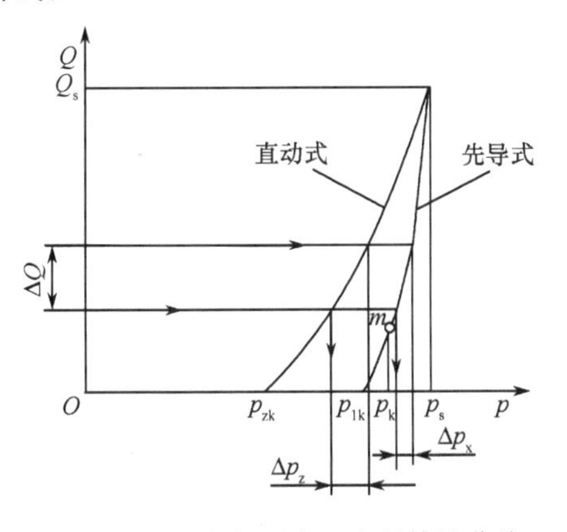

图 4－7　溢流阀压力—流量特性曲线

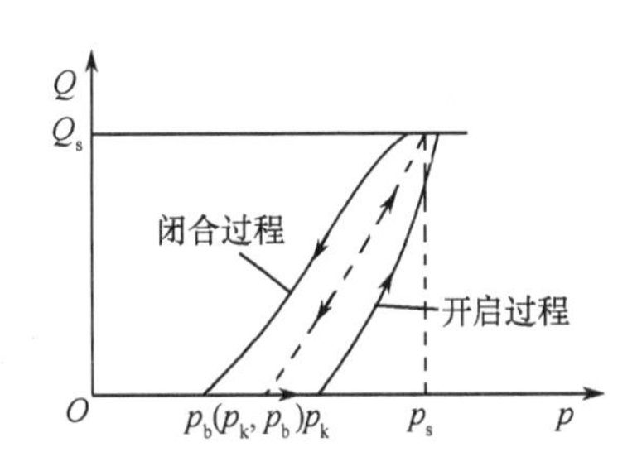

图 4－8　溢流阀启闭特性

3）调压范围

调压范围指溢流阀最小调节稳定压力到最大调节稳定压力之间的范围。根据溢流阀的使用压力不同，一般可以通过更换四根弹簧实现 0.5MPa～7MPa、3.5MPa～14MPa、7MPa～21MPa、16MPa～32MPa 四级调压。在有的新结构中，也有采用一根弹簧在小于或等于 25MPa 范围内调压的。

4）卸荷压力

当溢流阀做卸荷阀用时，额定流量下的压力损失称为卸荷压力。它反映了卸荷状态下系统的功率损失以及由功率损失转换成的油液发热量。显然，卸荷压力越小越好。

5）最大流量和最小稳定流量

最大流量和最小稳定流量决定了溢流阀的流量调节范围,流量调节范围越大的溢流阀应用范围越广。溢流阀的最大流量也是它的公称流量,又称为额定流量,在此流量下,溢流阀工作时应无噪声。溢流阀的最小稳定流量取决于它的压力平稳性要求,一般规定为额定流量的15% 。

6)动态超调量

当溢流阀从零压力突然变为额定压力、额定流量时,液压系统将出现压力冲击,定义最高瞬时压力峰值与额定压力的差值为动态超调量,记为 Δp,如图4-9中所示。一般希望动态超调量要小,否则会发生元件损坏或管路损坏等事故。

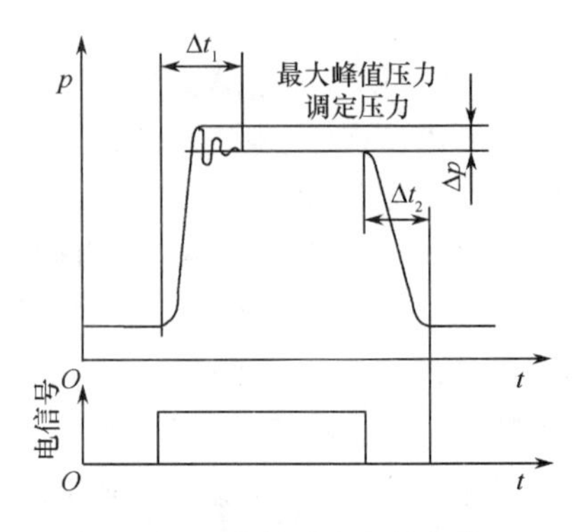

图4-9 溢流阀动态特性曲线

7)卸荷时间及压力回升时间

卸荷时间是指卸荷信号发出后,溢流阀从额定压力降至卸荷压力所需要的时间 Δt_2。压力回升时间是指卸荷信号停止发出后,溢流阀从卸荷压力回升至额定压力所需要的时间 Δt_1。这两个指标反映了溢流阀在系统工作中,从一个稳定状态到另一个稳定状态所需的过渡时间。过渡时间短,溢流阀的动态性能好。

3. 溢流阀的应用

在液压系统中,溢流阀的主要用途如下:

(1)作溢流阀用。主要用于节流调速系统,溢流阀溢流时,可维持阀进口压力亦即系统压力恒定。

(2)作安全阀用。只有在系统超载时,溢流阀才打开,对系统起过载保护作用,而平时溢流阀是关闭的。此时溢流阀的调定压力比系统压力大10% ~20% 。

(3)作背压阀用。溢流阀(一般为直动式)装在系统的回油路上,产生一定的回油阻力,以改善执行元件的运动平稳性。

(4)作远程调压阀用。溢流阀(一般为直动式)通过管路连接先导式溢流阀遥控口实现远程调压。

(5)作卸荷阀用。通过电磁换向阀控制先导式溢流阀遥控口实现卸荷。

4.2.2 减压阀

在一个液压系统中,往往有一个泵需要向几个执行元件供油,而各执行元件所需的工作压力不尽相同。如某个执行元件所需的工作压力较液压泵的供油压力低时,可在该分支油路中串联一个减压阀,所需压力大小可用减压阀来调节。

减压阀是一种利用液流流过缝隙产生压降的原理,使出口压力低于进口压力的压力控制阀。按调节要求不同,减压阀可分为定值减压阀、定差减压阀、定比减压阀三种。其中,定值减压阀应用最广,因此又简称为减压阀。它使液压系统中某一支路的压力低于系统压力且保持不变。定差减压阀是使阀的进口压力与出口压力的差值近于不变的减压阀。定比减压阀是使阀的出口压力与进口压力的比值近于不变的减压阀。这里重点介绍定值减压阀。

对定值减压阀的要求是:出口压力维持恒定,不受进口压力变化和通过流量大小的影响。

1. 定值减压阀结构及工作原理

减压阀也分为直动式和先导式两种。先导式减压阀性能较好,最为常用。先导式减压阀结构形式很多,但工作原理相同。图 4-10(a)所示为 DR 型先导式减压阀结构原理图,图 4-10(b)为减压阀的一般符号,图 4-10(c)为先导式减压阀的图形符号。压力为 p_1 的高压油(一次压力油)由进油口 P_1 进入,经阀套 2 和主阀芯 1 周圈的径向孔群 8 所形成的减压口后从出油口 P_2 流出。因为油液流过减压口的缝隙时会有压力损失,所以出油口压力 p_2(二次压力油)低于进油口压力 p_1。出口压力油 p_2 分为两路:一路送往执行元件(占流量的绝大部分);另一路经阻尼孔 9 和通道 4 到达主阀芯 1 上端,并作用在先导阀芯 5 上。当负载较小,出口压力低于调压弹簧 6 的调定值时,先导阀芯 5 关闭,通过阻尼

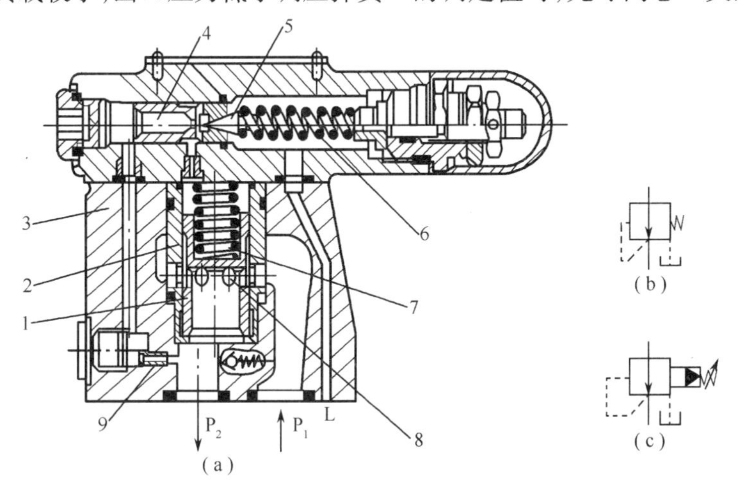

图 4-10 DR 型减压阀

1—主阀芯;2—阀套;3—阀体;4—通道;5—先导阀芯;6—调压弹簧;7—主阀弹簧;8—主阀芯径向孔群;9—阻尼孔。

孔 9 的油不流动,主阀芯 1 上下两腔压力均等于出口压力 p_2,主阀芯 1 在主阀弹簧 7(软弹簧)作用下处于最下端位置,主阀芯径向孔群 8 与阀套 2 之间构成的减压口全开,不起减压作用;当出口压力 p_2 上升至超过调压弹簧 6 所调定的压力时,先导阀芯 5 被打开,油液经先导阀和泄油通道 L 流回油箱。由于液流流经阻尼孔 9 时产生压力降,主阀芯上腔压力 p_3 小于下腔的压力 p_2。当此压力差(p_2-p_3)所产生的作用力大于主阀芯弹簧的预紧力时,主阀芯 1 上升,径向孔群 8 被阀套 2 部分遮蔽使减压口缝隙减小,减压作用增强,p_2 下降;当此压力差(p_2-p_3)所产生的作用力与主阀芯上的弹簧力相等时,主阀芯处于平衡状态。此时,减压口保持一定的开度,出口压力 p_2 稳定在调压弹簧 8 所调定的压力值上。先导阀和主阀芯上受力平衡方程式为

$$p_3A_x = K_x(x_0 + x) \tag{4-11}$$

$$p_2A - p_3A = K_y(y_0 + y) \tag{4-12}$$

式中 p_3——主阀芯上腔压力,即先导阀入口压力(Pa);

p_2——减压阀出口压力(Pa);

A、A_x——主阀和先导阀的有效作用面积(m^2);

K_y、K_x——主阀和先导阀弹簧刚度(N/m);

y_0、x_0——主阀和先导阀弹簧预压缩量(m);

y、x——主阀和先导阀的开口量(m)。

联立式(4-11)和式(4-12)得

$$p_2 = \frac{K_x(x_0 + x)}{A_x} + \frac{K_y(y_0 + y)}{A} \tag{4-13}$$

由于 $x \ll x_0$,$y \ll y_0$,且主阀弹簧刚度 K_y 很小,故 p_2 基本保持恒定,调节调压弹簧 8 的预压缩量 x_0 即可调节减压阀的出口压力 p_2。

减压阀是利用出口压力 p_2 作为控制信号,自动地控制减压口的开度,以保持出口压力基本恒定。如果由于负载(进油路负载)变化引起进油口压力 p_1 升高,在主阀芯还未做出反应的瞬时,出油口压力 p_2 也会有瞬时的升高,使主阀芯受力不平衡而向上移动,减压口变小,压力损失增大,p_2 变小,在新的位置上取得平衡,从而使出口压力 p_2 基本保持不变。同理,如果出口压力由于某种原因发生变化时,减压阀阀芯也会做出相应的反应,最后使出口压力 p_2 稳定在调定值上。

图 4-11 为 JF 型先导式减压阀结构原理图。其工作原理与图 4-10 所示减压阀相同。

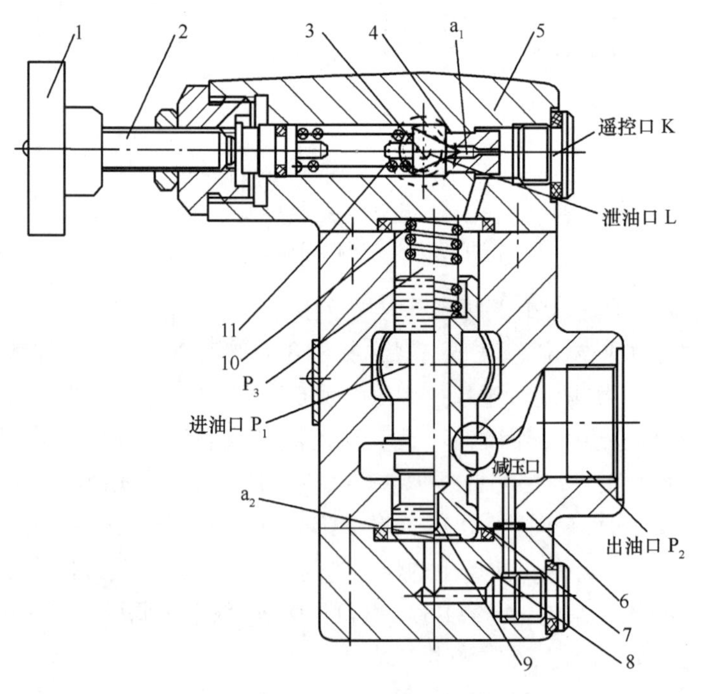

图 4-11 先导式减压阀

1—调压手轮;2—调节螺钉;3—锥阀;4—锥阀座;5—阀盖;6—阀体;7—主阀芯;8—端盖;9—阻尼孔;10—主阀弹簧;11—调压弹簧。

先导式减压阀和先导式溢流阀有以下几点不同之处：

(1)减压阀保持出油口处压力基本不变，而溢流阀保持进油口处压力基本不变；

(2)在不工作时，减压阀进出油口相通，而溢流阀进出油口不通；

(3)为保证减压阀出油口处压力恒定(为其调定值)，它的先导阀弹簧腔需通过泄油口单独外接油箱，即外泄；而溢流阀的出油口是通油箱的，所以它的先导阀弹簧腔和泄油腔可通过阀体上的通道和出油口接通，不必单独外接油箱，即内泄。

2. 定值减压阀的性能

1)进出口压力(p_1-p_2)特性

图4-12(a)为通过减压阀的流量不变时，二次压力 p_2 随一次压力 p_1 变化的特性曲线，曲线由两段组成。拐点 m 所对应的二次压力 p_{20} 为减压阀的调定压力。曲线的 Om 段是减压阀的启动阶段，此时，减压阀主阀芯尚未抬起，减压阀阀口开度最大，不起减压作用。因此一次压力和二次压力相等。角 θ 是45°(严格地说，θ 角也略小于45°)。曲线 mn 段是减压阀的工作段。此时减压阀主阀芯已抬起，阀口已关小。随着 p_1 的增加，p_2 略有下降。实验证明，引起曲线下降的主要因素是稳态液动力。在流量相同，压力 p_2 不同的条件下，压差(p_1-p_2)越大，曲线段越接近水平。p_2 随 p_1 变化越小，减压阀的定压精度越高。因此在实际工作中，为得到良好的定压性能，提高定压精度，减压阀的压降不能太小。

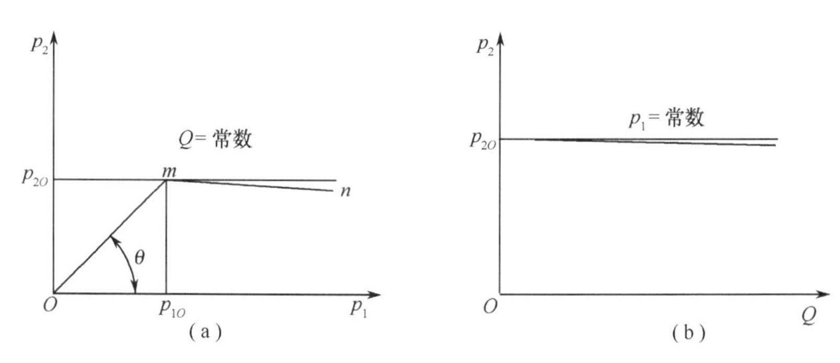

图4-12 减压阀的工作特性

(a)进出口压力曲线 p_1-p_2；(b)压力—流量曲线 p_2-Q。

2)出口压力—流量(p_2-Q)特性

图4-12(b)是在一次压力不变时，二次压力随流量变化的情况的特性曲线。由图可知，随着流量的增加(或减少)p_2 略有下降(或上升)。曲线的下降亦是稳态液动力所致。实验表明，当压差(p_1-p_2)较大时，曲线较平直，即阀的稳定性好。从图中还可看出，当减压阀的负载流量为零时，它仍然可以处于工作状态，保持出口压力为常值。这是因为此时仍有少量油液经主阀口从先导阀口泄回油箱。

3. 减压阀的应用

定值减压阀主要用在系统的夹紧、电液换向阀的控制压力油、润滑等回路中。必须指出，应用减压阀必有压力损失，这将增加功耗，并使油液发热。当分支油路压力比主油路压力低很多，且流量又很大时，常采用高、低压泵分别供油，而不宜采用减压阀。

定差减压阀和定比减压阀主要用来和其他阀组成组合阀，如定差减压阀和节流阀串联组成调速阀。图4-13和图4-14分别为定差减压阀和定比减压阀的结构原理图。

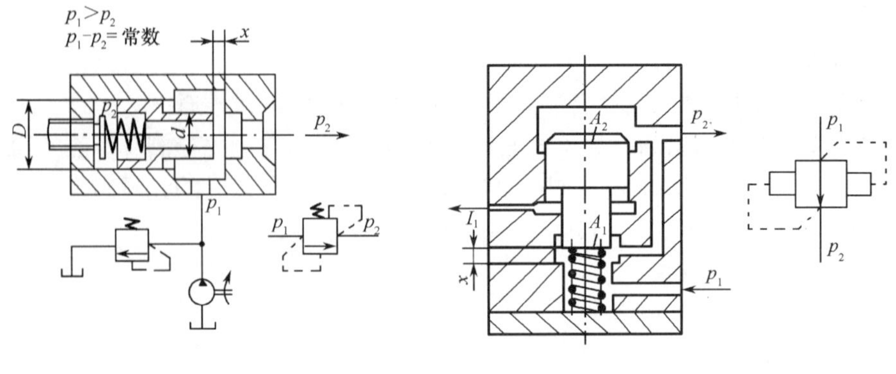

图4-13　定差减压阀　　　　图4-14　定比减压阀

4.2.3　顺序阀

顺序阀是一种当控制压力达到或超过调定值时就开启阀口使液流通过的阀。它的主要作用是控制液压系统中执行元件动作的先后顺序,以实现对系统的自动控制。

1. 顺序阀的结构及工作原理

顺序阀按结构不同分为直动式和先导式两种。图4-15(a)为直动式顺序阀的结构原理图,图4-15(b)为顺序阀的一般图形符号或直动式顺序阀图形符号,图4-15(c)为外部压力控制顺序阀图形符号。图4-16为先导式顺序阀的结构原理图。从图4-15和图4-16中能够看出,顺序阀的结构和工作原理与溢流阀非常相似,其主要差别在于溢流阀的出油口接油箱,因而其泄油口可与出油口相通,即采用内部泄油方式;而顺序阀的出油口与系统的执行元件相连,因此它的泄油口要单独接回油箱,即采用外部卸油方式。顺序阀为减小调压弹簧刚度设有控制活塞,而溢流阀无控制活塞。直动式顺序阀的阀芯上有阻尼孔,以减小或者消除阀芯的振动,提高阀工作的稳定性。此外。溢流阀的进口压力是限定的,而顺序阀的最高进口压力由负载工况决定,开启后可随出口负载增加而进一步升高(前提是最高压力要在系统的工作压力范围之内)。

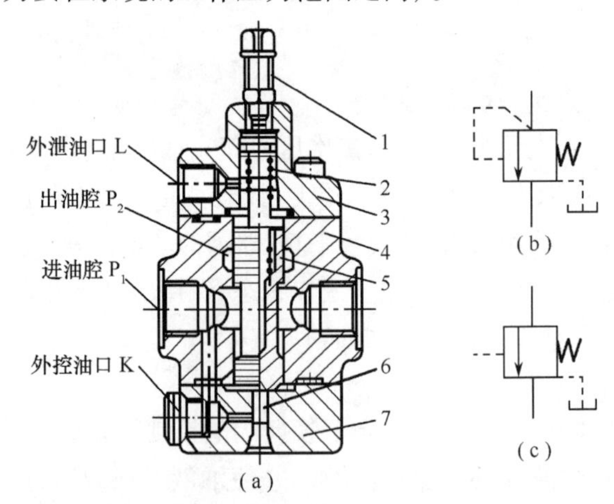

图4-15　直动式顺序阀

1—调节螺钉;2—调压弹簧;3—端盖;4—阀体;5—阀芯;6—控制活塞;7—底盖。

通过改装可以使图 4-15 所示的顺序阀实现其他的功能,如将底盖 7 转 90°,打开 K 口即可(K 口接压力油源)成外控顺序阀。在上述外控顺序阀的基础上,再将端盖 3 转 180°,使外泄改为内泄(L 口要堵住),因作为泄荷阀使用时,出油腔是接油箱的。

图 4-16 所示为 DZ 系列先导式顺序阀,主阀为单向阀式,先导阀为滑阀式。这种阀按控制和回油方式不同分为内部控制内部泄油、内部控制外部泄油、外部控制内部泄油、外部控制外部泄油等四种形式。图示为内部控制外部泄油方式。下面以此为例来说明顺序阀的工作原理。

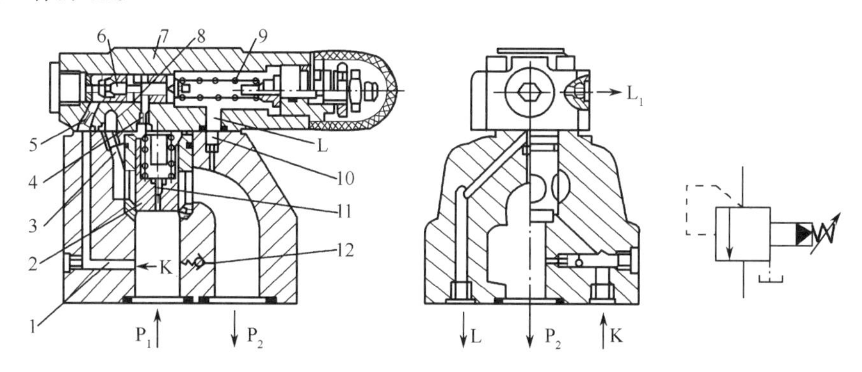

图 4-16 DZ 先导式顺序阀

1—通道;2—主阀芯;3、10—通道;4、5、11—阻尼孔;6—先导控制活塞;
7—先导阀;8—控制台肩;9—调压弹簧;12—单向阀。

压力油从进油口 P_1 进入顺序阀后分成两路,一路由通道 1 经阻尼孔 5 作用在先导阀 7 的控制活塞 6 左端;另一路经阻尼孔 11 进入主阀芯 2 的上腔。当顺序阀进油口压力低于先导滑阀调压弹簧的预调压力时,先导滑阀在弹簧力的作用下使控制台肩 8 控制的环形通道封闭,阻尼孔 11 没有油液流过,主阀芯 2 上、下腔压力相等,主阀芯 2 在弹簧力的作用下压在阀座上,将进、出油口 P_1、P_2 切断。当阀的进油口压力大于先导滑阀调压弹簧预调压力时,先导滑阀在左端液压力的作用下向右移动,使控制台肩 8 控制的环形通道打开。于是主阀芯 2 上腔的油液经阻尼孔 4、控制台肩 8 和通道 3 流往出口 P_2。由于阻尼孔 11 所产生的压降使主阀芯开启,将 P_1、P_2 口接通,出油口的压力油使与其相连的执行元件动作。调节调压弹簧的预压缩量即能调节打开顺序阀所需的压力。由于主阀芯上腔油压与先导滑阀所调压力无关,仅仅通过弹簧刚度很弱的主阀上部弹簧与主阀芯上、下腔的油压差来保持主阀芯的受力平衡,因此它的出口压力近似等于进口压力,压力损失小。但是 P_1 口、P_2 口都是压力油口,故调压弹簧腔的泄漏油必须通过 L 口或 L_1 口在无背压的情况下排回油箱。

2. 顺序阀的性能

顺序阀的主要性能和溢流阀类似。此外,顺序阀为使执行元件准确地实现顺序动作,要求阀的调压偏差小,在压力—流量特性中,通过额定流量时的调定压力与启闭压力尽可能接近,因而调压弹簧的刚度小一些好。另外,阀关闭时,在进口压力作用下各密封部位的内泄漏应尽可能小,否则可能引起误动作。

3. 顺序阀的应用

(1)控制多个执行元件按预定的顺序动作。

(2)作背压阀用,使得执行元件能稳定地运行。

(3)与单向阀组成平衡阀,以防止垂直运动部件因自重而自行下滑。

4.2.4 平衡阀

平衡阀是液压举升机械中应用较多的阀类,用来防止执行机构在其自重作用下而高速下行,即限制液压缸活塞的运动速度。图4-17所示为液压举升机械中常用的一种平衡阀。重物下降时,液流的流动方向为B到A,K为控制油口。当没有输入控制油时,重物形成的压力油作用在锥阀3上,重物被锁定。当输入控制油时,推动控制活塞8右移,先顶开锥阀3内部的先导锥阀4。由于4的右移,切断了弹簧腔与B口高压腔的通路,弹簧腔很快卸压。此时,B口还未与A口沟通。当活塞8右移至其右端面与锥阀3端面接触时,其左端环形处的右端面正好与活塞组件9接触形成一个组件。下一步,8与9组件在控制油作用下压缩弹簧2而右移,打开锥阀3。B口至A口的通路依靠阀套上的几排小孔改变其实际过流面积,起到了很好的平衡阻尼作用。活塞8左端心部还配置了一个阻尼件。

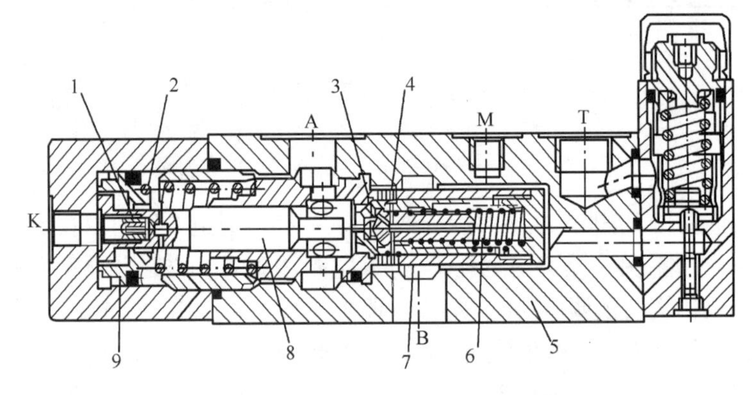

图4-17 力士乐公司平衡阀

1—阻尼组件;2—控制弹簧;3—锥阀;4—先导锥阀;5—阀体;
6—弹簧组件;7—阀套;8—控制活塞;9—活塞组件。

4.3 方向控制阀

方向控制阀是控制液压系统中液流方向的阀,其工作原理是利用阀芯和阀体之间相对位置的改变来实现通道的接通或断开,以适应执行机构的需求。

方向阀按用途可分为单向阀和换向阀两大类。

4.3.1 单向阀

液压系统中常用的单向阀有普通单向阀和液控单向阀两种。

1. 普通单向阀

普通单向阀(简称单向阀)是在液压系统中只允许液流沿一个方向流动,而不能反向流动的阀,又称止回阀或逆止阀。它的作用类似于电路中的二极管。它的主要性能要求是:液流正向通过时压力损失要小,反向不通时密封性要好,动作要灵敏。

1)单向阀的结构及工作原理

单向阀按其进口液流和出口液流方向来分,有直通式和直角式两种。

图4-18所示为锥阀式直通单向阀,其安装方式为管式。它主要由阀体1、阀芯2、弹簧3等组成。其工作原理是:当压力油由 P_1 口进入时,克服弹簧力使阀芯2右移,阀口打开,油液经阀芯上的径向孔a、轴向孔b从出油口 P_2 流出。当压力油反向流进时,液压力和弹簧力将阀芯压紧在阀座上,油液不能通过。单向阀采用阀座式结构,这有利于保证良好的反向密封性能。单向阀开启压力一般为0.035MPa~0.05MPa,所以其中的弹簧3很软(刚度小)。但当单向阀作背压阀使用时,其弹簧刚度要稍大些,其开启压力一般为0.2MPa~0.6MPa。没有弹簧的单向阀在装配时必须垂直安置,阀芯通过自身的重量停止在阀座上。

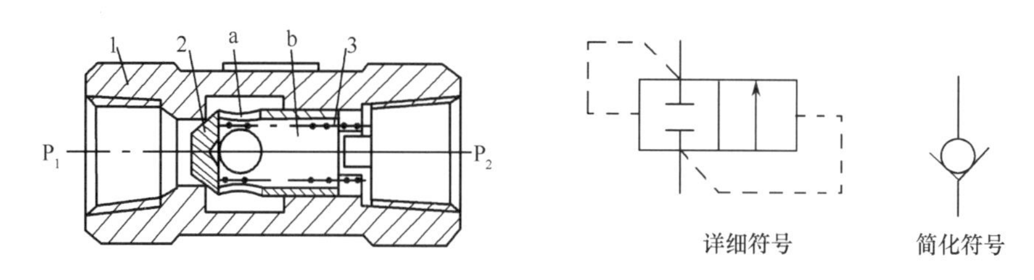

图4-18　锥阀式直通单向阀

1—阀体;2—阀芯;3—弹簧。

图4-19所示为钢球式直通单向阀,其安装方式为管式。其工作原理与锥阀式相似。

图4-20所示为直角式单向阀。它由密封圈1、上盖2、弹簧3、阀芯4、阀座5、阀体6等组成。其工作原理是:当压力油从 P_1 进入时,克服弹簧力使阀芯4上移,阀口打开,油流直接从阀体内部铸造通道流向 P_2 出口处,而不必像锥阀式直通单向阀那样必须经过阀芯上的四个径向孔a流出,这样可以进一步减小压力损失。

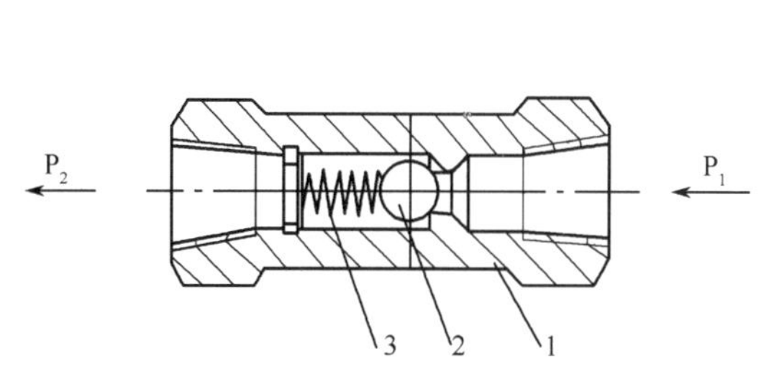

图4-19　钢球式直通单向阀

1—阀体;2—阀芯;3—弹簧。

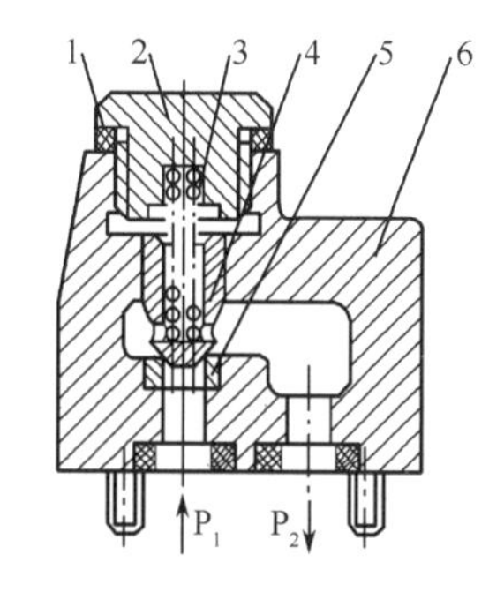

图4-20　直角式单向阀

1—密封圈;2—上盖;3—弹簧;4—阀芯;5—阀座;6—阀体。

2)单向阀的应用

单向阀常被安装在泵的出口,可防止系统冲击对泵的影响,另外,泵不工作时可防止系统油液经泵倒流回油箱。单向阀还可用来分隔油路防止干扰,如双泵高低速转换回路。单向阀和其他阀组合便可组成复合阀,如单向节流阀、单向顺序阀等。

2. 液控单向阀

液控单向阀是一类比较特殊的单向阀，它除了具有一般单向阀的功能外，还可以根据需要实现液流的逆向流动。它有普通型和带卸荷阀芯型两种，每种又按其控制活塞泄油腔的连接方式不同分为内泄式和外泄式两种。

1）液控单向阀的结构及工作原理

图4－21所示为普通型外泄式液控式单向阀。它由弹簧1、阀芯2、推杆3、控制活塞4等零件组成。当油液从 P_1 流向 P_2（即正向流动）时，与一般单向阀作用一样。当油液从 P_2 口反向流入时，由于阀芯锥面紧压阀座而使油流不能通过，此时可从阀下部的控制油口K处引入控制压力油，压力油推动控制活塞4上移，推杆3顶开阀芯2，阀口打开，P_2 口和 P_1 口接通，油液反向通过。这就是液控单向阀的工作原理。

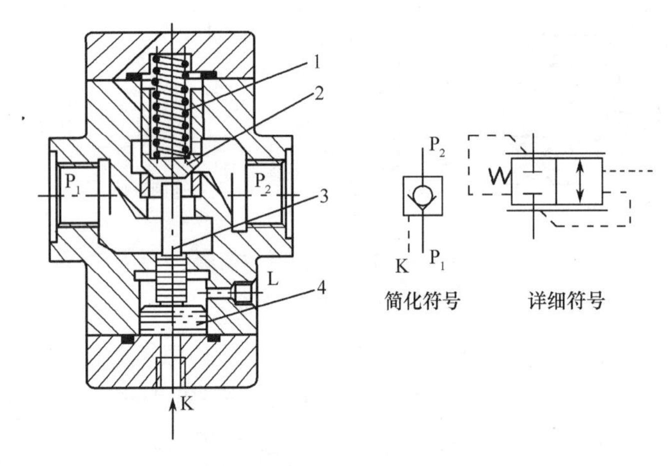

图4－21　外泄式液控单向阀

1—弹簧；2—阀芯；3—推杆；4—控制活塞。

如果没有外泄口L，而进油腔 P_1 直接和控制活塞的上腔相通的，则是内泄式液控单向阀。这种结构较为简单，反向开启时，K腔的压力必须大于 P_1 腔的压力，故控制压力较高，仅适用于 P_1 腔压力较低的场合。

在高压系统中，由于液控单向阀反向开启前 P_2 口压力很高，所以它的反向开启控制压力也很高，且当控制活塞推开单向阀阀芯时，高压封闭回路内油液的压力突然释放，会产生很大的冲击，为了避免这种现象且减小控制压力，可采用如图4－22所示带卸荷阀芯的液控单向阀。控制压力油通过油口K作用在控制活塞6上推动控制活塞上移，推杆5先将卸荷阀芯1顶开，P_2 和 P_1 腔之间通过卸荷阀芯上铣出的缺口相沟通，使 P_2 腔压力降低到一定的程度，然后再顶开锥阀4实现 P_2 到 P_1 的反向通流。

图4－23所示为一种双液控单向阀，又名液压锁。它是由两个液控单向阀共用一个阀体1和控制活塞2组成。当压力油从 P_1 腔进入时，依靠油压自动将左边的阀芯顶开，使 P_1 和 P_2 腔相通；同时，控制活塞2在油压的作用下右移，顶开右边的阀芯，使 P_4 和 P_3 腔相通，将原来封闭在 P_4 腔通路上的油液，通过 P_3 腔排出。即当一个腔正向进油时，另一个腔就反向出油。反之亦然。当 P_1 和 P_2 腔都不通压力油时，P_2 和 P_4 腔被两个单向阀封闭。这时执行元件被双液控单向阀双向锁住。

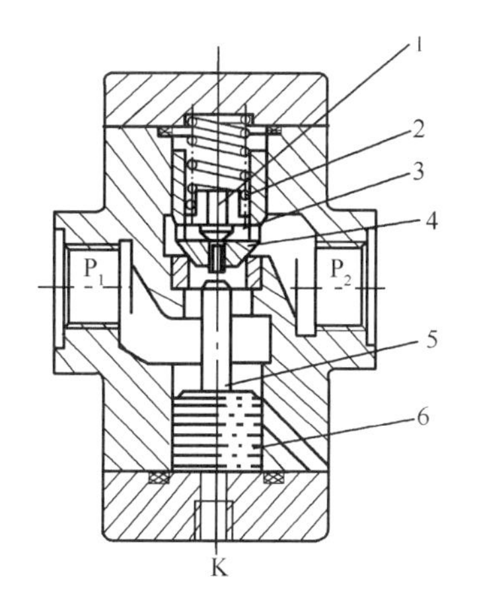

图 4-22 带卸荷阀芯的液控单向阀(内泄)
1—卸荷阀芯;2—弹簧;3—弹簧座;
4—锥阀;5—推杆;6—控制活塞。

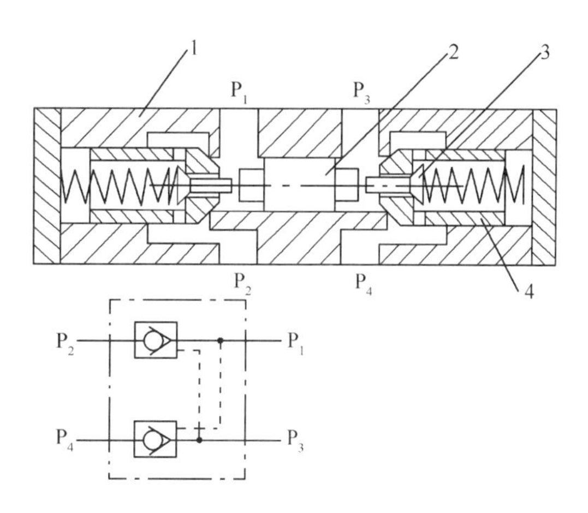

图 4-23 双液控单向阀
1—阀体;2—控制活塞;
3—卸荷阀芯;4—锥阀。

2)液控单向阀的应用

液控单向阀常用于对执行元件(液压缸或液压马达)进行保压、锁紧,也用于防止立式液压缸停止时在自重作用下下滑等。

4.3.2 换向阀

换向阀是借助于改变阀芯的位置来实现与阀体相连的几个油路之间的接通或断开的阀类。

对换向阀的主要性能要求是:油路导通时,压力损失小;油路断开时,泄漏量小;换向平稳、可靠、快速、操纵力小等。

1. 换向阀的分类

换向阀的种类繁多,按其结构可分为滑阀式、转阀式和锥阀式;按其阀芯的操纵方式可分为手动、机动、电动、液动和电液动等;按阀的工作位数可分为二位、三位等;按阀控制通路数的不同可分为二通、三通、四通、五通等。滑阀式换向阀是目前应用比较广泛的换向阀,下面以此为例说明换向阀的工作原理。

2. 换向阀的结构及工作原理

图 4-24 为换向阀结构原理图。在阀体上有一个圆柱形孔,孔内有若干个环形槽,称之为沉割槽,每一个沉割槽都与相应的油口相通。阀芯上同样也有若干个环形槽,阀芯环形槽之间的凸肩称为台肩。台肩将沉割槽遮盖(即封油)时,此槽所通油路被切断。带沉割槽的阀体是固定的,而带台肩的阀芯可沿轴向移动。当阀芯处于图 4-24(a)位置时,压力油从 P 口经 B 口流向液压缸右腔,活塞左移,液压缸左腔回油从 A 口经 T 口流回油箱;当阀芯右移处于图 4-24(b)位置时,P 口和 A 口接通,B 口和 T 口接通,活塞右移。

换向阀的功能主要由它控制的通路数和工作位置数决定。图 4-24 所示的换向阀是二位四通换向阀。“位”,是指阀芯在阀体内停留的工作位置数目,阀芯的每一个工作位置都对应一种换向阀的油口通断关系;“通”是指与阀体连接的主油路通道数目,不包括控制油路数目。在图4-24中有P、A、B、T四个通路。对换向阀图形符号含义说明如下：

(1)用实线方框表示阀的工作位置(若由虚线构成的方框则为过渡位置),有几个方框表示有几“位”。

(2)方框内的箭头表示在这一位置上油路处于接通状态,但箭头方向并不一定代表油流的的实际方向,仅表示油口之间的通断关系。

(3)方框内的符号“┬”或“┴”表示此通路被阀芯封闭,即该通路不通。

(4)一个方框的上边和下边与外部连接的接口(油口)数是几个,就表示几“通”。

(5)一般,阀与系统供油路连接的进油口用P表示,阀与系统回油路连接的回油口用T表示(有时用O表示),而阀与执行元件连接的工作油口则用A、B表示。有时在图形符号上还表示出泄漏油口,用L表示。

(6)换向阀图形符号用方框个数表示位置,再绘上各油口的通、断关系。在液压系统中,都是画的阀芯位于常态位时的情况。

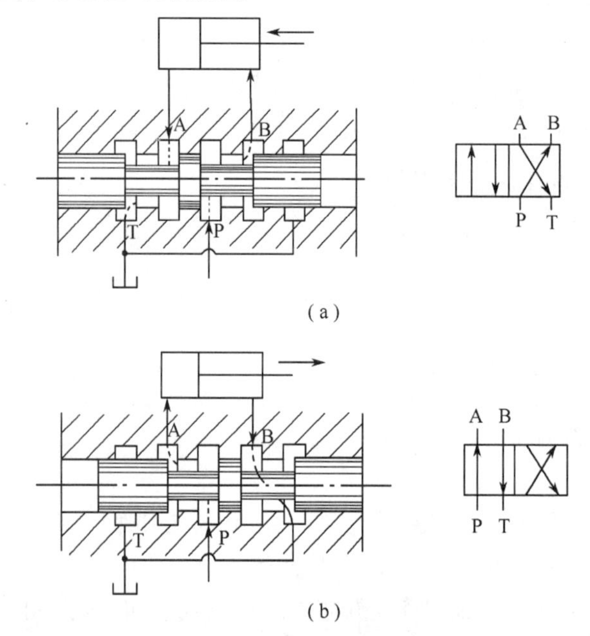

图4-24　换向阀换向原理

3. 换向阀的机能

换向阀的机能是指当阀芯没有被操纵而处于原始位置时,它的各个油口的连通关系。不同的滑阀机能对应有不同的功能。采用不同滑阀机能的换向阀,会影响到阀在常态位时执行元件的工作状态,如停止还是运动,前进还是后退,快速还是慢速,卸荷还是保压等。如弹簧复位式的二位二通阀的滑阀机能有常闭式(O型)和常开式(H型)两种(详见电磁换向阀)。在这里着重介绍三位四通换向阀的滑阀机能。三位四通换向阀的滑阀机能有很多种,常见到有表4-1中所列的七种(表4-1中以三位四通换向阀控制一个双作用液压缸为例说明这几种滑阀机能的特点)。

对于没有中间位置的二位阀,如果在阀芯换位过程中对中间过渡状态(过渡机能)有一定要求,可以在二位阀的图形符号上把过渡机能表示出来。在过渡机能的位置上,其上下边框用虚线。如图 4－25(a)是具有 X 型过渡机能的二位四通换向阀的图形符号，图 4－25(b)则是具有 HMH 型过渡机能的二位四通换向阀图形符号。

表 4－1　三位四通换向阀中位滑阀机能

机能代号	结构原理图	中位图形符号	机能特点和作用
O	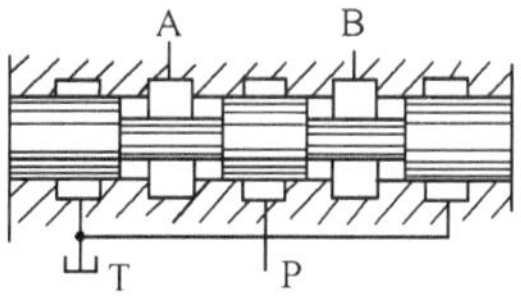	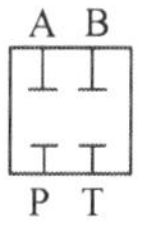	各油口全部封闭，缸两腔封闭，系统不卸荷。液压缸充满油，从静止到启动平稳；制动时运动惯性引起液压冲击较大；换向位置精度高
H	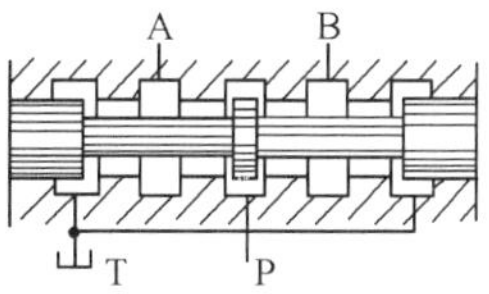	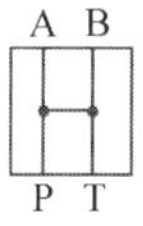	各油口全部连通，系统卸荷，缸成浮动状态。液压缸两腔接油箱，从静止到启动有冲击；制动时油口互通，故制动较 O 型平稳；但换向位置变动大
P	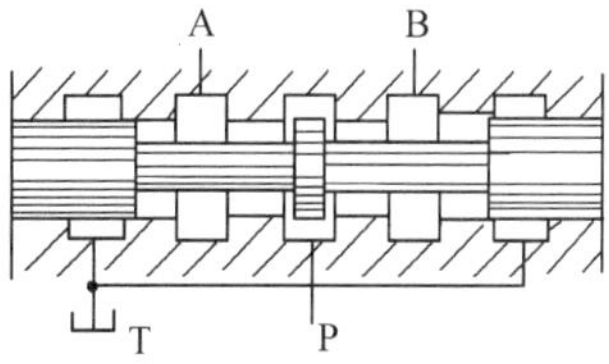	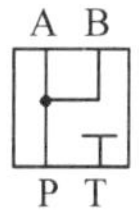	压力油 P 口与缸两腔连通，可形成差动回路，回油口封闭。从静止到启动较平稳；制动时缸两腔均通压力油，故制动平稳；换向位置变动比 H 型的小，应用广泛
Y	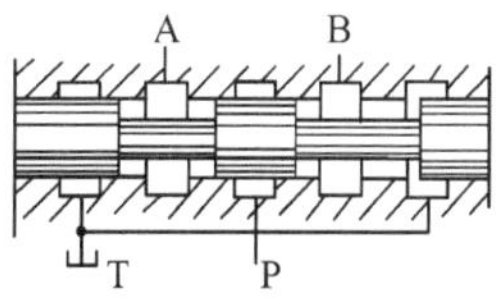	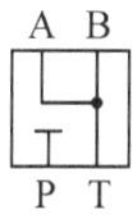	油泵不卸荷，缸两腔通回油，缸成浮动状态。由于缸两腔接油箱，从静止到启动有冲击，制动性能介于 O 型与 H 型之间
K	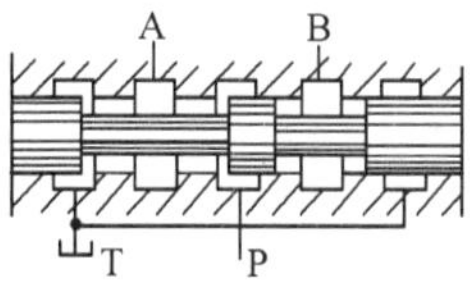	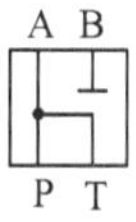	油泵卸荷，液压缸一腔封闭一腔接回油。两个方向换向时性能不同
M	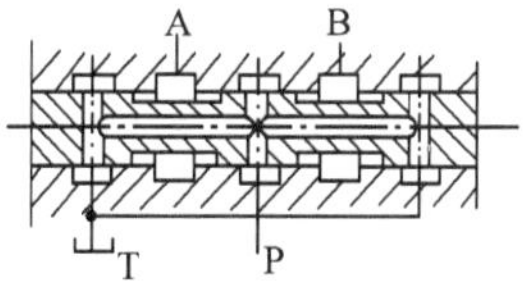	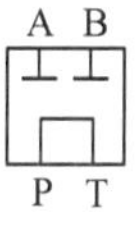	油泵卸荷，缸两腔封闭。从静止到启动较平稳；制动性能与 O 型相同；可用于油泵卸荷液压缸锁紧的液压回路中
X	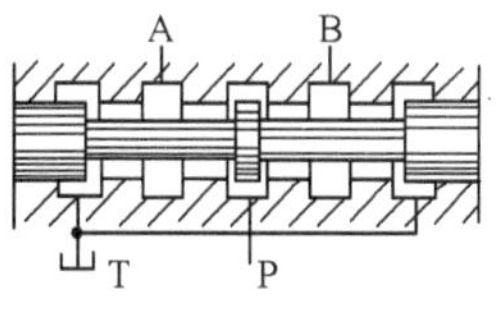		各油口半开启接通，P 口保持一定的压力；换向性能介于 O 型和 H 型之间

图 4-25　带过渡机能的二位四通换向阀图形符号

4. 液压卡紧现象

滑阀式换向阀中，由于阀芯和阀体孔的中心线不可能完全重合，且具有一定的几何形状误差，进入滑阀间隙中的压力油，将对阀芯产生不平衡的径向力，该力在一定条件下使阀芯紧贴在孔壁上，产生相当大的摩擦力（卡紧力），使得操纵滑阀运动发生困难，严重时甚至被卡住，这种现象称为液压卡紧现象。

为了减小径向不平衡液压力，一般在阀芯台肩上开有宽为 0.3mm ~ 0.5mm，深为 0.5mm ~ 1mm，间距为 1mm ~ 5mm 的环形槽，称为均压槽。开有均压槽的部位，四周都有相等或接近相等的压力，可显著减小液压卡紧力。

液压卡紧现象不仅在换向阀中存在，在其他液压阀及柱塞副中也普遍存在。为了减小液压卡紧力，必须对滑阀的几何精度以及配合间隙等予以严格控制，一般在阀芯上都开有均压槽。

5. 操纵方式

1）手动换向阀

手动换向阀是依靠手动杠杆驱动阀芯运动而实现对油路控制的。图 4-26（a）是弹簧自动复位式三位四通手动换向阀。推动手柄向右，阀芯向左移动至左位，此时 P 与 A 相通，B 经阀芯轴向孔与 T 相通；推动手柄向左，阀芯处于右位，液流换向。松开手柄时，阀芯靠弹簧力恢复至中位（原始位置），这时油口 P、A、B、T 全部封闭（图示位置），故阀为 O 型机能。该阀适应于动作频繁、工作持续时间短的场合，操纵比较安全，常用于对控制没有自动化要求的机械中。

图 4-26（b）是钢球定位式三位四通手动换向阀。阀芯的三个工作位置依靠钢球定位。当阀芯移动到位后，定位钢球就卡在相应的定位槽中，这时即使松开手柄，阀仍保持在所需的工作位置上。它应用于需要保持工作状态时间较长的场合。

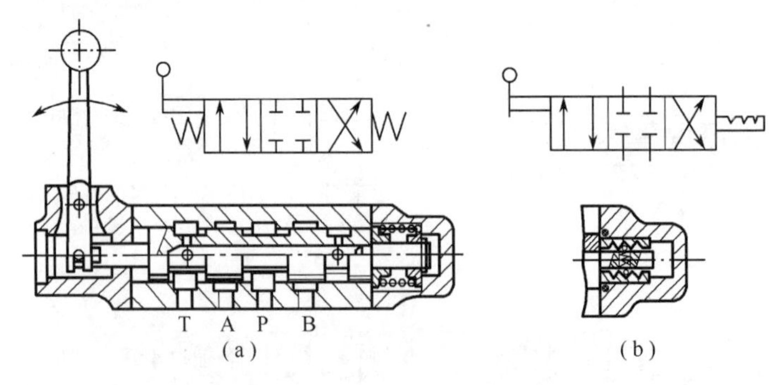

图 4-26　三位四通手动换向阀
（a）弹簧复位式定位机构；（b）钢球定位式。

2)机动换向阀

机动换向阀又称行程换向阀。它利用行程挡块或凸轮推动阀芯实现换向。机动阀动作可靠,改变挡块斜面角度便可改变换向时阀芯的移动速度,因而可以调节换向过程的快慢。

图4-27是二位三通机动换向阀。在常态位,P与A相通;当行程挡块5压下机动阀滚轮4时,P与B相通。图中阀芯2上的轴向孔是泄漏通道。

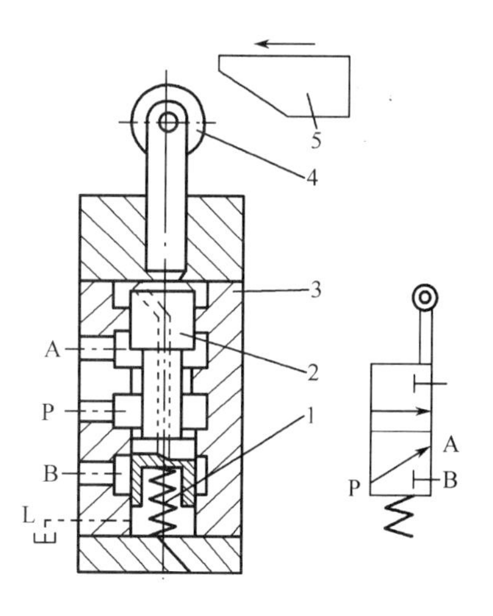

图4-27 二位三通机动换向阀

1—弹簧;2—阀芯;3—阀体;4—滚轮;5—行程挡块。

3)电磁换向阀

电磁换向阀是借助于电磁铁吸力推动阀芯动作以实现液流通、断或改变流向的阀类。电磁阀操纵方便、布置灵活,易于实现动作转换的自动化,因此应用最为广泛。电磁换向阀种类规格很多,如按电磁铁所用电源不同可分为交流电磁铁和直流电磁铁式;按电磁铁是否浸在油里又分为湿式和干式等。每种电磁阀又有不同的工作位置数和通路数以及各种流量规格。以下仅举几例说明。

(1)二位二通电磁阀。图4-28是二位二通弹簧复位式电磁换向阀。它由阀体5、阀芯6、弹簧4、推杆1等基本零件组成。常态时P与A相通,故此阀为常开型(H型机能)。通电时,阀芯6在电磁铁推力的作用下向右移动,将阀芯推向右边,从而将A口封住,切断油液从P到A的通路。由于使用的是干式电磁铁,通过阀芯与阀体配合间隙泄漏到弹簧腔的压力油必须通过泄漏口引回油箱。

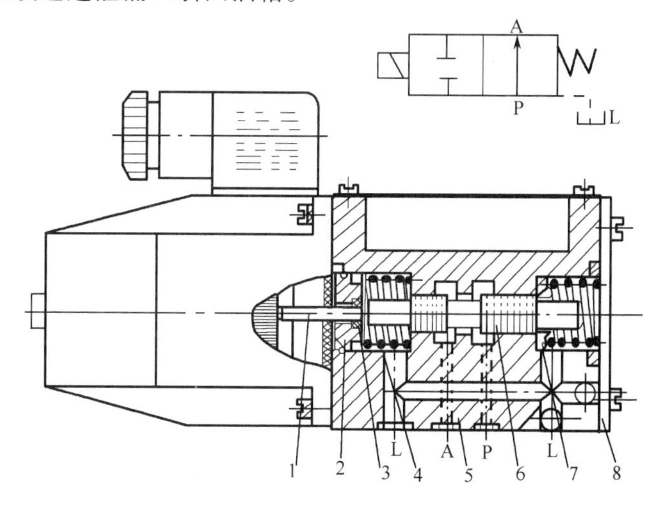

图4-28 二位二通电磁阀

1—推杆;2—O形圈座;3—O形圈;4—弹簧;5—阀体;6—阀芯;7—弹簧座;8—盖板。

(2)三位四通电磁阀。该阀是应用最为广泛的换向阀,它的结构、形式众多,特别是中位机能多种多样,不同的中位机能对应于不同的应用场合。

图4-29是三槽式三位四通弹簧对中型电磁阀结构图。阀两端有两根对中弹簧4和两个定位套3使阀芯2在常态时处于中位,此时P、A、B、T都不通,故滑阀机能为O型。

当右端电磁铁通电吸合时，衔铁9通过推杆6将阀芯推至左端，P与A通，B与T通；左端电磁铁通电吸合时，阀芯被推至右端，P与B通，A与T通。

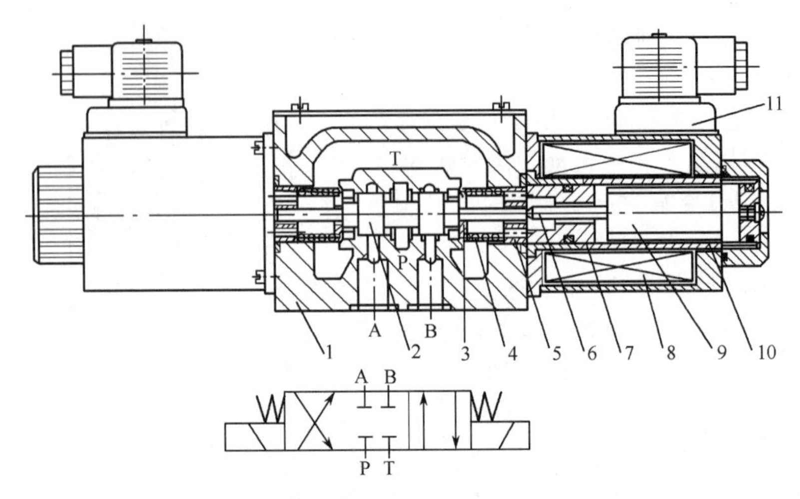

图4－29　三位四通电磁阀

1—阀体；2—阀芯；3—定位套；4—对中弹簧；5—挡圈；6—推杆；7—环；8—线圈；9—衔铁；10—导套；11—插头组件。

(3)交流和直流电磁铁。图4－28是采用交流电磁铁的电磁阀，交流电磁铁一般使用220V交流电。交流电磁阀的优点是电源简单方便、启动力大。其缺点是启动电流大，在阀芯被卡住时易使电磁铁线圈烧坏。交流电磁铁动作快、换向冲击大，换向频率不能太高(60次/min以下，性能好的可达120次/min)。图4－29采用直流电磁铁的电磁阀，直流电磁铁一般使用24V直流电。直流电磁铁具有恒电流特性，若某种原因不能正常吸合时，电磁铁线圈不会烧毁，工作可靠性好、寿命长、换向冲击小，换向频率可达250次/min～300次/min。且一般采用低电压，使用时较为安全。

另有一种称为本整型电磁铁。其电磁铁是直流的，通入的交流电经整流后再供给电磁铁，使用较方便。

(4)干式和湿式电磁铁。干式电磁铁不允许油液进入电磁铁内部，因此推动阀芯的推杆处要有可靠的密封。密封处摩擦阻力较大，增加了电磁铁的负担，也易产生泄漏。图4－29中的电磁铁为湿式电磁铁，其中有用非导磁材料制成的导套10，回油口T的油液可进入导套内。在线圈磁场作用下，衔铁9在导套10内移动。推杆处无密封圈，减少了阀芯运动阻力，并且不易产生外泄漏。另外，套内的油液对衔铁的运动具有阻尼和润滑作用，可以减缓衔铁的撞击，使阀动作平稳，噪声小，并使运动副之间的摩损减少，延长电磁铁的工作寿命。干式电磁铁(交流)一般只能工作50万次～60万次，而湿式电磁铁可工作1000万次以上。因此，湿式电磁铁性能较好，但价格稍贵。

4)液动换向阀

液动换向阀利用控制油路的压力油来推动阀芯实现换向，它适用于流量较大的阀。

图4－30是三位四通液动换向阀的结构原理图。液动换向阀阀芯结构与电磁换向阀一样，不同中位机能的实现也可以通过改变阀芯结构来实现，图4－30中所示为O型机

能。与电磁换向阀不同的是阀芯驱动力不来自电磁铁，而来自两个控制油口 K′和 K″。当两个控制口都没有控制油进入时，阀芯在两端弹簧的作用下保持在中位，4 个油口 P、T、A、B 互不相通。当控制油从 K′进入时，阀芯在压力油的驱动下向右移动，使得 P 口与 B 口相通，T 口与 A 口相通。当控制油从 K″进入时，阀芯在压力油的驱动下向左移动，使得 P 口与 A 口相通，T 口与 B 口相通。在液动换向阀的控制油路上往往装有可调节的单向节流阀（称阻尼器），以便分别调节换向阀芯两个方向的运动速度，改善阀的换向性能。阻尼器可与液动阀连成一体，也可有独立的阀体。

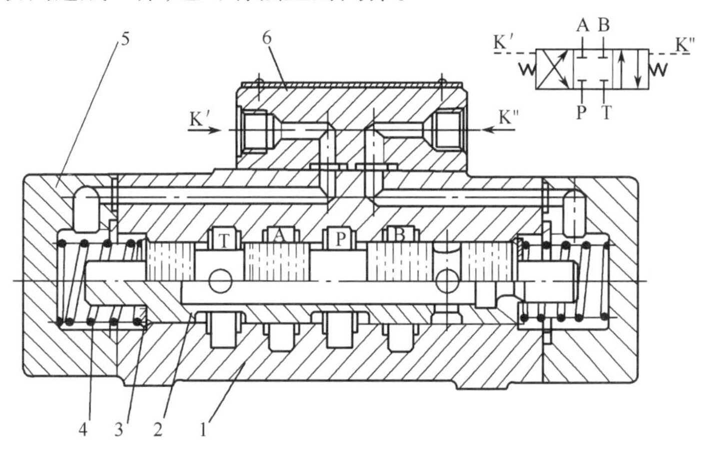

图 4－30　三位四通液动换向阀

1—阀体；2—阀芯；3—挡圈；4—弹簧；5—端盖；6—盖板。

5）电液换向阀

当通过阀的流量很大时，为使压力损失不至过大，就必须增大阀的直径，这样会使阀芯运动需要克服的阻力增加。如果仍靠电磁铁来直接推动是不经济的，这时可采用电液换向阀。用来推动液动换向阀阀芯的控制流量不必很大，故可采用小规格的电磁换向阀作为先导控制阀，并与液动换向阀组合安装在一起，实现以小流量的电磁换向阀来控制大流量液动换向阀，这就是电液换向阀。其中，电磁换向阀是先导阀，液动换向阀是主阀。电液换向阀结构见图 4－31（a）。主阀两端带有阻尼器（又称换向时间调节器，见 *A*—*A* 剖面），以调节液动阀主阀芯的移动速度。除此之外，还有一种形式的阻尼器，它是一种叠加式单向节流阀，可叠放在先导阀与主阀之间。图 4－31（b）为电液换向阀的详细图形符号，图 4－31（c）为简化图形符号。由图 4－31（b）可见，当先导电磁阀的 1DT 和 2DT 都断电时，电磁阀处于中位，控制压力油进油口 P′关闭，主阀芯在对中弹簧作用下处于中位，主油路进油口 P 也关闭。当 1DT 通电时，电磁阀处于左位，控制压力油经 P′—A′—主阀芯左端油腔，回油从主阀芯右端油腔—B′—T′—油箱。于是主阀芯切换到左位，主油路 P 与 B 通、A 与 T 通。当 2DT 通电、1DT 断电时，则有 P 与 A 通、B 与 T 通。

先导阀的控制压力油可以和主油路来自同一油源，此时 P′与 P 相连，称内控式；也可以另用独立油源，称外控式。另外，从主阀芯两端油腔排出的控制油液经电磁先导阀直接排回油箱称为外排式；如果排出的控制油液和主回油合在一起排回油箱（即 T′与 T 相连通），称内排式。根据进入控制压力油和排出控制油的不同方式，可以有四种不同的组合。图 4-31 属于外控外排式。对于内控式或内排式电液换向阀,在其简化图形符号中(图 4-31(c)),通常可不必画出其控制油路。

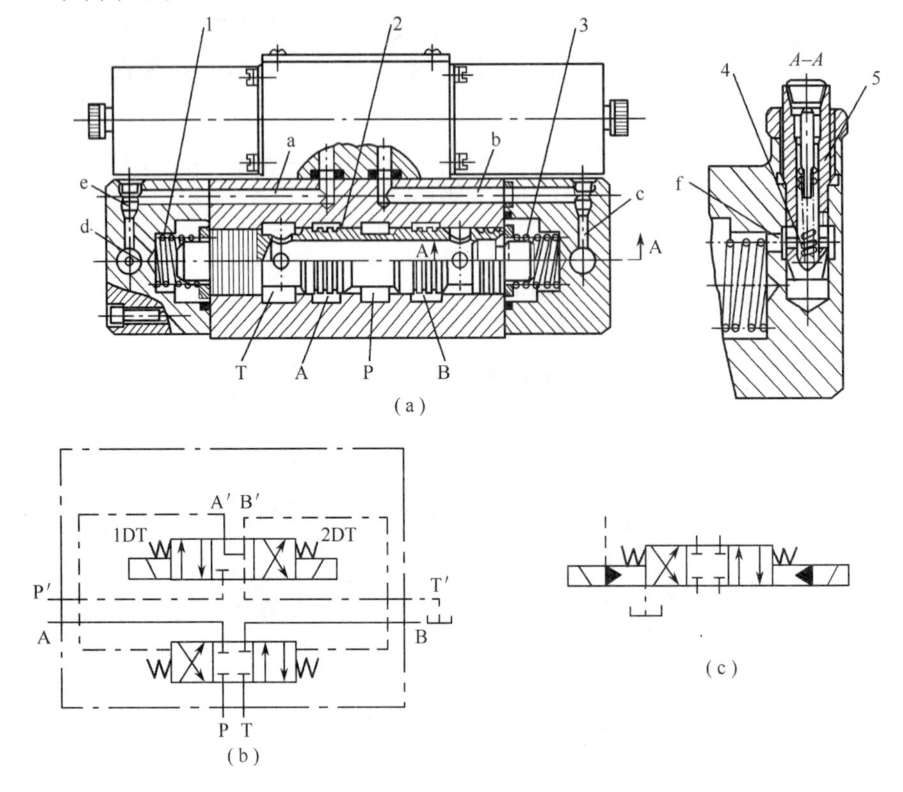

图 4-31　电液换向阀

1,3—对中弹簧;2—阀芯;4—单向阀;5—节流阀。

6. 换向阀的性能

换向阀的主要性能,以电磁阀的项目为最多,主要包括以下几项:

(1)工作可靠性。指电磁铁通电后能否可靠地换向,而断电后能否可靠地复位。工作可靠性主要取决于设计和制造,与使用也有关系。液动力和液压卡紧力的大小对工作可靠性影响很大,而这两个力与通过阀的流量和压力有关。所以电磁阀也只有在一定的流量和压力范围内才能正常工作。这个工作范围的极限称为换向界限,如图 4-32 所示。

(2)压力损失。由于电磁阀的开口很小,故液流流过阀口时产生的压力损失较大。图 4-33 所示为某电磁阀的压力损失曲线。一般而言,铸造流道中的压力损失比机加

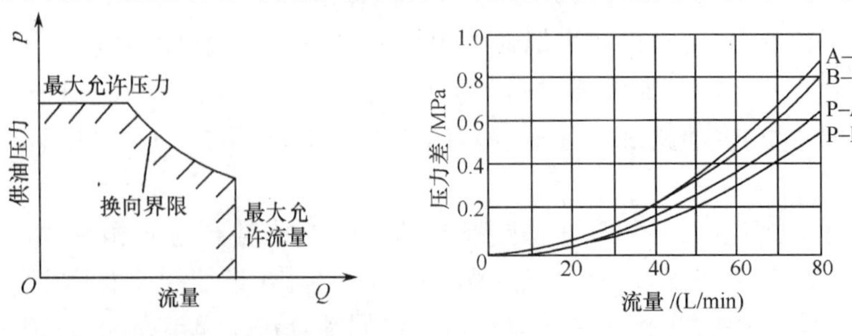

图 4-32　电磁阀的换向界限　　图 4-33　电磁阀的压力损失

工流道中的损失小。

(3)内泄漏量。在各个不同工作位置,在规定的工作压力下,从高压腔漏到低压腔的泄漏量为内泄漏量。过大的内泄漏量不仅会降低系统的效率,引起过热,而且还会影响到执行元件的正常工作。

(4)换向和复位时间。换向时间指从电磁铁通电到阀芯换向终止的时间;复位时间指从电磁铁断电到阀芯回复到初始位置的时间。减小换向和复位时间可提高机构的工作效率,但会引起液压冲击。

一般而言,交流电磁阀的换向时间为0.03s~0.05s,换向冲击较大;而直流电磁阀的换向时间为0.1s~0.3s,换向冲击小。通常复位时间比换向时间稍长。

(5)换向频率。它是在单位时间内阀所允许的换向次数。目前单电磁铁的电磁阀的换向频率一般为60次/min。

(6)使用寿命。指电磁阀用到它的某一零件损坏,不能进行正常的换向或复位动作或使用到电磁阀的主要性能指标超过规定指标时经历的换向次数。

电磁阀的使用寿命主要取决于电磁铁。湿式电磁铁的寿命比干式的长,直流电磁铁的寿命比交流的长。

4.4 多路换向阀

多路换向阀是以两个以上的换向阀为主体的组合阀,根据不同的工作要求,还可以组合安全溢流阀、单向阀和补油阀。与其他类型的阀相比,它具有结构紧凑、压力损失小、移动滑阀阻力小、多位性能、寿命长、制造简单等优点。主要用于起重运输机械、建设机械及其他行走机械,进行多个执行元件(液压缸和液压马达)的集中控制。本书主要介绍手动多路换向阀。对于高压力、大流量系统,可选用液动多路换向阀,并利用先导控制阀对液动多路换向阀进行控制。除此之外,为了提高液压系统的效率,提高液压系统的传动性能,现在大型工程机械的液压传动系统采用了带有负载敏感功能的多路阀。

4.4.1 多路换向阀的分类

多路换向阀主要按下述方法分类。

1. 按阀体的结构形式分类

按阀体结构形式,多路换向阀可分为分片式和整体式两类。

1)分片式多路换向阀

这类多路换向阀由多片换向阀经螺栓连接而成,可由用户根据需要任意组合,既有利于新产品的设计和制造,又利于标准化、系列化和通用化。分片式多路换向阀的阀体可以是铸造阀体或机加工阀体。铸造阀体主要因为铸造方面的原因,质量不易保证,但与机加工阀体相比,它的过流压力损失小(通流能力大)、加工量小、外形尺寸紧凑,因此应该作为发展方向。

分片式换向阀的缺点是:阀体加工面多、外形尺寸大、质量大、外漏机会多,组装时往往因为螺栓拧得不适当使阀体变形,阀芯容易卡住。它的优点是阀体分片铸造工艺较整体结构铸造工艺简单,清砂容易,产品质量比较容易保证。如果一片阀体加工不合格,其他各片阀体照样可以使用,用坏了的单元也容易更换和维修。

2)整体式多路换向阀

整体式多路换向阀具有固定数目的滑阀和机能,多用在具体形式的机械上(如装载机和推土机)。一般滑阀数较少,生产批量较大。

2. 按滑阀的连通方式分类

1)并联油路多路阀

这种阀的结构原理如图 4 - 34 所示。它的回路特点是,总进油口同时与各换向阀的进油口相通,而总回油口也同时与各换向阀的回油口相通。采用这种油路连通方式的多路换向阀同时操作多个执行元件工作时,压力油总是先进入压力较低的执行元件,因此只有各执行元件进油腔的压力相等时,它们才能同时动作。当然,并联油路的多路换向阀一般压力损失较小。

2)串联油路多路阀

这种阀的结构原理如图 4 - 35 所示。它的回路特点是,每一个换向阀的进油口都与前一个换向阀的中位回油口相通,即前一个换向阀回油口都和后一个换向阀的中位进油口相通。采用这种串联多路阀,可使串联油路内数个执行元件同时动作,条件是液压泵所能提供的油压要大于所有正在工作的执行元件两腔压差之和。因此串联油路的多路换向阀的压力损失一般较大。

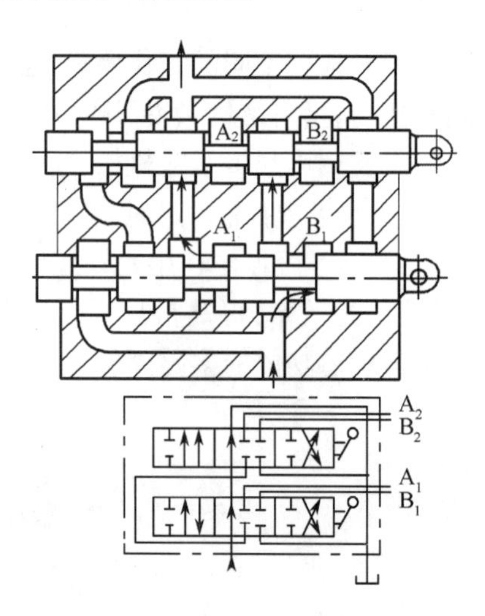

图 4 - 34　并联油路多路换向阀

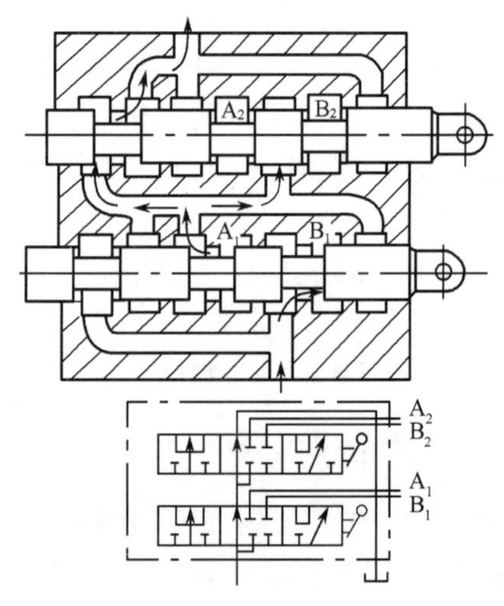

图 4 - 35　串联油路多路换向阀

3)串并联油路多路阀

这种阀的结构原理如图 4 - 36 所示,它的回路特点是,每一个换向阀的进油口都与前一个换向阀的中位回油口相通,而各个换向阀的回油口则同时直接与总回油口连接,即各个换向阀的进油口串联,回油口并联。当某一个换向阀换向处于工作位置时,其后面各个换向阀的进油通道即被切断。因此,一个多路换向阀中只能有一个换向阀工作,即各个换向阀之间具有互锁功能,可以防止误动作。

除上述三种基本形式之外,当多路换向阀的联数较多时,还常常采用上述几种油路连接形式的组合,称为复合油路连接。

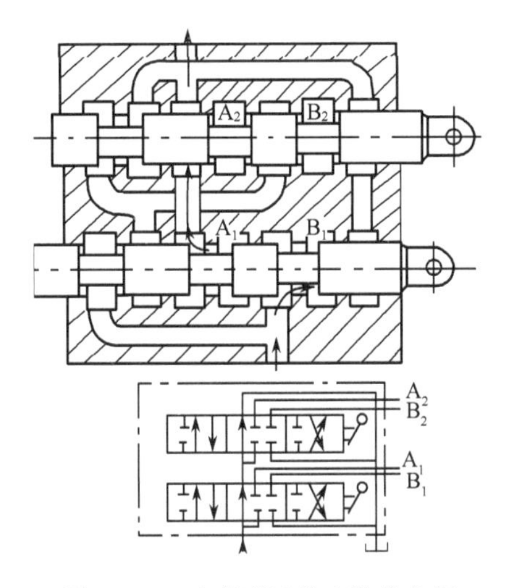

图 4-36　串并联油路多路换向阀

4.4.2　多路换向阀的机能

为了适应各类主机的不同使用特点，多路换向阀有不同机能。其图形符号见图 4-37。

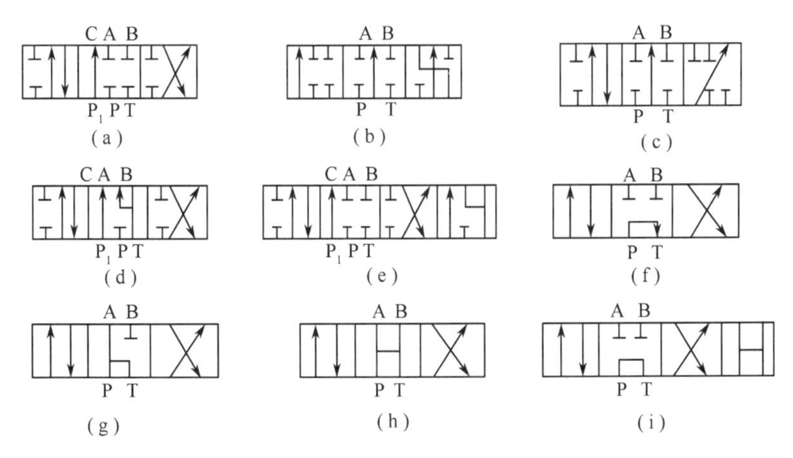

图 4-37　多路换向阀机能

(a) O 型；(b) A 型；(c) B 型；(d) Y 型；(e) OY 型；(f) M 型；(g) K 型；(h) H 型；(i) MH 型。

4.4.3　多路换向阀的结构

图 4-38 所示的 ZFS-L20C 型多路换向阀为手动操纵、螺纹连接形式，带有安全阀和单向阀组。除图 4-38(a) 所示弹簧自动复位式外，还有图 4-38(c) 所示的三位弹跳定位式。图 4-38(b) 所示为弹簧复位式多路换向阀的图形符号。这种多路换向阀由两联三位六通滑阀组成，阀体为铸件。油路采用并联油路，即两联滑阀有共同的进油口 P 和回油口 O，用以连接液压缸或液压马达的工作油口分别为 A、B、C、D。当用手扳动操纵手柄时，因为滑阀的位移，可以分别变换通过两个执行元件的油路，从而改变运

动方向。并联在进油路上的安全溢流阀为平衡活塞式，它的启闭特性较好。溢流阀的出口接回油，当系统超载时，溢流阀开启，油液经溢流阀直接回油箱。单向阀为锥阀型，除了如图4－38所示在进油路装一个单向阀外，有的结构则在每一联滑阀的阀体或阀芯上装一个单向阀。

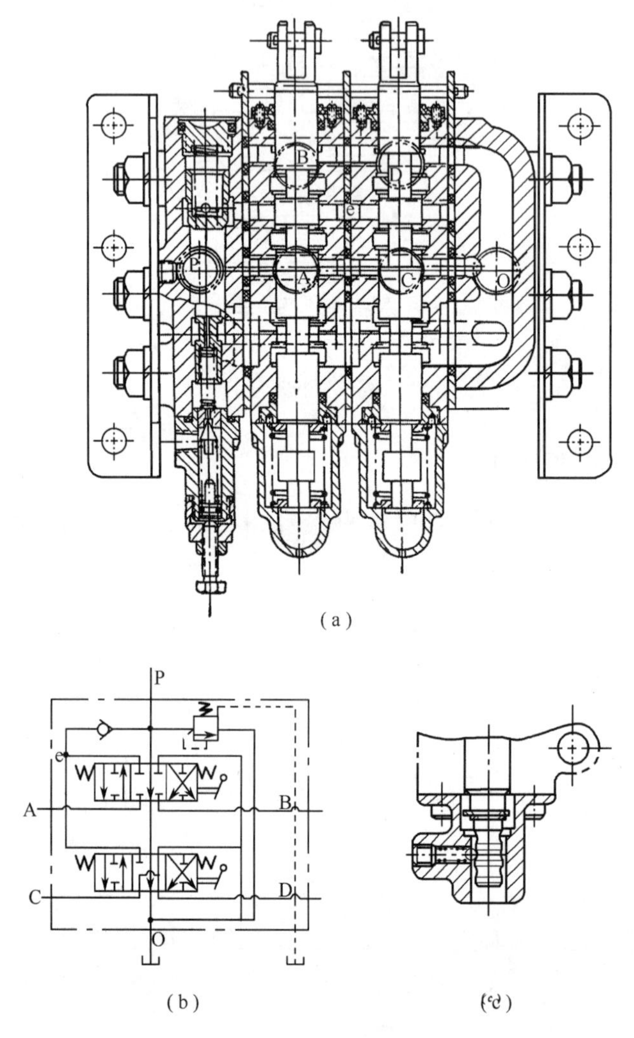

图4－38 ZFS－L20C型多路换向阀

4.4.4 多路换向阀的性能

多路换向阀的性能指标包括：通过额定流量时的压力损失、内部泄漏量，换向过程中的压力冲击、微调性能以及安全溢流阀的静态特性等。

4.4.5 带有负载敏感功能的多路换向阀

对于有多个执行元件的液压系统，各执行元件的负载不同，需要的压力和流量不同。另外，可能还有复合动作的要求以及速度稳定性的要求，采用普通的多路换向阀已不能满足。采用带有负载敏感（Load Sensing）功能的多路阀则能满足上述的要求。

目前,负载敏感还没有一个明确的定义和概念。负载敏感是一个系统概念,其目的是通过感应检测出负载压力,向液压系统(包括液压阀和液压泵)进行反馈,实现节能控制、流量控制(不受负载变化影响)、压力限制、恒力矩控制、力矩限制、恒功率控制、功率限制、转速限制等控制。要实现上述目的,需通过负载敏感阀、负载敏感泵以及相应的控制元件。负载敏感系统所采用的控制方式包括液压控制和电子控制。目前,带有负载敏感功能的液压元件已广泛应用于工程机械等大型机械的液压系统中,如力士乐公司的M4负载敏感多路阀(负荷传感多路阀)。该阀通过将换向阀、比例减压阀、压力补偿阀、溢流阀等集成到一起,可实现压力保护、方向控制、流量控制等功能。

4.5 流量控制阀

流量控制阀(以下简称流量阀)是在一定的压差下,依靠改变节流口液阻的大小来控制通过节流口的流量,从而调节执行元件(液压缸或液压马达)运动速度的阀类。流量阀包括节流阀、调速阀、溢流节流阀和分流集流阀等。

液压系统中使用的流量控制阀应满足如下要求:①能保证稳定的最小流量;②温度和压力变化对流量变化的影响小;③有足够的调节范围;④调节方便;⑤泄漏量小。

4.5.1 节流阀

节流阀是流量阀中最简单而又最基本的一种,常与溢流阀并联用来调节执行元件的工作速度。

1. 节流阀的结构和工作原理

根据液压流体力学可知,液流流经薄壁小孔、细长孔或狭长缝时会遇到阻力,通流面积和长度不同,对液流的阻力也不同。如果它们两端的压力差一定,则改变它们的通流面积或长度,可以调节流经它们的流量。又因为它们在液压系统中的作用与电路中的电阻相似,又被称为液阻。

节流阀是借助改变阀口通流面积来改变阻力的可变液阻。

图4-39所示为周向转动式节流阀,它主要由调节手轮1、阀芯2、阀套3、阀体4等组成。其工作原理是:油液从进油口 P_1 经由阀芯2上的螺旋曲线开口与阀套3上的窗口匹配而形成的某种形状的棱边形节流口后流向出口 P_2,转动调节手柄1时,螺旋曲线相对与阀套窗口升高或降低,即可调节节流口的通流面积,从而实现对流经该阀流量的控制。

图4-40所示为单向节流阀。它主要由油口1和6、调节螺母2、顶杆3、阀体4、阀芯5等组成。压力油由 P_1 口进入,经阀芯上的三角槽节流口后,从 P_2 口流出,这时起节流阀作用。旋转调节螺母2即可改变阀芯5的轴向位置,从而使通流面积产生相应的变化。当压力油从 P_2 口进入时,作用在阀芯5上的液压力大于弹簧7的弹簧力,阀芯下移处于最下端位置,油液不再经过节流口而直接从油口 P_1 流出,这时起单向阀作用。

除了图4-39和图4-40所示的两种形式外,还有其他形式的节流阀,如DV/DRV型节流截止阀,这种阀除了能实现节流功能外,也用于截止功能;Z2FS型叠加式双单向节流阀,当装在方向阀和底板之间时可以用来实现主流量控制,当装在先导阀和主阀之间时,可用来作阻尼器,实现先导流量控制。实际使用时,可根据具体需求参考产品

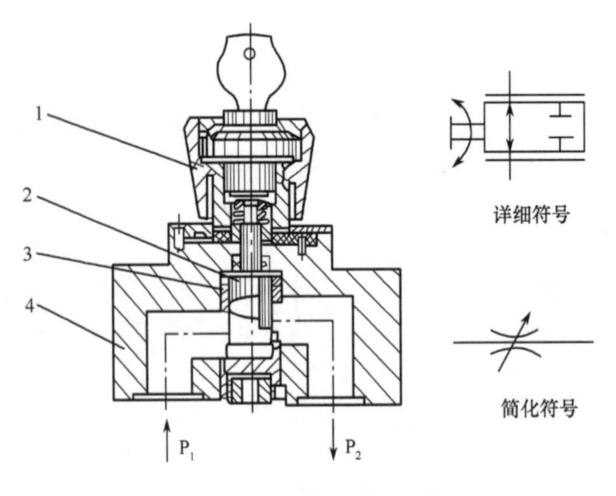

图 4－39　节流阀

1—调节手轮;2—阀芯;3—阀套;4—阀体。

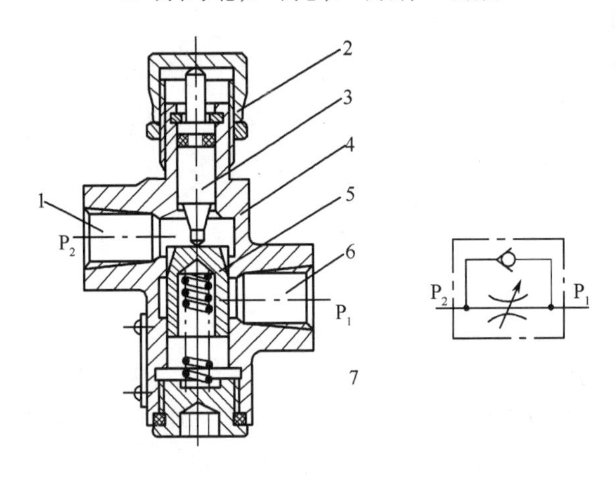

图 4－40　单向节流阀

1,6—油口;2—调节螺母;3—顶杆;4—阀体;5—阀芯;7—弹簧。

样本选择。

2. 节流口的形式和流量特性

节流阀节流口的形式直接影响节流阀的性能。根据节流口液阻是否可调可分为固定节流口和可变节流口两种。其中可变节流口由可动部分(阀芯)和固定部分(阀体或阀套)组成,通过阀芯与阀体的相对运动(轴向移动或旋转运动)来改变节流开口的大小。按阀芯的移动方式可分为周向转动式和轴向移动式。图 4－41 所示为几种常用的节流口形式。其中图 4－41(a)、(c)、(e)为轴向移动式,图 4－41(b)、(d)为周向转动式。

图 4－41(a)为针阀式节流口。针阀作轴向移动,改变环形通道面积的大小,以调节流量的多少。这种结构形式加工简单,但节流长度大、水力半径小,易堵塞,流量受油温变化的影响较大。一般用于对性能要求较低的场合。

图 4－41(b)为偏心槽式节流口。这种形式的节流口因为在阀芯上开有一个截面为三角形(或矩形)的偏心槽,因此当转动阀芯时,就可以改变节流开口的大小以调节流量。偏心槽式的阀芯受有不平衡径向力,不能用于高压。

图 4－41(c)为轴向三角槽式节流口。在阀芯端部开有 1 个～3 个斜的三角槽,轴向移动阀芯,就可改变三角槽通流面积,以调节流量。在高压阀中,有时在轴端部铣斜面来代替三角槽以改善工艺性。轴向三角槽式节流口的水力半径较大、小流量时稳定性较好。当三角槽对称布置时,液压径向力得到了平衡,因此适用于高压。

图 4－41(d)为周边缝隙式节流口。这种形式的节流口,在阀芯上开有狭缝(狭缝可以是等宽型、阶梯型或渐变型)。旋转阀芯即可改变缝隙节流开口的大小。周边缝隙节流口可以制成薄刃结构,从而获得较小的最低稳定流量。它的缺点是阀芯受有不平衡的液压径向力,因此仅适用于工作压力较低的场合。

图 4－41(e)为轴向缝隙式节流口。轴向缝隙开在套筒上,轴向移动阀芯可以改变缝隙的通流面积(节流开口)的大小,调节流量。因为这种节流口可以制成薄刃式,因此通过它的流量对温度变化不敏感。此外,它在大流量时的水力半径大、小流量时稳定性好。其缺点是,高压工作时节流口易变化,因此多用于工作压力小于或等于 7MPa 的场合。

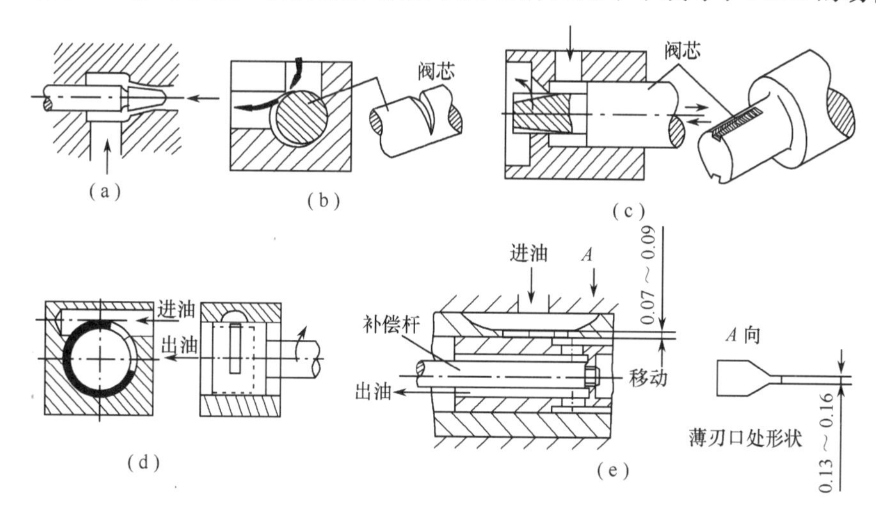

图 4－41　常见节流口的形状

(a)针阀式节流口;(b)偏心式节流口;(c)轴向三角槽式节流口;
(d)周向缝隙式节流口;(e)轴向缝隙式节流口。

节流阀的流量特性取决于节流口的结构形式。节流口根据形成液阻的原理不同,可分为三种基本形式:薄壁小孔节流(以局部阻力损失为主)、细长孔节流(以沿程阻力损失为主)以及介于两者之间的节流(由局部阻力损失和沿程阻力混合组成的损失)。但无论节流口采用何种形式,通过节流口的流量 Q 均可用下式表示

$$Q = cA(p_1 - p_2)^m \tag{4-14}$$

式中　Q——节流口通流流量;

c——由节流口形状、液体流态、油液性质等因素决定的系数,如对于薄壁小孔(指孔径 d 远远大于孔长 l,即 $d \geqslant 2l$ 的孔),$c = c_q\sqrt{\dfrac{2}{\rho}}$,对于细长孔(指孔径 d 远远小于孔长 l,即 $l \geqslant 4d$)$c = \dfrac{d^2}{32\mu l}$,其他形式的节流口的 c 由实验确定;

A——节流口通流面积(m);

ρ——工作油液密度(m^3/s);

p_1——节流口前(进口)压力(Pa);

p_2——节流口后(出口)压力(Pa);

m——由节流口形状决定的指数,对于薄壁小孔 $m=0.5$,对于细长孔 $m=1$,介于两者之间的节流口,$0.5<m<1$。

由式(4-14)可知,当 c、(p_1-p_2) 和 m 一定时,只要改变节流口通流面积 A,就可调节通过节流口的流量。

3. 影响节流阀流量稳定性的因素

在液压系统工作时,当节流口的通流面积调好后,希望通过节流阀的流量 Q 稳定不变,以保证执行元件的速度稳定。但实际上,通过节流阀的流量受到节流前后压差、油温以及节流口形状等因素的影响,有一定的波动。

(1)压差对流量的影响。由式(4-14)可知,当节流阀两端压差发生变化时,通过它的流量要发生变化。三种结构形式的节流口中,通过薄壁小孔的流量受压差的变化影响最小。

(2)温度对流量的影响。油温的变化引起油的黏度改变,因此通过细长小孔的流量对温度变化很敏感。而油温对通过薄壁小孔的流量影响很小。

(3)节流口形状的影响。在节流阀的使用过程中,油中杂质、极化分子以及因油的氧化所产生的胶质、沥青等杂质吸附或沉积在节流口的边缘上,会改变节流口的通流面积,造成不同程度的堵塞,从而使流量发生变化。实践证明,阀口的水力半径越小,则越易堵塞。

4. 节流口的堵塞现象及最小稳定流量

节流阀在小开度条件下工作时,特别当进出油腔压差很大时,虽然不改变开度大小,也不改变两端油液压差和油液的黏度(油温不变的情况下),而往往会出现流量脉动现象,脉动现象有时是周期性的。而且当开度继续减小时,脉动现象就越严重,最后甚至出现断流,使节流阀完全丧失工作能力。节流阀在小开度下流量不稳定和出现断流现象,统称为节流阀的堵塞现象。

造成节流阀小开度堵塞现象的主要原因有二:一是由油中污物堵塞了节流口造成的,污物时堵时而被油流冲走,就造成了流量的脉动。污物完全堵塞节流口,就造成完全断流。这一点可以由滤油精度高的油液不易堵塞来证明。至于油中污物的来源,除外界混入的机械杂质(如铁屑末、油漆末、细小棉纱及灰尘等)外,还有因为油液局部高温引起油液氧化、析出的胶质、沥青质、碳渣等杂质;二是由油液中极化分子和金属表面的吸附现象造成的。这一点可由通过改变节流阀的材料改变它的最小稳定流量,而过滤得很好的油液仍然可能出现堵塞来证明。节流缝隙的金属表面上存在电位差,油液老化或受到挤压后会产生极性分子,被吸附到节流缝隙的表面,形成牢固的边界吸附层。吸附层的厚度为 0.05μm~10μm,一般为 5μm~8μm。由于吸附层的出现,节流阀节流缝隙原来的几何形状和大小受到了破坏。

提高节流阀抗堵塞性能的措施如下:

(1)要保证油的精密过滤。实践证明,油液在进入节流阀之前进行精密过滤是防止节流阀堵塞的最有效措施之一。为了保持油液的清洁度,油液必须定期更换,一般液压系统应三个月左右换油一次。

(2)应选择适当的节流阀前后压差。节流阀前后压差大,能量损失大。由于损失的能量全部转换为热量,因此油液通过节流口时温度升高,加剧油液变质氧化而析出各种杂质,引起堵塞。此外,对于同一流量,前后压力差大的节流阀对应的节流开口小,亦易引起堵塞。为了获得稳定的小流量,节流阀前后压力差不宜过大。

(3)采用大水力半径薄刃式节流口。经验证明,节流口表面光滑、节流通道长度短、水力半径大有利于节流阀的抗堵塞性能的提高。

(4)正确选择工作油液和组成节流缝隙的材料。采用不易产生极化分子的油液,并控制油液温度的升高,以防止油液过快地氧化和极化。尽量采用电位差较小的金属制作节流缝隙表面(钢对钢最好,钢对铜次之,铝对铝最差),以减小吸附层厚度。

5. 节流阀的应用

节流阀的主要用途是在定量泵液压系统中与溢流阀配合,组成节流调速回路,即进油路、出油路和旁油路节流调速回路(第6章中将详细介绍),调节执行元件的速度。除此之外,还可用来作阻尼器,用来调整进入先导阀的流量。

4.5.2 调速阀

节流阀由于刚性差,在节流口开度一定的条件下,通过它的流量受工作负载变化的影响,不能保持执行元件运动速度的稳定,因此只适用于执行元件负载变化不大和速度稳定性要求不高的场合。如前所述,对节流阀而言,负载的变化直接引起出口压力的改变,从而使阀前后压力差改变,进而影响到阀的流量稳定。由于执行元件负载的变化很难避免,在速度稳定性要求较高时,采用节流阀调速是不能满足要求的。因此,需要采用压力补偿来保持节流阀前后的压力差不变,从而达到流量的稳定。对节流阀进行压力补偿的方式有两种:一种是将定差减压阀与节流阀串联成一个组合阀,由定差减压阀保证节流阀前后压差恒定,这样组合的阀称为调速阀;另一种是将定压溢流阀与节流阀并联成一个组合阀,由溢流阀来保证节流阀进出口压力差恒定,这种组合阀称为溢流节流阀(又称为旁通型调速阀)。

1. 调速阀的结构和工作原理

调速阀的工作原理见图4-42(a),图4-42(b)为调速阀的详细图形符号,图4-42(c)为调速阀的简化图形符号。图4-42中液压泵出口(即调速阀进口)压力p_1由溢流阀调定,基本上保持不变。进入调速阀压力为p_1的油液流经定差减压阀阀口x后压力降至p_2,然后经节流阀流出,其压力为p_3(压力p_3的大小由活塞杆上的负载F_L决定)。节流阀前压力为p_2的油液经通道e和f进入定差减压阀的d腔和c腔;而节流阀后压力为p_3的油液经通道a被引入定差减压阀的b腔。当减压阀阀芯在弹簧力F_t,液压力p_2、p_3的作用下处于某一平衡位置时(忽略摩擦力、液动力和自重),其受力平衡方程为

$$p_2A_d + p_2A_c = p_3A_b + K(x_0 + x) \tag{4-15}$$

$$p_2 - p_3 = \Delta p = \frac{K(x_0 + x)}{A_b} \tag{4-16}$$

式中 p_2——节流阀阀前压力(Pa);

A_d——d 腔有效面积(m^2);

A_c——c 腔有效面积(m^2);

p_3——节流阀阀后压力(Pa);

A_b——b 腔有效面积(m^2),$A_b = A_d + A_c$;

K——减压阀弹簧刚度(N/m);

x_0——减压阀弹簧预压缩量(m);

x——减压阀阀口长度(m)。

因为弹簧刚度较低,且工作过程中 $x_0 \gg x$,可以认为弹簧力 F_t 基本保持不变,故节流阀两端压差不变,这样可使通过节流阀的流量保持不变。其调速稳流过程如下:当外负载 F_L 增大时,调速阀出口处油压 p_3 随之增大,作用在减压阀阀芯上端的液压力也随之增加,阀芯失去平衡而下移。于是减压阀开口 x 增大,通过减压阀口的压力损失变小,而 p_1 由溢流阀调定为常数,故 p_2 也随之增加,直至阀芯在新的位置上得到平衡,从而使($p_2 - p_3$)基本保持不变。反之亦然。因此,当负载变化时,由于定差减压阀能自动调节减压阀口的大小,节流阀两端的压差基本保持不变,从而保持流量的稳定。

图 4-43 表示节流阀和调速阀的流量与进出口压差(图中 $\Delta p = p_1 - p_3$)的关系。从图 4-43 中可看出,节流阀的流量随压差的变化较大。对调速阀而言,当调速阀两端的压差大于一定数值(图 4-43 中 Δp_{min})后,其流量就不随压差改变而变化。在调速阀两端压差较小的区域($\leq \Delta p_{min}$)内,由于压差不足以克服减压阀阀芯上的弹簧力,此时阀芯处于最下端,减压阀保持最大开口而不起减压作用,这一段(mn 段)的流量特性和节流阀相同。所以要使调速阀正常工作,对于中低压调速阀至少要有 0.5MPa 的压差,对高压调速阀至少要有 1MPa 的压差。

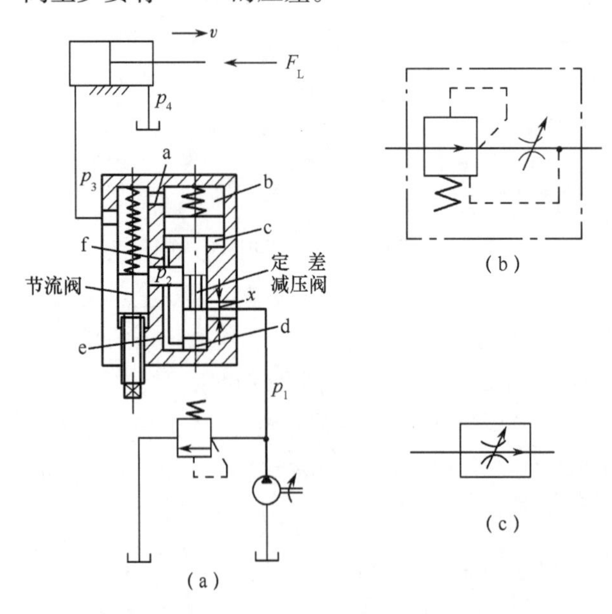

图 4-42 调速阀工作原理

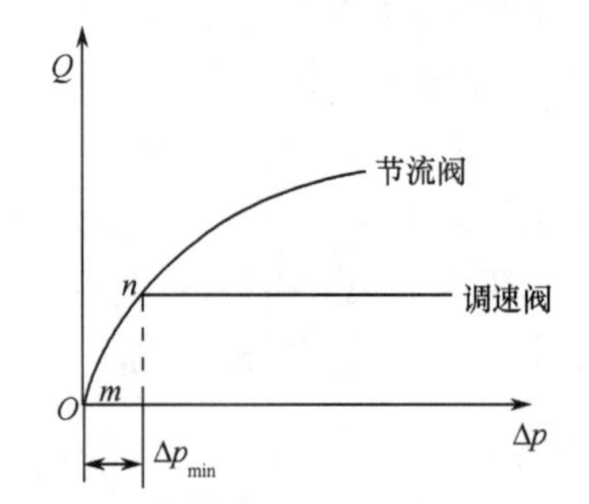

图 4-43 调速阀和节流阀流量特性比较

2. 调速阀的应用

调速阀在液压系统中的应用和节流阀相仿,它适用于执行元件负载变化大而运动速度要求稳定的液压系统中,也可用在容积—节流调速回路中。

根据系统的调速要求,调速阀在连接时可接在执行元件的进油路上,也可接在执行元件的回油路上,或接在执行元件的旁油路上。

4.5.3 溢流节流阀

溢流节流阀的工作原理见图 4-44(a),图 4-44(b)为溢流节流阀的详细图形符号,图 4-44(c)为溢流节流阀的简化图形符号。来自液压泵压力为 p_1 的油液,进入阀后,一部分经节流阀(压力降为 p_2)进入执行元件(液压缸);另一部分经溢流阀的溢流口流回油箱。溢流阀上腔 a 与节流阀出口相通,压力为 p_2;溢流阀阀芯下面的油腔 b、c 与节流阀入口相通,压力为 p_1。节流阀前后的压差 $\Delta p = p_1 - p_2$ 即定差溢流阀两端的压差,由定差溢流阀来保证压差 Δp 基本维持不变,从而使经节流阀的流量基本上不随外负载 F_L 而变。其稳流过程如下:当负载 F_L 增大时,出口压力 p_2 增大,因而溢流阀阀芯上腔压力 a 的压力随之增大,溢流阀阀芯下移,溢流阀口 x 减小,使节流阀入口压力 p_1 增大,从而使节流阀前后压差($p_1 - p_2$)基本保持不变;反之亦然。

调节节流阀开度 y,就可调节通过节流阀的流量,从而调节液压缸的运动速度。

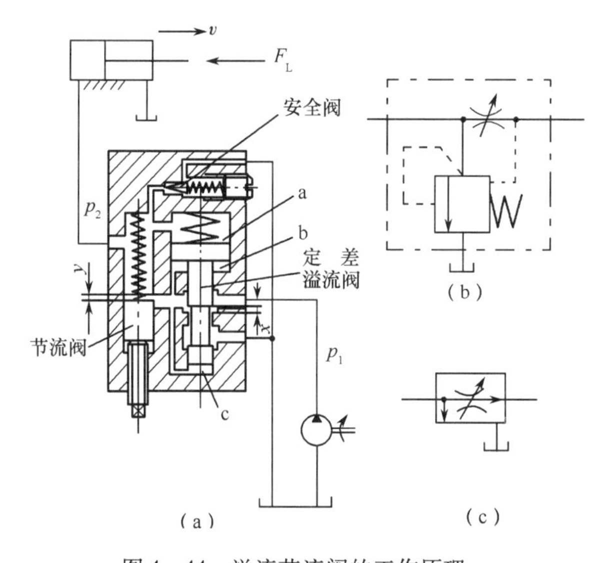

图 4-44 溢流节流阀的工作原理

调速阀与溢流节流阀的共同之处是它们都能使通过其自身的流量稳定而不受负载的影响,但它们还有其各自的特点。使用调速阀时,阀前必须安装溢流阀,溢流阀的调定压力必须满足最大负载要求,因而调速阀入口油压始终很高,泵的工作压力始终是溢流阀的调定压力,因而系统功率损失大;溢流节流阀入口油压 p_1 与由负载决定的油压 p_2 两者之差保持为定值,因而入口压力 p_1 将随负载的变化而变化,并不始终保持为最大值,因此功率损失小。调速阀的优点是通过阀的流量稳定性好,相比之下,溢流节流阀稳定流量的能力比调速阀稍差一些。

4.5.4 分流集流阀

在液压系统中,往往要求两个或两个以上的执行元件同时运动,并要求它们保持相同的位移或速度(或固定的速比),将这种运动关系称作位置同步或速度同步。位置同步保证执行元件在运动中或停止时都保持相同的位置;速度同步则只能保证执行元件的速度或固定的速比相同。凡是位置同步的机构,也必定是速度同步,但速度同步的机构,不一定是位置同步。

由于两个或两个以上执行元件的负载不均衡,摩擦阻力不相等以及制造误差,内外泄漏量和液压损失的不一致等,执行元件经常不能同步运行。因此,在这些系统中需要采用同步措施,以消除或克服这些影响,保证液压执行元件的同步运动。分流集流阀即是节流同步措施中的一种同步元件。

分流集流阀包括分流阀、集流阀和兼有分流、集流功能的分流集流阀。图 4-45 所示为一螺纹插装、挂钩式分流集流阀。图中二位三通阀通电后右位接入时起分流阀作用,断电时左位接入,起集流阀作用。

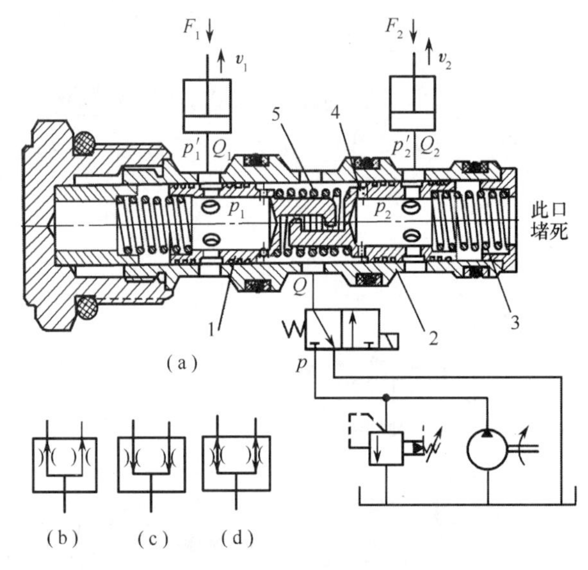

图 4-45　分流集流阀

(a)结构原理;(b)分流阀;(c)集流阀;(d)分流集流阀。

1—阀芯;2—阀套;3—弹簧;4—固定节流孔;5—弹簧。

该阀有两个完全相同的带挂钩的阀芯 1,其上钻有固定节流孔 4,按流量规格不同,固定节流孔直径及数量不同,流量越大,孔数和孔径越大;两侧流量比例为 1∶1 时,两阀芯上固定节流孔完全相同。阀芯上还有通油孔及沉割槽,沉割槽与阀套上的圆孔组成可变节流口。作分流阀用时,左阀芯沉割槽右边与阀套孔的左侧以及右阀芯沉割槽左边与阀套孔的右侧同时起可变节流口作用;而起集流阀作用时,左阀芯沉割槽左边与阀套孔的右侧以及右阀芯沉割槽右边与阀套孔的左侧同时起可变节流口作用。两根完全相同的弹簧 3 刚度较弹簧 5 的大。

现分析分流集流阀起分流阀作用时的工作原理。假设两缸完全相同,开始时负载力

F_1 和 F_2 以及负载压力 p'_1 和 p'_2 完全相等。供油压力为 p、流量 Q 等分为 Q_1 和 Q_2，活塞速度 v_1 与 v_2 相等。由于流量 Q_1 和 Q_2 流经固定节流孔产生的压差作用，两阀芯相离，挂钩相互钩住，两根弹簧 3 产生相同变形。此时，如 F_1 或 F_2 发生变化，两负载力及负载压力不再相等，假设 F_1 增大，p'_1 升高，p_1 则也升高。这时，两阀芯将同时右移，使左边的可变节流口开大，右边的可变节流口减小，从而使 p_2 也升高，阀芯处于新的平衡位置。如忽略阀芯位移引起的弹簧力变化等影响，p_1 和 p_2 在阀芯位移后仍近似相等，因而通过固定节流孔的流量即负载流量 Q_1 和 Q_2 也相等；此时左侧可变节流口两端压差 $p_1 - p'_1$ 虽比原来减小，但阀口通流面积增大，而右侧可变节流口两端压差 $p_2 - p'_2$ 虽增大，但阀口通流面积减小，因此两侧负载流量 Q_1 和 Q_2 在 $F_1 > F_2$ 后仍基本相等，但 F_1 增大后，Q_1 和 Q_2 比原来的要减小。即一侧负载加大后，两者流量和速度虽仍能保持相等，但比原来的要小。同样的分析可知，当 F_1 减小后，两侧流量和速度也能相等，但比原来的要增加。

起集流阀作用时，两缸中的油经阀集流后回油箱。此时由于压差作用两阀芯相抵。同理可知，两缸负载不等时，活塞速度和流量也能基本保持相等。

由于弹簧力和液动力变化、摩擦力的影响以及两侧固定节流孔特性不可避免的差异，因此分流集流阀有 2% ~5% 的同步误差，分流集流阀主要用在精度要求不太高的同步控制场合。除此之外，齿轮分流器也可实现这种功能，这里不作介绍。

4.6 插装阀

插装阀（又称逻辑阀）是 20 世纪 70 年代出现的一种新型开关式阀。用各种普通阀作为先导控制阀来控制插装阀的开启和闭合，即可实现多种控制机能。

与普通阀相比，插装阀在控制功率相同的情况下，具有质量小、体积小、功率损失小、切换时响应快、冲击小、泄漏量小、稳定性好、制造工艺性好等特点。

4.6.1 插装阀的结构和工作原理

插装阀的典型结构见图 4－46，它由锥阀组件和控制盖板组成。锥阀组件包括弹簧 2、阀套 3、阀芯 4 以及若干密封件。另外，控制油路中还可能有一些阻尼孔（改善阀的动态性能）。

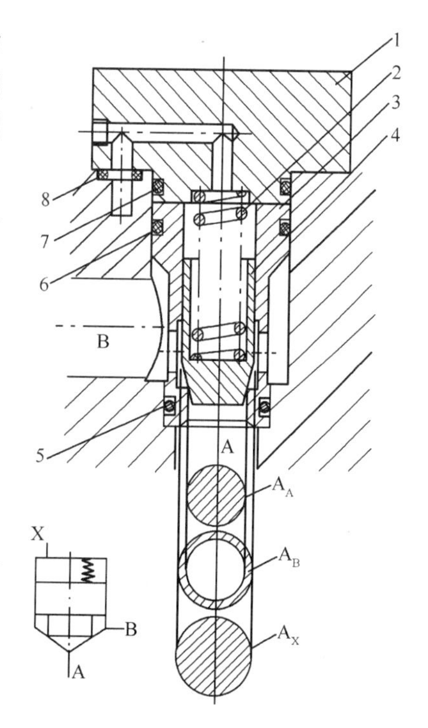

图 4－46　盖板式二通插装阀
1—盖板；2—弹簧；3—阀套；4—阀芯；5、6、7、8—密封圈。

插装阀有两个主要油口 A 和 B，锥面的开闭决定 A、B 口的通断，所以是一个二通插装阀。阀芯下部有两个承压面积 A_A 和 A_B，分别与 A 口与 B 口连通。弹簧腔（X 腔）的压力由盖板 1 及安装在其上面的先导阀控制。X 腔油压作用于阀芯上部，其面积为 $A_X = A_A + A_B$。设 p_A、p_B、p_X 分别为 A、B、X 口的油

压力，F_t 为上腔弹簧预紧力，则当

$$p_X A_X + F_t \geqslant p_A A_A + p_B A_B \tag{4-17}$$

时，锥面闭合，A、B 口不通。当

$$p_X A_X + F_t \leqslant p_A A_A + p_B A_B \tag{4-18}$$

时，锥面打开，A、B 口导通。所以在 $p_A = p_B = 0$ 时阀闭合；而 A 口或 B 口有压力时都有可能使阀打开。在 p_A、p_B 已定的情况下，改变 p_X 可以控制锥面的启闭，即控制 A、B 口的通断。如果 $p_X = 0$，在 p_A 或 p_B 作用下均可使阀打开，这种状态下使阀打开的最小压力称为锥阀开启压力。开启压力与承压面积（A_A 或 B_B）和弹簧预紧力有关，根据需要，其大小可在（0.3～4）$\times 10^5$MPa 之间变化。A_A 与 A_X 之比可以做成 1∶1.5（或 1∶1.1、2∶1 等）以适用阀的不同功能。液流方向可以从 A 流向 B，也可以从 B 流向 A。当 $A_X/A_A = 1$ 时，阀芯上不再有锥面，并且 X 腔油液常由 A 腔经阀芯中间的阻尼小孔进入，此时油液只能由 A 流向 B，主要用于压力控制阀。

4.6.2 插装方向阀

插装阀用作方向阀时一般要求能双向导通，常取 $A_X/A_A = 2$（或 1.5）。

1. 插装阀用作单向阀

1）用作普通单向阀

将 X 腔与 A 口或 B 口连通，即成为单向阀。连通方向不同，其导通方向也不同，见图 4－47（a）和图 4－47（b）。当 $A_X/A_A = 2$ 时，两种接法的开启压力相同；当 $A_X/A_A = 1.5$ 时，两种接法开启压力不同。

2）用作液控单向阀

在控制盖板上加接一个二位三通液动阀，就成为液控单向阀，见图 4－48。

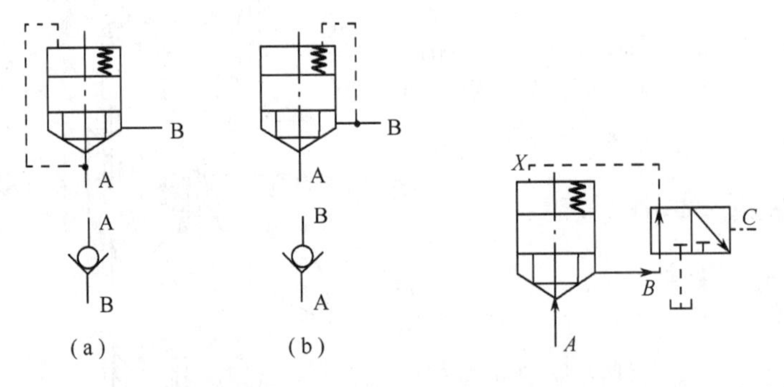

图 4－47　插装阀用作单向阀　　　图 4－48　插装阀用作液控单向阀

2. 插装阀用作换向阀

用插装阀组合，用不同换向阀控制，可组成不同位数、通数的插装换向阀。

1）用作二位二通阀

用一个电磁先导阀控制 X 腔的压力，就可以使插装阀成为一个二位二通电液阀，见图 4－49（a）。阀在图示“断开”位置上只能阻断 A 流向 B 而不能阻断 B 流向 A。为此可在辅助油路中增加一个梭阀，见图 4－49（b）。梭阀的原理见图 4－49（c），它的作用相当于两个单向阀。由于梭阀的存在，A 口和 B 口中压力较高者经过梭阀和电磁先导阀进入

X 腔，使锥阀保持压紧状态，所以这种阀能双向阻断油流。如果供给电磁阀的控制压力油独立于 A、B 口且其压力大于 A、B 口的压力，则可不必安装梭阀。

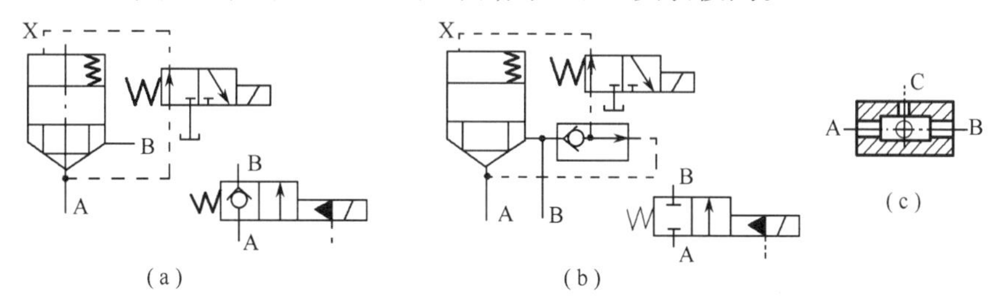

图 4-49　插装阀式二位二通阀

2）用作三通阀

两个插装阀再加上一个电磁先导阀可组成一个三位（或二位）三通电液阀，见图 4-50。

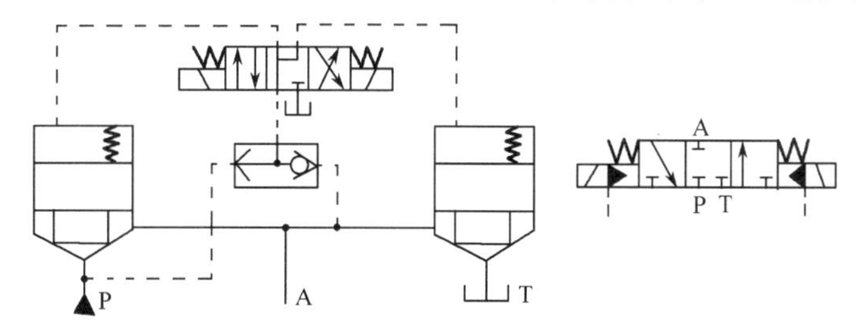

图 4-50　插装阀组成三通阀

图中采用 P 型机能的电磁阀，以便中位时能同时压紧两个插装阀。为了阻止中位时液流由 A 口向 P 口（当 A 口压力高于 P 口时）倒流，图中也增加了一个梭阀。P 口和 A 口中的压力较高者通过梭阀和电磁阀进入插装阀的 X 腔，这样，即使 P 口压力降为零，也能保证插装阀处于压紧状态。

3）用作四通阀

执行元件一般需要用四通阀来实现换向。用四个插装阀以及相应的先导阀才能组成一个四通阀。如果采用两个先导阀来控制四个插装阀，则成为四位四通阀（图 4-51）。如果采用四个先导阀分别控制四个插装阀的启闭，按理应有 16（2^4）种可能的组合状态。但是其中 5 种状态都具有 H 机能，故实际上只能得到 12 种不同状态，见图 4-52。可见，采用插装阀换向时，具有较一般四通阀更多的机能可选择。但一个四通阀需要四个插装阀及若干个先导阀组成，从外形尺寸及经济性方面考虑，在大流量时选用插装阀比较合理。

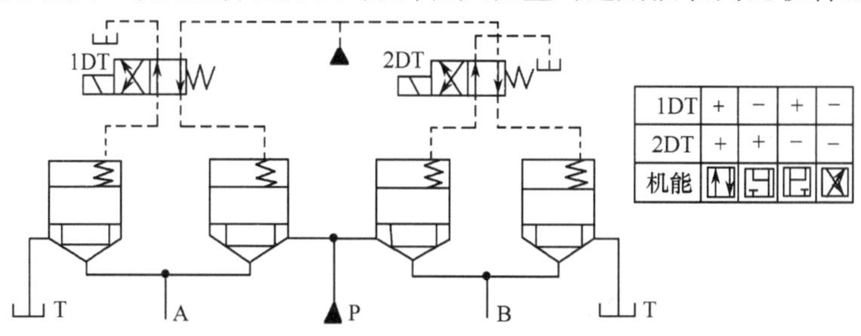

图 4-51　用两个先导阀控制四个插装阀

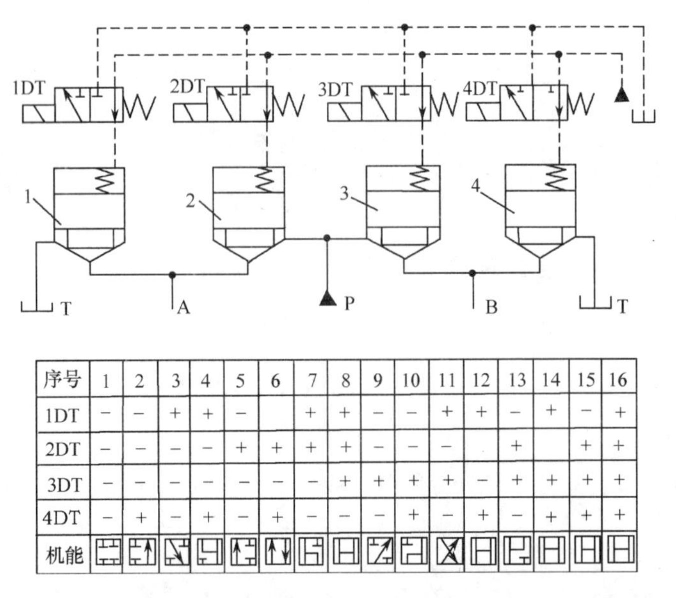

序号	1	2	3	4	5	6	7	8	9	10	11	12	13	14	15	16
1DT	−	−	+	+	−		+	+	−	−	+	+	−	+	−	+
2DT	−	−	−	−	+	+	+	+	−	−	−		+		+	+
3DT	−	−	−	−	−	−	−	+	+	+	+	−	+	+	+	+
4DT	−	+	−	+	−	+	−	−	−	+	−	+	−	+	+	+
机能																

图 4－52　用四个先导阀控制四个插装阀

4.6.3　插装阀用作压力控制阀

图 4－53 为插装阀用作溢流阀时的原理图。A 口的压力经小孔 3(内控式时,此小孔在锥阀阀芯内部)进入 X 腔并与先导压力阀 2 的入口相通,这样插装阀 1 的开启压力由先导压力阀 2 调整,其原理与一般先导式溢流阀完全相同。实际上,这是图 4－4 所示二节同心式溢流阀的原理图。当 B 口不接油箱而接负载时,此阀亦可作顺序阀使用。当用作压力控制阀时,为了减少 B 口压力对调整压力的影响,常取 $A_X/A_A=1$(或 1.1)。

4.6.4　插装阀用作流量阀

在方向控制插装阀的盖板上安装阀芯行程调节器,调节阀芯的开度后,这一插装阀就兼有节流阀的作用(图 4－54 中阀芯上带有三角槽,以便于调节其开口大小)。各种流量

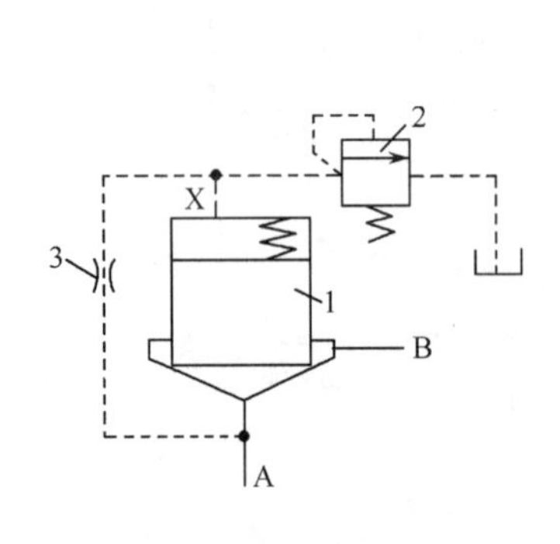

图 4－53　插装式溢流阀

1—插装阀;2—先导压力阀;3—小孔。

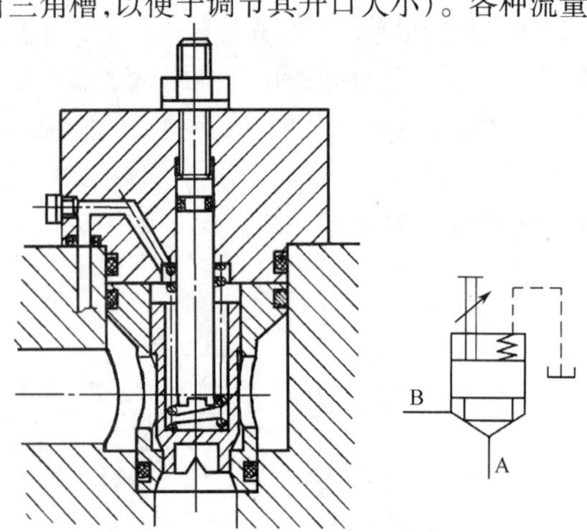

图 4－54　插装式流量阀

控制阀,包括电液比例流量阀,都可以采用插装阀结构。

4.7 液压控制阀的选型

任何一个液压传动系统,选择合适的液压控制阀,是使系统的设计合理、性能优良、安装简便、维修容易并保证该系统正常工作的重要条件。除按系统功能需要选择各种类型的液压控制阀外,还需考虑额定压力、通过流量、安装形式、操作方式、性能特点以及价格等因素。

液压控制阀的选择,首先应尽可能地选择标准系列的通用产品,在不得已的情况下,再自行设计专用的控制元件。专用元件的设计也必须遵守一系列有关标准(如安装连接尺寸、基本参数等)的规定,以利于组织生产和品种的发展。

4.7.1 额定压力的选择

液压控制阀的额定压力,可根据系统设计的工作压力来选择,并应使所选液压控制阀的额定压力稍大于系统工作压力。高压系列的液压阀,一般都能适用于该额定压力以下的所有工作压力范围。当然,高压液压元件在额定压力条件下制订的某些技术指标,在不同工作压力情况下会有些不同,有些指标会变得更好。在各压力级的液压控制阀逐步向高压发展,并统一为一套通用高压系列的趋势下,对液压控制阀额定压力的选择也将更方便。

系统实际工作压力如果稍高于液压阀所标明的额定压力,一般而言,在短时期内也是允许的。但如果长期处在这种工作状态下工作,将会影响产品的正常寿命,也将影响某些性能指标。

4.7.2 通过流量的选择

对液压控制阀流量参数的选择,以产品标明的公称流量(对应控制阀公称通径)为依据。如果产品能提供通过不同流量时的有关性能曲线,则对元件的选择使用会更合理。

一个液压系统各部分回路通过的流量不可能都是相同的,因此,不能单纯依据液压泵的额定流量来选择阀的流量参数,而应该考虑到液压系统在所有设计工作状态下各部分阀可能通过的最大流量。例如,换向阀的选择则要考虑到系统中采用差动液压缸,在换向阀换向时,液压缸无杆腔排出的流量比有杆腔排出的流量大得多,甚至可能比液压泵输出的最大流量还大;在选择节流阀、调速阀时,不仅要考虑可能通过该阀的最大流量,还要考虑到该阀的最小稳定流量。又如,某些回路通过的流量比较大,如果选择与该流量相当的换向阀,在换向时可能会产生较大的压力冲击,为了改善系统工作性能,可选择大一档规格的换向阀;某些系统,大部分工作状态通过的流量不大,偶然会有大流量通过,考虑到系统布置的紧凑以及阀本身工作性能的允许,或者压力损失的瞬时增加,在许可的情况下,不按偶然的大流量工况选取,仍按大部分工作状况的流量规格选取,允许阀在短时超流量状态下使用也是允许的。

4.7.3 安装方式的选择

液压控制阀的安装方式,是指与系统管路或其他阀的进出油口的连接方式,一般有三种:管式连接、板式连接和集成连接。

设计液压系统安装方式时,要根据所选择的液压阀的规格以及系统的简繁和布置特点而定。如果系统较简单,流量小、元件较少,安装位置又较宽畅,可采用螺纹连接。如果系统较为复杂,元件较多,且安装位置较为紧凑,可采用板式连接。如果系统很复杂,元件又多,宜采用集成连接。

4.7.4 操作方式的选择

液压控制阀有手动控制、机动控制、液压控制和电气控制等多种类型,可根据系统的操纵需要和电气系统的配置能力进行选择。例如,小型的和不常用的系统,工作压力的调整,可直接靠人工调节溢流阀进行;如果溢流阀的安装位置离操纵位置较远,直接调节不方便,则可加装远程调压阀,以进行远距离控制;如果液压泵启闭频繁,则可选择电磁溢流阀,以便采用电气控制,还可选择初始或中间位置能使液压泵卸荷的换向阀,以获得同样的要求。

在许多场合,采用电磁换向阀,容易与电气系统组合,以提高系统的自动化程度。而某些场合,为简化电气控制系统,并使操作简单,则宜选用手动换向阀等。

4.7.5 性能特点的选择

液压系统性能要求不同,对所选择的液压阀的性能要求也不同,而许多性能又受到结构特点的影响。如用于保护系统的安全阀,要求反应灵敏、压力超调量小,以避免大的冲击压力,且能吸收换向阀换向时产生的冲击。这就必须选择能满足上述性能要求的元件。

对换向速度要求快的系统,一般选择交流型电磁铁的换向阀;反之,则可选择直流型电磁铁的换向阀。

如液压系统对阀芯复位和对中性能要求特别严格,则可选择液压对中型结构。

如果一般的调速阀由于温度或压力的变化而不能满足执行机构运动的精度要求,则要选择带压力补偿装置或温度补偿装置的调速阀。

如果使用液控单向阀,且反向出油背压较高,但控制压力又不可能提到很高的场合,则应选择外泄式结构。

4.7.6 经济性方面的选择

在满足工作要求的前提下,应尽可能地简化系统、降低造价,以提高主机的经济指标。如对某些调速要求不高的回路,可采用行程调节型节流阀,以省略调速阀,获得近似的效果。

对电液换向阀使用较少的系统,控制方式可设计为内部压力油控制,以省略控制液压泵及控制管路等。对电液换向阀使用较多的高压系统,为节省总的功率,反而希望采用外部压力油控制。

总之,液压控制阀选择的正确与否,对液压回路及液压系统的性能有很大影响。对一个液压系统的设计者而言,在选择液压阀时,除考虑以上六个方面以外,还应对国内外液压阀的生产情况有较全面的了解,尤其要了解国内液压阀的生产品种、各类阀的性能、新老产品的更替、同类产品的代用或改用,才能在选择使用时更正确合理。

例题 4.1 在图 4-55 所示回路中，已知液压缸的有效工作面积分别为 $A_1 = A_3 = 100\text{cm}^2$，$A_2 = A_4 = 50\text{cm}^2$，当最大负载 $F_{L1} = 2 \times 10^4\text{N}$，$F_{L2} = 6250\text{N}$，背压 $p_1 = 1.5 \times 10^5\text{Pa}$，节流阀 2 的压差 $\Delta p = 2 \times 10^5\text{Pa}$ 时，试问：

(1) A、B、C 各点的压力(忽略管路损失)各是多少？

(2) 对阀 1、2、3 最小应选用多大的额定压力？

(3) 液压缸 1 进给速度 $v_1 = 4 \times 10^{-2}\text{m/s}$，液压缸 Ⅱ 进给速度 $v_2 = 5 \times 10^{-2}\text{m/s}$ 时，各阀的额定流量应选用多大？

(4) 由液压元件产品样本(或设计手册)选定阀 1、2、3 的型号。

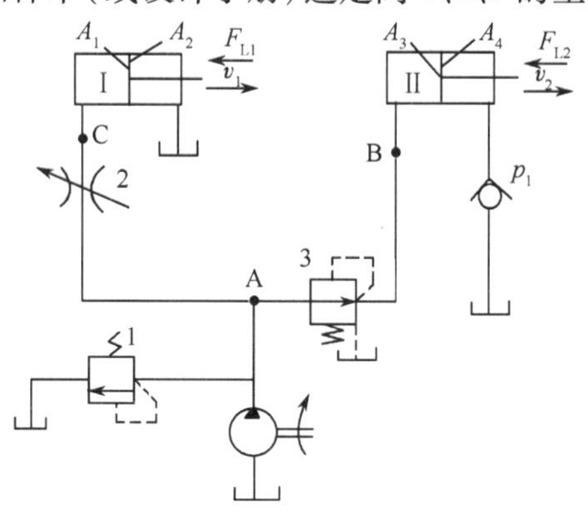

图 4-55 例题 4.1 图

解：(1) 因为 A 点的压力等于 C 点的压力加上节流阀 2 的压差，所以应先求 C 点的压力。

$$p_C = \frac{F_{L1}}{A_1} = \frac{2 \times 10^4}{100 \times 10^{-4}} = 2 \times 10^6 (\text{Pa})$$

$$p_A = p_C + \Delta p = 2 \times 10^6 + 2 \times 10^5 = 2.2 \times 10^6 (\text{Pa})$$

$$p_B = \frac{F_{L2} + p_1 A_4}{A_3} = \frac{6000 + 1.5 \times 10^5 \times 50 \times 10^{-4}}{100 \times 10^{-4}} = 6.75 \times 10^5 (\text{Pa})$$

(2) 按系统的最高压力 $2.2 \times 10^6\text{Pa}$ 作为各阀的额定压力，待阀 1、2、3 的具体型号确定后，应使其额定压力值大于或等于 $2.2 \times 10^6\text{Pa}$。

3) 通过节流阀 2 的流量 Q_T 等于进入液压缸 Ⅰ 的流量：

$$Q_T = A_1 v_1 = 100 \times 10^{-4} \times 4 \times 10^{-2} = 4 \times 10^{-4} (\text{m}^3/\text{s})$$

通过减压阀 3 的流量 Q_J 等于进入液压缸 Ⅱ 的流量：

$$Q_J = A_3 v_2 = 100 \times 10^{-4} \times 5 \times 10^{-2} = 5 \times 10^{-4} (\text{m}^3/\text{s})$$

通过溢流阀的流量稍大于 Q_T 与 Q_J 之和，即

$$Q_Y > Q_T + Q_J = 4 \times 10^{-4} + 5 \times 10^{-4} = 9 \times 10^{-4} (\text{m}^3/\text{s})$$

(4) 根据压力和流量确定各阀的型号。节流阀型号为 LF3-E6B，减压阀为 RG-03-B-22，溢流阀为 BG-03-L-40。

习　题

1. 图4-56所示系统中溢流阀的调整压力分别为 $P_A=6\text{MPa}$,$P_B=3\text{MPa}$,$P_C=4\text{MPa}$。当系统外负载为无穷大时,试求:

(1)泵的出口压力为多少?

(2)如将溢流阀 B 的遥控口堵住,泵的出口压力又为多少?

2. 图4-57所示系统溢流阀的调定压力为6MPa,减压阀的调定压力为3MPa。试分析下列各工况,并说明减压阀阀口处于什么状态?

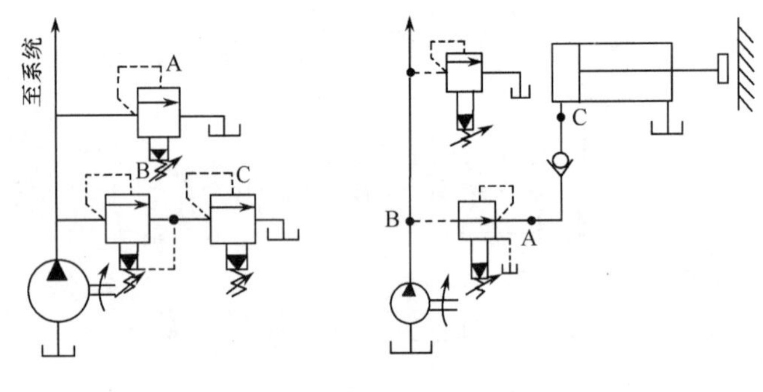

图4-56　题1图　　　　图4-57　题2图

当泵出口压力等于溢流阀调定压力时,夹紧缸使工件夹紧后A点、C点的压力各为多少?

当泵出口压力由于工作缸快进,压力降到2MPa时(工件原处于夹紧状态),A点、C点的压力各为多少?

夹紧缸在夹紧工件前作空载运动时,A点、B点、C点的压力各为多少?

3. 弹簧对中型三位四通电液换向阀的先导阀及主阀的中位机能能否任意选定?

4. 图4-58所示系统中溢流阀的调定压力为5.5MPa,减压阀的调定压力为2.5MPa,设液压缸的无杆腔面积 $A=100\text{cm}^2$,液流通过单向阀和非工作状态下的减压阀时,其压力损失分别为0.2MPa和0.3MPa。试问:

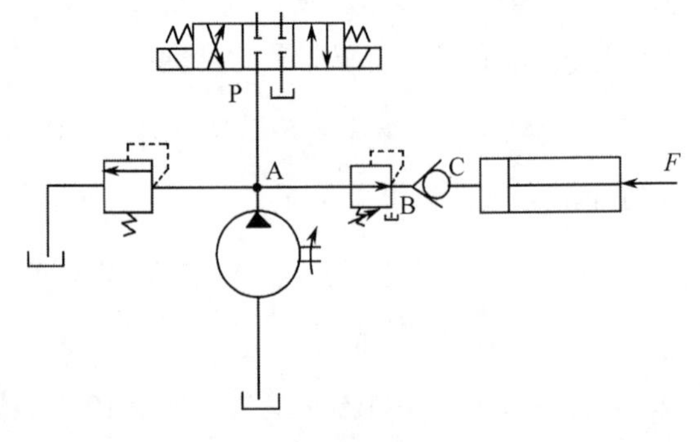

图4-58　题4图

(1)当负载 $F=0$kN 时,液压缸能否移动? A、B、C 处的压力为多少?

(2)当负载 $F=15$kN 时,液压缸能否移动? A、B、C 处的压力为多少?

(3)当负载 $F=60$kN 时,液压缸能否移动? A、B、C 处的压力为多少?

5. 图 4-59 所示回路中,$A_1=2A_2=50\text{cm}^2$,溢流阀的调定压力 $p_P=3$MPa,请问:

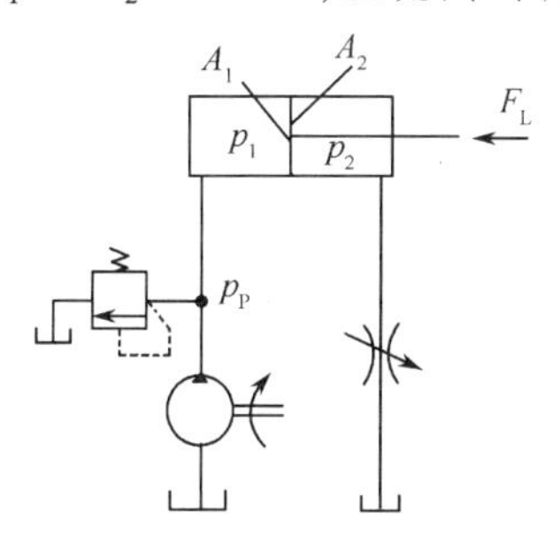

图 4-59 题 5 图

(1)回油腔背压 p_2 的大小由什么因素决定?

(2)当负载 $F_L=0$ 时,p_2 比 p_1 高多少? 泵的工作压力是多少?

6. 试用插装阀组成实现中位机能为 H 的三位四通换向阀。

第5章　液压辅助装置

液压系统的辅助装置包括蓄能器、过滤器、油箱、冷却器、加热器、密封件、油管及接头等。从液压传动的工作原理上看,这些元件只起辅助作用,但从保证完成液压系统传递力和运动的任务方面来看,它们却是非常重要的。液压辅件的合理设计和选用在很大程度上影响液压系统的效率、噪声、温升、工作可靠性等技术性能。因此,在设计、制造和使用液压设备时,对液压辅助装置必须予以足够的重视。本章将重点介绍液压系统常用的蓄能器、油箱、冷却器、加热器、密封件、油管及接头、过滤器等辅助元件的结构、分类及工作原理。

5.1　蓄能器

5.1.1　蓄能器的作用

蓄能器又称蓄压器、储能器,它是一种能把液压能储存在耐压容器里,待需要时又将其释放出来的装置。它在液压系统中起到调节能量、均衡压力、减少设备容积、降低功能消耗及减少系统发热等作用。其具体用途描述如下。

1. 储存能量

图5－1为油压机液压系统图,当手动滑阀5在图示位置时,柱塞缸6的柱塞在重力作用下缩回,液压泵1通过单向阀2向蓄能器3供油。当油压升高到一定值时,卸荷阀4动作,液压泵1卸荷,单向阀2阻止蓄能器3的高压油回油箱。当手动换向阀换向时,蓄能器的高压油通过阀5进入柱塞缸,使柱塞上升并产生推力F,随着蓄能器内油液的减少,压力也降低,此时卸荷阀复位,液压泵重新向蓄能器供油。

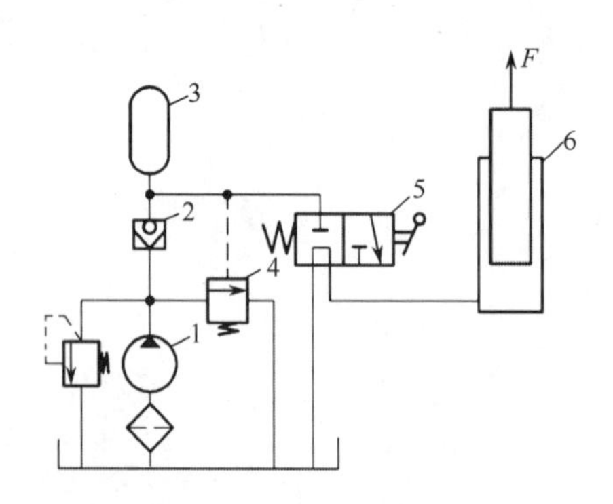

图5－1　油压机液压系统

1—液压泵;2—单向阀;3—蓄能器;4—卸荷阀;5—手动滑阀;6—柱塞缸。

2. 保持恒压

液压系统泄漏(内泄)时,蓄能器能向系统中补充供油,使系统压力保持恒定。常用于执行元件长时间不动作,并要求系统压力恒定的场合。

3. 缓冲和吸收压力脉动

蓄能器常装在换向阀或油缸之前,可以吸收或缓和换向阀突然换向、油缸突然停止运动而产生的冲击压力。

4. 作为应急动力源

突然停电或液压泵发生故障,油泵中断供油时,蓄能器能提供一定的油量作为应急动力源,使执行元件能继续完成必要的动作。

5.1.2 蓄能器工作原理

图5-2为活塞式蓄能器工作原理图。缸筒内装有活塞,活塞上部的密闭容积内存有气体,下部与油路连通。

当油压较低时,活塞处在图5-2(a)所示位置,此时气体压力为p_1,容积为V_1;当油压大于p_1时,压力油推动活塞上移到图5-2(b)所示位置,此时气体压力为p_2;容积缩小为V_2,对于气体而言,如果把气体压缩过程看作等温过程,则有如下关系:$p_1V_1 = p_2V_2 =$常数,即气体的压力能不变。由于这时活塞下部充入压力油,则油的压力也为p_2,油的压力能为$p_2(V_1-V_2)$,这时,总的蓄能器中的总压力能为p_2V_1,即蓄能器中的压力能增加了。如果此时蓄能器的进口压力小于p_2,则会有部分压力能从蓄能器输出克服外负荷做功。

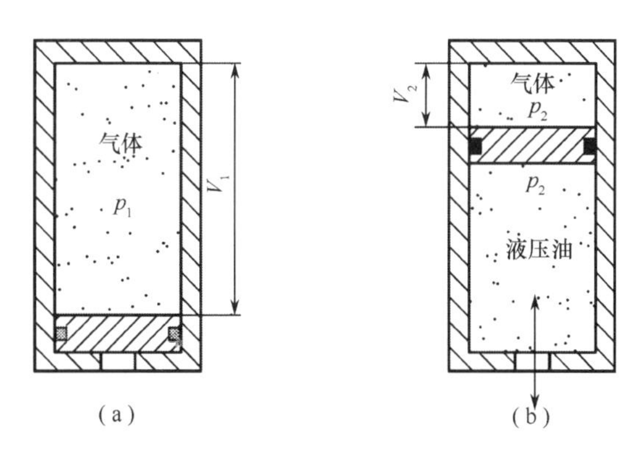

图5-2 蓄能器工作原理

5.1.3 蓄能器的分类及特点

从前述的蓄能器工作原理可知,活塞上部的气体实际上是给蓄能器加载用的,这种蓄能器称为气体加载式蓄能器。因此,按加载方法可将蓄能器分为三种类型,即重力式、弹簧式和气体加载式,其中,气体加载式包括活塞式蓄能器和气囊式蓄能器。

蓄能器的结构形式如图5-3所示。

1. 重力式蓄能器

图5-3(a)为重力式蓄能器,其结构类似于柱塞缸,重物的重力作用在柱塞上。当蓄

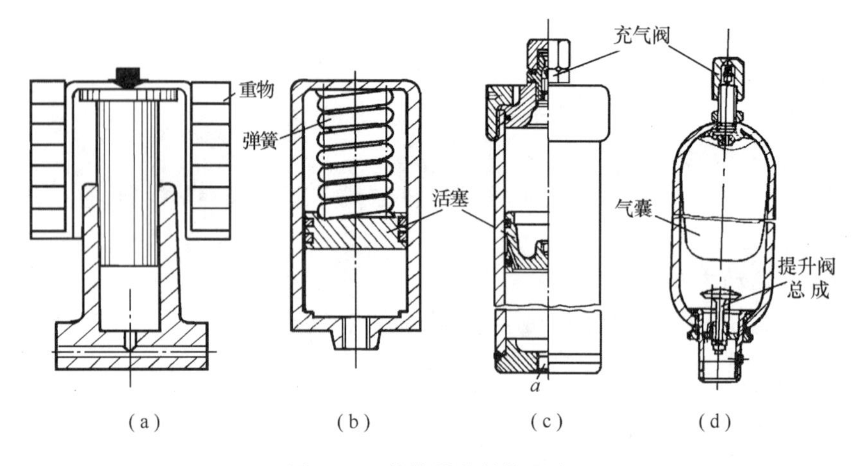

图5－3　蓄能器的结构形式

(a)重力式蓄能器;(b)弹簧式蓄能器;(c)活塞式蓄能器;(d)气囊式蓄能器。

能器充油时,压力油通过柱塞将重物顶起,当蓄能器与液动机接通时,液压油在重物的作用下被排出蓄能器,对液动机做功。这种蓄能器结构简单、压力稳定,但体积大、笨重、运动惯性大、有摩擦损失,因此,只供蓄能,一般在大型固定设备的液压系统中采用。

2. 弹簧式蓄能器

图5－3(b)为弹簧式蓄能器,弹簧力作用在活塞上,蓄能器充油时,弹簧被压缩,弹力增大,油压升高。当蓄能器与液动机相连时,活塞在弹簧的作用下下移,将油液排出蓄能器,对液动机做功,这种蓄能器结构简单,反应较灵敏,但容积小,弹簧易振动,故此种蓄能器不宜用于高压或工作循环频率高的场合,只宜供小容量及低压回路缓冲之用。

3. 活塞式蓄能器

图5－3(c)为活塞式蓄能器,这种蓄能器中的气体与油液被一个浮动的活塞隔开,因此气体不易进入油液中,油液不易氧化。其特点是结构简单、工作可靠、安装容易、维护方便、寿命长,但由于活塞惯性和摩擦阻力的影响,反应不够灵敏,容量较小,缸筒加工和活塞密封性能要求高,宜用来储存能量或供中高压系统吸收脉动之用。

4. 气囊式蓄能器

图5－3(d)为气囊式蓄能器,这种蓄能器中的气体与油液由一个气囊隔开,壳体是一个无缝、耐高压的外壳,皮囊用丁晴橡胶作原料与充气阀一起压制而成,囊内储放惰性气体,壳体下端的提升阀总成能使油液通过油口进入蓄能器而又防止皮囊从油口被挤出。充气阀只能在蓄能器工作前用来为皮囊充气,蓄能器工作时是始终关闭的。其特点是皮囊惯性小,反应灵敏、结构紧凑、质量小、安装方便、维护容易,但皮囊及壳体制造较困难,且皮囊的强度不高,允许的液压波动有限,只能在一定的温度范围(－20℃ ～70℃)内工作。蓄能器内所用的皮囊有折合型和波纹型两种,前者的容量较大,可用来储蓄能量,后者则用于吸收冲击。

5.1.4　蓄能器的职能符号及容量计算

1. 蓄能器的职能符号

蓄能器的职能符号如表5－1所列。

表 5－1　蓄能器的职能符号

蓄能器一般符号	气体隔离式	重力式	弹簧式

2. 蓄能器的容量计算

容量是选用蓄能器的依据，蓄能器容量的计算与其用途有关。现以皮囊式蓄能器为例加以说明。

1）作辅助动力源时的容量计算

当蓄能器作动力源时，其储存和释放的压力油容量和皮囊中气体体积的变化量相等，而气体状态的变化遵守玻义耳定律，即

$$p_0 V_0^n = p_1 V_1^n = p_2 V_2^n \tag{5-1}$$

式中　p_0——皮囊的充气压力（Pa）；

V_0——皮囊充气的体积，由于此时皮囊充满壳体内腔，故 V_0 即为蓄能器的容量（m^3）；

p_1——系统最高工作压力，即泵对蓄能器充油结束时的压力（Pa）；

V_1——皮囊被压缩后相应于 p_1 时的气体体积（m^3）；

p_2——系统最低工作压力，即蓄能器向系统供油结束时的压力（Pa）；

V_2——气体膨胀后相应于 p_2 时的气体体积（m^3）；

n——与气体变化过程有关的指数，当蓄能器用来保持系统压力、补偿泄漏时，它释放能量的速度是缓慢的，可以认为气体在等温条件下工作，取 $n=1$；当蓄能器用来大量供应油液时，它释放能量的速度是迅速的，可以认为气体在绝热条件下工作，取 $n=1.4$。

很明显，体积差 $\Delta V = V_2 - V_1$ 为供给系统油液的有效体积，将其代入式（5－1）进行整理后便可求得蓄能器容量 V_0，即

$$V_0 = \Delta V \left(\frac{p_2}{p_0}\right)^{1/n} \Big/ \left[1 - \left(\frac{p_2}{p_1}\right)^{1/n}\right] \tag{5-2}$$

充气压力 p_0 在理论上可与 p_2 相等，但是为保证在最低工作压力 p_2 时蓄能器仍有能力补偿系统泄漏，则应使 $p_0 < p_2$，一般取 $p_0 = (0.8 \sim 0.85) p_2$。如已知 V_0，也可求出蓄能器的供油体积，即

$$\Delta V = V_0 p_0^{1/n} \left[\left(\frac{1}{p_2}\right)^{1/n} - \left(\frac{1}{p_1}\right)^{1/n}\right] \tag{5-3}$$

2）作吸收冲击用时的容量计算

当蓄能器用于吸收冲击时，其容量的计算与管路布置、液体流态、阻尼及泄漏大小等因素有关，准确计算比较困难，一般按经验公式计算缓和最大冲击力时所需要的蓄能器最小容量，即

$$V_0 = \frac{0.004qp_1(0.0164L - t)}{p_1 - p_2} \tag{5-4}$$

式中 V_0——用于冲击的蓄能器最小容量(L);

q——换向阀关闭前管道中的液流量(L/min);

p_1——允许的最大冲击压力(MPa),一般取 $p_1 \approx 1.5p_2$;

p_2——阀口开、闭前管内压力(MPa);

L——发生冲击的管长,即压力油源到阀口的管道长度(m);

t——阀口由开到关的时间(s),突然关闭时取 $t=0$。

本式只适用于在数值上 $t<0.0164L$ 的情况下。

例题5.1 一气囊式蓄能器容量为2.5L,如系统的最高和最低压力分别为 60×10^5Pa 和 45×10^5Pa,试求蓄能器所能输出的体积。

解:取蓄能器充气压力 $p_0=0.8p_2$,即

$$p_0 = 0.8 \times 45 \times 10^5 = 36 \times 10^5 \text{Pa}$$

(1)当蓄能器慢速输出油时,$n=1$,根据式(5-3)可得蓄能器输出的体积为

$$\Delta V = 2.5 \times 36 \times 10^5 \times \left(\frac{1}{45 \times 10^5} - \frac{1}{60 \times 10^5}\right) = 0.5L$$

(2)当蓄能器快速输出油时,$n=1.4$,根据式(5-3)可得蓄能器输出的体积为

$$\Delta V = 2.5 \times (36 \times 10^5)^{\frac{1}{1.4}} \times \left[\left(\frac{1}{45 \times 10^5}\right)^{\frac{1}{1.4}} - \left(\frac{1}{60 \times 10^5}\right)^{\frac{1}{1.4}}\right] = 0.4L$$

5.1.5 蓄能器的使用和安装

蓄能器在液压回路中的安放位置随其功用的不同而不同,因此,具体使用和安装时应注意以下事项:

(1)充气式蓄能器应充惰性气体(如氮气),允许的最高充气压力视蓄能器的结构形式而定,如皮囊式蓄能器的充气压力是3.5 MPa~32 MPa。

(2)皮囊式蓄能器原则上应垂直安装(油口向下),只有在空间位置受限制时才考虑倾斜或水平安装。这是因为倾斜或水平安装时皮囊会受浮力影响而与壳体单边接触,妨碍其正常伸缩且加快其损坏。

(3)吸收冲击压力和脉动压力的蓄能器应尽可能装在振源附近。

(4)装在管路上的蓄能器必须用支持板或支架固定。

(5)蓄能器与管路系统之间应安装截止阀,以供充气或检修时使用。

(6)蓄能器与液压泵之间应安装单向阀,以防止液压泵停止工作时蓄能器内储存的压力油倒流。

5.2 油箱与热交换器

5.2.1 油箱

油箱是储存液压系统工作介质的容器。其应能散发系统工作中所产生的部分或全部

热量；分离混入工作介质中的气体，沉淀其中的污物；安放系统中的一些必备的附件等。因此，合理设计油箱和选用油箱附件，是正确发挥油箱功能的必要条件。

根据油箱的液面与大气是否相通，可分为开式和闭式油箱。目前，在机械加工设备和工程机械上一般都使用开式油箱。图5－4为一种开式油箱的结构示意图。

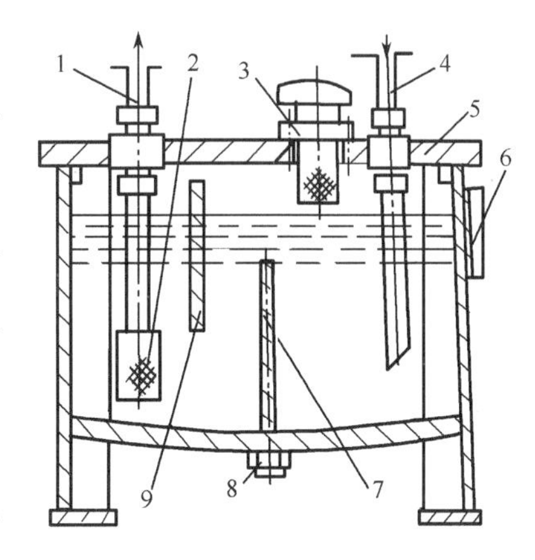

图5－4 开式油箱结构示意图
1—吸油管；2—网式过滤器；3—空气滤清器；4—回油管；5—顶盖；6—液面指示器；7、9—隔板；8—放油塞。

1. 油箱的结构及设计要点

(1)为了在相同的容量下得到最大的散热面积，油箱外形以立方体或六面体为宜。油箱一般用厚度为2.5mm～4mm的钢板焊成，顶盖要适当加厚并用螺钉通过焊在箱体上的角钢加以固定。顶盖可以是整体的也可分为几块。泵、电动机和阀的集成装置可直接固定在顶盖上，也可固定在安装板上，安装板与顶盖间应垫上橡胶板以缓和振动。油箱底角高度应在150mm以上，以便散热、搬移和放油。油箱要有吊耳，以便吊装和运输。大容量的油箱要采用骨架式结构，以增加刚度。

(2)泵的吸油管和系统的回油管应插入最低油面以下，以防卷吸空气和回油冲溅产生气泡。吸油口应采用容易将过滤器从油箱内取出的连接方式，过滤器的安装位置要在液面以下较深的部位，距油箱底面不得小于50mm。回油管需切成45°的斜口并面向箱壁插入最低油面以下，但离箱底要大于管径的2倍～3倍。

(3)吸油管和回油管之间需用隔板隔开，以增加循环距离和改善散热效果，隔板高度一般不低于油面高度的3/4。

(4)阀的泄油管口应在液面之上，以免产生背压；液压马达和液压泵的泄油管则应引入液面之下，以免吸入空气。

(5)空气滤清器的作用是使油箱与大气相通，保证泵的自吸能力，滤除空气中的灰尘杂物，并兼作注油口用。所以它一般布置在开式油箱的顶盖上靠近油箱边沿处。空气滤清器的容量可根据液压泵输出油量进行选择。

(6)为便于放油，箱底一般做成斜面，在最低处设放油口，装放油塞。

(7)换油时为便于清洗油箱，大容量的油箱一般在侧壁设清洗窗，其位置安排应便于吸油过滤器的装拆。

(8)为了能够观察油箱中的液面高度，必须设置液位计。为便于观察系统油温的情况，还应装温度计。

(9)箱壁应涂耐油防锈涂料，如果油箱用不锈钢板焊制时，可不必涂层。

2. 油箱容量的确定

油箱的有效容量(指油面高度为油箱高度的80%时，油箱所储存的容积)一般按液压系统泵的公称流量和散热要求确定。在初步设计时，可按下述经验公式确定：

$$V = kq_{\mathrm{p}} \tag{5-5}$$

式中　V——油箱的有效容量(L)；

q_p——液压泵的流量(L/min)；

k——经验系数,对低压系统:$k=2\sim4$,中压系统:$k=5\sim7$,高压系统:$k=6\sim12$。

另外,对功率较大且连续工作的液压系统,还应从散热角度考虑,计算系统的发热量或散热量,从热平衡角度计算出油箱的容积。

液压系统中,油液的工作温度一般希望控制在30℃～50℃范围内,最高不超过65℃,最低不低于15℃。如果液压系统靠自然冷却仍不能使油温控制在上述范围内时,就需要安装冷却器;如果环境温度太低,无法使液压泵启动或正常运转时,就需安装加热器。

5.2.2　热交换器

在液压系统中,热交换器包括冷却器和加热器。

在液压系统工作时,动力元件和执行元件的容积损失和机械损失,控制调节元件和管路的压力损失以及液体磨擦损失等消耗的能量几乎全部转化为热量。这些热量将使液压系统的油温升高。如果油液温度过高,将严重影响系统的正常工作。因此,需使用冷却器对油液进行降温。

液压系统工作前,如果油液温度低于10℃,油液黏度较大,使液压泵吸油困难。为保证系统正常工作,必须设置加热器以提高油液温度。

在液压试验设备中,用加热器和冷却器可一起进行油温的精确控制。

1. 冷却器

在液压传动系统中,根据冷却介质的不同,可将冷却器分为风冷式和水冷式两种。

1)水冷式冷却器

水冷式冷却器分为蛇形管式、多管式和板式等形式。在油箱中安放蛇形管式冷却器是最简单的方法。它制造容易、安装方便,但冷却效率低、耗水量大,故不常用。多管式冷却器由于采用强制对流的方式,散热效率高、结构紧凑,因此应用较普遍。

图5－5是一种强制对流管式冷却器示意图。油从左侧的油口c进入,从右侧b口流出,冷却水从右端盖4的孔d进入,经多根水管3的内部,从孔a流出,油从水管外部流过,油与水通过水管表面的热交换起到散热的作用。

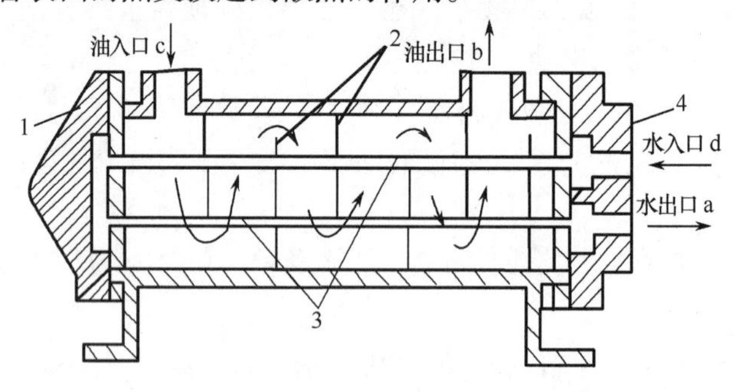

图5－5　强制对流管式水冷却器结构

1—左端盖;2—隔板;3—水管;4—右端盖。

2)风冷式冷却器

风冷式冷却器适用于缺水或不便用水的液压设备上,如在工程机械上已广泛应用。

冷却方式多采用风扇强制吹风冷却，也可采用自然风冷却。风冷式冷却器有管式、板式、翘管式和翅片式等形式。

图5－6所示是翅片式风冷却器，每两层油板之间设置波浪形的翅片板，因此可以大大提高传热系数。如果加上强制通风，冷却效果将更好。它的优点是散热效率高、结构紧凑、体积小。缺点是易堵塞、清洗困难。

一般情况下，风冷式冷却器的冷却效果较水冷式的差。冷却器的最高工作压力一般都在1.6MPa以下，使用时应安装在回油管路或低压管路（如溢流阀的溢流路）上，所造成的压力损失一般为0.01MPa～0.1MPa。

2. 加热器

加热器的作用是在低温启动时将油液温度升高到适当的值。油液加热的方法有热水或蒸汽加热和电加热两种方式。由于电加热使用方便，易于自动控制温度，故应用较广泛。

液压系统中一般常用结构简单的电加热器，其安装方式如图5－7所示，通过法兰将电加热器2固定在油箱1的侧壁上，其发热部分全部浸在油液内。电加热器表面功率不得超过$3W/cm^2$，以免油液局部温度过高而变质。为此，应设置连锁保护装置，在没有足够油液经过加热循环时，或者在加热元件没有被系统油液完全包围时，阻止加热器工作。

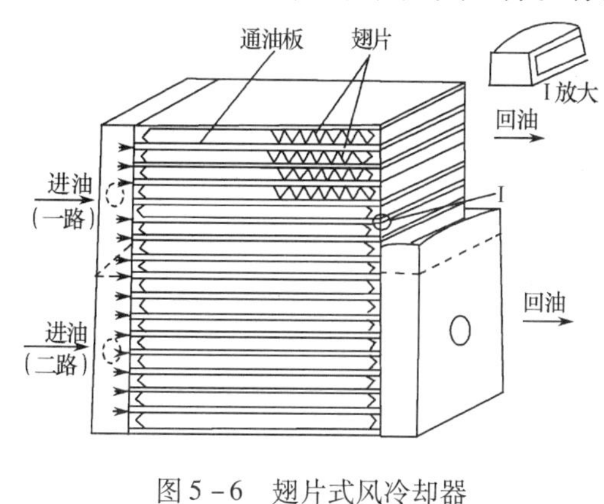

图5－6　翅片式风冷却器

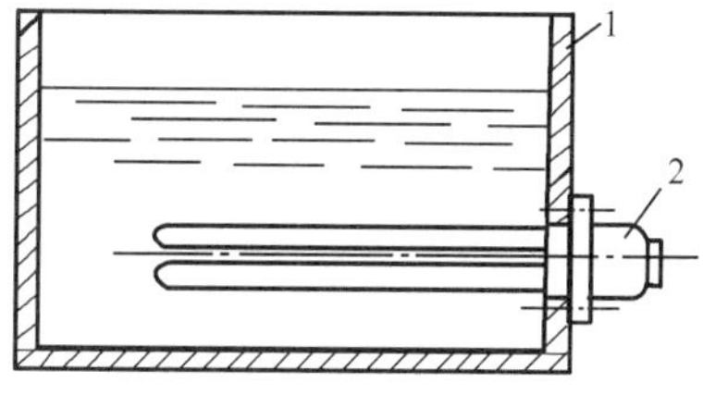

图5－7　电加热器安装示意图
1—油箱；2—电加热器。

5.3　密封与密封元件

5.3.1　密封的作用与要求

在液压系统中，密封的作用不仅是防止液压油的泄漏，而且要防止空气和尘埃浸入液压系统。液压油的泄漏分内泄和外泄两种。内泄指油液从高压腔向低压腔的泄漏，所泄漏的油液并没有对外做功，其压力能绝大部分转化为热能，使油温升高，油黏度降低，又进一步增加泄漏量，从而降低系统的容积效率，损耗功率。外泄是指油液泄漏于元件外部，污染周围物件和环境，外泄一般是不允许的。

液压系统对密封装置的要求如下：

（1）在一定压力、温度范围内具有良好的密封性能；

(2)不使相对运动表面产生过大的摩擦力,磨损小,磨损后能自动补偿;

(3)密封性能可靠,能抗腐蚀,不易老化,工作寿命长;

(4)结构简单,便于制造和拆装。

5.3.2 密封元件的种类及特点

1. 密封的分类

1)按工作状态的不同分类

按工作状态的不同,密封分为静密封和动密封两种。

(1)静密封:在正常工作时,无相对运动的零件配合表面之间的密封;

(2)动密封:在正常工作时,具有相对运动零件配合表面的密封。

2)按工作原理的不同分类

按工作原理的不同,密封又可分为间隙密封和密封件密封两种。

(1)间隙密封:利用运动件之间的微小间隙起密封作用,是最简单的一种密封形式,其密封的效果取决于间隙的大小和压力差、密封长度和零件表面质量,其中,以间隙大小及其均匀性对密封性能影响最大。所以这种密封对零件的几何形状和表面粗糙度有较高的要求。由于配合零件之间有间隙存在,所以摩擦力小、发热少、寿命长;由于不用任何密封材料,所以结构简单紧凑、尺寸小。间隙密封一般都用于动密封,如泵和液压马达的柱塞与柱塞孔之间的密封;配油盘与缸体之间的密封;阀体与阀芯之间的密封等。间隙密封的缺点是由于有间隙,因而不可能完全达到无泄漏,所以不能用于严禁外泄的地方。

(2)密封件密封:依靠在零件配合面之间装上密封元件,达到密封效果的密封。该密封原理是:在装配密封件时,它受到预紧力,在正常工作时又受到油压的作用力,因而发生弹性变形,在密封元件与配合零件之间存在弹性接触力,油液便不能泄漏或泄漏极少。该密封又称接触密封。它的优点是:随着压力的提高,密封性能增强;磨损后有一定的自动补偿能力。缺点是:密封件的材料性能要求高(如抗老化、耐腐蚀、耐热、耐寒、耐磨等)。

2. 密封元件

密封元件通常指各种橡胶密封圈和密封垫。

按密封元件的组成及断面的形状,可将密封元件分为O形密封圈、唇形密封圈、旋转轴密封圈、除尘密封圈和组合密封圈等。

1)O形密封圈

(1)工作原理及特点。O形密封圈的结构如图5-8所示,它的主要特征尺寸是公称外径D、公称内径d和断面直径d_0。

O形密封圈的作用原理如图5-9所示,选用断面直径为d_0的O形密封圈(图5-9(a))装入密封槽(图5-9(b))中,槽的深度为H,因$H<d_0$,故密封圈断面产生弹性变形,依靠在密封圈和金属表面间产生的弹性接触力实现密封(图5-9(c))。当油压作用于密封圈时,密封圈便产生更大的弹性变形(图5-9(d)),因而密封性能强。

O形密封圈的密封性能与其使用的压缩率$\varepsilon\left(=\dfrac{d_0-H}{d_0}\right)$有关,$\varepsilon$太小,密封性能差;$\varepsilon$

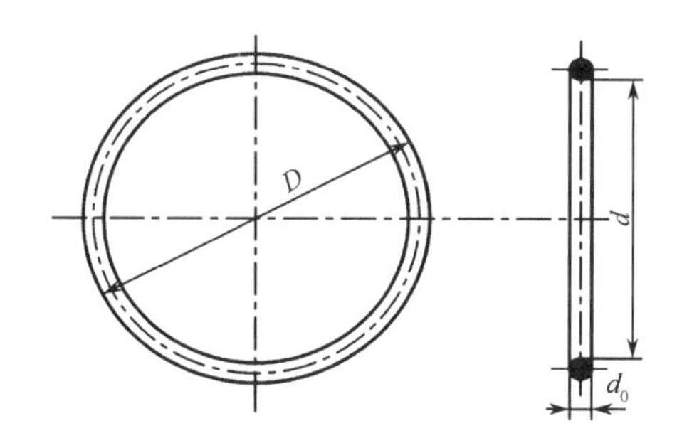

图 5-8　O 形密封圈的结构尺寸

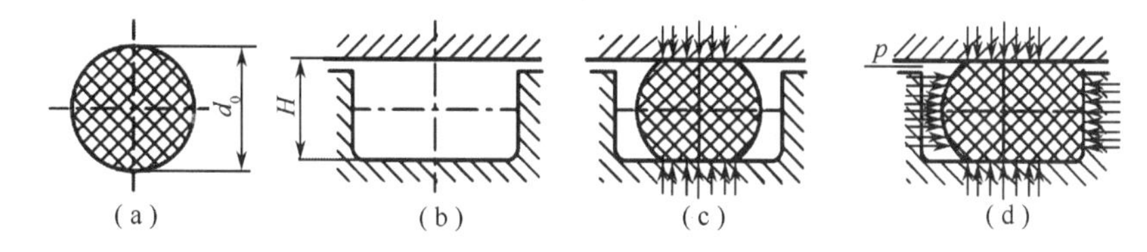

图 5-9　O 形密封圈的密封作用原理

过大,会使摩擦力太大,且因橡胶易产生过大的塑性变形而失去密封性能,一般静密封 $\varepsilon=15\% \sim 30\%$,动密封 $\varepsilon=10\% \sim 15\%$,旋转运动密封 $\varepsilon=5\% \sim 10\%$。

O 形密封圈的主要优点是结构简单紧凑、制造容易、成本低、拆卸方便、动摩擦阻力小、寿命长,因而其在一般液压设备中应用很普遍。缺点是橡胶材料的质量对 O 形密封圈的性能与寿命影响很大,作动密封时,静摩擦系数大,摩擦产生的热量不易散去,易引起橡胶老化,使密封失效。密封圈磨损后,补偿能力差,使压缩率减小,易失去密封作用。

O 形密封圈的使用压力与橡胶的硬度有关,低硬度 O 形密封圈的使用压力小于 7.84MPa,中硬度的小于 15.7MPa,高硬度的小于 31.4MPa。当使用压力过高时,密封圈的一部分可能被挤入间隙 C 中(图 5-10(a)),引起局部应力集中,以致密封圈被咬坏(图 5-10(b))。为此,应选硬度高的密封圈,被密封零件间的间隙也应小一些。一般而言,当压力超过 9.8MPa 时,应加挡圈。当单向受压时,在低压侧加挡圈(图 5-10(c));双向受压时,在两侧加挡圈(图 5-10(d))。挡圈材料常用聚四氟乙烯或尼龙 1010。

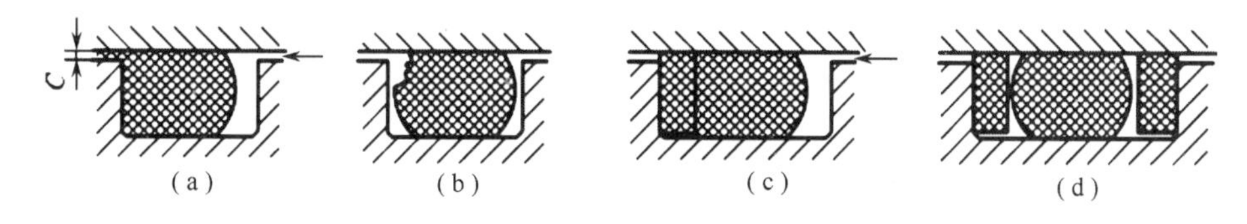

图 5-10　O 形密封圈的损坏情况及挡圈的作用

(2)O 形密封圈的密封形式。当 O 形密封圈用于动密封时,可采用内径密封(图 5-11中 A)和外径密封(图 5-11 中 B)两种形式;用于固定密封时,可采用端面密封(图 5-12(a))、角密封(图 5-11 中 C)、圆柱密封,而圆柱密封又分为内径密封(图 5-12(b))和外径密封(图 5-12(c))两种。

(3)O 形密封圈的安装沟槽。图 5-11 中的 A 为内径密封,取 O 形密封圈公称内径 d 为密封配合面的直径,零件的配合间隙按表 5-2 选取,沟槽的外径 D 等于 O 形密封圈的

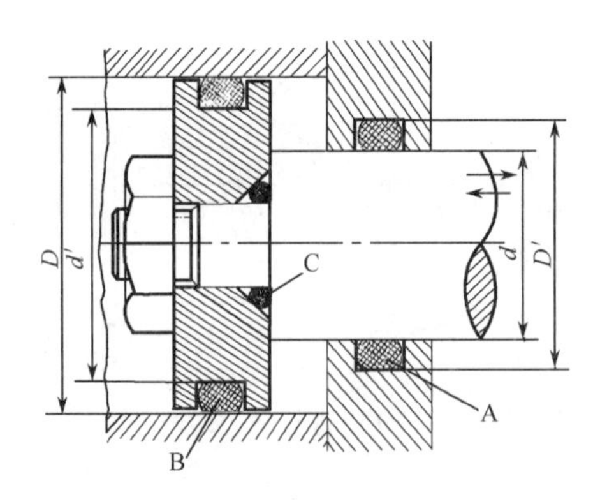

图 5-11　O 形圈用于动密封示意图

A—内径密封；B—外径密封；C—角密封（固定密封）。

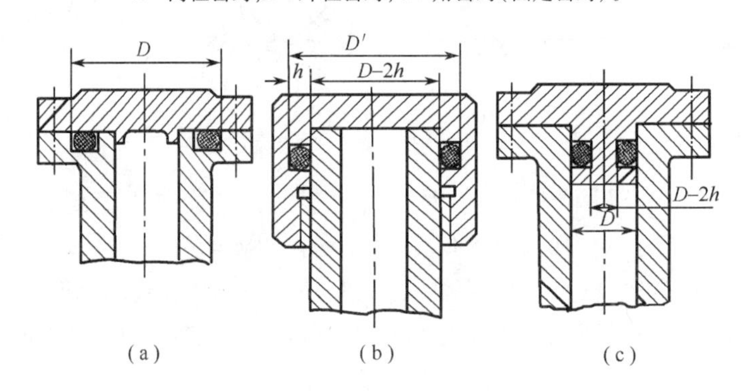

图 5-12　O 形密封圈用于固定密封示意图

(a)端面密封；(b)圆柱形内径密封；(c)圆柱形外径密封。

公称外径 D。图 5-11 中的 B 为外径密封情况，取 O 形密封圈的公称外径 D 等于密封面的直径，零件配合也按表 5-2 选取，沟槽的内径等于 O 形密封圈的公称内径。

图 5-12 为 O 形密封圈的固定密封，对于固定密封的 O 形密封圈沟槽可从 O 形密封圈标准中查取。

2）唇形密封圈

Y 形、小 Y 形、U 形、V 形等各种密封圈，均靠唇边密封，故统称唇形密封圈。安装时，唇口对着高压腔。油压很低时，主要靠唇边的弹性变形与被密封表面贴紧，随着油压的升高，贴紧程度增大，以致其实心部分也发生弹性变形从而提高了密封性能。这类密封的主要优点是密封可靠，稍有磨损可自行补偿。缺点是体积大，寿命不如 O 形密封圈长。这类密封圈通常都用于往复运动密封。

表 5-2　配合表面（孔与轴）的配合间隙

橡胶邵氏硬度 HS	60～70		70～80		80～90	
O 形密封圈断面直径 d_0/mm	1.9，3.1	(4.6)	1.9，3.1	(4.6)	1.9，3.1	(4.6)
密封面间隙 C/mm	2.4，3.5	8.6	2.4，3.5	8.6	2.4，3.5	8.6
工作压力/MPa		5.7		5.7		5.7

续表

橡胶邵氏硬度 HS	60 ~ 70		70 ~ 80		80 ~ 90	
0 ~ 2. 45	0. 14 ~ 0. 17	0. 20 ~ 0. 25	0. 18 ~ 0. 20	0. 22 ~ 0. 25	0. 20 ~ 0. 25	0. 22 ~ 0. 25
2. 45 ~ 7. 84	0. 08 ~ 0. 11	0. 01 ~ 0. 15	0. 01 ~ 0. 15	0. 13 ~ 0. 20	0. 14 ~ 0. 18	0. 20 ~ 0. 23
7. 84 ~ 15. 7			0. 06 ~ 0. 08	0. 08 ~ 0. 11	0. 08 ~ 0. 11	0. 10 ~ 0. 13
15. 7 ~ 31. 4					0. 04 ~ 0. 07	0. 07 ~ 0. 09

(1)Y 形密封圈　图 5 - 13 为 Y 形密封圈。该密封圈结构简单、摩擦阻力小,多用于液压缸的活塞密封中。该密封的缺点是当滑动速度高或压力变化大时,易翻转而损坏,因此当压力变化大或速度高时要加支承环,如图 5 - 14(b)、图 5 - 14(c)所示。

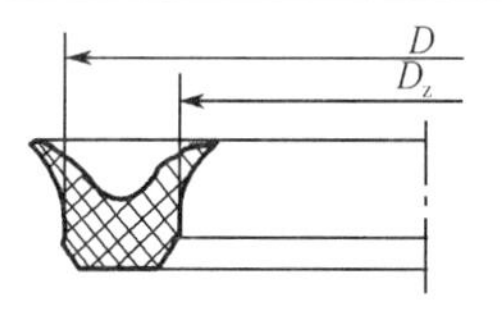

图 5 - 13　Y 形橡胶密封圈

(2)小 Y 形密封圈。图 5 - 15 为小 Y 形密封圈,它是一种断面的高宽比大于 2 的 Y 形圈,也称 Y_X 形密封圈,与 Y 形密封圈相比,由于增大了断面的高宽比而增加了支承面积,故工作时不易翻转。现用的小 Y 形密封圈分轴用和孔用两种(图 5 - 15),其安装情况见图 5 - 16。小 Y 形密封圈的材料有耐油橡胶和聚氨酯两种。可以代替 Y 形密封圈使用。

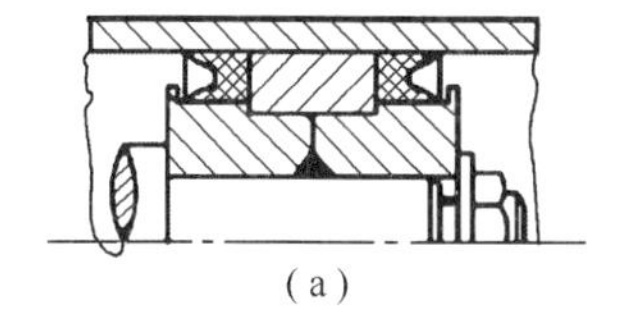

(a)

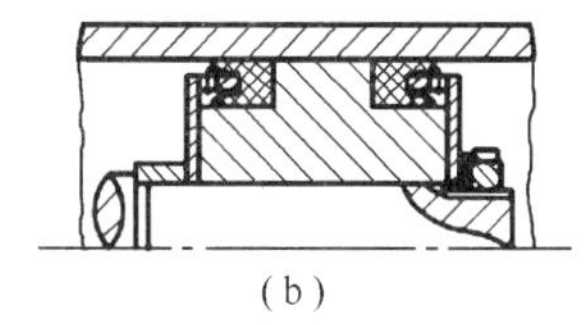

(b)

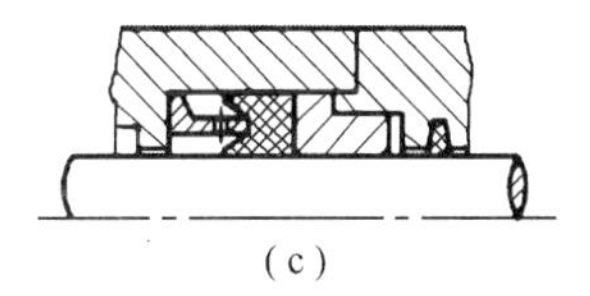

(c)

图 5 - 14　Y 形密封圈的安装

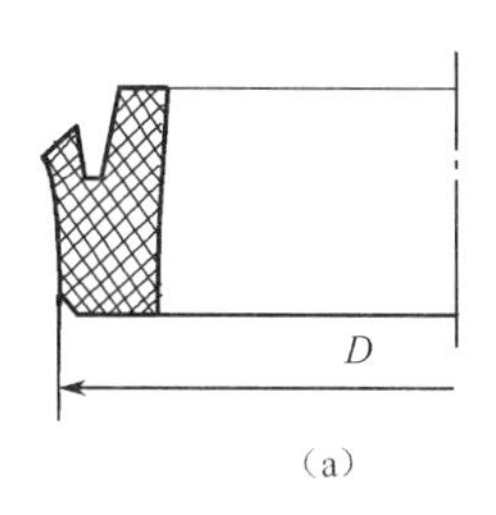

(a)

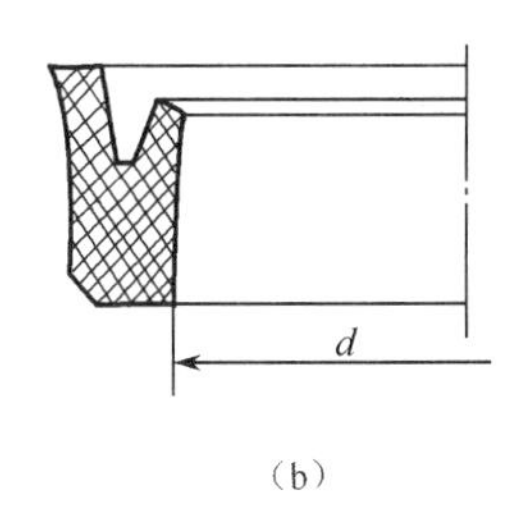

(b)

图 5 - 15　小 Y 形密封圈

(a)孔用小 Y 形密封圈;(b)轴用小 Y 形密封圈。

(3)U 形密封圈。图 5 - 17 为 U 形密封圈。U 形密封圈分为橡胶密封圈和 U 形夹织物橡胶密封圈两种。前者工作压力在 9. 8MPa 以下,后者由多层涂胶织物压制而成,工作

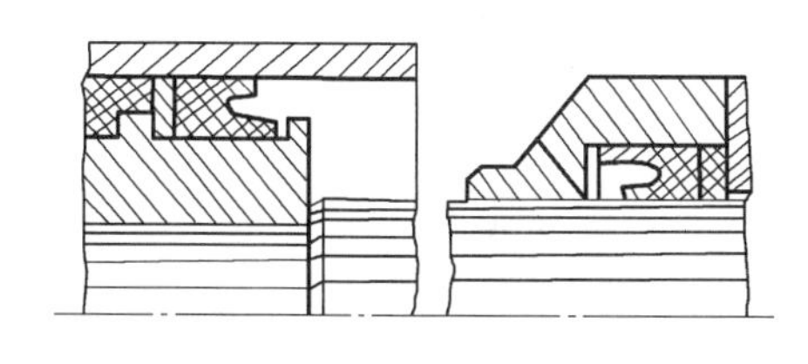

图 5 - 16　小 Y 形密封圈安装

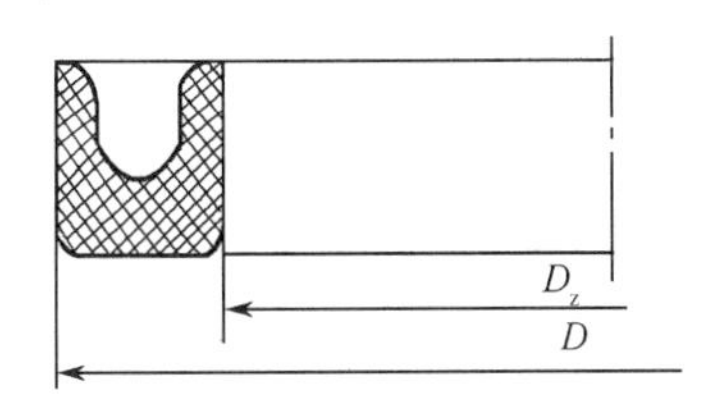

图 5 - 17　U 形夹织物橡胶密封圈

压力可达 31.4MPa。U 形密封圈只用于相对运动速度较低的情况，其磨损后自动补偿性能好，安装时需用支承环撑住(支承环的设置与 Y 形密封圈相同)。

(4)V 形夹织物橡胶密封圈。图 5－18 为 V 形夹织物橡胶密封圈，由多层涂胶织物压制而成的密封环、支承环和压环组成，密封环的数量视工作压力和密封直径的大小而定。这种密封圈分为 A 型和 B 型两种。A 型密封圈的轴向尺寸不可调；B 型密封圈的轴向尺寸应设计成可调的，密封圈磨损后，可拧进压紧螺钉将密封圈沿轴向压紧而径向张开。由于 B 型圈可调，故适用难于更换密封圈的场合。

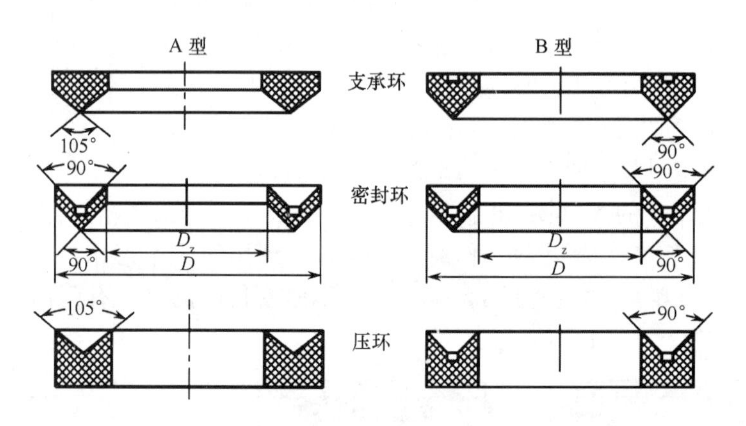

图 5－18　V 形夹织物橡胶密封圈

3)旋转轴用密封圈

旋转轴用密封圈是用以防止旋转轴的润滑油外漏的密封件，也称为油封，它一般由耐油橡胶制成，形状很多。图 5－19 是 J 形无骨架式油封，图 5－20 为骨架式油封。

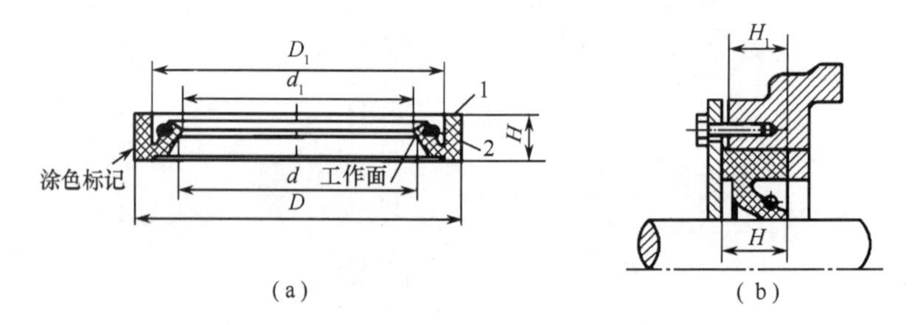

图 5－19　J 形无骨架式橡胶油封

(a)油封形状；(b)油封安装情况。

油封主要用于液压泵、液压马达和摆动缸等旋转轴的密封，防止润滑油从旋转部分泄漏，并防止泥土等杂物进入，起防尘圈的作用。油封一般用于旋转轴线速度不大于 5m/s～12m/s，压力不大于 0.2MPa 的情况。

这些密封圈的材料都为耐油橡胶，安装时，应使其唇边在压力油作用下贴紧在轴上。

4)防尘圈

防尘圈用以防止尘土进入液压件内部。在灰尘较多的环境中工作的液压缸，其活塞杆和缸盖之间除装密封圈外，一般还要装防尘圈，防尘圈的形式较多，分为骨架式和无骨

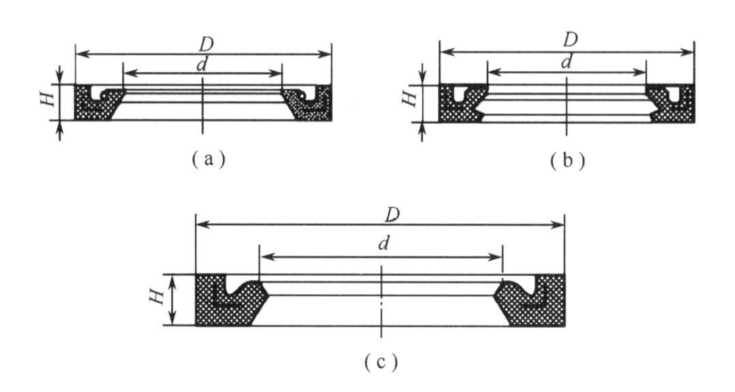

图 5－20　骨架式油封

架式两种。图 5－21 为骨架式防尘圈,图中 1 为防尘圈,2 为与 1 结合在一起的骨架,用以增强防尘圈的强度和刚度。

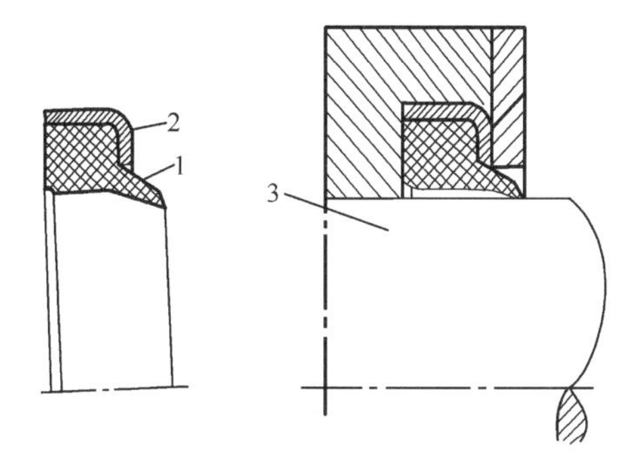

图 5－21　骨架式防尘圈

1—防尘圈;2—骨架;3—活塞杆。

5)组合密封垫圈

如图 5－22 所示,组合密封垫圈是由金属环 2 和橡胶环 1 胶合而成。其优点是:密封性能好,连接时压紧力小,承受的压力高,不需开设密封沟槽。一般用于管接头与液压元件连接处的密封,如图 5－23 所示。当安装后,外圆金属环起支承作用,内圆橡胶环被压紧后起密封作用。适用于工作压力小于或等于 40MPa,温度在－20℃ ~ +80℃情况下的静密封。要求密封面的粗糙度:$R_a \leqslant 6.3\mu m \sim 1.6\mu m$,$R_z \leqslant 2.5\mu m \sim 6.3\mu m$。

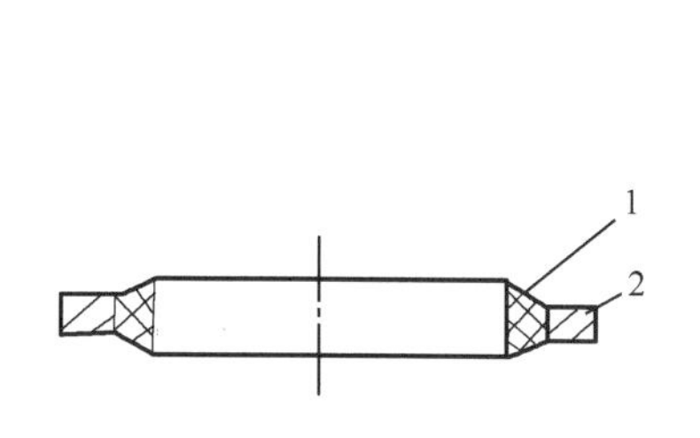

图 5－22　组合密封垫圈

1—橡胶环;2—金属环。

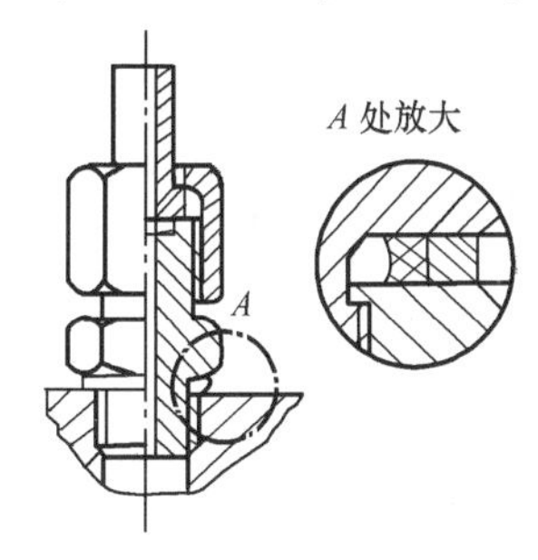

图 5－23　组合密封垫圈安装示意图

5.4 管 件

管件包括油管、管接头和法兰等。油管的作用是保证液压系统工作液体的循环和能量的传输；管接头用以把油管与油管或油管与元件连接起来而构成管路系统。油管和接头应有足够的强度、良好的密封、较小的压力损失，并便于拆卸和安装。

5.4.1 油管

1. 油管的种类

在液压传动系统中，油管主要采用冷拔无缝钢管、耐油橡胶软管，有时也用一些紫铜管和尼龙管。油管材料的选择依据是液压系统各部位的工作压力、工作要求和部件间的位置关系等。下面分别介绍各种材料的油管特性及适用范围。

(1)无缝钢管。其耐油性、抗腐蚀性较好，耐高压、变形小，装配时不易弯曲，装配后能长久保持原形，在中高压液压系统中得到广泛应用。无缝钢管有冷拔和热轧两种。冷拔管的外径尺寸精确、质地均匀、强度高。一般多选用10号、15号冷拔无缝钢管。吸油管和回油管等低压管路允许采用有缝钢管。

(2)橡胶软管。可用于有相对运动的部件的连接，能吸收液压系统的冲击和振动，装配方便，但制造困难，寿命短、成本高，固定连接时一般不采用。橡胶软管用夹有钢丝的耐油橡胶制成，钢丝有交叉编织和缠绕两种，一般有两三层。钢丝层数越多，耐压力越高。钢丝编织胶管的尺寸及工作压力见表5-3。

(3)紫铜管。这种管容易弯曲成所需的形状，安装方便，且管壁光滑，摩擦阻力小，但耐压力低，抗振能力弱，只适用于中低压油路。

(4)尼龙管。能够替代部分紫铜管，价格低廉，弯曲方便，但寿命短。

2. 油管的内径和强度

1)油管的内径

选用油管内径时，通常是先确定管中油的流动速度，再根据流速来计算油管内径，若内径过小，则油液流经管路时压力损失增加，造成油温升高，甚至产生振动和噪声；若内径过大，不易弯曲和安装，而且管路布置所需空间增大，机器质量增加。因此，要合理选用油管内径。

由公式 $q=\frac{\pi}{4}d^2v$ 可得油管内径计算公式为

$$d = 1.128\sqrt{\frac{q}{v}} \tag{5-6}$$

式中 d——油管内径(mm)；

q——通过油管的流量(m^3/s)；

v——油在管内的允许流动速度(m/s)。

推荐允许流动速度 v 值如下：压力油管为 $v=2.5$m/s~6m/s；吸油管为 $v=0.5$m/s~1.5m/s；回油管为 $v=1.5$m/s~2.5m/s；橡胶软管中的流速不能超过3m/s~5m/s。

计算出来的内径应先圆整为标准值，然后按表5-3(对橡胶软管)或表5-4(对钢管）推荐的数值选取。

表5－3 钢丝编织胶管的尺寸及工作压力

内径/mm	一层钢丝编织层			二层钢丝编织层			三层钢丝编织层		
	外径/mm	工作压力/MPa	最小弯曲半径/mm	外径/mm	工作压力/MPa	最小弯曲半径/mm	外径/mm	工作压力/MPa	最小弯曲半径/mm
4	13	19.6	90						
6	15	17.64	100	17	27.44	120	19	39.2	140
8	17	16.66	110	19	24.5	140	21	32.34	160
10	19	14.7	130	21	22.34	160	23	27.44	180
13	23	13.72	190	25	21.78	190	27	24.5	240
16	26	10.78	220	28	16.66	240	30	20.58	300
19	29	9.8	260	31	14.7	300	33	17.64	330
22	32	8.82	320	34	12.74	350	36	15.68	380
25	36	7.84	350	37.5	10.78.	380	39	13.72	400
32	43.5	5.88	420	45	8.82	450	47	10.78	450
38	49.5	4.9	500	51	7.84	500	53	9.8	500
45				58	7.84	550	60	8.62	550
51				64	5.88	600	66	7.84	600

表5－4 钢管外径、壁厚、接头连接螺纹及推荐流量

公称直径 D/mm	管子外径/mm	接头连接螺纹/mm	管子壁厚/mm					推荐管路通过流量/(L/min)
			公称压力/MPa					
			≤2.5	≤8	≤16	≤25	≤32	
3	6		1	1	1	1	1.4	0.63
4	8		1	1	1	1.4	1.4	2.5
5，6	10	M10×1	1	1	1	1.6	1.6	6.3
8	14	M14×1.5	1	1	1.6	2	2	25
10，12	18	M18×1.5	1	1.6	1.6	2	2.5	40
15	22	M22×1.5	1.6	1.6	2	2.5	3	63
20	28	M27×2	1.6	2	2.5	3.5	4	100
25	34	M33×2	2	2	3	4.5	5	160
32	42	M42×2	2	2.5	4	5	6	250
40	50	M48×2	2.5	3	4.5	5.5	7	400
50	63	M60×2	3	3.5	5	6.5	8.5	630
65	75		3.5	4	6	8	10	1000
80	90		4	5	7	10	12	1250
100	120		5	6	8.5			2500

2）金属油管的壁厚

油管壁厚应满足强度要求。油管内径按式（5－6）算出后，再按受拉伸薄壁圆筒公式

计算壁厚，即

$$\delta = \frac{pd}{2[\sigma]} \tag{5-7}$$

式中 δ——油管壁厚（mm）；

p——管内油液的最大工作压力（MPa）；

d——油管内径（mm）；

$[\sigma]$——许用拉伸应力（MPa）。

对于钢管，$[\sigma]=\sigma_b/n$（σ_b 为拉伸强度，n 为安全系数，$p<7$MPa 时，$n=8$；$p<17$MPa 时，$n=6$；$p>17$MPa 时，$n=4$）；铜管取 $[\sigma]\leqslant 25$MPa。

3. 油管的安装

油管的安装质量直接影响液压系统的工作效果，如果安装不好，不仅会增加压力损失，而且可能使整个系统产生振动、噪声等问题，还会给维护和检修工作造成很大困难。因此，必须重视油管及管件的安装。液压系统管路分为高压、低压、吸油和回油等管路，安装要求各不相同，为了便于检修，最好涂色加以区别。安装油管时，应根据设计要求正确选择管件和管材，并应注意以下几点：

（1）管路应尽量短，布管整齐、转弯少，避免过大的弯曲，并要保证管路必要的伸缩变形。油管悬伸太长时要有支架。在布置活接头时，应保证装拆方便。系统中主要管道或辅件应能单独装拆，而不影响其他元件。

（2）管路最好平行布置、少交叉，平行或交叉的油管之间至少应有 10mm 的间隙，以防接触和振动。

（3）管路安装前要清洗。一般用 20% 的硫酸或盐酸进行清洗，清洗后用 10% 苏打水中和，再用温水洗净，并进行干燥、涂油，必要时做预压力试验，确认合格后再进行安装。

软管的安装还应注意以下几点：

（1）弯曲半径应不小于表 5-3 规定的最小值。当小于这些数值时，其耐压力迅速下降，如果结构要求必须采用小的弯曲半径，则应选择耐压性能较好的胶管。

（2）在安装和工作时，不允许有扭转（拧扭）现象。

（3）软管在直线情况下使用时，不能使胶管接头之间受拉伸，要考虑长度上有些余量，使它比较松驰，因为胶管在充压时长度一般有 -2% ~4% 的变化。

（4）胶管不能靠近热源，不得已时要安装隔热板。

图 5-24 是软管安装时常见到的几种情况，图中 3、6、7、8、10、12、14 是正确的安装；1、4、9、11、13、15 是不正确的安装；2、5 为使用异径接头的简化安装。

5.4.2 管接头

管接头是油管与油管、油管与液压元件的连接件。当前常采用的管接头形式有卡套式、焊接式、扩口式及钢丝编织胶管接头，下面分别介绍上述几种管接头的结构和特点。

1. 卡套式管接头

图 5-25 为卡套式管接头的结构。图 5-26 为卡套式管接头的工作原理，它由接头体 1、卡套 4 和螺母 3 这三个基本零件组成，卡套 4 左端内圆带有刃口，两端外圆均带有锥面。装配时，首先将被连接的管子 2 垂直切断，先将螺母 3 和卡套套在管子上，然后将管

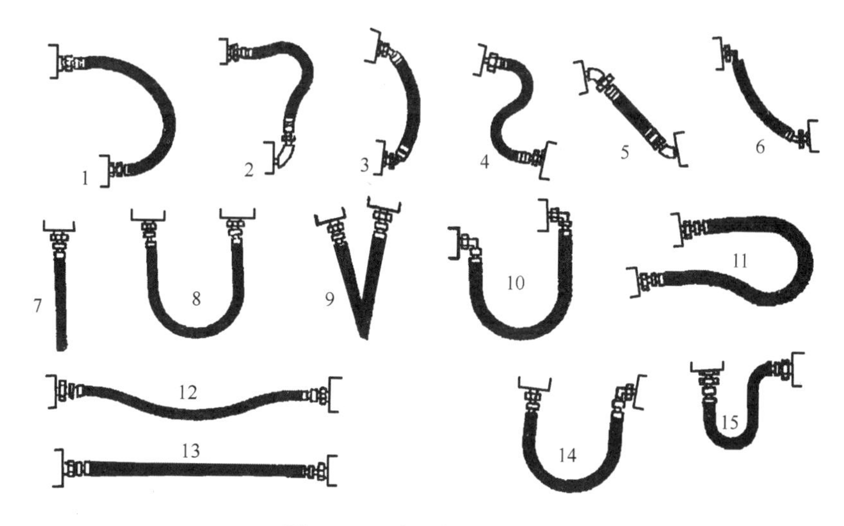

图 5－24　高压软管的安装

子插入接头体 1 的内孔，卡套卡进接头体内锥孔与管子之间的空隙内，再将螺母旋在接头体上，使其内锥面与卡套的外锥面靠紧。将管子与接头体止推面 a 靠紧后旋紧螺母使卡套作轴向移动时，卡套的刃口端 b 径向收缩并切入管子，其外圆同时与接头体、内锥面 c 靠紧形成良好的密封。装好的管接头卡套中部稍有拱形凸起，尾部（右端）径向收缩抱住管子。卡套因中部拱起具有一定弹性，有利于密封和防止螺母松动。

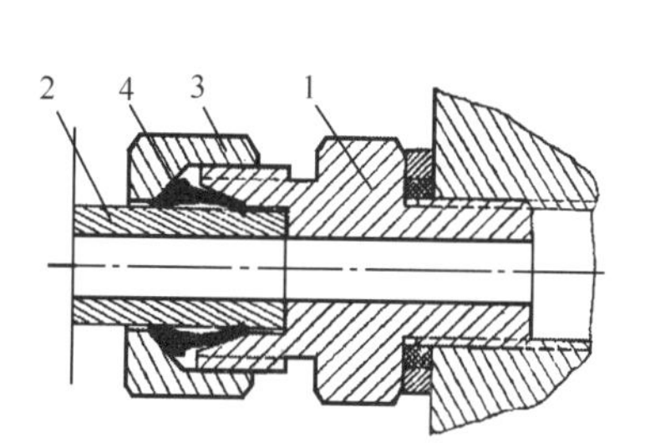

图 5－25　卡套式管接头结构

1—接头体；2—管子；3—螺母；4—卡套。

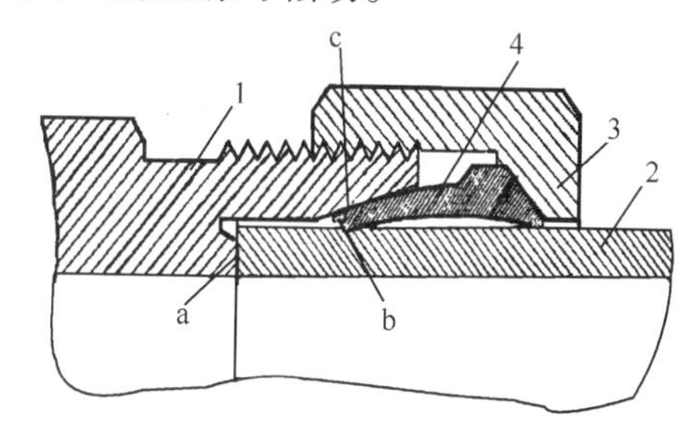

图 5－26　卡套式管接头工作原理

1—接头体；2—管子；3—螺母；4—卡套。
a—管子与接头体止推面；b—卡套刃口端。

卡套式管接头有许多种接头体，图 5－25 只是其中一种，使用时可查阅卡套式管接头的有关标准。该种接头的特点是拆装方便，能承受大的冲击和振动，使用寿命长，但对卡套的制造质量和钢管外径尺寸精度要求较高。

2. 焊接式管接头

焊接式管接头结构如图 5－27 所示，在油管端部焊接上一个接管 2，把螺母 3 套在接管 2 上，靠旋紧螺母 3 把接管 2 与接头体 1 连接起来。接头体 1 的另一端可与另一油管或元件连接。接管 2 与接头体 1 结合处加 O 形密封圈 4 或其他密封垫圈以防漏油，也可采用如图 5－28（a）所示球面压紧或图 5－28（b）所示加金属垫圈的方法来密封。球面压紧密封加工精度要求高，使用压力较低。当与元件连接时，接头体 1 与元件连接的一端可以做成圆柱螺纹（图 5－27）或圆锥螺纹（图 5－28）。圆柱螺纹加工容易，但密封性能差，必须加组合垫圈 5（图 5－27）以防漏油。

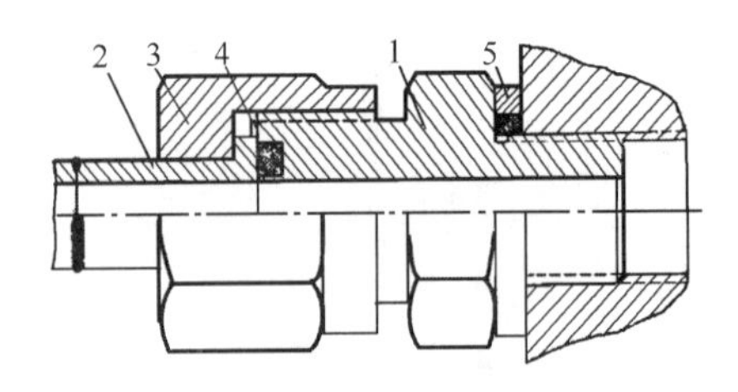

图 5-27 焊接管接头

1—接头体;2—接管;3—螺母;4—O 形密封圈;5—组合垫圈。

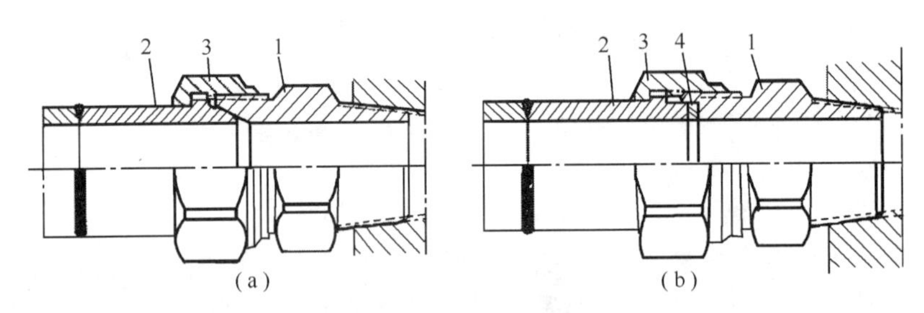

图 5-28 圆锥螺纹联结

(a)球面压紧;(b)加金属密封垫圈。

1—接头体;2—接管;3—螺母;4—密封垫圈。

焊接管接头制造工艺简单、工作可靠、拆装方便,对被连接的油管尺寸精度要求不高,工作压力较高,是目前常用的一种连接形式。其缺点是对焊接质量要求较高,O 形橡胶密封圈易老化、损坏,影响密封性能。

3. 扩口式管接头

扩口式管接头结构如图 5-29 所示。这种管接头适用于壁厚不大于 1.5mm 的钢管、铜管和尼龙管连接,工作压力较低,多用于低压液压系统。扩口式管接头分为 A 型、B 型两种,都由接头体 2、螺母 3、密封垫圈 1、导套 4 等组成。使用时,先将油管做成喇叭口,A 型接头靠螺母 3 通过导套 4 将油管压紧在接头体上;B 型接头是靠螺母 3 的内锥面直接将油管压紧在接头体上。

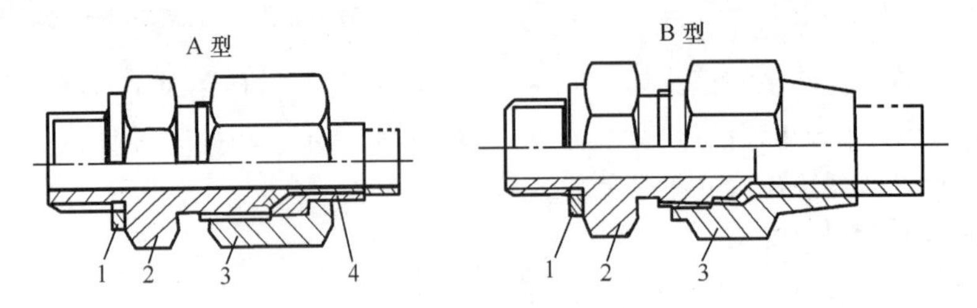

图 5-29 扩口式管接头

1—密封垫圈;2—接头体;3—螺母;4—导套。

4. 中心回转接头

有些机械设备,如全液压挖掘机和汽车起重机等,需要把装在回转平台上的液压泵的压力油输往固定不动的(相对于回转平台)下部行走机构,或者把装在底盘上的液压泵的压力油输往装于回转平台上的工作机构。这时可采用中心回转接头。

图5-30是中心回转接头结构示意图，由旋转芯子1、外壳2和密封件3构成。旋转芯子与回转平台固连，跟随回转平台回转；外壳与底盘连接，相对于回转平台固定。上部油管安装在旋转芯子上端的小孔上，这些小孔经过轴线方向的内孔和径向孔与外壳上的径向孔相通，而外壳上的径向孔与下部油管相连。为了使旋转芯子在回转时，其上的油孔仍能保持与外壳上的相应油孔相通，在外壳的内圆柱面上与径向小孔相对应处，各开有环形油槽A，这些油槽保证了外壳与旋转芯子上的对应油孔始终相通。

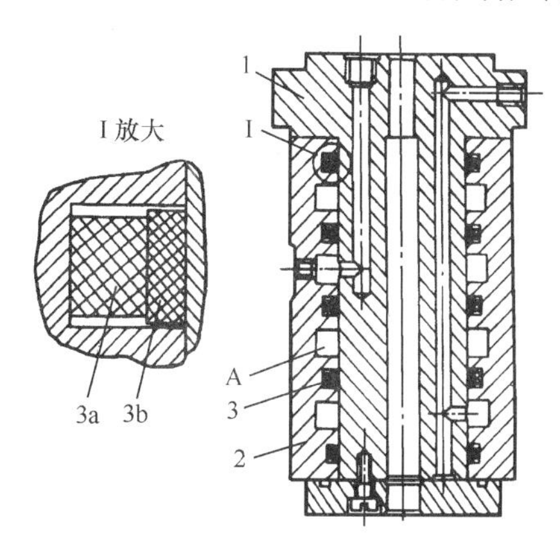

图5-30　中心回转接头示意图

1—旋转芯子；2—外壳；3—密封件。

有些结构采用外壳与回转平台固连，芯子与底盘固连，此时沟槽开在芯子上较合适。沟槽开在芯子上加工容易，外形尺寸小，装配也方便。

为了防止各条油路之间的内漏和外漏，在各环形油槽之间还开有环形密封槽装以密封件3，密封件可以采用方形橡胶圈和尼龙环（图中3a、3b），也可用O形密封圈（当压力较低时）或其他的密封件。

5. 快速接头

当管路的某一处需经常接通和断开时，可以采用快速接头。图5-31是快速接头的结构示意图。图中各零件的位置为油路接通时的位置，外套8把钢球7压入槽底使接管9和连接件3连接起来，锥阀2和5互相挤紧使油路接通。

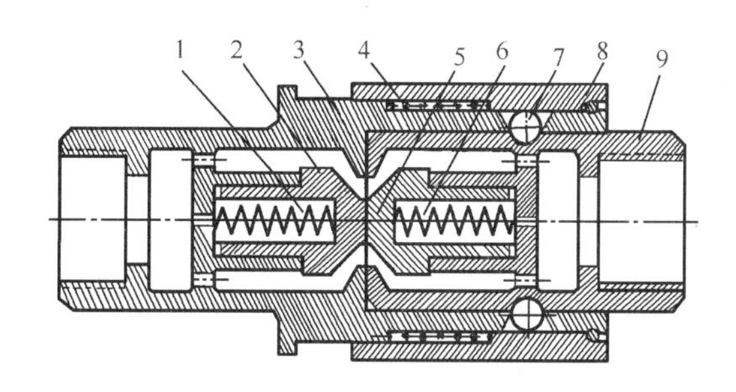

图5-31　快速接头结构示意图

1、4、6—弹簧；2、5—锥阀；3—连接件；7—钢球；8—外套；9—接管。

当需要断开油路时，可用力把外套8向左推，同时拉出接管9，油路即可断开。此时，弹簧4使外套8回位，锥阀2和5分别在各自的弹簧1和6的作用下外伸，顶在连接件3和接管9的阀座上而关闭油路，使两边管中的油都不会流出。

当需要接通油路时，仍用力把外套向左一推，同进插入接管9，此时锥阀2和5互相挤紧而压缩各自的弹簧1和6，并缩入图示位置，离开了阀座，使油路接通。

6. 胶管接头

钢丝编织胶管接头分扣压式和可拆式两种，其结构如图5-32所示。两类胶管分为A型、B型、C型，分别用以与焊接式、卡套式和扩口式管接头的接头体连接使用。

扣压式胶管接头由螺母1、接头芯2和外套3组成。装配前，外套外圆无台肩，直径为D；装配时，剥去胶管端部外层胶，然后装上接头芯（带螺母1与外套，再滚压与胶管套装部分的外套外圆，使其直径收缩点为D'）。

可拆式胶管接头由螺母1、钢丝2、接头芯3以及外套4组成。接头芯尾部外圆为锥形，剥去胶管外层胶，装在接头芯和外套之间，拧紧接头芯。

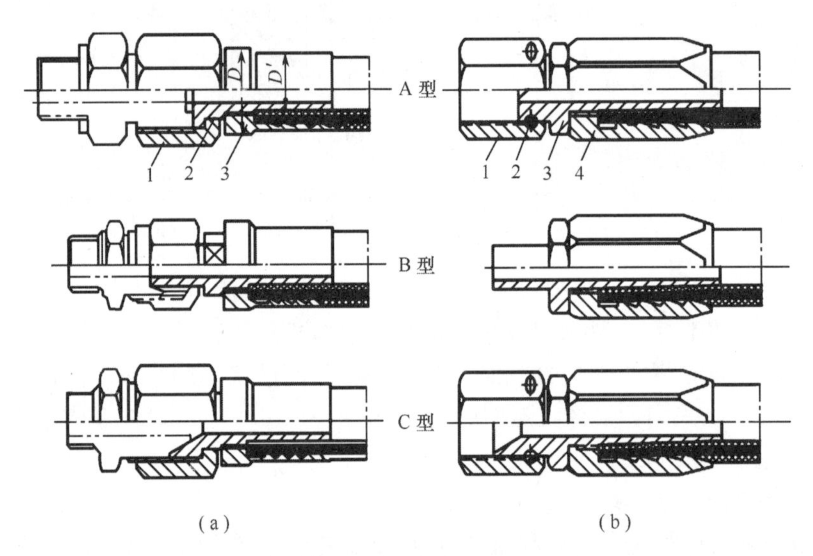

图5-32 钢丝编织胶管接头

(a)扣压式胶管接头；(b)可拆式胶管接头。

1—螺母；2—接头芯；3—外套；4—钢丝。

5.5 过滤器

5.5.1 过滤器的作用与过滤精度

保持液压油的清洁是保障液压系统能正常工作的重要条件。外界尘埃、脏物、装配时元件内的残留物（沙子、铁屑、氧化皮）及油液变质析出物的混入，会使元件相对运动的表面加速磨损、划伤甚至卡死或者堵塞细小通道（如阻尼孔），影响工作稳定性，使控制元件失灵。因此，对工作液体进行过滤是十分必要的，这一任务由过滤器来完成。大部分液压系统对油的要求不是以油中含杂质的数量为依据，而是以油中所含杂质的最大粒度（杂

质的直径 d)为依据,过滤器所能滤除杂质粒度的公称尺寸 d(以微米表示)的大小,称过滤精度。液压元件对油中杂质敏感程度高的要求过滤精度高,不同的液压系统对油的过滤精度要求不同,系统压力不同时过滤精度要求也不同。

过滤器按过滤精度可分为粗过滤器($d \geqslant 100\mu m$)、普通过滤器($d = 10\mu m \sim 100\mu m$)、精过滤器($d = 5\mu m \sim 10\mu m$)和特精过滤器($d = 1\mu m \sim 5\mu m$)。

5.5.2 过滤器的结构及其特点

1. 过滤器的结构

1)网式过滤器

网式过滤器是靠方格式的金属网滤除油中杂质的,根据用途不同分为吸油管路用过滤器和压力管路用过滤器。图 5-33 为一种网式过滤器的结构,它由上盖 1、铜网 2、骨架 3 和下盖 4 组成,开有方格孔眼的铜网 2 是包在四周开有圆形窗口的金属或塑料圆筒 3 上的。这种过滤器的过滤精度与网孔大小、铜网层数有关,有 80μm、100μm 和 180μm 三个等级,其压力损失一般小于 0.01MPa。

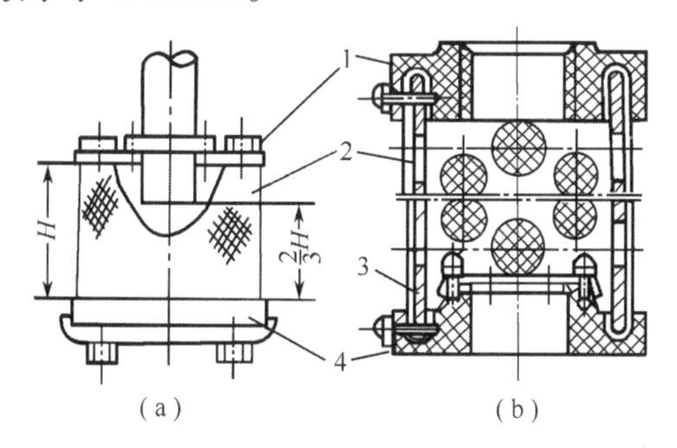

图 5-33 网式过滤器
1—上盖;2—铜丝网;3—骨架;4—下盖。

网式过滤器结构简单、清洗方便、通油能力大,但过滤精度低。因此,通常安装在液压泵的吸油口,以防止较大的杂质颗粒进入泵内。

2)线隙式过滤器

线隙式过滤器是靠金属丝之间的缝隙过滤油液中杂质的一种滤油器。图 5-34 所示为一种带有壳体的线隙式过滤器,它由端盖 1、壳体 2、带有孔眼的筒形芯架 3 和绕在芯架外部的铜线或铝线 4 组成。由于具有壳体 2,所以可用于低中压系统的压力管路。这种过滤器工作时,油液从 a 口进入过滤器内,经线间的缝隙进入滤芯 3 中部,然后从 b 口流出。

线隙式过滤器有 30μm、50μm 和 80μm 三种精度等级,在额定流量下,压力损失为 0.03MPa~0.06MPa。所以当装在液压泵的吸油管路上时,过滤器的流量规格应选得比液压泵大。线隙式过滤器的优点是结构简单,通油能力大,过滤精度较高;缺点是过滤材料强度较低,杂质不易清洗。

3)纸芯式过滤器

纸芯式过滤器与线隙式过滤器的结构基本相同,差别只在于用纸芯代替了线隙式滤芯。纸芯由厚为 0.35mm~0.7mm 的平纹或皱纹的酚醛树脂或木浆微孔滤纸组成。为了增大滤芯强度，滤芯一般分为三层，外层采用粗眼钢板网，中层为纸质滤芯，里层由金属丝网与滤纸折叠在一起。为了提高滤芯强度，有的滤芯中央还装有支撑弹簧。

纸芯式过滤器的过滤精度通常有 10μm 和 20μm 两种规格，压力损失为 0.01MPa ~ 0.04MPa。

图 5-35 所示是 Zu 型纸芯式过滤器。液压油从进油口 a 流入过滤器的滤头 2，在壳体 3 内自外向内穿过滤芯 4 而被过滤，然后从出油口 b 流出，滤芯由拉杆 5 和螺母 6 固定，过滤器工作时，杂质逐渐积聚在滤芯上，滤芯压差逐渐增大。为了避免将滤芯破坏，防止未经过滤的油液进入液压系统，设置了堵塞状态的发信装置 1，当压差超过 0.3MPa 时，发信装置发出信号。

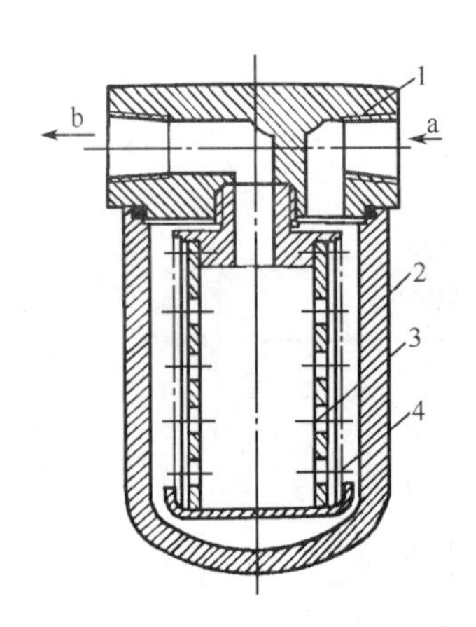

图 5-34　XU 型线隙式过滤器

1—端盖；2—壳体；3—芯架；4—铝线。

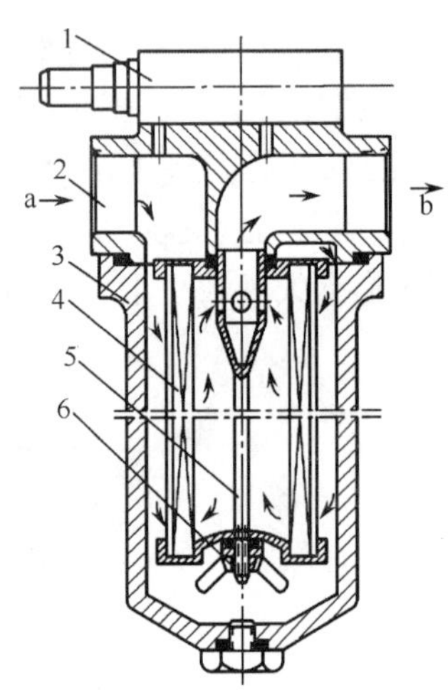

图 5-35　Zu 型纸质滤油器

由于纸芯式过滤器具有较高的过滤精度和较好的通油能力，但堵塞后无法清洗，必须更换纸芯。一般用于油液需要精过滤的场合。

4）烧结式过滤器

烧结式过滤器的结构形式较多，图 5-36 所示是 Su 型金属烧结式过滤器。它由端盖 1、壳体 2 和烧结式青铜滤芯 3 组合而成，油液从 A 口进入从 B 口流出。其滤芯是由球状青铜颗粒用粉末冶金烧结工艺高温烧结而成，它利用铜颗粒之间的微孔滤去油液中的杂质。目前常用的过滤精度一般为 10μm ~ 100μm，压力损失一般为 0.03MPa ~ 0.2MPa。

烧结式过滤器的主要特点是：强度大、性能稳定、耐高温，承受热应力和冲击性能好，过滤精度高，制造简单。缺点是：易堵塞、难清洗，使用中烧结颗粒易脱落。

5）磁性过滤器

磁性过滤器是利用磁化原理滤去油液中铁屑、铸铁粉末等铁磁性物质的一种过滤器。但一般结构的磁性过滤器对其他污染物不起作用，因此磁性滤芯可以与其他过滤材料（如滤纸、铜网）组成组合滤芯，以便同时进行两种方式的过滤。

2. 过滤器堵塞发信装置

为了便于观察过滤器在工作中的过滤性能，及时发现问题，保证过滤器能正常工作，有些过滤器上装有堵塞发信装置。

过滤器堵塞发信装置与过滤器并联，图 5－37 为纸芯式过滤器堵塞发信装置的结构图。

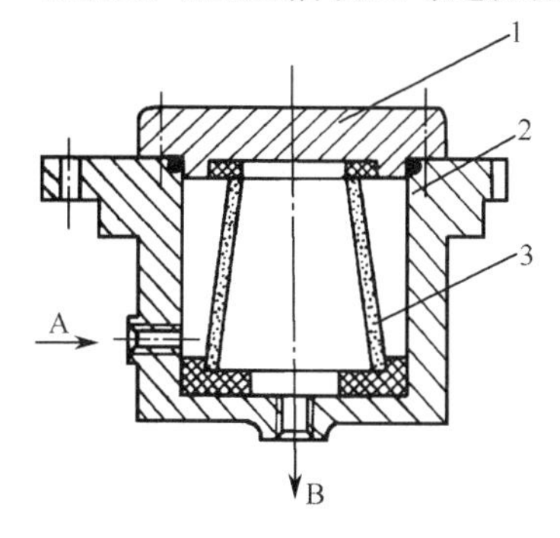

图 5－36 Su 型金属烧结过滤器
1—端盖；2—壳体；3—滤芯。

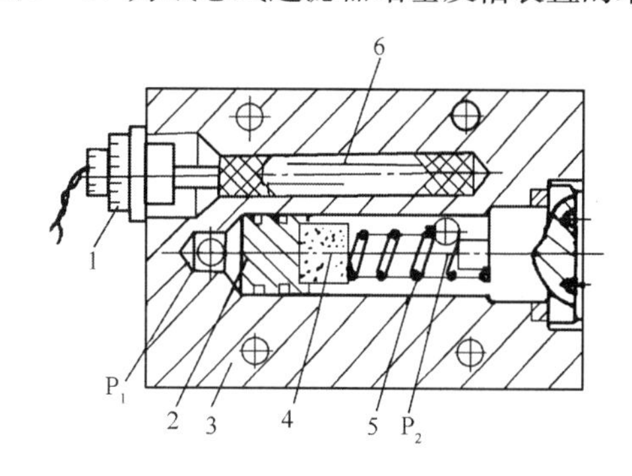

图 5－37 过滤器堵塞状态发信装置结构
1—接线柱；2—活塞；3—阀体；4—永久磁铁；5—弹簧；6—干簧管。

图中 P_1 口与过滤器进油口相通，P_2 口与过滤器出油口相通。其工作原理是：当过滤器工作时，油液中的杂质逐渐积聚在滤芯上，使得通流面积逐渐减小，通流阻力逐渐上升，因而过滤器前面的压力将增大。该压力作用在活塞 2 上，当此压力大于弹簧 5 的张力时，活塞推动永久磁铁 4 向右移动，当磁铁 4 移到一定位置时，干簧管 6 受磁性作用吸合触点接通电路，使接线柱 1 连接的电路报警，提醒操作人员更换滤芯。电路上若增设延时继电器，还可在发信一定时间后实现自动停机保护。

通常，过滤器堵塞报警压力差值为 0.3MPa 左右。

3. 常用过滤器的形式、特点及过滤器的图形符号

常用过滤器的形式、特点见表 5－5。

表 5－5 常用过滤器形式及特点

形 式	用 途	过 滤 精 度	压力差/MPa	特 点
网式过滤器	主要安装在吸油管上，包含油泵	网孔为 0.8mm ~ 1.3mm，过滤后正常颗粒为 0.13 mm ~ 0.4 mm	0.05 ~ 0.1	结构简单，通油能力差，过滤差
间隙式过滤器	一般用于低压系统	线隙为 0.1mm，过滤后正常颗粒为 0.02mm	<0.03	结构简单，过滤效果较好，通油能力大，但不易清洗
纸芯式过滤器	精过滤，最好与其他过滤器联合使用	孔径为 0.03mm ~ 0.072mm，过滤精度可达 0.005mm ~ 0.03 mm	0.01 ~ 0.04	过滤效果好，精度高，但易堵塞，且无法清洗，要常换纸芯
烧结式过滤器	要求特别过滤的系统，最好与其他过滤器联合使用	0.01mm ~ 0.1mm	<0.1	耐高温、耐高压、抗腐蚀性强，性能稳定，易制造
片式过滤器	用于一般过滤，油流速度不超过 0.5 m/s ~ 1.0m/s	0.015mm ~ 0.06mm	0.03 ~ 0.07	滤油性能差，易堵塞，不易制造，但强度大，通油能力大，不常用
磁性过滤器	多用于油箱中吸附磁性铁屑			简单，只需加几块磁铁

5.5.3 过滤器选择与安装

1. 过滤器的选择

在选择过滤器时应注意以下几点:

(1)在满足液压系统过滤精度要求的前提下,尽量选高精度的过滤器。

(2)要有足够的通油能力。通油能力是指在一定压降和过滤精度下允许通过过滤器的最大流量。不同类型的过滤器可通过的流量有一定的限制,需要时可查阅有关样本和手册。

(3)滤芯要便于清洗或更换。

2. 过滤器的安装位置

(1)安装在液压泵的吸油管道上,防止杂质进入液压泵以避免泵的损坏,一般都采用过滤精度较低的粗过滤器或普通精度过滤器,为了不影响泵的吸油性能,吸油阻力应尽可能小,因此,一般要求过滤器的通油能力为液压泵流量的2倍以上,压力损失不得超过0.035MPa。

(2)安装在泵的出口管道上。它可以保护除液压泵以外的所有其他液压元件,过滤器可以是各种形式的精过滤器,因是在高压下工作,需要有一定的强度和刚度,过滤器的质量大大增加。为了避免因过滤器堵塞而使泵过载,要求在压力油路上设置一旁通阀与过滤器并联,或在过滤器设置堵塞发信装置。

(3)过滤器安装在回油管路上。这时滤油器不承受高压,但会使液压系统产生一定的背压。这样安装虽不能直接保护各液压元件,但可滤去油液流入油箱以前的污染物。因此可采用强度和刚度较低但过滤精度较高的精过滤器。

(4)安装在支流管路上,仅有一部分油通过过滤器,可以减小过滤器的尺寸,但不能完全保证液压元件的安全。

另外,大型液压系统中,常采用单独的过滤系统,即由专用液压泵给过滤器供油,对液压油进行过滤。

5.6 压力继电器与仪表附件

5.6.1 压力继电器

1. 工作原理与结构

压力继电器是将液压系统的压力信号转变成电信号的信号转换元件。它在系统压力达到其设定值时,发出电信号给下一个动作的控制元件,以实现程序控制和安全保护作用。如实现泵的加载或卸荷,执行元件的顺序动作或系统的安全保护和连锁等其他功能。

压力继电器由压力—位移转换装置和微动开关两部分组成。按结构分为柱塞式、弹簧管式、膜片式和波纹管式四类。其中以柱塞式最常用。

图5-38为柱塞式压力继电器的结构原理图和图形符号。

当从压力继电器下端进油口进入的液压油的压力达到调定的压力值时,便推动柱塞2上移,此位移通过杠杆3放大后推动微动开关4动作,使其发出电信号控制液压元件动

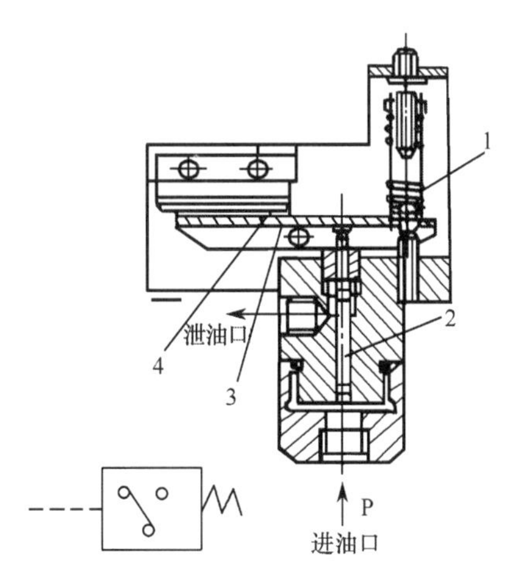

图 5－38　柱塞式压力继电器

1—弹簧;2—柱塞;3—杠杆;4—微动开关。

作。改变弹簧 1 的压缩量,就可以改变压力继电器的动作压力。

2. 压力继电器的性能参数

(1)调压范围:能发出电信号的最低工作压力和最高工作压力的范围。

(2)灵敏度和通断调节区间:压力升高继电器接通电信号的压力(称开启压力)和压力下降继电器复位切断电信号的压力(称闭合压力)之差为继电器的灵敏度。为避免压力波动时继电器时通时断,要求开启压力和闭合压力间有一个可调的一定的差值,称为通断调节区间。

(3)重复精度:在一定的设定压力下,多次升压或降压过程中,开启压力和闭合压力的差值称为重复精度。

(4)升压或降压动作时间:压力由卸荷压力升到设定压力,微动开关触点闭合发出电信号的时间,称为升压动作时间,反之称为降压动作时间。

5.6.2　仪表附件

仪表附件主要包括压力表与压力表开关。

1. 压力表

液压系统中各工作点的压力可以通过压力表来观测,以达到调整和控制压力的目的。压力表的种类较多,最常见的是弹簧弯管式压力表,其工作原理见图 5－39。压力油进入金属弯管 1 时,弯管变形而曲率半径加大,通过杠杆 4 使扇形齿轮 5 摆动,扇形齿轮与小齿轮 6 啮合,小齿轮带动指针 2 转动,在刻度盘 3 上就可读出压力值。为了防止压力冲击而损坏压力表,常在压力表的通道上设置阻尼小孔。

压力表精度等级的数值是压力表最大误差占量程(压力表的测量范围)的百分数。一般机械设备液压系统上的压力表用 1.5 级 ~4 级精度即可。选用压力表时,其量程要比液压系统压力高,即标的量程为系统最高工作压力的 1.5 倍左右。

压力表应安装在调整系统压力时能直接观察到的部位,且应直立安装,固定在面板上。

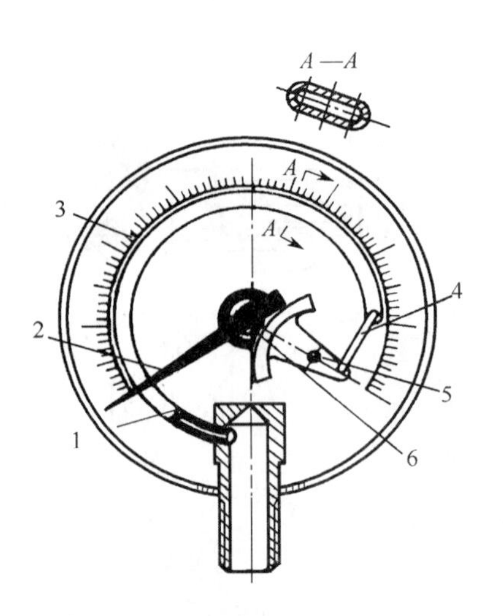

图 5-39　弹簧弯管式压力表

1—金属弯管;2—指针;3—刻度盘;4—杠杆;5—扇形齿轮;6—齿轮。

2. 压力表开关

压力表开关用于接通或断开压力表与测量点油路的通道。压力表开关中过油通道很小,对压力的波动和冲击起阻尼作用,防止压力表指针剧烈摆动。

压力表开关,按其所能测量的测量点数目,分为一点、三点及六点几种,按连接方式又可分为管式和板式两种。多点压力表开关可根据需要使一个压力表和系统中几个被测的任一油路相通,以分别测量各个油路的压力。下面仅介绍一种 K-6B 型压力表开关,其结构见图 5-40。

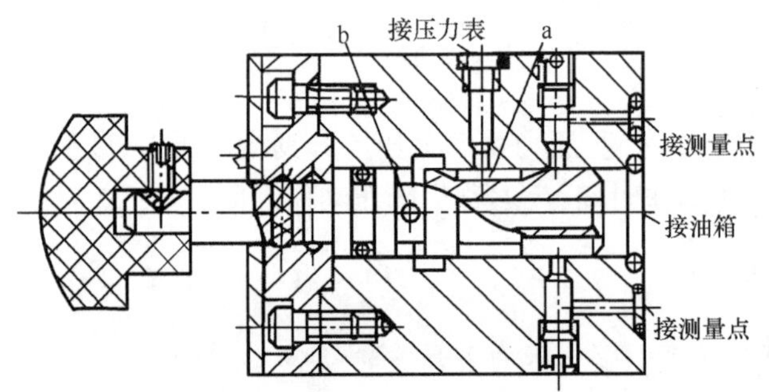

图 5-40　K-6B 型压力表开关

这种 K 系列压力表开关为板式连接,有六个测压点。图示位置为非测量位置,此时压力表油管经沟槽 a、小孔 b 与油箱接通。若将手柄推进去,沟槽 a 将把测量点与压力表连通,并将压力表通往油箱的通路切断,这时便可测出一个点的压力。如将手柄转到另一位置,便可测出另一点的压力。依次转动,共有六个位置,可测量六个点的压力。

习　题

1. 过滤器有几种形式?如何选择过滤器?

2. 比较各种密封装置的密封原理和结构特点，它们各用在什么场合较为合适？

3. 压力继电器和压力表开关有什么作用？

4. 回转接头有什么作用？它由哪几部分组成？

5. 某气囊式蓄能器用作动力源，容量为3L，充气压力 $p_0 = 3.2\text{MPa}$，系统最高和最低压力分别为7MPa和4MPa。试求蓄能器能够输出的油液体积。

6. 某液压系统最高和最低压力分别为7MPa和5.6MPa，其执行机构每隔30s需要供油一次，每次输油1L，时间为0.5s。问：

(1)如用液压泵供油，该泵应有多大流量？

(2)若改用气囊式蓄能器(充气压力为5MPa)完成此工作，则蓄能器应有多大容量？

第6章 液压系统基本回路

任何一种液压系统都是由许多不同功能的基本回路组成的，而基本回路是由一些液压元件和管路按一定方式组合起来的、能够完成一定功能的油路结构。基本回路一般包括压力控制回路、方向控制回路和速度控制回路等。熟悉和掌握这些基本回路的组成、工作原理和性能是设计、分析与使用液压系统的基础。

6.1 压力控制回路

压力控制回路是利用压力控制阀作为回路主要控制元件控制系统全局或系统局部压力，以满足执行元件输出所需要的力或力矩要求的回路。在液压系统中，保证有足够的力或力矩输出是设计压力控制回路最基本的优化目标。压力控制回路的基本类型有调压回路、减压回路、保压回路、平衡回路、增压回路和卸荷回路等。

6.1.1 调压回路

系统的压力应能根据负载的大小进行调节，从而使其既满足工作需求，又可以减少系统的发热量和功率损耗。调压回路可以控制系统的压力使其保持恒定或限制其最大值，以便与负载相匹配。为了达到这个目的，在液压泵的出口处并联溢流阀。在定量泵系统中，工作压力一般是利用溢流阀调节，与节流阀配合，使泵能在恒定的压力下工作。变量泵系统中，用安全阀限制系统的最大工作压力，防止系统过载。当系统需要多个压力时，可以采用多级调压回路来实现。

1. 单级调压回路

如图6－1所示，由一个溢流阀和定量泵组成的单级调压回路，只能给系统提供一种工作压力，系统的压力由溢流阀事先设定好，这时的溢流阀还兼有安全阀的作用。

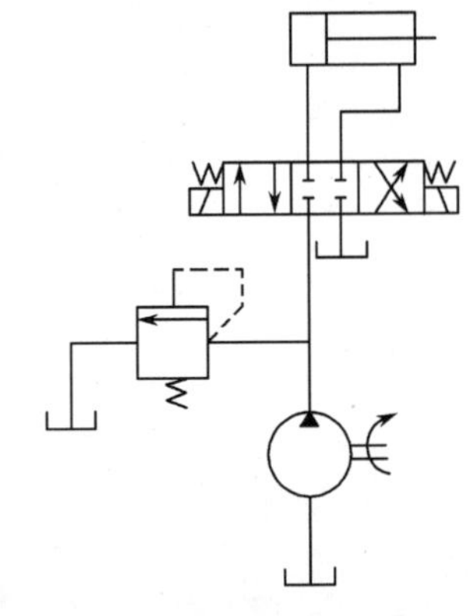

图6－1 单级调压回路

2. 多级调压回路

许多液压系统在工作过程不同的阶段或不同的执行件需要不同的工作压力，这时可以采用多级调压回路。

1）采用多个溢流阀的多级调压回路

图6－2所示为采用三个溢流阀的多级调压回路，可以为系统输出三级压力。在图示状态下，系统压力由高压溢流阀调节，获得高压压力；当三位电磁换向阀左端得电时，系统压力由低压溢流阀1调节，获得第1种低压压力；当三位电磁换

向阀右端得电时,系统压力由低压溢流阀2调节,获得第2种低压压力。这种调压回路控制系统简单,但在压力转换时会产生冲击。三个溢流阀的规格都必须按液压泵的最大供油量来选择。

2)采用电液比例溢流阀的多级调压回路

图6-3所示为采用电液比例溢流阀的多级调压回路,调节电液比例溢流阀2的输入信号电流I,就可以调节系统的供油压力,而不需要设置多个溢流阀和换向阀,这种多级调压回路所用的液压元件少、油路简单,可以方便地实现远距离控制或程序操作和连续地按比例进行压力调节,压力上升和下降的时间均可以通过改变输入信号加以调节,因此,压力转换过程平稳,但控制系统复杂,推动阀上的比例电磁铁需配置相应的比例放大板,价格昂贵。

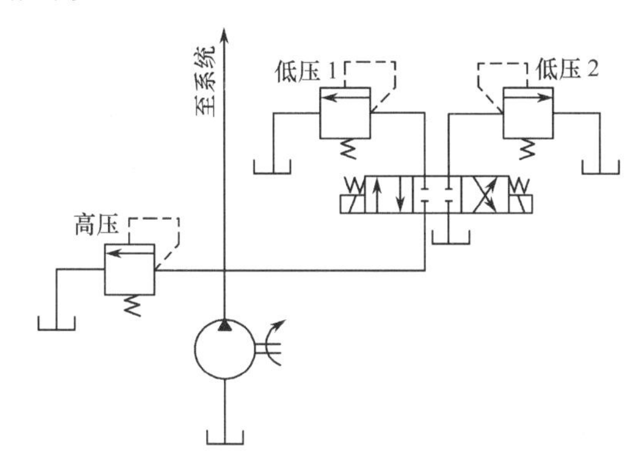

图6-2　溢流阀式多级调压回路

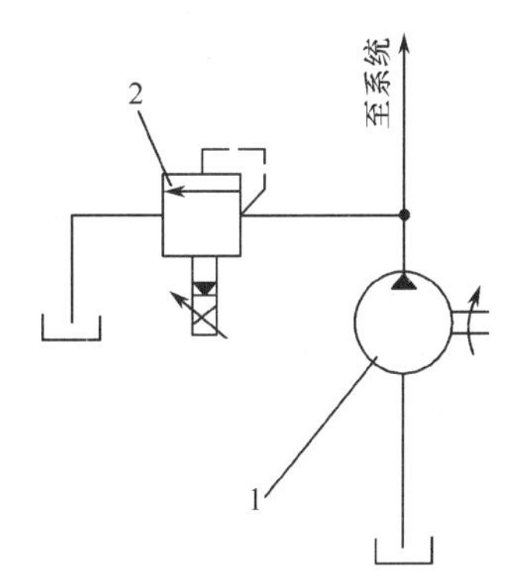

图6-3　电液比例阀式调压回路
1—液压泵;2—电液比例溢流阀。

6.1.2　减压回路

在多个支路的液压系统中,常常不同的支路需要有不同的、稳定的、可以单独调节的较主油路低的压力,如液压系统中的控制油路(如为外控的先导阀提供的压力油)、润滑油路等需要较低的供油压力回路,因此要求系统中必须设置减压回路。常用的方法是在需要减压的油路前串联定值减压阀。由于减压口处有功率损失,此种回路不宜用在压降大、流量大的场合。

1. 单级减压回路

图6-4所示为常用的单级减压回路,主油路的压力由溢流阀2设定,减压支路的压力根据负载由减压阀3调定。减压回路设计时要注意避免因负载不同可能造成回路之间的相互干涉问题,如当主油路负载减小时,有可能主油路的压力低于支路减压阀调定的压力,这时减压阀的开口处于全开状态,失去减压功能,造成油液倒流。为此,可在减压支路上,减压阀的后面加装单向阀,以防止油液倒流,起到短时的保压作用。

2. 二级减压回路

图6-5所示为常用的二级减压回路,将先导式减压阀的遥控口通过二位二通电磁阀与调压阀相接,通过调压阀的压力调整获得预定的二次减压。当二位二通电磁阀断开时,减压支路输出减压阀的设定压力;当二位二通电磁阀接通时,减压支路输出调压阀设定的二次压力。调压阀设定的二次压力值必须小于减压阀的设定压力值。

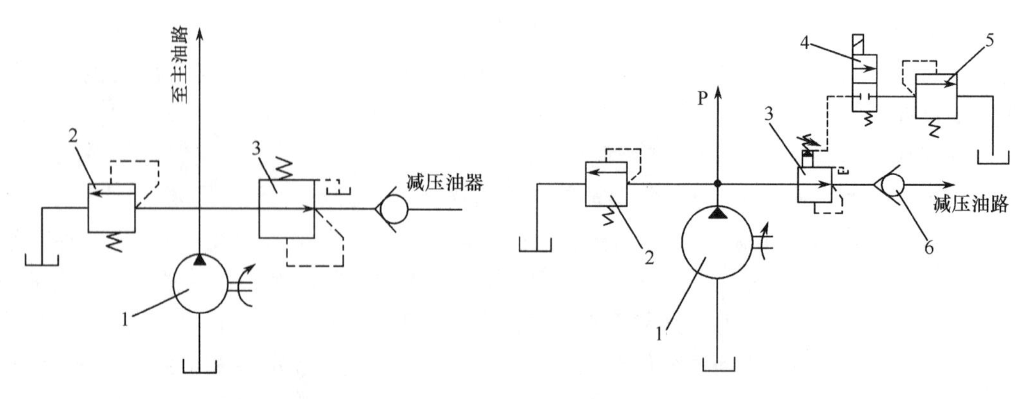

图 6-4　单级减压回路

1—液压泵；2—溢流阀；3—减压阀。

图 6-5　二级减压回路

1—液压泵；2—溢流阀；3—减压阀；
4—电磁阀；5—调压阀；6—单向阀。

例题 6.1　有一个液压系统如图 6-6 所示，两个液压缸的有效工作面积为 $100\times10^{-4}\mathrm{m}^2$，液压泵流量为 $40\times10^{-3}\mathrm{m}^3/\mathrm{min}$，溢流阀的设定压力为 4MPa，减压阀的设定压力为 2.5MPa，作用在液压缸 1 上的载荷分别是空载、15×10^3N 和 43×10^3N，忽略一切损失，请计算空载、有载情况下各缸在运动时和运动到终点时的压力、运动速度、溢流阀的溢流量。

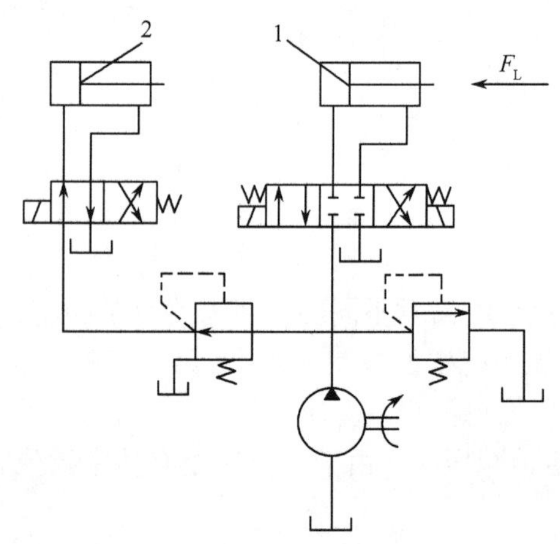

图 6-6　例题 6.1 图

解：(1) 当空载荷时

①液缸向右运动，各液压缸内压力为零，液压缸的运动速度分别为

$$v_1=v_2=\frac{q_p}{2A_1}=\frac{40\times10^{-3}}{2\times100\times10^{-4}}=2(\mathrm{m/min})$$

溢流阀的溢流量 $q_Y=0$。

②液压缸 1、2 向右运动到终点后：

各液压缸的速度为零。

液压缸 1 内压力为 $p_1=4$MPa。

液压缸 2 内压力为 $p_2=2.5$MPa。

溢流阀的溢流量 $q_Y = 40L/min$。

(2)当液压缸 1 的载荷为 $15 \times 10^3 N$,液压缸 2 的载荷为零时:

①液压缸 1、2 向右运动时,因为液压缸 2 无载荷,所以先运动,系统工作压力为零。

液压缸 2 的速度为

$$v_2 = \frac{q_p}{A_2} = \frac{40 \times 10^{-3}}{100 \times 10^{-4}} = 4(m/min)$$

液压缸 2 到终点后,液压缸 1 开始运动。其压力为

$$p_1 = \frac{F_L}{A_1} = \frac{15000}{100 \times 10^{-4}} = 1.5 \times 10^6 = 1.5(MPa)$$

速度为

$$v_1 = \frac{q_p}{A_1} = \frac{40 \times 10^{-3}}{100 \times 10^{-4}} = 4(m/min)$$

溢流阀的溢流量 $q_Y = 0$。

②缸 1 向右运动也到终点时:

液压缸 1 的压力:$p_1 = p_Y = 4MPa$。

液压缸 2 的压力:$p_2 = p_J = 2.5MPa$。

液压缸速度均为零。

溢流阀的溢流量 $q_Y = q_p = 40L/min$。

(3)当液压缸 1 的载荷为 $43 \times 10^3 N$,液压缸 2 的载荷为零时,因为液压缸 2 无载荷,所以先运动,系统工作压力为零。

液压缸 2 的速度为

$$v_2 = \frac{q_p}{A_2} = \frac{40 \times 10^{-3}}{100 \times 10^{-4}} = 4(m/min)$$

当液压缸 2 到终点后,液压缸 1 开始运动。驱动载荷所需压力为

$$p_L = \frac{F_L}{A_1} = \frac{43000}{100 \times 10^{-4}} = 4.3 \times 10^6 = 4.3 > p_Y = 4(MPa)$$

因为载荷压力大于溢流阀设定压力,所以液压缸 1 始终停止不动,速度为零。

各液压缸的速度为零。

液压缸 1 的压力:$p_1 = p_Y = 4MPa$。

液压缸 2 的压力:$p_2 = p_J = 2.5MPa$。

溢流阀的溢流量 $q_Y = 40(L/min)$。

6.1.3 保压回路

保压回路是当执行元件停止运动或微动时,油液需要稳定地保持一定压力的回路。保压回路需要满足保压时间、压力稳定、工作可靠和经济等方面的要求。如果对保压性能要求不高,可以采用简单、经济的单向阀保压;保压性能要求高时,应该采用补油的办法弥补回路的泄漏,从而维持回路的压力稳定。

常用的保压方式有蓄能器式保压回路、限压式变量泵保压回路和自动补油的保压回路。

图 6 - 7 所示为蓄能器式保压回路。当泵卸荷或进给执行件快速运动时,单向阀把夹紧回路和卸荷或进给回路隔开,蓄能器中的压力油用于补偿夹紧回路中油液的泄露,使其压力基本保持不变。蓄能器的容量取决于油路的泄露程度和所要求保压时间的长短。

图 6 - 8 所示为限压式变量泵的保压回路。在保压状态下,限压式变量泵输出的流量很小,因此功率消耗也非常小。

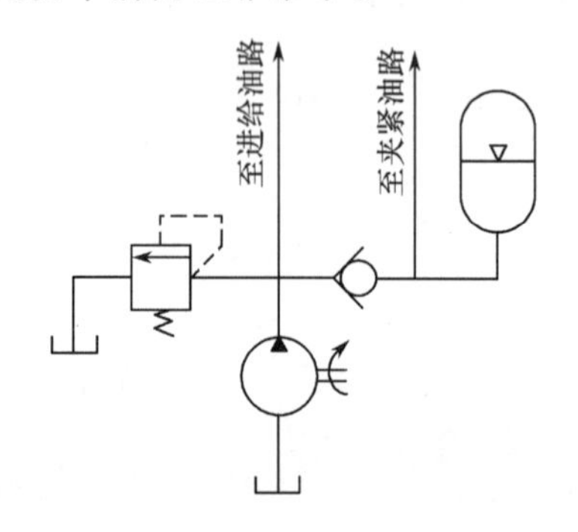

图 6 - 7　蓄能器式保压回路

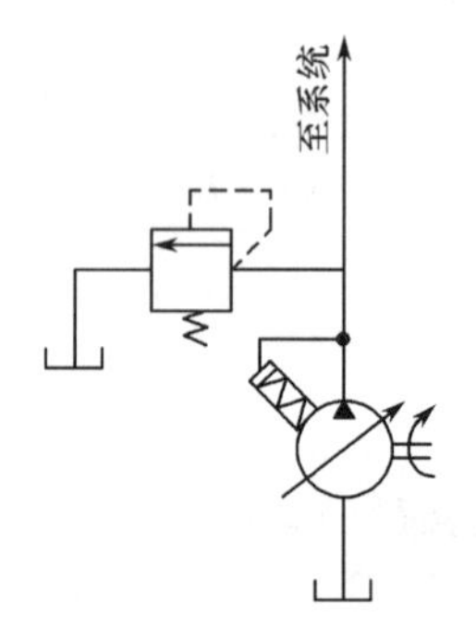

图 6 - 8　限压式变量泵保压回路

图 6 - 9 所示为用于压力机液压系统的自动补油的保压回路。

其工作原理是当三位四通电磁换向阀 3 的左位机能起作用时,液压泵 1 向液压缸 7 上腔供油,活塞前进。当接触工件后,液压缸 7 上腔压力上升;当达到规定压力值时,压力表 6 发出信号,使三位四通电磁换向阀 3 进入中位机能,这时液压泵 1 卸荷,系统进入保压状态。当液压缸 7 上腔压力降到某一压力值时,压力表 6 就发出信号,使三位四通电磁换向阀 3 又进入左位机能,液压泵 1 重新向液压缸 7 上腔供油,使压力上升。如此反复,实现自动补油保压。当三位四通电磁换向阀 3 的右位机能起作用时,活塞便快速退回原位。三位四通换向阀的中位机能是 M 型,因此当阀处于中位时,可使泵卸荷。

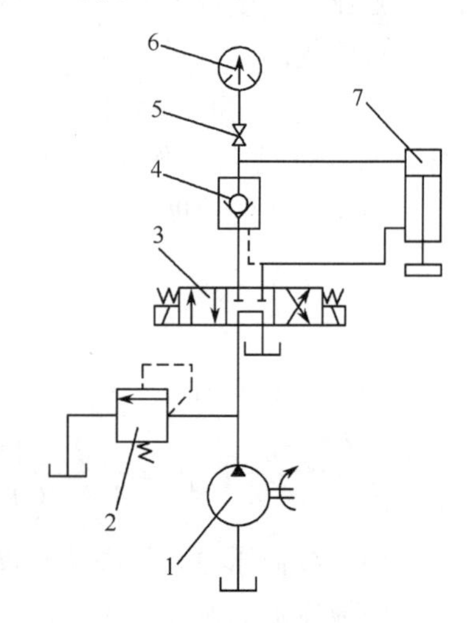

图 6 - 9　自动补油保压回路

1—液压泵; 2—溢流阀; 3—换向阀;
4—液控单向阀; 5—压力表开关;
6—压力表; 7—液压缸。

6.1.4　平衡回路

为了防止立式液压缸或垂直运动的工作部件由于自重而自行下滑,可在液压系统中设置平衡回路。即在立式液压缸或垂直运动的工作部件的下行回路上设置适当的阻力,使其回油腔产生一定的背压,以平衡其自重并提高液压缸或垂直运动的工作部件的运动稳定性。

1. 用单向顺序阀的平衡回路

图 6 - 10 所示为由单向顺序阀组成的平衡回路,顺序阀 4 的调整压力应该稍微大于工作部件的重量在液压缸 5 下腔形成的压力。当液压缸 5 停止时,由于顺序阀 4 的泄漏,

运动部件仍然会缓慢下降。

2. 用液控单向阀的平衡回路

图 6－11 所示为由液控单向阀组成的平衡回路，是将图 6－10 中的单向顺序阀换成液控单向阀。

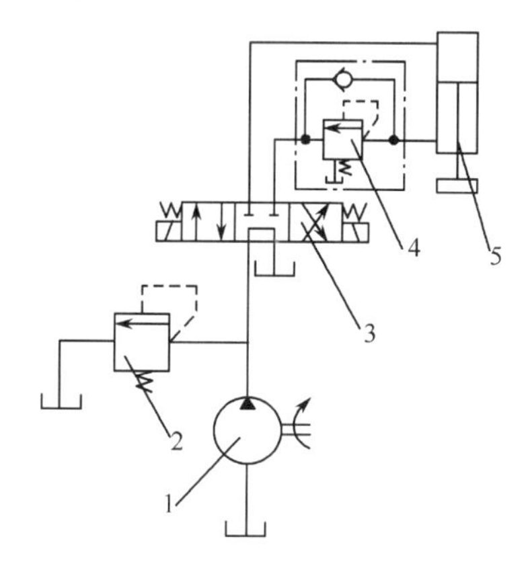

图 6－10　单向顺序阀平衡回路

1—液压泵；2—溢流阀；3—换向阀；
4—顺序阀；5—液压缸。

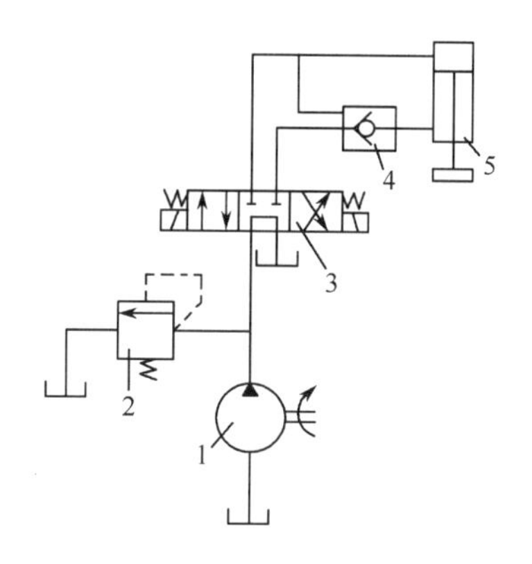

图 6－11　液控单向阀平衡回路

1—液压泵；2—溢流阀；3—换向阀；
4—单向阀；5—液压缸。

当换向阀 3 左端动作时，压力油进入液压缸 5 上腔，同时打开液控单向阀，活塞和工作部件向下运动；当换向阀 3 处于中位时，液压缸 5 上腔失压，关闭液控单向阀，活塞和工作部件停止运动。液控单向阀的密封性好，可以很好地防止活塞和工作部件因泄漏而缓慢下降。活塞和工作部件向下运动时，回油油路的背压小，因此功率损耗小。但是这种回路不能保证液控单向阀始终处于开启状态，因此这种回路的平稳性不好。

如图 6－12 所示，在图 6－10 中的单向顺序阀 4 的后面再串联一个液控单向阀，就组成了单向顺序阀加液控单向阀的平衡回路。

液控单向阀可以防止换向阀处于中位时，由于单向顺序阀的泄漏而造成的工作部件缓慢下滑，而单向顺序阀可以提高回油腔的背压和油路的工作压力，使液控单向阀在工作部件下行时始终处于开启状态，提高工作部件的运动平稳性。另外还有采用单向节流阀和液控单向阀组成的平衡回路。

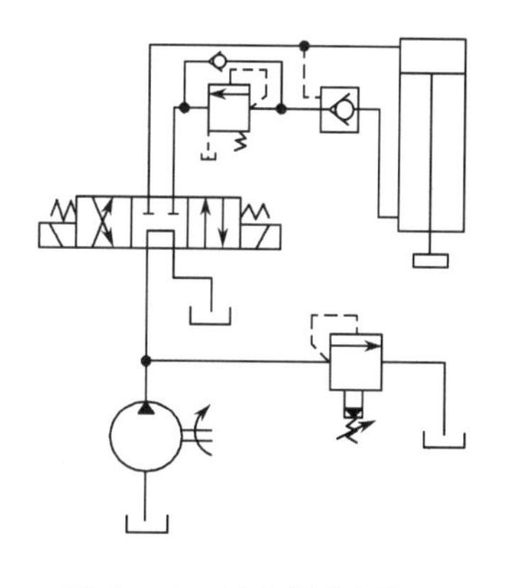

图 6－12　单向顺序阀加液控单向阀回路

6.1.5　增压回路

在液压系统中，当为满足局部工作机构的需要，要求某一支路的工作压力高于主油路时，可以采用增压回路。

1. 采用增压器的增压回路

如图 6－13 所示，增压器 4 由一个活塞缸和一个柱塞缸串联组成，低压油进入活塞缸的左腔，推动活塞并带动柱塞右移，柱塞缸内排出的高压油进入工作油缸 7 进行工作。换向阀 3 反向运动时，活塞带动柱塞退回，工作油缸 7 在弹簧的作用下复位，如果油路中有泄漏时，补油箱 6 的油液通过单向阀 5 向柱塞缸内补油。这种回路的增压倍数等于增压器中活塞面积与柱塞面积之比，缺点是不能提供连续的高压油。

2. 连续增压回路

在增压回路中采用连续增压器，可使工作液压缸在一段时间内连续获得高压油，图 6－14为连续增压器的结构示意和工作原理。

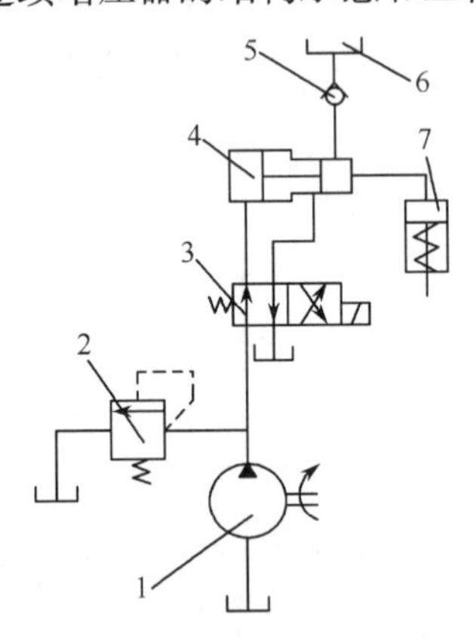

图 6－13　增压器增压回路

1—液压泵；2—溢流阀；3—换向阀；4—增压器；5—单向阀；6—补油箱；7—工作油缸

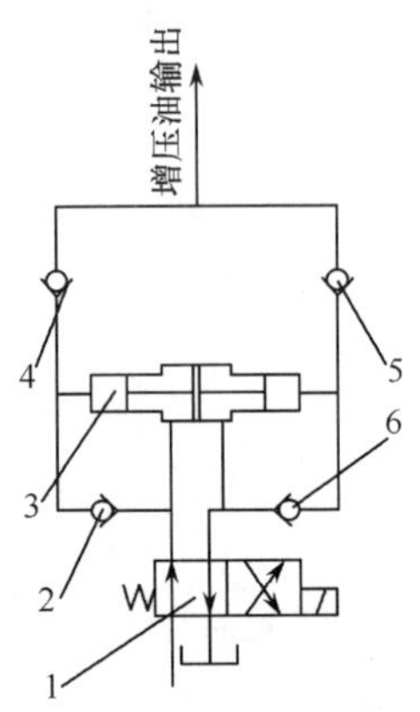

图 6－14　连续增压器原理

1—换向阀；2、4、5、6—单向阀；3—连续增压缸。

为了连续供给高压油，换向阀 1 采用电磁或液动自动换向阀，在图示位置时，压力油进入连续增压缸 3 的左腔，同时进入其左侧的柱塞缸，共同推动活塞右移，右侧的柱塞缸输出增压油；当换向阀 1 换向时，压力油进入连续增压缸的右腔，同时进入其右侧的柱塞缸，共同推动活塞左移，左侧柱塞缸输出增压油。其中，单向阀 2 和 6 补油时用；单向阀 4 和 5 防增压油倒流。如此过程反复进行，增压器不断地为系统输出增压油。

连续增压器与其他液压元件适当组合就可构成连续增压回路。

6.1.6　卸荷回路

当执行元件短时间停止工作时，为了节省功耗，减少发热量，减轻油泵和电动机的负荷及延长寿命，一般采用电动机不停，油泵在接近零油压状态回油。通常功率在 3kW 以上的液压系统都必须设有实现该功能的卸荷回路。卸荷回路有两大类，即压力卸荷回路（泵的全部或绝大部分流量在接近于零压下流回油箱）和流量卸荷回路（泵维持原来压力，而流量在近于零的情况下运转）。

1. 不需要保压的卸荷回路

不需要保压的卸荷回路一般直接采用液压元件实现卸荷，具有 M 型、H 型、K 型中位机能的三位换向阀都能实现卸荷功能。

图 6－15 为采用 H 型中位机能的三位换向阀的卸荷回路，当换向阀处于中位时，工作部件停止运动，液压泵输出的油液通过三位换向阀的中位通道直接流回油箱，泵的出口压力仅为油液流经管路和换向阀所引起的压力损失。这种回路适应于低压小流量的液压系统。

图 6－16 为采用二位二通电磁换向阀和溢流阀并联组成的卸荷回路，卸荷时，二位二通电磁换向阀通电，液压泵输出的油液通过电磁换向阀直接流回油箱，二位二通电磁换向阀的规格要与泵的容量相适应。这种回路不适用于大流量的液压系统。

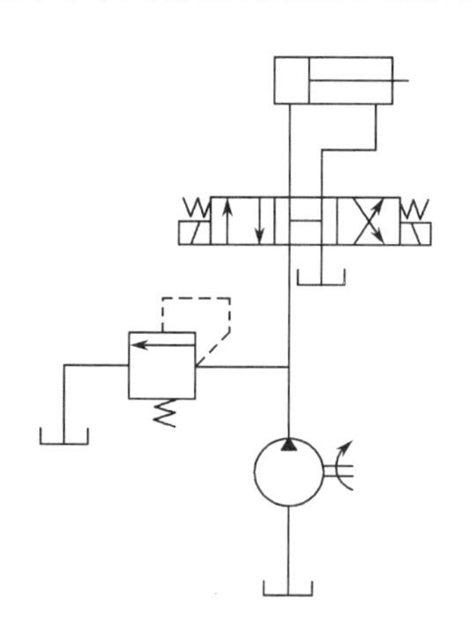
图 6－15　利用换向阀中位机能的卸荷回路

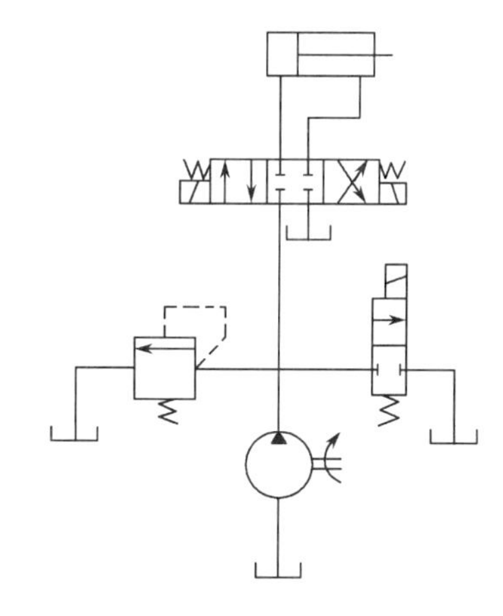
图 6－16　二位二通电磁阀卸荷回路

图 6－17 为采用二位二通电磁换向阀串接在先导式溢流阀的外控油路上组成的卸荷回路。卸荷时二位二通电磁换向阀通电，液压泵输出的油液通过溢流阀直接流回油箱。二位二通电磁换向阀用在控制油路上，所以只需要较小规格的电磁阀。卸荷时溢流阀处于全开状态，其规格与液压泵的容量相适应。这种回路适用于高压大流量的液压系统。

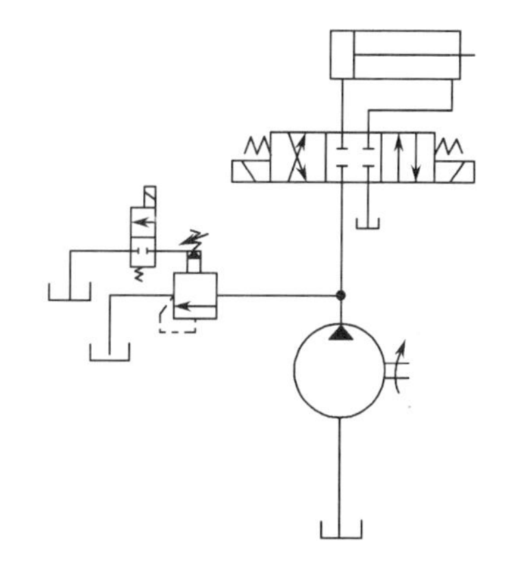
图 6－17　先导溢流阀卸荷回路

还可以在系统中直接采用具有卸荷和溢流组合功能的电磁卸荷溢流阀进行卸荷，由卸荷溢流阀组成的卸荷回路具有回路简单的优点。

2. 需要保压的卸荷回路

有些液压系统在执行元件短时间停止工作时，整个系统或部分系统（如控制系统）的压力不允许为零，这时可以采用能够保压的卸荷回路。

图 6－18 为采用蓄能器保压的卸荷回路，开始，液压泵 1 向蓄能器 5 和液压缸 6 供油，液压缸 6 活塞杆压头接触工件后，系统压力升高达到卸荷溢流阀 2 的设定值时，卸荷溢流阀 2 动作，液压泵 1 卸荷。然后，由蓄能器 5 维持液压缸 6 的工作压力，保压时间由蓄能器 5 的容量和系统的泄漏等因素决定。当压力降低到一定数值后，卸荷溢流阀 2 关闭，液压泵 1 继续向系统供油。

图 6－19 为采用限压式变量泵保压的卸荷回路，是利用限压式变量泵的输出压力来控制泵的输出流量的原理进行卸荷。当液压缸 4 活塞杆压头快速运动趋向工件时，限压式变量泵 1 的输出压力很低，但流量最大，压头接触工件后，系统压力随负荷的增大而增大，当压力超过预先设定值后，限压式变量泵 1 的流量自动减少，最后泵的输出流量少到只需要维持回路的泄漏为止。这时，液压缸 4 压力腔的压力由限压式变量泵 1 保持基本不变，系统进入了保压状态。

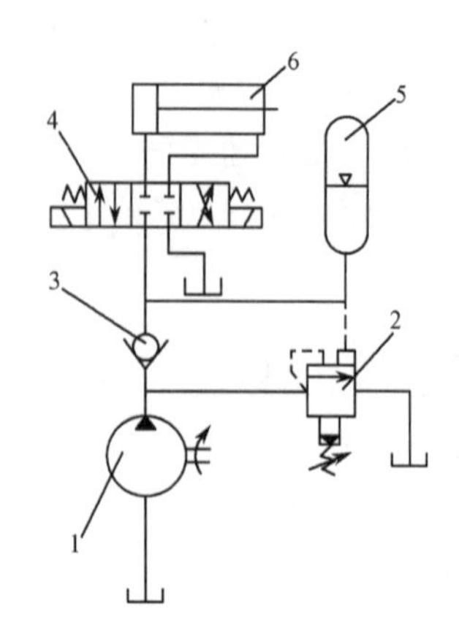

图 6－18　蓄能器保压卸荷回路

1—液压泵；2—卸荷溢流阀；3—单向阀；4—换向阀；5—蓄能器；6—液压缸。

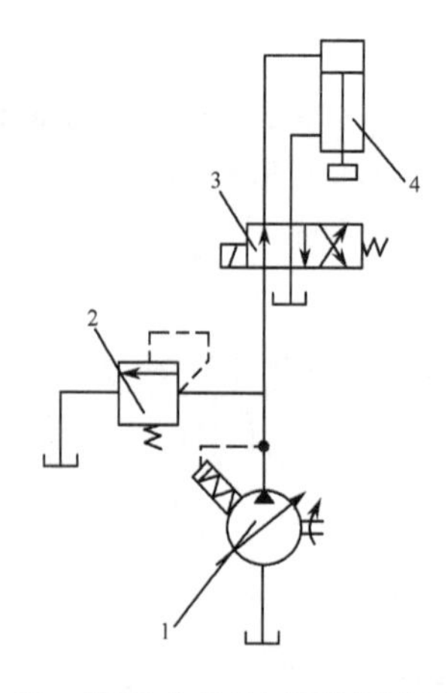

图 6－19　限压式变量泵保压的卸荷回路

1—限压式变量泵；2—溢流阀；3—换向阀；4—液压缸。

6.2　方向控制回路

在液压系统中，执行元件的启动、停止和改变运动方向是靠各种方向阀来控制进入执行元件的液压油的通断和改变流向来实现的，而实现这些控制的回路称为方向控制回路。

6.2.1　换向回路

换向回路是用于实现改变执行件运动方向的油路。简单的换向回路可以通过采用各种换向阀或改变双向变量泵的输油方向来实现。其中，换向阀有电磁阀、电液阀、手动阀。电磁阀又分直流和交流两种驱动形式，它的特点是换向动作快，有一定冲击，但交流电磁阀不宜频繁切换。

如 6.1 节中的图 6－1 就是采用了普通三位四通电磁换向阀使液压缸启动、停止和改变运动方向。这种回路结构简单，使用元件少，一般用在中小型液压系统中。

电磁阀通过与手动阀配合使用，可以实现一个往返行程的自动换向和停止，也可以与行程开关配合使用，实现多个往返行程的自动启动和换向，直到需要停止时方停止。

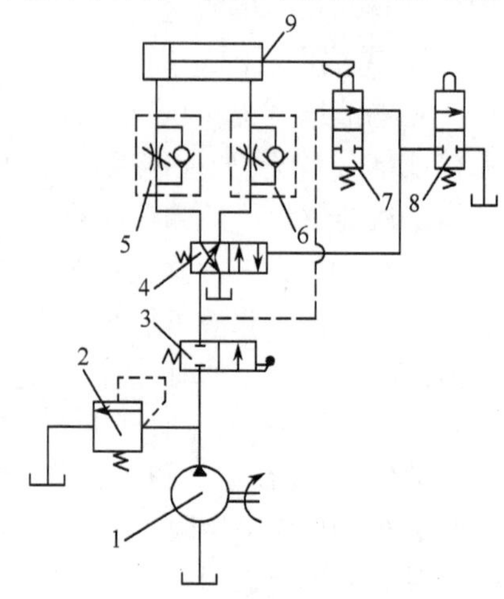

图 6－20　连续往返换向回路

1—液压泵；2—溢流阀；3—手动换向阀；4—液控换向阀；5、6—调速阀；7、8—行程阀；9—液压缸。

如图 6－20 连续往返换向油路所示，整个回路由手动换向阀 3（启动用）、液控换向阀 4、单向调速阀 5 和 6、行程阀 7 和 8 等组成。当操动手动阀接通油路后，行程阀 7 接通，控制油推动液控换向阀 4 左移，液压缸 9 左腔进油，推动活塞向右移动；当活塞杆上的撞块碰到右边的行程阀 8 时，液控换向阀 4 的控制油路接通回油油路,液控换向阀在弹簧作用下右移复位,液压缸 9 右腔进油,推动活塞向左移动,实现液压缸自动换向;当活塞杆上的撞块再碰到左边的行程阀时,液控换向阀 4 又自动换向,达到液压缸连续自动换向的目的。

电液阀的换向时间可以调整,换向较平稳,适合大流量的液压系统;采用变量泵来换向,换向平稳,但不适合频率较高的需求场合,而且构造复杂。对于换向要求平稳可靠和换向精度高的场合,可以采用特殊设计的换向阀。这类换向回路分时间控制制动式和行程控制制动式。

6.2.2 制动回路

在液压系统中,常常需要液压执行元件能够快速地停止下来,因此在液压系统中就应该有制动回路。基本的制动方法有以下几种。

1. 采用换向阀制动

换向阀制动是通过换向阀的中位机能(如代号是 O、M 机能的换向阀),切断了执行件的进出油路来实现制动。由于这时执行件以及它们所带动的负载都有很大的工作惯性,会使执行件继续运动,所以除了产生冲击、振动和噪声外,在执行件油路中的进油侧还将产生真空,出油侧将产生高压,对管路也不利。因此一般不提倡采用这种方式。

2. 采用溢流阀制动

采用溢流阀制动的回路如图 6-21 所示,由液压泵 1、调速阀 2、液压马达 3、换向阀 4(也可采用手动阀)、溢流阀 5 组成。当换向阀在图示(中位)位置时,系统处于卸荷状态;当换向阀在左位位置时,系统处于正常工作状态;当换向阀在右位位置时,液压泵处于卸荷状态,液压马达处于制动状态。这时液压马达的出口接溢流阀,由于回油受到溢流阀阻碍,回油压力升高,直至打开溢流阀,液压马达在背压等于溢流阀调定压力作用状态下,迅速制动。

3. 采用顺序阀制动

采用顺序阀制动的回路如图 6-22 所示,由液压泵 1、溢流阀 2、顺序阀 3、液压马达 4、换向阀 5(也可采用手动阀)组成。当换向阀在左位位置时,系统处于正常工作状态,顺序阀在系统供油压力下打开,液压马达转动;当换向阀在图示(右位)位置时,液压泵处于

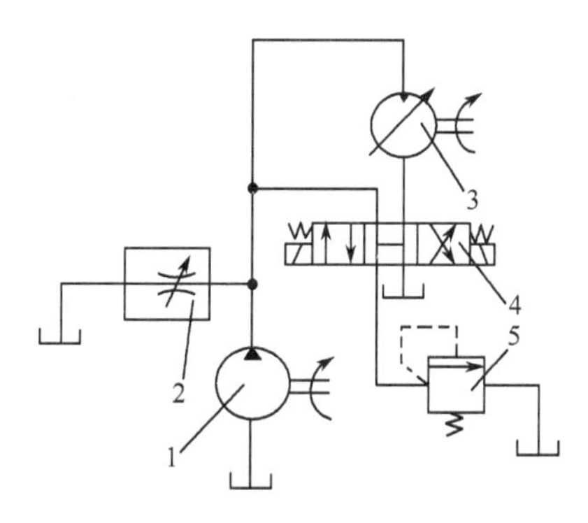

图 6-21 溢流阀制动回路
1—液压泵; 2—调速阀; 3—液压马达; 4—换向阀; 5—溢流阀。

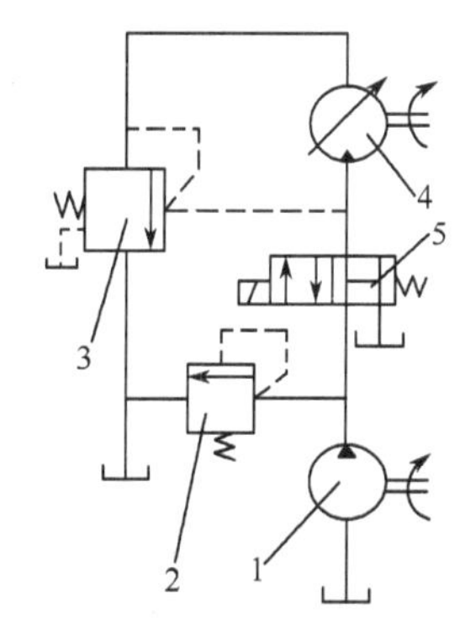

图 6-22 顺序阀制动回路
1—液压泵; 2—溢流阀; 3—顺序阀; 4—液压马达; 5—换向阀。

卸荷状态,液压马达处于制动状态。这时液压马达的出口接顺序阀,回油受到顺序阀的阻碍,压力升高一定值后方可打开顺序阀,液压马达在背压等于顺序阀调定压力的状态下,迅速制动。

除了上述制动方法外,也可采用以弹簧力为原动力的机械制动方式对液压马达进行制动。

6.2.3 锁紧回路

锁紧回路的作用是保证执行件(如液压缸)停止运动后不再因外力的作用产生位移或窜动。锁紧回路可以采用液压元件实现,如单向阀、液控单向阀、中位机能为 O 型或 M 型的换向阀、液压锁等。

图 6-23 是采用液控单向阀的锁紧回路。换向阀 3 在图示中位时,液压泵 1 卸荷,液控单向阀 4 和 6 处于锁紧状态,封闭了液压缸的两腔;当换向阀 3 在左位或右位时,液控单向阀 4 和 6 处于打开状态,液压缸实现向右或向左运动。

图 6-24 是采用换向阀的锁紧回路。利用 O 型或 M 型换向阀的中位机能可以封闭液压缸的两腔,使活塞在其行程上任意位置上锁紧。由于滑阀式换向阀的泄漏,这种回路的锁紧时间不会太长。

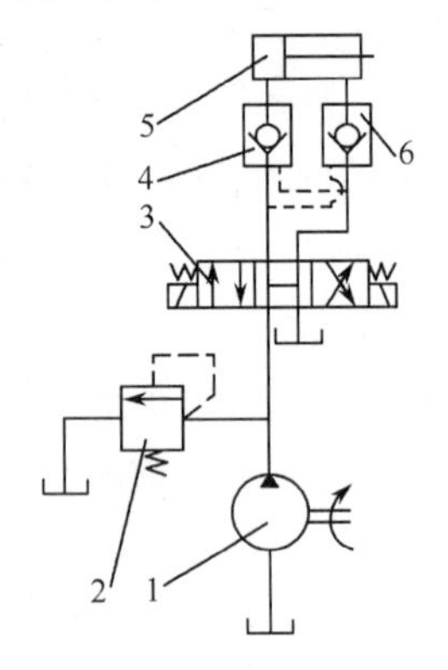

图 6-23 液控单向阀锁紧回路

1—液压泵; 2—溢流阀; 3—换向阀;
4、6—液控单向阀; 5—液压缸。

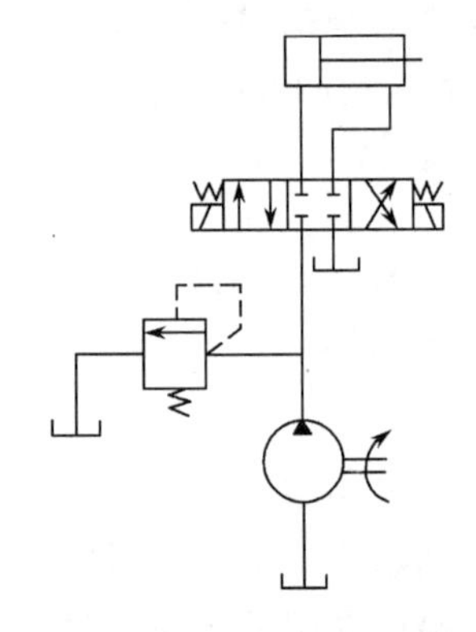

图 6-24 换向阀锁紧回路

6.3 速度控制回路

在液压系统中,速度控制回路是液压系统的核心,执行机构的运动速度是通过输入到执行机构的流量来实现的。液压传动系统的执行机构为液压缸和液压马达。

在不考虑液压油的压缩性和泄漏的情况下,液压缸的运动速度为

$$v = \frac{q}{A} \tag{6-1}$$

式中 v——活塞杆输出速度;

q——输入到液压缸的流量;

A——液压缸活塞有效作用面积。

液压马达的转速为

$$n = \frac{q}{V_M} \tag{6-2}$$

式中 n——液压马达输出转速；

q——输入到液压马达的流量；

V_M——液压马达的排量。

由式(6－1)、式(6－2)可知，改变输入液压执行元件的流量 q 或改变液压缸的有效面积 A(或液压马达的排量 V_M)均可以达到改变速度的目的。但改变液压缸工作面积的方法在实际中是不现实的。因此，只能用改变进入液压执行元件的流量或用改变变量液压马达排量的方法来调速。为了改变进入液压执行元件的流量，可采用变量液压泵来供油，也可采用定量泵和流量控制阀以改变通过流量阀流量的方法。用定量泵和流量控制阀来调速时，称为节流调速；用改变变量泵或变量液压马达的排量调速时，称为容积调速；用变量泵和流量阀来达到调速目的时，则称为容积节流调速。

此外，根据油液在油路中的循环方式，调速回路分为开式回路和闭式回路。液压泵从油箱中吸入液压油压送到液压执行元件中去，执行元件的回油排至油箱，这种油液循环方式称为开式回路。这种循环回路的主要优点是油液在油箱中能够得到良好冷却，使油温降低，同时便于沉淀过滤杂质和析出气体。其主要缺点是空气和其他污染物侵入油液机会多。另外，油箱结构尺寸较大，占有一定空间。液压泵将油输出进入执行机构的进油腔，又从执行机构的回油腔吸油，这种油液循环方式称为闭式回路。闭式回路结构紧凑，只需很小的补油箱，但冷却条件差，为了补偿工作中油液的泄漏，一般设补油泵。

调速回路是以调速范围来表征其工作特性的，调速范围定义为回路所驱动的执行元件在规定负载下可能得到的最大速度与最小速度之比。因此要求：速度控制回路能在规定的速度范围内调节执行件的速度，满足最大速比的要求；调速特性不随负载变化，具有足够的速度刚性和功率损失最小的特点；提供给执行件所需的力和力矩。

6.3.1 节流调速回路

节流调速回路由定量泵供油，通过改变回路中流量控制阀的流通面积的大小来控制流入或流出执行元件的流量，达到调节执行元件速度的目的。节流调速回路根据所采用的流量控制阀的种类不同，可分为有普通节流阀的节流调速回路和有调速节流阀的节流调速回路；按节流阀在液压系统中的位置不同，可分为进油节流、回油节流和旁路节流三种调速回路。

1. 节流阀节流调速回路

1)进油节流调速回路

(1)回路构成。进油节流调速回路如图 6－25 所示，节流阀装在执行件的进油油路上，主要由定量泵 1、溢流阀 2、节流阀 3、液压缸 4 组成。

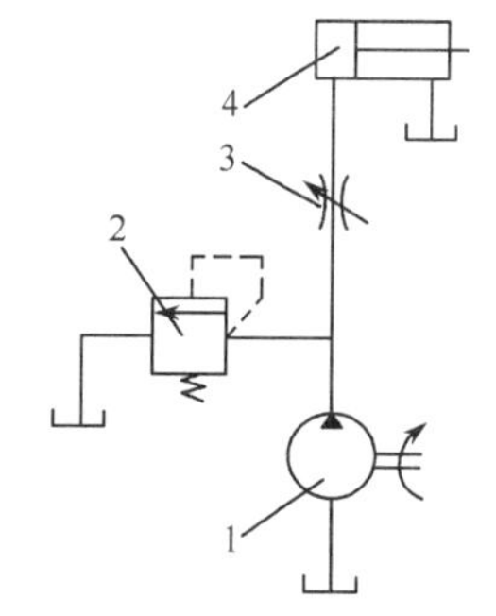

图 6－25 进油节流调速回路

1—定量泵；2—溢流阀；3—节流阀；4—液压缸。

(2)工作原理。如图 6－25 所示，系统的最大压力经过溢流阀设定后，基本上保持恒定不变，定量泵 1 的出口压力 p_p 为溢流阀 2 的设定压力并保持恒定，经过节流阀 3 后，以流量 q_1 和压力 p_1 进入液压缸 4，作用在液压缸的有效工作面积 A_1 上，克服负载 F，推动液压缸的活塞以速度 v 运动。定量泵多余的流量通过溢流阀流回油箱。如果忽略摩擦力和管路损失以及回油压力，活塞的运动速度 v 为

$$v=\frac{q_1}{A_1} \tag{6-3}$$

活塞的力平衡方程式为

$$p_1A_1=p_2A_2+F \tag{6-4}$$

式中 p_1、p_2——油缸的进油与出油压力；

A_1、A_2——油缸活塞两边的有效作用面积；

F——油缸的工作负载。

当油缸右腔直接接油箱时，p_2 为零。忽略油路的泄漏，流量 q_1 等于 q_T，q_T 为通过节流阀的流量。根据流量的连续性原理，当节流阀前后的压力差为 Δp_T 时，节流阀的流量为

$$q_T=C_TA_T(\Delta p_T)^m$$

联立式(6－3)、式(6－4)和上式得

$$v=\frac{C_TA_T}{A_1}\left(p_p-\frac{F}{A_1}\right)^m \tag{6-5}$$

式中 C_T——与节流孔口形状、液体流态、油液性质等因素有关的系数；

A_T——节流阀的流通面积；

m——节流阀的指数，其余符号意义同前。

由此可见，当其他条件不变时，活塞的运动速度 v 与节流阀的流通面积 A_T 成正比，因此可以通过调节节流阀的流通面积 A_T 调节液压缸的速度。

(3)调速性能。包括速度—负载特性、功率特性、最大承载能力等指标。

①速度—负载特性。指执行元件的速度随负载变化而变化的性能。可以用速度—负载特性曲线来描述。

在液压传动系统中，通过控制阀口的流量是按薄壁小孔流量公式计算，此时，式(6－5)中的指数 $m=0.5$，故得活塞运动速度为

$$v=\frac{C_TA_T}{A_1}\left(p_p-\frac{F}{A_1}\right)^{\frac{1}{2}} \tag{6-6}$$

取不同的流通面积 A_T 可以得到不同的速度—负载特性曲线，如图 6－26 所示。

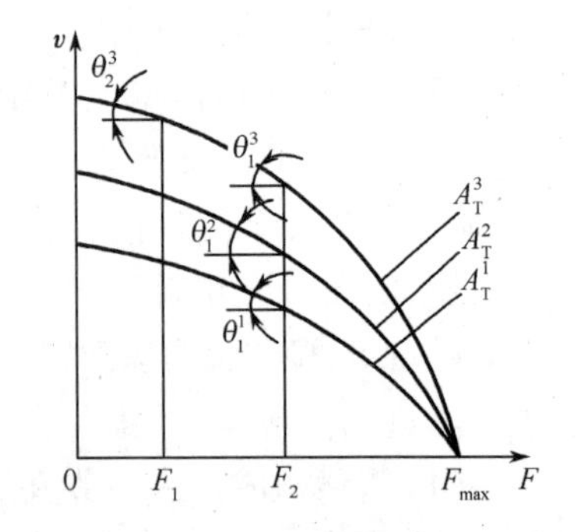

图 6－26 进油节油调速速度—负载特性曲线

由图中可以看出，当 p_p 和 A_T 设定后，活塞的速度随负载的增大而减小，当最大载荷 $F_{max}=p_pA_1$ 时，活塞停止运动，速度为零。通常定义活塞负载对速度的变化率为速

度刚度，即

$$K_v = -\frac{\partial F}{\partial v} \tag{6-7}$$

$$K_v = -\frac{1}{\tan\theta} \tag{6-8}$$

速度刚度 K_v 是速度—负载特性曲线上某点切线斜率的倒数，斜率越小，速度刚度越大，说明设定的速度受负载波动的影响就越小，其稳定性也越好。

由式(6－6)和式(6－7)得

$$K_v = \frac{2A_1^{\frac{3}{2}}}{C_T A_T}(p_p A_1 - F)^{\frac{1}{2}} = \frac{2(p_p A_1 - F)}{v} \tag{6-9}$$

从式(6－9)和图6－26可以得出：

a. 当节流阀流通面积 A_T 一定时，执行件负载 F 越小，θ 越小($\theta_2^3 < \theta_1^3$)，所以速度刚度 K_v 越大；

b. 当执行件负载一定时，节流阀流通面积 A_T(图6－20中 $A_T^1 < A_T^2 < A_T^3$)越小，速度刚度 K_v 越大；

c. 增大液压缸的有效工作面积，提高液压泵的供油压力，可以提高速度刚度。

②功率特性。液压泵的输出功率为

$$P_{po} = p_p q_p = \text{恒定}$$

液压缸输出的有效功率为

$$P_1 = Fv = Fq_1/A_1 = p_1 q_1$$

回路的功率损失(忽略液压缸、管路和液压泵上的功率损失)ΔP 为

$$\Delta P = P_{po} - P_1 = p_p q_p - p_1 q_1 = p_p \Delta q + \Delta p_T q_1 \tag{6-10}$$

式中 Δq——通过溢流阀的流量；

Δp_T——节流阀前后的压差。

所以，这种调速回路的功率损失由溢流损失和节流损失两部分组成。由此可以得出回路的效率为

$$\eta_c = \frac{P_1}{P_{po}} = \frac{p_1 q_1}{p_p q_p} \tag{6-11}$$

由于有两种功率损失，所以这种调速回路的效率不高，特别是在低速小负载的情况下，虽然速度刚度大，但效率很低。在液压缸要实现快速和慢速两种运动，并且速度差别较大时，采用一个定量泵供油是非常不合适的。

③最大承载能力和运动平稳性。当泵的出口压力设定好和液压缸的大小选择完毕后，不管节流阀的开口面积如何变化，液压缸的最大承载能力都是不变的，即 $F_{max} = p_b A_1$。所以这种调速方式是恒推力调速。

由于回油管路上没有背压，因此，进油节流调速回路不能承受负值负载(负值负载指负载方向和运动方向一致的负载)。

在活塞运动时，如果负载突然变小，活塞将会产生突然前冲现象，所以进油节流调速

回路的运动平稳性差。另外，油液通过节流阀时会发热，压力越大发热越严重，这对液压缸的泄漏有一定的影响，也影响到液压缸的运动速度平稳性。

2）回油节流调速回路

回油节流调速回路的原理如图 6－27 所示，与进油调速回路的主要区别是节流阀串接在执行件（液压缸）的回油路上，通过控制液压缸的排油量实现对液压缸的速度调节，通过节流阀的流量等于流出液压缸的流量，定量泵多余的流量通过溢流阀流回油箱。

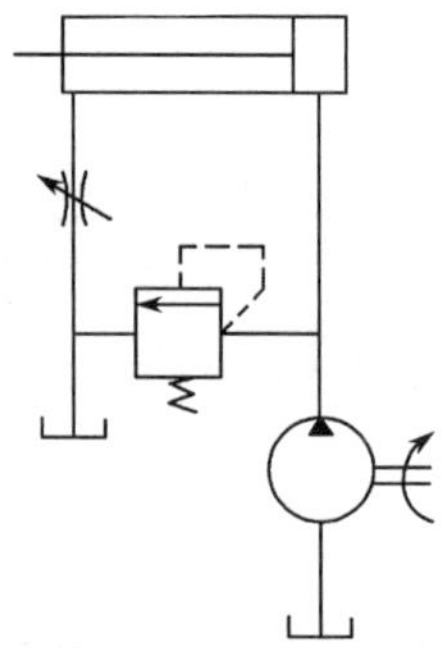

与进油调速回路的速度—负载特性、功率特性、承载能力特性相比，可以看出它们在这几方面是相同的。一般适合于低压、小流量、负载变化不大的液压系统。

图 6－27　回油节油调速回路

回油节流调速回路的特点如下：

（1）运动平稳性较好。由于经过节流阀发热的油不再进入执行机构，再加上回路上有背压，所以执行件的运动平稳性好，特别是低速运动时比较平稳。

（2）可以承受负载荷。回油节流调速回路由于有背压，所以可以承受负载荷。

（3）在回油节流调速回路中，如果停车时间较长，液压缸回油腔的油液会漏掉一部分，形成空隙。重新启动时，会使液压缸的活塞产生前冲，直到消除回油腔内的空隙并形成背压为止。

（4）效率低。这是因为回油节流调速回路有背压存在，使得液压缸两腔的压力都比进油节流调速回路高，因此在同样的负载情况下，降低了有效功率。

（5）发热及泄漏对回油节流调速的影响小于进油节流调速。因为进油节流调速回路中，经节流阀发热后的油液直接进入缸的进油腔；而在回油节流阀调速中，经节流阀发热后的油液直接流回油箱冷却。为了提高回路的综合性能，一般采用进油节流阀调速，并在回油路上加背压阀，使其兼具两者的优点。

（6）若回油使用有杆腔，无杆腔进油流量大于有杆腔回油流量，故在缸径缸速相同的情况下，进油节流阀调速回路的节流阀开口较大，低速时不易堵塞。因此，进油节流阀调速回路能获得更低的稳定速度。

回油节流调速回路一般适合于功率不大的低压、小流量、负载变化不大、运动平稳性要求比较高、具有负值（正值也可以）载荷的液压系统。

例题 6.2　如图 6－28 所示，已知泵流量 $q_p = 15\text{L/min}$，缸的左右活塞面积 $A_1 = 50\text{cm}^2$，$A_2 = 25\text{cm}^2$，溢流阀的调定压力为 $p_s = 2.8\text{MPa}$，负载为 F_L、节流阀通流面积 A_T、背压均已标在图上。通过节流阀的流量 $q_T = C_d A_T \sqrt{2\Delta p/\rho}$，式中 $C_d = 0.62$，$\rho = 900\text{kg/m}^3$，试求活塞运动速度和液压泵的工作压力 p_p。（速度单位要求换算成 m/min，压力单位为 MPa）

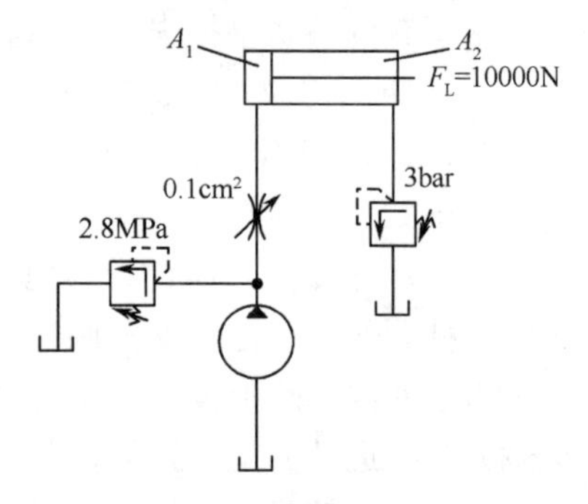

图 6－28　例题 6.2 图

解：假设溢流阀溢流，则

$$p_1 = \frac{p_2 A_2 + F_L}{A_1} = 2.15(\text{MPa})$$

节流阀前后压差为

$$\Delta p = p_s - p_1 = 0.65(\text{MPa})$$

通过节流阀的流量

$$q_T = C_d A_T \sqrt{\frac{2}{\rho}\Delta p} = 0.62 \times 0.1 \times 10^{-4} \sqrt{\frac{2}{900} \times 0.65 \times 10^6} =$$

$$0.000235(\text{m}^3/\text{s}) = 14.14(\text{L/min}) < q_B = 15(\text{L/min})$$

由此可见,溢流阀溢流,假设成立。

则泵的工作压力 $p_p = 2.8\text{MPa}$

活塞运动速度 $$v = \frac{q_T}{A_1} = \frac{0.000235}{0.005} = 0.0471(\text{m/s}) = 2.82(\text{m/min})$$

3)旁路节流调速回路

(1)回路构成。图6-29为旁路节流调速回路,这种调速回路与回油节流调速回路和进油节流调速回路的主要区别是将节流阀安装在与液压缸两腔并联的管路上,利用节流阀把液压油的一部分直接排回油箱来实现调速,这时,回路中的溢流阀是作为安全阀使用的。

(2)工作原理。定量泵实际输出流量为 q_p,通过节流阀流回油箱的过流量为 Δq_T,进入液压缸推动活塞运动的流量为 $q_1 = q_p - \Delta q_T$,活塞运动速度的快慢受通过节流阀的过流量 Δq_T 制约。因此调节节流阀的过流量 Δq_T,也就是调节活塞的运动速度。

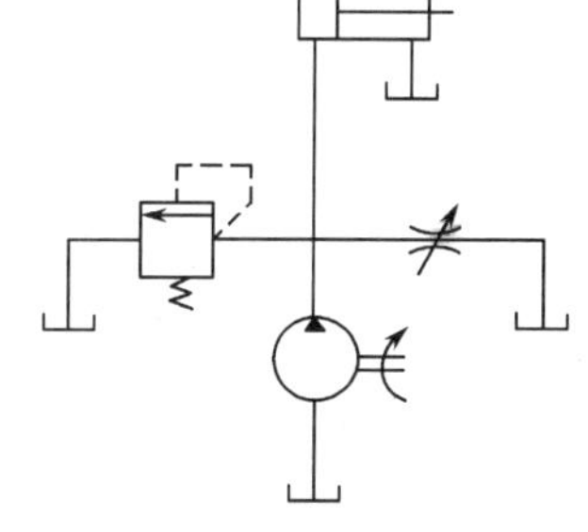

图6-29　旁路节油调速回路

在旁路节流调速回路中,液压缸内的工作压力就等于液压泵的供油压力(忽略管路压力损失),其大小由液压缸的工作负载决定,溢流阀作为安全阀使用,其调整压力应该大于液压缸的工作压力,正常状态下不打开,只有回路过载时才打开。

(3)调速性能。

①速度—负载特性。其分析方法与进油节流调速回路相同。可以求得活塞的运动速度:

$$v = \frac{q_1}{A_1} = \frac{q_p - \Delta q_T}{A_1} = \frac{q_p - C_T A_T(\Delta p_T)^{\frac{1}{2}}}{A_1} = \frac{q_p - C_T A_T\left(\frac{F}{A_1}\right)^{\frac{1}{2}}}{A_1} \tag{6-12}$$

速度刚度:

$$K_v = -\frac{\partial F}{\partial v} = \frac{2A_1^2}{C_T A_T} p_1^{\frac{1}{2}} = \frac{2A_1 F}{q_B - A_1 v} \tag{6-13}$$

旁路节流调速回路的速度—负载特性曲线如图6-30所示,由图6-30和式(6-12)、式(6-13)可以看出:

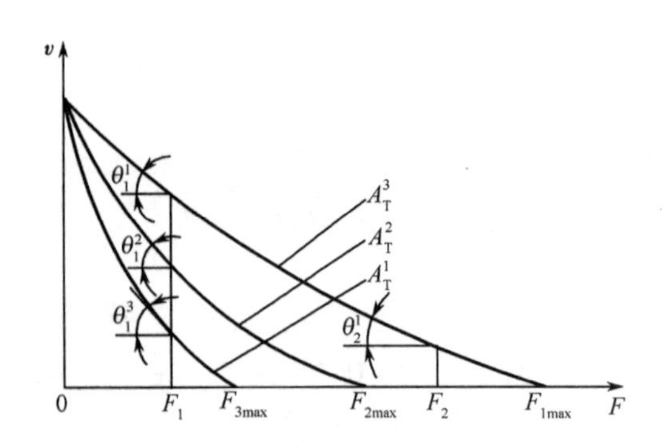

图 6－30　旁路节油调速速度—负载特性曲线

a. 液压缸的运动速度随着节流阀的开口面积增大而减小，当节流阀的开口为零时，液压缸运动速度最大；

b. 当节流阀的开口面积一定时，负载增大，活塞的运动速度下降，但速度刚度增大；

c. 当负载一定时，节流阀的开口面积越小，速度刚度也越大；

d. 增大液压缸活塞的面积可以提高速度刚度。

但速度的稳定性除了受液压缸和阀的泄漏影响外，也受到液压泵泄漏的影响。当负载增大时，工作压力增高，液压泵的泄漏增多，相对减少了进入液压缸油液的流量，使活塞运动速度降低。由于液压泵的泄漏比液压缸和阀的泄漏明显大，所以对活塞的运动速度的影响就比较明显。总而言之，旁路节流调速回路速度影响因素比进油和回油节流调速回路的多，因此它的速度稳定性最差。

由此可见，旁路节流调速回路在高速大负载时，速度刚度相对较高。而在低速时，调节范围较小。所以这种调速回路适应于稳定性要求不高、速度较高、载荷较大的场合。

②最大承载能力。由图 6－30 可以看出，旁路节流调速回路的承载能力受活塞运动速度和节流阀开口大小的影响。最大承载能力随着活塞运动速度的降低而减少，当活塞运动速度为零时，得到最大承载值，这时液压泵的全部流量已经通过节流阀流回油箱。此时继续增大节流阀的开口面积已经无法调节液压缸的运动速度了，只能降低系统的工作压力。

③功率特性。旁路节流调速回路没有溢流功率损失，只有节流功率损失。节流功率损失为

$$\Delta P = p_1 \Delta q_T$$

液压泵的输出功率为

$$P_{py} = p_p q_p$$

液压缸的输出功率为

$$P_1 = p_1 q_1$$

回路的效率为

$$\eta_c = \frac{p_1 q_1}{p_p q_p} \approx \frac{q_1}{q_p} \tag{6-14}$$

由于液压泵的输出功率随着液压系统工作压力的增减而增减，是一种变压式的调速回路，所以旁路节流调速回路的效率高于进油调速和回油调速回路。

2. 调速阀节流调速回路

前述几种节流调速回路，都不能满足负载变化较大或要求速度稳定性比较高的应用场合。为了克服上述缺点，可以用调速阀代替节流调速回路中的节流阀，组成调速阀的节流调速回路。

节流阀调速回路在变载情况下速度稳定性差的主要原因是节流阀两端压差的变化会影响到节流阀流通流量的变化，从而影响液压缸活塞运动速度的变化。而调速阀两端的压差基本不受负载变化的影响，其过流量只取决于开口面积的大小。因此，采用调速阀可以提高回路的速度刚度，改善速度—负载特性，提高速度的稳定性。节流阀调速回路分定压式和变压式两大类，进油调速回路和回油调速回路属于定压式调速回路，旁路调速回路属于变压式调速回路。

调速阀定压式调速回路（进油调速回路和回油调速回路）的速度—负载特性曲线如图 6－31 所示，如果忽略液压系统的泄漏，可以认为速度不受负载变化的影响。

调速阀定压式功率特性曲线如图 6－32 所示，调速阀调速回路的输入功率 P_{py} 和溢流损失功率 ΔP_1 不随负载变化；输出功率 P 随负载的增加而线性上升，节流损失 ΔP_2 则随负载的增加而线性下降。

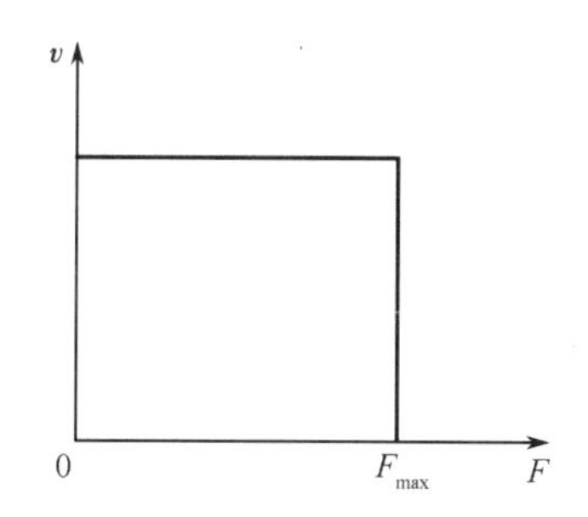

图 6－31　定压式调速回路速度—负载特性曲线

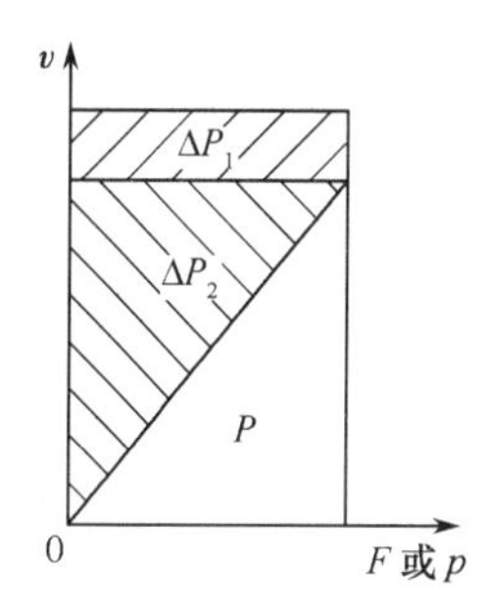

图 6－32　定压式调速阀功率特性

调速阀变压式调速回路（旁路调速回路）的速度—负载特性曲线如图 6－33 所示，可以基本保证速度不受负载的影响。

调速阀变压式功率特性曲线如图 6－34 所示，节流阀调速回路的输入功率 P_p 和输出功率 P_1 以及节流损失 ΔP 都随负载的增减而增减。

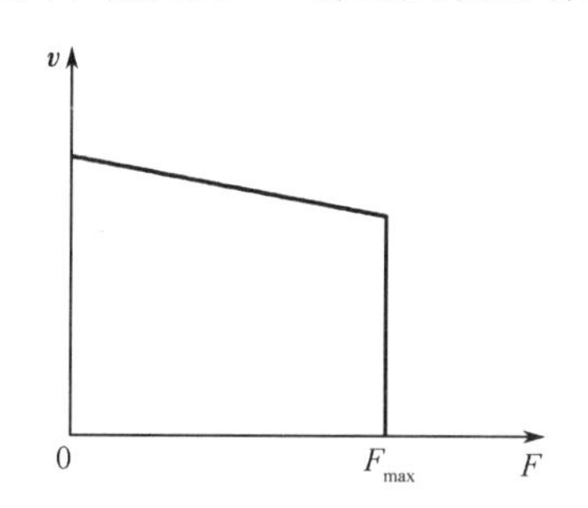

图 6－33　变压式调速阀调速速度—负载特性曲线

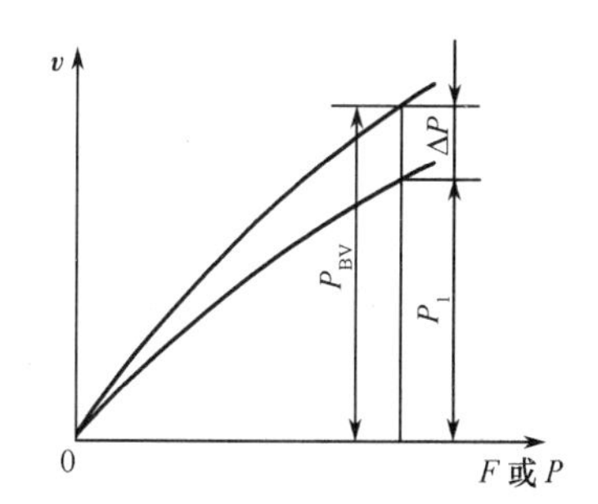

图 6－34　变压式调速阀功率特性

以上所介绍的各种节流调速回路由于有节流损失和溢流损失，所以只适用于小功率的液压系统。

6.3.2 容积调速回路

容积调速回路是采用改变泵或马达的排量来进行调速的。这种调速方式与节流调速回路相比,原理上没有节流、溢流和压力损失。因此,它的效率高、产生的热量少,适合大功率或对发热有严格限制的液压系统。其缺点是要采用变量泵或变量马达,变量泵或变量马达的结构要比定量泵和定量马达复杂得多,而且油路也相对复杂,一般需要有补油油路和设备、散热回路和设备。因此容积调速回路的成本比节流调速回路的高。这种回路在液压行走机械应用特别广泛,如全液压推土机、摊铺机、全液压挖掘机等。

容积调速回路的形式有变量泵与定量执行元件(液压缸或液压马达)、变量泵与变量液压马达以及定量泵与变量液压马达等几种组合。

1. 变量泵与液压缸的容积调速回路

1)回路结构和工作原理

变量泵与液压缸的调速回路有开式回路和闭式回路两种,通过改变变量泵的排量就可以达到调节液压缸活塞杆运动速度的目的。

在开式回路图 6-35 中,回油管与液压泵的吸油管是不连通的,溢流阀 2 处于常闭状态,起到安全阀的作用,用于防止系统过载;溢流阀 3 用作背压阀,增加换向时液压缸运动的平稳性;液压缸的换向采用换向阀 4 实现。

在闭式回路图 6-36 中,回油管与液压泵的吸油管是连通的,形成封闭的循环系统。安全阀 4、5 分别防止系统正反两个方向过载,液压缸的换向依靠变量泵的换向来实现。

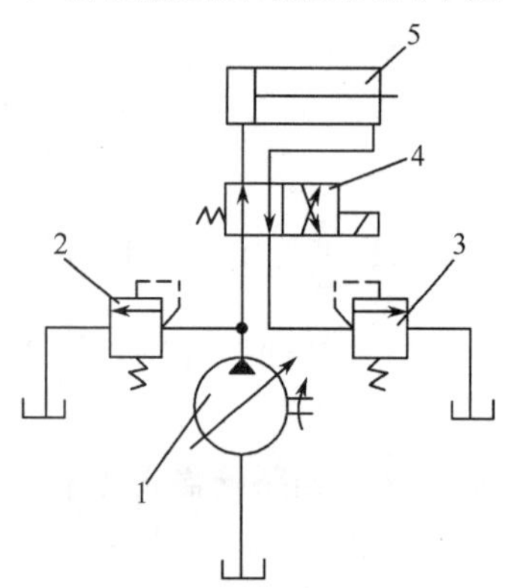

图 6-35 开式变量泵—液压缸容积调速回路
1—液压泵;2、3—溢流阀;4—换向阀;5—液压缸。

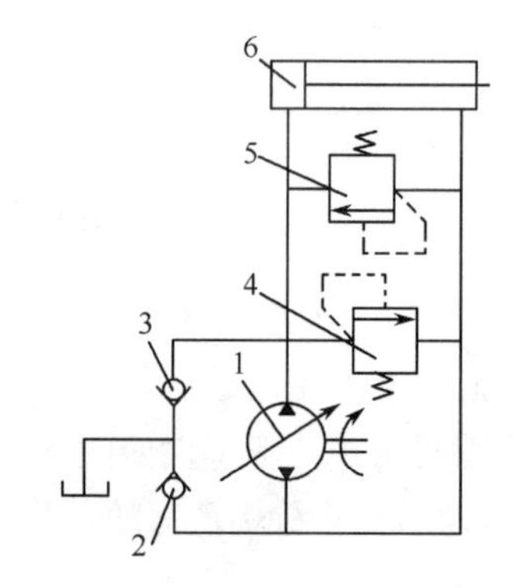

图 6-36 闭式变量泵—液压缸容积调速回路
1—双向变量泵;2、3—补油单向阀;
4、5—安全阀;6—液压缸。

由于液压缸二腔的有效工作面积有时不等及液压缸、液压马达及管路的泄漏等原因,对于闭式回路结构系统,要有补油油路,故在图 6-36 中,设有补油油路和油箱。

2)性能特点

(1)速度—负载特性。变量泵与液压缸调速回路的速度稳定性受变量泵、液压缸以及油路泄漏的影响,其中,变量泵的影响最大,其他的可以忽略。液压系统泄漏量的大小与系统的工作压力成正比,若泵的理论流量为 q_{pt},泄漏系数为 k_1,则可以求得回路(以开式回路为例)中活塞的运动速度为

$$v = \frac{q_1}{A_1} = \frac{q_p}{A_1} = \frac{1}{A_1}\left[q_{pt} - k_1\left(\frac{F}{A_1}\right)\right] \tag{6-15}$$

根据式(6－15)变换不同的 q_{pt} 值，就能得到一系列的平行直线，即变量泵与液压缸调速回路的速度—负载特性曲线(图6－37)。在图中直线向下倾斜，表明活塞运动的速度随着负载的增加而减小，是油泵泄漏造成的。当活塞速度调低到一定程度，负载增加到某个数值时，活塞就会停止运动，这时油泵的理论流量就全部弥补了泄漏。由此可见，这种调速回路在低速运动的工况下，承载能力是很差的。

变量泵与液压缸调速回路的速度刚度为

$$K_v = -\frac{\partial F}{\partial v} = \frac{A_1^2}{k_1} \tag{6-16}$$

式中，泄漏系数 k_1。泄漏量与负载压力成正比。要想提高回路的速度刚度，可以采用加大液压缸的有效工作面积或选用质量高、泄漏小的变量泵。

(2)调速范围。变量泵与液压缸调速回路的最大速度由泵的最大流量所决定。如果忽略了泵的泄漏，最低速度可以调到零，因此这种调速回路的调速范围很大，可以实现无级调速。

(3)输出负载特性。在变量泵与液压缸调速回路中，系统的最大工作压力 p 是由安全阀(溢流阀)设定的，液压缸的最大推力为

$$F_{max} = \eta_m p A_1$$

式中　η_m——液压缸的机械效率。

当假定安全阀的设定压力和液压缸的机械效率不变时，在调速范围内，液压缸的最大推力保持恒定，所以这种回路的输出负载特性是恒推力特性。而最大输出功率 P_{max} 是随着速度(泵的流量)的增加而线性增加，如图6－38所示。

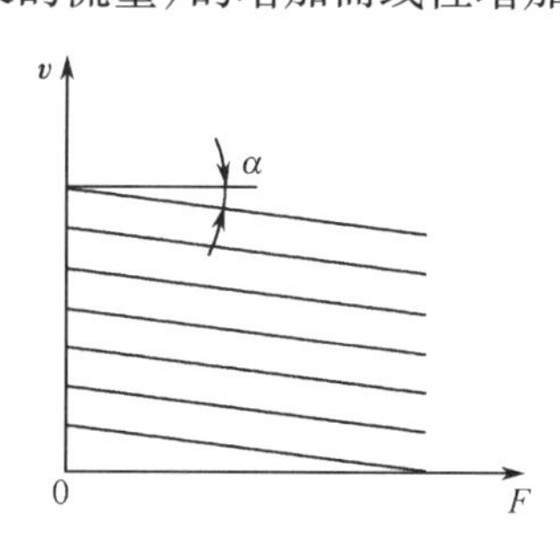

图6－37　变量泵—液压缸容积调速回路的速度—负载特性曲线

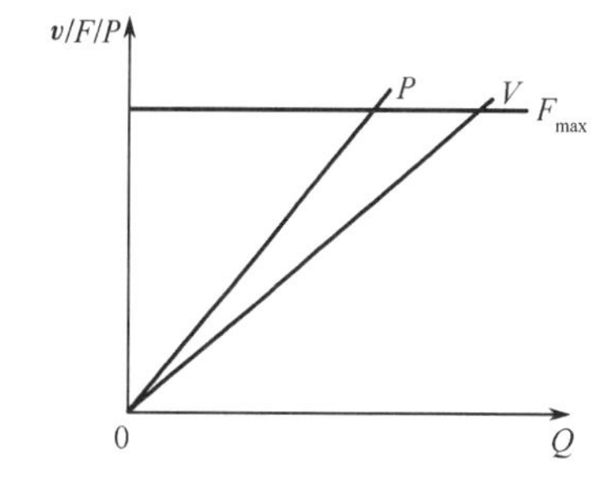

图6－38　变量泵—液压缸容积调速回路的功率、力输出特性曲线

2. 变量泵与定量液压马达的容积调速回路

1)回路结构和工作原理

变量泵与定量液压马达的容积调速回路如图6－39所示，由双向变量泵4，定量马达9，安全阀3，单向阀5、6、7、8，溢流阀1和补油油泵2组成。

液压马达的正反向旋转通过双向变量泵直接实现，也可以用单向变量泵再加装换向阀实现；安全阀分别限定油液正反流动方向油路中的最高压力，以防止系统过载；补油泵装在补油油路上，工作时经过单向阀分别向系统处于低压状态的油路补油，同时还可以防

止空气渗入和出现空穴,加强系统内的热交换,补油泵的流量可按变量泵最大流量的10% ~15%选择;溢流阀的作用是溢出补油泵多余油液,补油泵的补油压力由溢流阀设定,一般为0.3MPa ~1MPa。

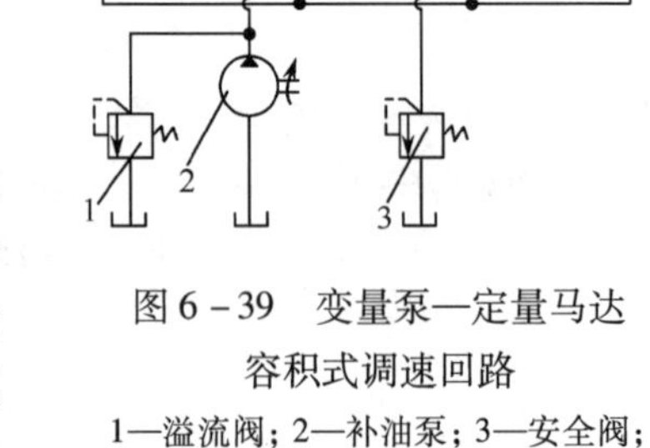

图6-39 变量泵—定量马达容积式调速回路

1—溢流阀;2—补油泵;3—安全阀;4—双向变量泵;5、6、7、8—单向阀;9—定量马达。

2)性能特点

(1)速度—负载特性。因为变量泵、液压马达泄漏量与负载压力成正比,所以变量泵—液压马达调速回路的速度稳定性受变量泵、液压马达泄漏的影响,随负载转矩的增加略有下降。减少泵和液压马达的泄漏量,增大液压马达排量,可以提高调速回路的速度刚度。

(2)调速范围。若泵的理论流量为q_{pt},排量为V_p,转速为n_p;液压马达的排量为V_M,忽略泵和液压马达的泄漏,则可以求得回路中液压马达的转速为

$$n_M = \frac{q_{pt}}{V_M} = \frac{V_p n_p}{V_M} \tag{6-17}$$

由式(6-17)可以看出,因为泵的转速n_p和液压马达的排量V_M都为常数,所以调节变量泵的排量V_p就可以调节液压马达的转速,两者之间的关系如图6-38所示。由于泵的排量V_p可以调得较小,因此这种调速回路有较大的调速范围,可以实现连续的无级调速。当回路中的液压泵改变供油方向时,液压马达就能实现平稳换向。

(3)输出负载特性。在图6-37中,液压马达的机械效率为η_{Mm},其最高输入压力p_{Mmax}由安全阀设定,忽略液压马达的出口压力,可以得到其最大输出转矩M_{Mmax}为

$$M_{Mmax} = \eta_{Mm} \frac{p_{Mmax} V_{Mmax}}{2\pi} = 常数 \tag{6-18}$$

由式(6-18)可见,液压马达的最大输出转矩M_{Mmax}是不变的,即与泵的排量V_p无关,所以称这种调速回路为恒转矩调速。

(4)功率与效率特性。忽略泵和液压马达的泄漏,液压马达的最大输出功率为

$$P_{Mymax} = V_p n_p p_{Mmax} \tag{6-19}$$

从式(6-19)中得出,液压马达的最大输出功率随变量泵的排量线性变化,两者之间的关系如图6-40所示。

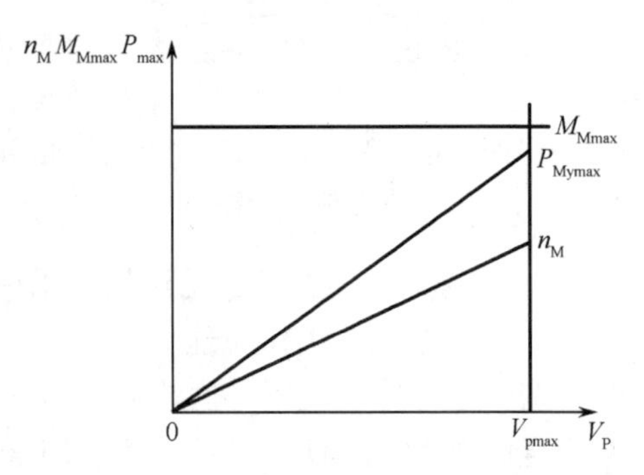

图6-40 变量泵—定量液压马达容积式调速回路液压马达转速、转矩、功率与泵排量的关系曲线

正常情况下,变量泵与定量液压马达的容积调速回路没有溢流损失和节流损失,所以回路的效率较高。忽略管路的压力损失,回路的总效率等于变量泵与液压马达的效率之积。

由上面分析可以看出,变量泵与定量液压

马达的容积调速回路的效率较高，有一定的调速范围和恒转矩特性，在工程机械、锻压机械等功率较大的液压系统中获得广泛应用。

3. 定量泵与变量液压马达的容积调速回路

1）回路结构和工作原理

定量泵与变量液压马达（简称变量马达）的容积调速回路的油路结构如图6-41所示，由调速回路和辅助补油油路组成，在调速回路中设有安全阀5、定量泵4、变量马达6。辅助补油油路中有补油泵1、溢流阀2和单向阀3。

在不考虑泄漏的前提下，液压马达的转速 n_M 为

$$n_M = \frac{q_{pt}}{V_M} = \frac{n_p V_p}{V_M} \tag{6-20}$$

由式（6-20）可以看出，由于油泵的排量 V_p 为常数，改变变量马达的排量 V_M 就可以实现调速功能，液压马达的转速与排量 V_M 成反比。其关系曲线如图6-42所示。

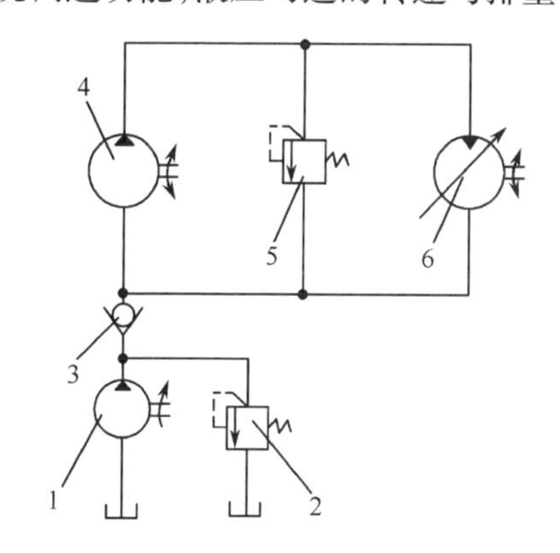

图6-41 定量泵—变量马达容积式调速回路

1—补油泵；2—溢流阀；3—单向阀；4—定量泵；5—安全阀；6—变量马达。

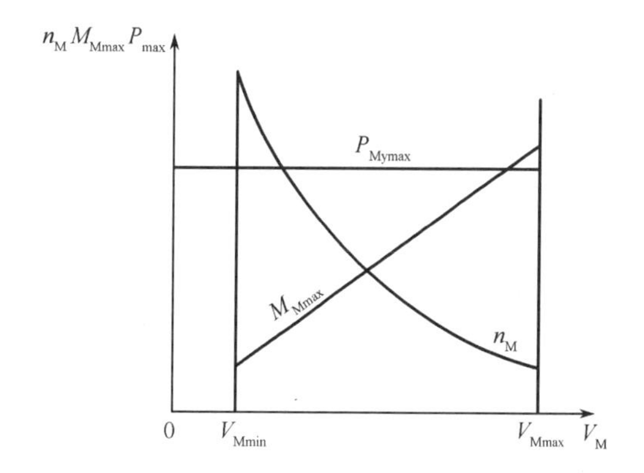

图6-42 定量泵—变量马达容积式调速回路马达转速、转矩、功率与泵排量的关系曲线

2）性能特点

（1）速度—负载特性。定量泵与变量液压马达容积调速回路的速度—负载特性和变量泵与定量液压马达容积调速回路的完全相同。

（2）调速范围。由式（6-20）可以看出，因为泵的转速 n_p 和排量 V_p 都为常数，所以减少变量马达的排量 V_M 就可以提高其转速，但根据式（6-21），其输出转矩会减小，当排量小到一定程度，变量马达会因为输出转矩过小不足以克服负载而停止转动，转速与排量之间的关系如图6-42所示。所以变量马达的转速不能调得太高。同时受变量马达变量结构最大行程的限制，其排量也不能调得过大，转速过低。因此这种调速回路的调速范围较小，一般为4左右。

（3）输出负载特性。在图6-39中，变量马达的最高输入压力 p_{Mmax} 由安全阀设定，忽略变量马达的泄漏，其机械效率为 η_{Mm}，可以得到其最大输出转矩 M_{Mmax} 为

$$M_{Mmax} = \eta_{Mm} \frac{p_{Mmax} V_{Mmax}}{2\pi} \tag{6-21}$$

由式(6-21)可见,变量马达的最大输出转矩 M_{Mmax} 与其排量 V_M 有关,其最大输出转矩是变化的,所以这种调速回路输出转矩与变量马达排量 V_M 成正比,其关系曲线如图6-42所示。

(4)功率与效率特性。当安全阀的设定压力 P_{Mmax} 一定时,忽略变量马达的泄漏(变量马达的流量等于泵的流量)和机械效率的变化,其最大输出功率 P_{Mymax} 为

$$P_{Mymax}=\eta_{Mm}V_p n_p p_{Mmax}=\eta_{Mm}q_M p_{Mmax} \tag{6-22}$$

从式(6-22)中得出,变量马达的最大输出功率为一定值。因此称该回路具有恒功率的特性,也称为恒功率调速回路。

因为定量泵与变量液压马达容积式调速回路没有溢流损失和节流损失,所以回路的效率较高。忽略管路的压力损失,回路的总效率等于变量泵与变量马达的效率之积,但变量马达的机械效率随排量的减小而降低,在高速时回路的效率会有所降低。

4. 变量泵与变量液压马达的容积调速回路

1)回路结构和工作原理

变量泵与变量马达容积式调速回路的油路结构如图6-43所示,由调速回路和辅助补油油路组成,在调速回路中设有安全阀3、变量泵4、变量马达9、两个单向阀7、8。辅助油路中由溢流阀1、补油泵2以及单向阀5和6组成。溢流阀还用于调速回路中的低压回油的溢流。改变变量泵或变量马达的排量都可以实现变量马达的调速。

2)调速特性

这种调速回路实际上是相当于恒转矩调速回路与恒功率调速回路的组合。其调速方法是首先将变量马达的排量置于最大位置不动,然后调节变量泵的排量,使其由小到大进行调节,直到泵的排量调到最大位置为止。这一阶段是恒转矩调速阶段,回路的特性与恒转矩回路相似,变量马达的输出转矩 M_{Mmax}、转速 n_M、功率 P_{Mymax} 与泵排量 V_p 的关系如图6-44左半部分所示。随后,变量泵保持最大排量位置,将变量马达的排量由大向小调节,直到变量马达的排量减小到最小允许值为止。这一阶段是恒功率调速阶段,回路的特性与恒功率回路相似,变量马达的输出转矩 M_{Mmax}、转速 n_M、功率 P_{Mymax} 与变量马达排量 V_M 的关系如图6-44右半部分所示。

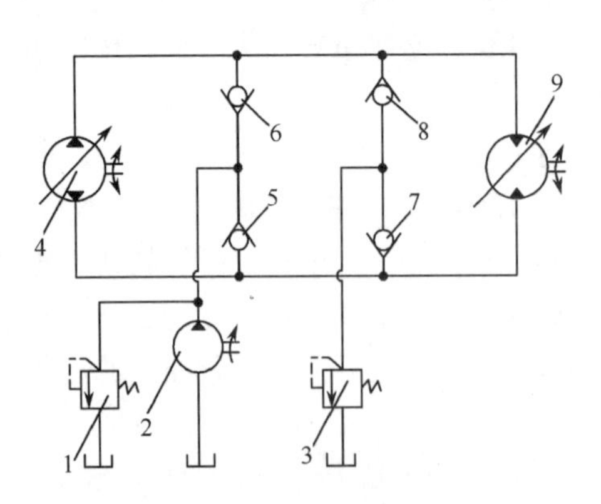

图6-43 变量泵—变量马达容积式调速回路
1—溢流阀;2—补油泵;3—安全阀;4—变量泵;5、6、7、8—单向阀;9—变量马达。

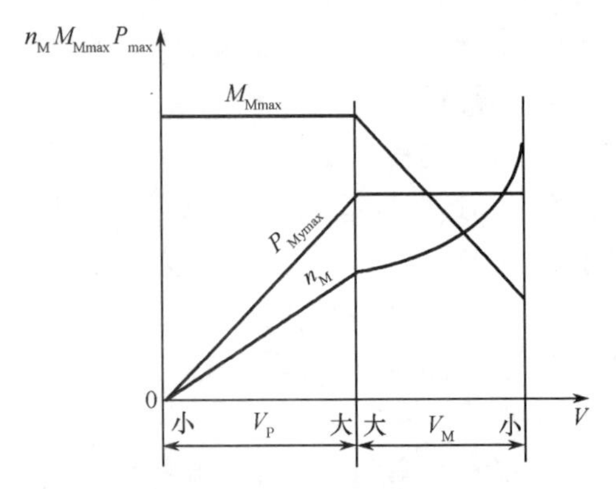

图6-44 变量泵—变量马达容积式调速回路变量马达转速、转矩、功率与排量的关系曲线

由上述过程可见,变量泵与变量马达的容积式调速回路,兼有两种回路的性能,扩大了回路的调速范围,最大可以达到100。在恒转矩调速阶段属于低速调速阶段,保持了最大输出转矩不变;而恒功率调速阶段属于高速调速阶段,提供了较大的输出功率。这一特点非常适合机器的动力要求,因此应用广泛,已经在金属切削机床、工程机械等领域获得应用。

6.3.3 容积节流调速回路

容积调速回路有着效率高、发热少的优点,但是泄漏较严重,因此导致了速度—负载特性差,特别是低速时,问题更加突出,不能满足使用需要。与调速阀的节流回路相比,容积式调速回路的低速稳定性较差。对于要求效率高、低速稳定性好的场合,可以采用容积节流调速方式。容积节流调速回路的工作原理是用压力补偿变量泵供油,用流量阀控制进入或流出液压缸的流量,并使变量泵的流量自动与液压缸的需求流量相适应。容积调速回路有限压式调速阀容积节流调速回路和压差式节流阀容积节流调速回路。

1. 限压式变量叶片泵与调速阀的容积节流调速回路

限压式变量叶片泵与调速阀的容积节流调速回路的油路结构如图6-45所示,回路系统由限压式变量叶片泵1供油,其调速原理是通过改变调速阀2的过流开口面积,从而达到调节进入液压缸的液压油流量和液压缸运动速度的目的。

限压式变量叶片泵的工作特性曲线—流量随压力变化曲线如图6-46中曲线1所示,调速阀的工作特性曲线—流量随压力变化曲线如图6-46中曲线2所示。

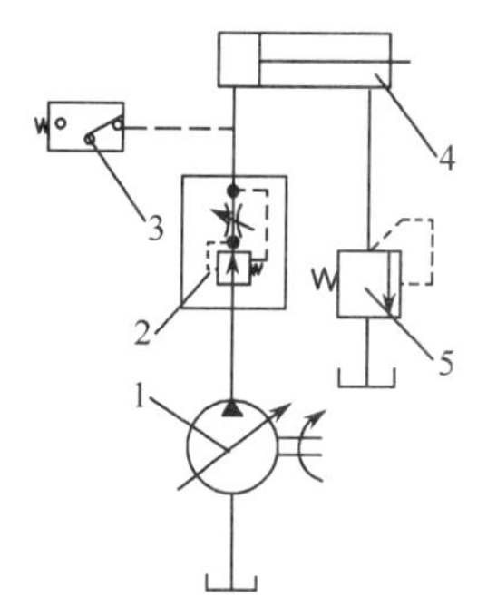

图6-45 限压式容积节流调速回路
1—叶片泵;2—调速阀;3—压力继电器;
4—液压缸;5—背压阀。

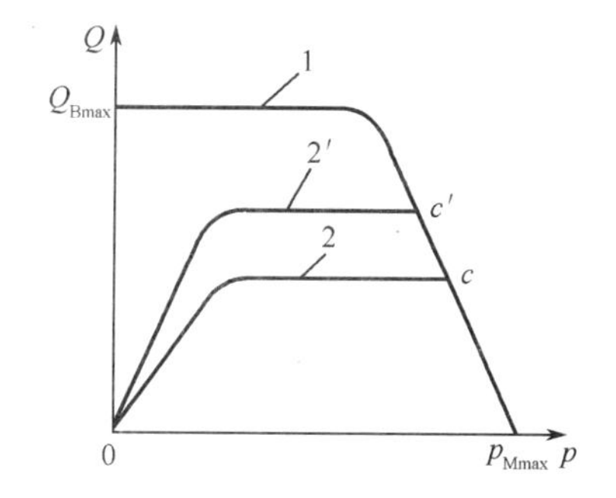

图6-46 限压式变量泵—调速阀容积调速回路
压力—流量特性工作曲线

忽略叶片泵与调速阀之间管路的泄漏损失,变量泵的输出流量 q_p 应该等于调速阀的过流量。当回路处于某一正常工作状态时,两条曲线相交于一点 c,c 点处的横坐标即为变量泵的出口压力 p_p,也是调速阀的入口压力;c 点处的纵坐标即为变量泵的输出流量 Q_B,同样也是调速阀的流量。如果调节调速阀使其流量 q_1 增大,则调速阀的工作特性曲线上移到2′位置,与泵的工作特性曲线相交于新的一点 c',那么 c'点所对应的压力和流量即为变量泵和调速阀新的工作压力和工作流量。由此可见,这种调速回路就是通过调速阀来改变变量泵的输出流量使其与调速阀的控制流量相适应。图6-45所示系统中设有死挡块,活塞碰到死挡块停留时,可由压力继电器发出信号用。

这种调速回路没有溢流损失，但有节流损失，回路的效率高于节流调速而低于容积调速回路。节流损失的大小与液压缸的工作压力 p_1 有关。负载越小，工作压力 p_1 越低，节流损失越大。这种回路是以增加压力损失为代价换取低速稳定性。

回路中的调速阀可以装在进油油路上，也可以装在回油油路上。这种回路的主要优点是泵的压力和流量在工作进给和快速运动时能自动切换，发热少、能量损失少、运动平稳性好。适合于负载变化不大的中小功率系统。

2. 差压式变量叶片泵与节流阀的容积节流调速回路

差压式变量叶片泵与节流阀的容积节流调速回路如图 6-47 所示，差压式变量叶片泵的主要特点是能自动补偿由负载变化引起的泵泄漏变化，使泵的输出流量基本保持稳定。节流阀控制着进入液压缸的流量，并使变量泵的输出流量自动与液压缸的需求流量相适应。

在图 6-48 中，横坐标表示节流阀前后的压差，纵坐标表示通过的流量，1 表示节流阀的工作特性曲线，2 表示差压式变量叶片泵的工作特性曲线。节流阀流量调整好后正常工作时，系统的工作点就是泵的工作特性曲线 2 与阀的工作特性曲线 1 的交点 c。如果调节节流阀使流量 $q'_1 > q_p$ 时，变量泵的输出阻力减小、压力降低，节流阀两端的压差减小，泵的偏心距加大使泵的供油量 q_p 增加，直到新的 $q_p = q'_1$ 为止（忽略管路的泄漏）。这时阀与泵的工作点由 c 的位置变到 c' 的位置。反之，调节节流阀使流量 $q''_1 < q_p$ 时，阀与泵的工作点由 c 的位置变到 c'' 的位置。

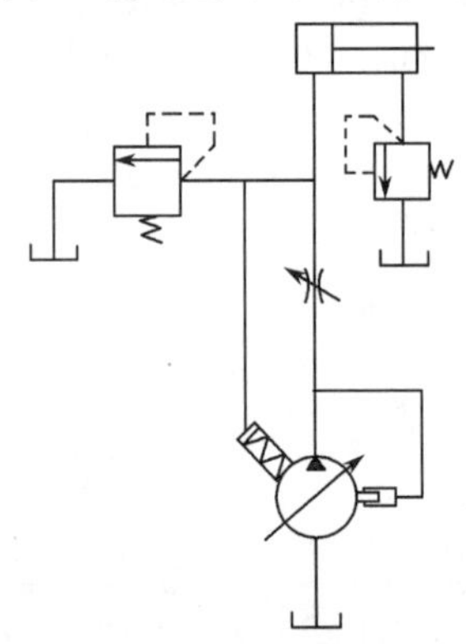

图 6-47　差压式变量叶片泵与节流阀容积节流调速回路

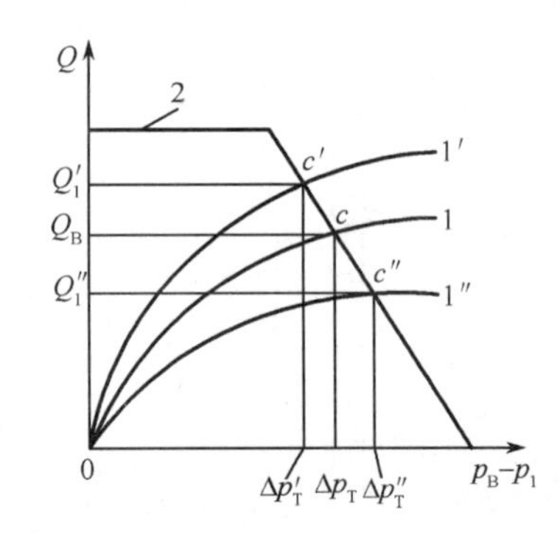

图 6-48　变量叶片泵与节流阀的工作点

当负载变化时，液压缸的工作压力也随之发生变化，泵的供油压力随液流阻力增加也增加，引起节流阀前后的压差变化，从而导致泵的偏心距变化使泵的供油量也随之变化，以补偿因压力变化引起泄漏变化而导致的流量波动。如负载 F 增大，液压缸工作腔的压力 p_1 也增大，液压泵的供油压力 p_p 因液流阻力增加而随之增大，进一步导致泵的泄漏增加，泵的供油量 q_p 减少，节流阀前后的压差 Δp_T 也变小，变量泵的偏心距加大使泵的供油量也随之增加，直到液压缸的流量恢复到原来的设定值为止。由此可见，这种调速回路的速度设定后，基本上不受负载变化的影响，从而保证了液压执行件的速度稳定性。尤其在流量小、负载变化大的液压系统中，其速度稳定的作用更加显著。

差压式变量叶片泵与节流阀的容积节流调速回路是一种变压式调速回路，这种回路只有节流损失,大小为节流阀两端的压力差。其值比限压式变量叶片泵与调速阀的容积节流调速回路的压力损失小得多,因此发热少、效率高。

6.3.4 快速回路和速度换接回路

1. 快速运动回路

为了提高生产率,许多液压系统的执行件都采用了两种运动速度,即空行程时的快速运动和工作时的正常运动速度,常用的快速运动形式有以下几种。

1)液压缸的差动连接快速运动回路

单出杆液压缸的差动快速运动回路如图6-49所示,液压缸利用三位四通换向阀实现快速运动,当换向阀处于左位时,液压泵提供的液压油和液压缸右腔液压油同时进入液压缸左腔,使活塞快速向右运动。运动速度的差值与液压缸两腔面积的差值有关,当两腔面积相差1倍时,差动与非差动连接时的速度相差1倍。

2)双泵供油的快速运动回路

双泵供油的快速运动回路如图6-50所示,当系统中的执行元件空载快速运动时,低压大流量泵输出的压力油经过单向阀后与高压小流量泵汇合,共同向系统供油;当执行件开始工作进给时,系统的压力增大,液控顺序阀打开,单向阀关闭,低压大流量泵卸荷,这时,由高压小流量泵独自向系统供油,实现执行件的工作进给。系统的工作压力由溢流阀设定,液控顺序阀的作用是控制低压大流量泵在系统空载需要快速运动时向系统供油,在系统正常运动时使低压大流量泵卸荷。液控顺序阀的调整压力应该是高于快速空行程而低于正常工作进给运动所需的压力。这种快速运动回路特别适合空载快速运动速度与正常工作进给运动速度差别很大的系统,具有功率损失小、效率高的特点。

另外,为了更好地利用各泵功率,提高作业速度,还可以采用双泵合流措施,这一方案在具有变幅或举升机构的机械中应用得较多。

3)采用蓄能器的快速运动回路

当液压系统在一个工作循环中,只有很短的时间需要大量供油时,可以采用有蓄能器的快速运动回路。回路结构如图6-51所示。

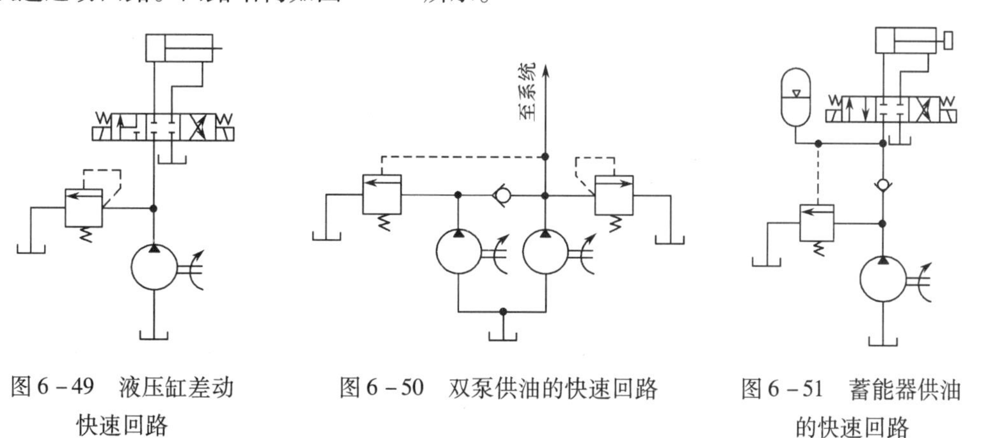

图6-49 液压缸差动快速回路　　图6-50 双泵供油的快速回路　　图6-51 蓄能器供油的快速回路

当换向阀在中位时,液压泵启动后首先向蓄能器供油;当蓄能器的充油压力达到设定值时,液控卸荷阀打开,液压泵卸荷,蓄能器完成能量存储;当换向阀动作后,液压泵和蓄能器同时经过换向阀向执行件供油,使执行件快速运动,这时蓄能器释放能量。蓄能器工作压力由液控卸荷阀事先调整好,调整值应该高于系统的最高压力,以保证液压泵的油液能够全部进入系统。这种回路适合于在一个工作循环周期内有较长的停歇时间的应用场合,以保证液压泵能完成对蓄能器的充液。

2. 速度换接回路

速度换接回路的功能是使执行元件在一个工作循环过程中,自动从一种运动速度转换到另一种运动速度(如由快速运动变换成正常运动)。

1)采用行程阀的速度换接回路

采用行程阀的速度换接回路如图6-52所示,回路主要由换向阀3、行程阀6和单向阀5、调速阀4(或节流阀)等组成。当换向阀3处于左位的机能时,调速阀4被行程阀6短路,液压缸7右腔的液压油直接流回油箱,液压缸活塞实现快速进给。当活塞上的撞块压下行程阀6的触头时,行程阀关闭油路,液压缸右腔的液压油通过单向调速阀流回油箱,活塞的运动速度由单向调速阀调节,活塞完成了快速进给向工作进给的转换,活塞进入工作进给状态。换向阀处于右位的机能时,液压油通过单向阀进入液压缸的右腔,推动活塞快速返回,完成一个工作循环。如果换向阀采用电磁换向阀,图示的回路可以完成快进—工进—快退—停止这一自动循环过程。

这种回路换接速度的快慢可以通过改变行程阀挡块的斜度来进行调整,因此速度换接比较平稳,换接位置比较准确。缺点是大多数情况下行程阀的安装位置受到管路连接的限制,不够灵活,如果必须采用行程阀,管路连接可能会很复杂,若采用电磁阀代替行程阀,将会使安装位置方便灵活,但换向的平稳性较差。

2)调速阀串联速度换接回路

调速阀串联速度换接回路如图6-53所示,两个调速阀串接后,通过换向阀的通断可以使执行件获得两种速度,为了使后一个调速阀能够起作用,其流量必须小于前一个调速阀的流量。

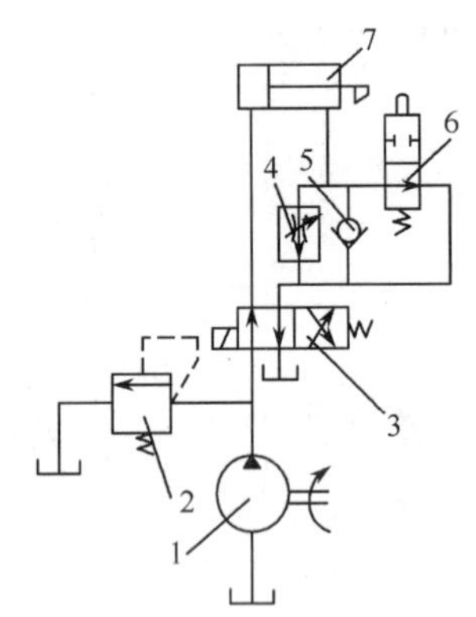

图6-52 行程阀的速度换接回路

1—液压泵;2—溢流阀;3—电磁换向阀;4—调速阀;5—单向阀;6—行程阀;7—液压缸。

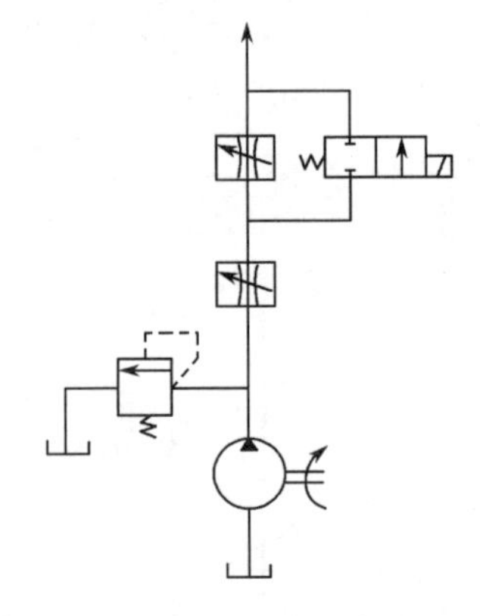

图6-53 调速阀串联速度换接回路

在图示位置,液压油经过两个调速阀,因为后一个调速阀流量小于前一个调速阀的流量,所以这时执行件的速度由后一个调速阀控制。当换向阀切换到右位时,执行件的速度则由前一个调速阀控制。这种速度换接回路的特点是换接时比较平稳。

3）调速阀并联速度换接回路

调速阀并联速度换接回路如图 6－54 所示，两个调速阀并联后，通过换向阀的通断可以使执行件分别获得两种不同速度。这种速度换接回路的特点是两个调速阀的速度可以单独调节，互不影响。当一个调速阀工作时，另一个处于非工作状态，换接时，由于工作状态发生改变，调速阀流量瞬时过大，会导致执行元件出现前冲现象，速度换接不够平稳，因此应用得不如调速阀串联速度换接回路的多。

4）液压马达串并联速度换接回路

在液压驱动的行走机构中，往往需要液压马达有两种转速以满足行驶条件的要求，在平地行驶采用高速，上坡时采用低速以增加转矩。为此，两个液压马达之间的油路采用串并联连接实现速度的换接，以达到上述目的。

液压马达串并联速度换接回路如图 6－55 所示，使用二位电磁换向阀实现两个液压马达油路的串并联接，三位换向阀实现液压马达的正反转，液压马达的调速用变量泵实现。在图示情况下，两个液压马达并联连接，此时为低速；若二位换向阀得电，两个液压马达实现串联连接，获得高速。若两个液压马达的排量相等，并联时，进入每个液压马达的流量为油泵流量的 1/2，转速为串联的 1/2，但输出转矩相应增加。串并联连接时，回路的输出功率相同。

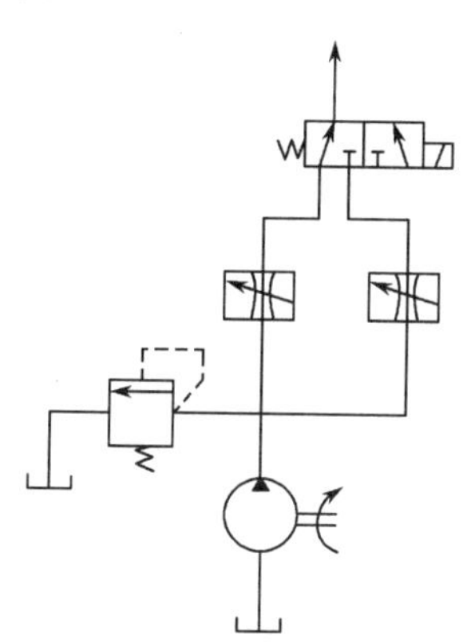
图 6－54　调速阀并联速度换接回路

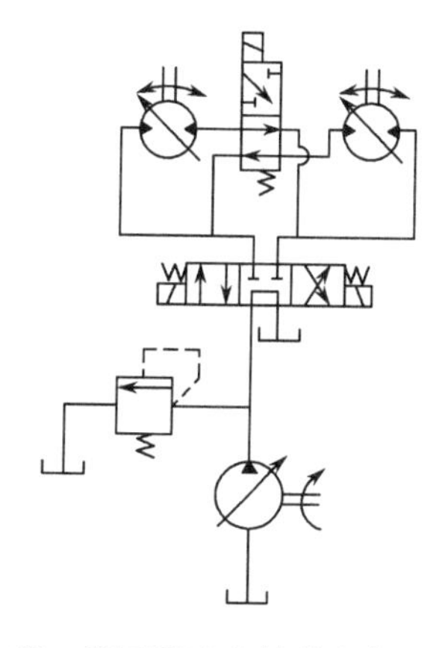
图 6－55　液压马达串并联速度换接回路

另外，采用专用的液压缸（如双活塞液压缸）也可以实现速度换接功能。

6.4　多缸运动控制回路

6.4.1　顺序回路

顺序动作回路的功用是使多缸液压系统中的各个液压缸严格地按规定的顺序动作。按控制方式不同，可分为行程控制、压力控制和时间控制，其中前两种用得最广泛。

1. 行程控制顺序动作回路

图 6－56 所示为行程阀控制的顺序动作回路。这种回路工作可靠，但动作顺序一经确定再改变就比较困难，同时管路长，布置较麻烦。

其控制动作顺序为：手动换向阀 C 在左位，缸 A 活塞杆向左运动；碰到换向阀 D 后，换向阀 D 在上位工作，缸 B 活塞杆向左运动；到极限位置后，手动换向阀在右位工作，缸 A 活塞杆收回，同时，换向阀 D 在下位工作；当缸 A 活塞杆收回到极限位置后，缸 B 的活塞杆开始收回。这样就完成一个循环。

图 6－57 是一种采用行程开关和电磁换向阀配合的顺序动作回路。与 6－54 所示回路相比，该回路调整行程比较方便，改变电气控制线路就可以改变油缸的动作顺序，利用电气互锁，可以保证顺序动作的可靠性。操作时首先按动启动按钮，使电磁铁 1YA 得电，

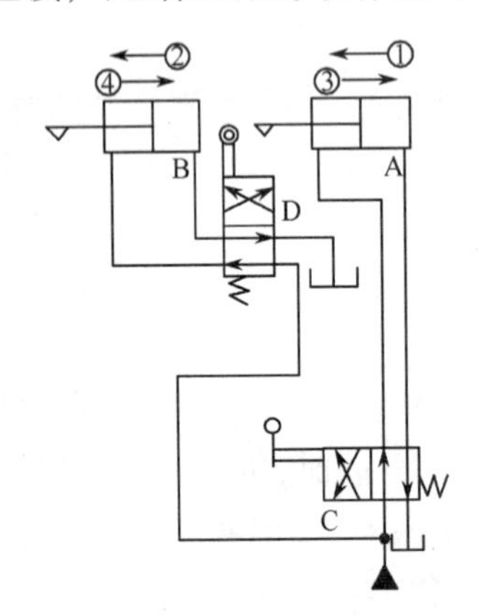

图 6－56　行程阀控制的顺序动作回路

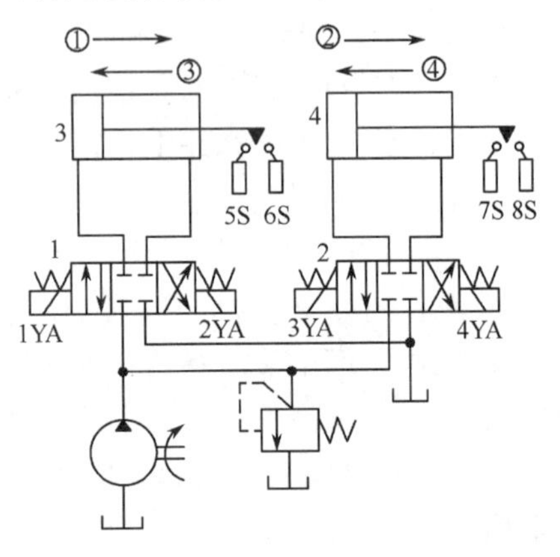

图 6－57　采用行程开关和电磁换向阀配合的顺序动作回路

压力油进入油缸 3 的左腔，使活塞向右运动。当活塞杆上的挡块压下行程开关 6S 后，通过电气上的连锁使 1YA 断电，3YA 得电。油缸 3 的活塞停止运动，压力油进入油缸 4 的左腔，使其活塞杆向右运动。当活塞杆上的挡块压下行程开关 8S，使 3YA 断电，2YA 得电，压力油进入缸 3 的右腔，使其活塞按箭头 3 所示的方向向左运动；当活塞杆上的挡块压下行程开关 5，使 2YA 断电，4YA 得电，压力油进入油缸 4 右腔，使其活塞按箭头 4 的方向返回。当挡块压下行程开关 7S 时，4YA 断电，活塞停止运动，至此完成一个工作循环。

2. 压力控制顺序动作回路

图 6－58 是采用两个单向顺序阀的压力控制顺序动作回路。其中，单向顺序阀 4 控制两液压缸前进时的先后顺序，单向顺序阀 3 控制两液压缸后退时的先后顺序。当电磁换向阀 2DT 得电在右位工作时，压力油进入液压缸 1 的左腔，右腔经阀 3 中的单向阀回油，此时由于压力较低，顺序阀 4 关闭，液压缸 1 的活塞先动。当液压缸 1 的活塞运动至终点时，油压升高，达到单向顺序阀 4 的调定压力时，顺序阀开启，压力油进入液压缸 2 的左腔，右腔直接回油，液压缸 2 的活塞向右移动。当液压缸 2 的活塞右移达到终点后，电磁换向阀 1DT 得电在左位工作时，压力油进入液压缸 2 的右腔，左腔经阀 4 中的单向阀回油，使缸 2 的活塞向左返

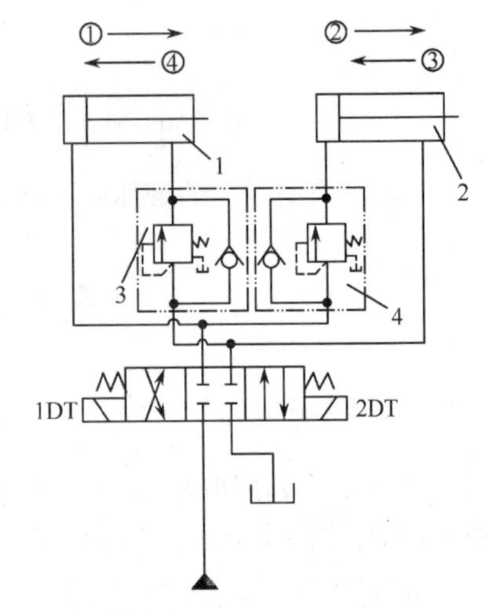

图 6－58　顺序阀控制的顺序回路
1、2—液压缸；3、4—单向顺序阀。

回,到达终点时,压力油升高打开顺序阀3再使液压缸1的活塞返回。显然这种回路动作的可靠性取决于顺序阀的性能及其压力调定值,即它的调定压力应比前一个动作的压力高出0.8MPa~1MPa,否则顺序阀易在系统压力脉冲中造成误动作。由此可见,这种回路适用于液压缸数目不多、负载变化不大的场合。其优点是动作灵敏,安装连接较方便;缺点是可靠性不高,位置精度低。

利用上述回路可以完成钻床液压系统的顺序控制,实现对工件夹紧和钻孔,其中1为夹紧液压缸,2为钻头进给液压缸。动作顺序为:夹紧工件—钻头进给—钻头退回—松开工件。

除此之外,可以通过压力继电器和电磁换向阀实现压力顺序动作控制。

6.4.2 同步回路

在多缸工作的液压系统中,常常会遇到要求两个或两个以上的执行元件同时动作的情况,并要求它们在运动过程中克服负载、摩擦阻力、泄漏、制造精度和结构变形上的差异,维持相同的速度或相同的位移,即作同步运动。同步运动包括速度同步和位置同步两类。速度同步是指各执行元件的运动速度相同;而位置同步是指各执行元件在运动中或停止时都保持相同的位移量。同步回路就是用来实现同步运动的回路。由于负载、摩擦、泄漏等因素的影响,很难做到精确同步。

1. 液压缸机械联结的同步回路

这种同步回路是用刚性梁、齿轮、齿条等机械零件在两个液压缸的活塞杆间实现刚性联结以便来实现位移的同步。图6-59所示为液压缸机械联结的同步回路,这种同步方法比较简单经济,能基本上保证位置同步的要求,但由于机械零件在制造、安装上的误差,同步精度不高。同时,两个液压缸的负载差异不宜过大,否则会造成卡死现象。

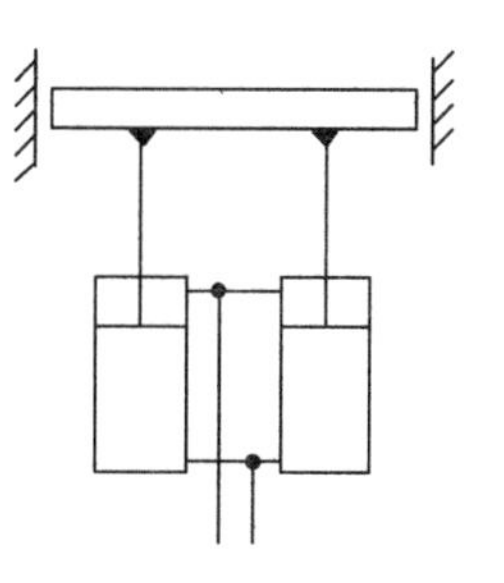

图6-59 液压缸机械联结的同步回路

2. 采用同步缸或同步马达的同步回路

图6-60是采用同步缸的同步回路,两个工作液压缸的内腔面积相等。同步缸是两个尺寸相同的缸体和两个活塞共用一个活塞杆的液压缸,活塞向左或向右运动时输出或接受相等容积的油液,在回路中起着配流的作用,使有效面积相等的两个液压缸实现双向同步运动。同步缸的两个活塞上装有双作用单向阀,可以在行程端点消除误差。

和同步缸一样,用两个同轴等排量双向液压马达作配流环节,输出相同流量的油液亦可实现两缸双向同步。如图6-61所示,图中节流阀用于行程端点消除两缸位置误差。这种回路的同步精度比采用流量控制阀的同步回路高,但专用的配流元件带来了系统复杂、制造成本高的缺点。

3. 用调速阀的同步回路

图6-62中,在两个并联液压缸的进(回)油路上分别串接一个调速阀,通过调整两个调速阀的开口大小,控制进入两个液压缸或自两液压缸流出的流量,可使它们在一个方向上实现速度同步。这种回路结构简单,但调整比较麻烦,同步精度不高,不宜用于偏载或负载变化频繁的场合。如果采用分流集流阀(同步阀)代替调速阀,可控制两液

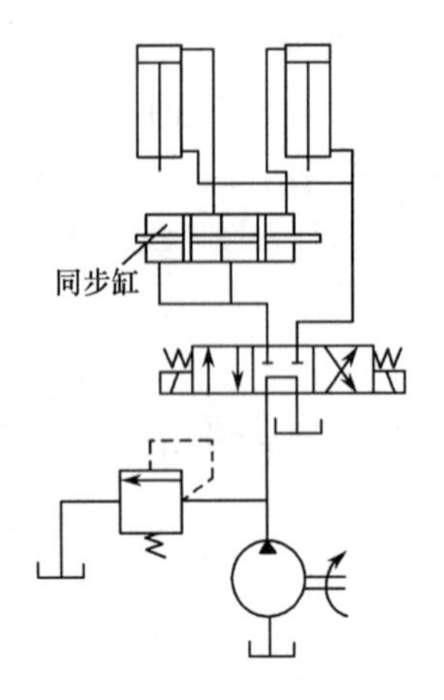

图 6-60　采用同步缸的液压缸同步回路

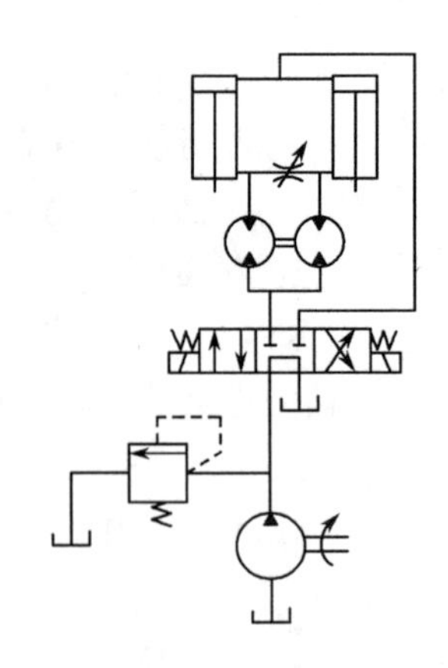

图 6-61　采用同步马达的液压缸同步回路

压缸的流入或流出的流量,使两液压缸在承受不同负载的状态下仍能实现较高精度的速度同步。

4. 采用比例阀或伺服阀的同步回路

当液压系统有很高的同步精度要求时,必须采用比例阀或伺服阀的同步回路。如图 6-63 所示,伺服阀根据装在需要同步运动液压缸活塞头部的两个位移传感器的反馈信号,持续不断地调整伺服阀阀口开度,控制两个液压缸输入或输出油液的流量,使两个液压缸获得双向同步运动。

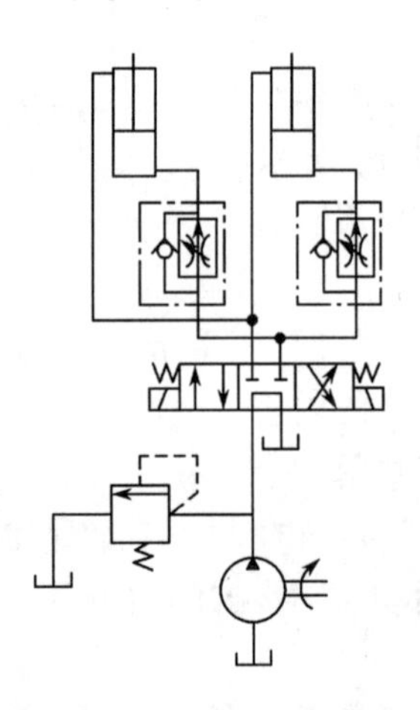

图 6-62　用调速阀的同步回路

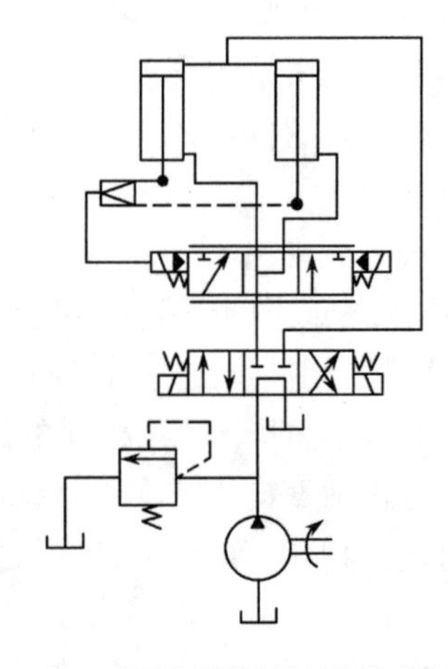

图 6-63　采用伺服阀的液压缸同步回路

习　题

1. 什么是液压系统的基本回路？基本回路的类型有哪几种？
2. 按照油液循环方式,回路可以分为哪两种形式？各有什么特点？
3. 容积调速回路的类型、特性、应用场合是什么？
4. 压力调节回路有哪几种？有什么特点？

5. 如何实现液压泵的卸荷？请画出两个回路。

6. 在液压回路中，液压缸有效工作面积 $A_1 = 2A_2 = 50\text{cm}^2$，液压泵流量为 $q_p = 10\text{L/min}$，溢流阀调定压力 $p_y = 2.4\ \text{MPa}$。节流阀小孔的流通面积是 0.02cm^2，流量系数 $C_d = 0.62$，油密度 $\rho = 900\text{kg/m}^3$。试分别按载荷 $F_L = 10000\text{N}$、5500N 和 0 三种情况，计算液压缸的运动速度和速度刚度。

7. 图 6－64 所示系统中，液压缸的有效面积 $A_1 = A_2 = 100\text{cm}^2$，缸 Ⅰ 负载 $F_L = 35000\text{N}$，缸Ⅱ运动时负载为零，不计管路损失。溢流阀、顺序阀和减压阀的调定压力分别为 4MPa、3MPa、2MPa。求下列工况下 A、B、C 处的压力。

液压泵启动后，两换向阀处于中位；

1YA 通电，液压缸 Ⅰ 运动时和到终端位置停止时；

1YA 断电，2YA 通电，液压缸Ⅱ运动时和碰到固定挡块停止运动时。

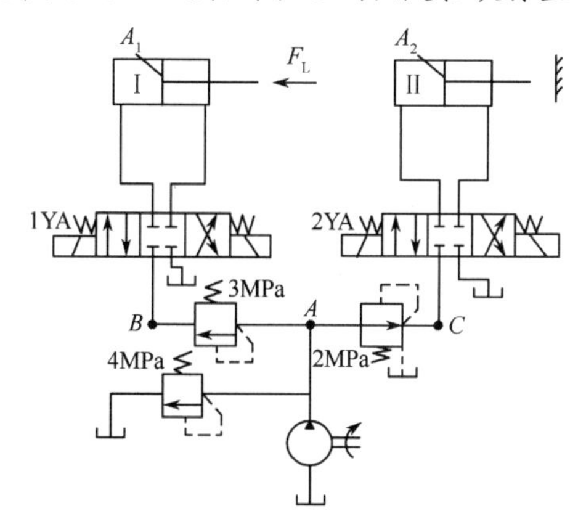

图 6－64　习题 7 图

8. 在进油节流调速回路中，液压缸有效工作面积 $A_1 = 2A_2 = 50\text{cm}^2$，液压泵流量为 $q_p = 10\text{L/min}$，溢流阀调定压力 $p_y = 2.4\text{MPa}$，在回油路加一个 0.3MPa 的背压阀，节流阀小孔的流通面积是 0.02cm^2，流量系数 $C_d = 0.62$，油密度 $\rho = 900\text{kg/m}^3$，试计算：

(1) 当负载 10000N 时，回路的效率；

(2) 此回路可以承受的最大负载。

9. 在回油节流调速回路中，液压缸有效工作面积 $A_1 = 2A_2 = 50\text{cm}^2$，液压泵流量为 $q_p = 10\text{L/min}$，溢流阀调定压力 $p_y = 2.4\text{MPa}$，流量系数 $C_d = 0.62$，油密度 $\rho = 900\text{kg/m}^3$，则

(1) 节流阀小孔的流通面积是 0.02cm^2 和 0.01cm^2 时的速度负载曲线；

(2) 当负载为零时，忽略损失，泵压力和液压缸回油腔压力各为多少？

10. 由变量泵和定量液压马达组成的调速回路，变量泵排量可以在 $0 \sim 50\text{cm}^3/\text{r}$ 的范围内调节，泵转速为 1000r/min，液压马达排量为 $50\text{cm}^3/\text{r}$，安全阀调定压力为 10MPa。在理想情况下，认为马达和变量泵的效率都是 100%，求在此调速回路中：

(1) 液压马达的最低和最高转速是多少？

(2) 液压马达的最大输出转矩是多少？

(3) 液压马达的最高输出功率是多少？

11. 在题 10 中，如果认为液压马达和变量泵的效率都是 0.85%，泵和液压马达的泄

漏随工作压力的增高而线性增加，当调定压力为 10MPa 时，泵和液压马达的泄漏量各为 1L/min，求：

(1)液压马达的最低和最高转速是多少？

(2)液压马达的最大输出转矩是多少？

(3)液压马达的最高输出功率是多少？

(4)计算回路在最高和最低转速下的总效率。

第7章　液压控制基本知识

7.1　概　述

17世纪帕斯卡定律出现之后,液压传动获得了快速发展。总体而言,其发展经历了开关控制、伺服控制、比例控制、数字控制四个阶段。

在普通液压传动系统应用中,控制方式无论是采取手动、电磁、电液等形式,还是采用计算机或可编程控制器控制,都属于开关式点位控制方式,只能实现手动调速、加载和顺序控制等功能,难以实现任意规律、连续的速度调节,控制精度和调节性能不高。

而在液压控制系统中,可利用各种物理量的传感器对被控制量进行检测和反馈,从而实现位置、速度、加速度、力和压力等各种物理量的自动控制。系统按偏差调节原理工作,并按偏差信号的方向和大小进行自动调整,即不管系统的扰动量和主路元件的参数如何变化,只要被控制量的实际值偏离希望值,系统便按偏差信号的方向和大小进行自动调整。控制系统有反馈,具有抗干扰能力,因而控制精度高;但也存在矫枉过正带来的稳定性问题,所以要求较高的设计和调整技术。

液压控制系统的组成框图如图7-1所示。

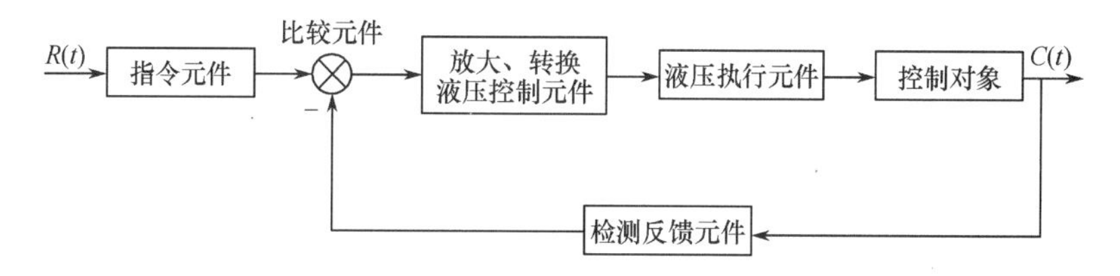

图7-1　液压控制系统组成框图

图中各基本元件的组成和作用如下:

(1)指令元件:按要求给出控制信号的元件,如计算机、可编程控制器、指令电位器、单片机、嵌入式系统或其他电器等;

(2)反馈检测元件:检测被控制量,给出系统的反馈信号,如各种类型的传感器;

(3)比较元件:把具有相同形式和量纲的输入控制信号与反馈信号加以比较,给出偏差信号。比较元件有时不一定单独存在,而是与指令元件反馈检测元件及放大器组合在一起,由一个结构元件完成;

(4)放大、转换和控制元件:将偏差信号放大,并作为能量形式转换(电—液;机—液等),变成液压信号,去控制执行元件(液压缸、液压马达等)运动。一般是放大器、伺服阀、电液伺服阀、比例阀等;

(5)执行元件:直接对被控对象起作用的元件,如液压缸、液压马达等;

(6)被控对象:液压系统的控制对象,一般是各类负载装置。

此外,还有能源装置、辅助装置等其他组成部分。

7.2 伺服阀与伺服控制系统

伺服控制系统是一种执行元件能够以一定的精度自动地按照输入信号的变化规律而动作的自动控制系统,也称随动系统。液压伺服(随动)系统指的是采用液压控制元件,根据液压传动原理建立起来的伺服系统。它是一种由输入信号可以连续地、按比例地控制执行元件的速度、力矩或力、位置,有较高的控制精度和调节性能的控制系统。

液压伺服控制系统的组成框图如图7-2所示。

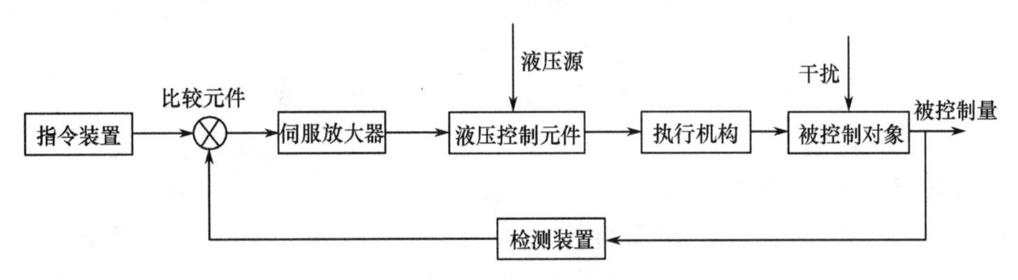

图7-2 液压电液伺服控制系统组成框图

液压伺服系统有许多种类,按照不同的分类方法会得出不同的结果。

按照液压功率放大器的类型分为:

(1)阀控系统:由伺服阀按照节流原理,控制输入执行元件的流量和压力大小的系统,也称节流式控制系统;

(2)泵控系统:利用伺服变量泵改变排量的做法,控制输入执行元件的流量和压力大小的系统,也称容积式控制系统。

按照控制信号的类别和伺服阀的类型分为机液伺服系统、电液伺服系统和气液伺服系统。

按照负载运动性质及输出的物理量分为液压位置伺服系统、液压压力伺服系统、液压速度伺服系统和液压加速度伺服系统。

按照检测元件的输出量形式及信号处理手段分为模拟式液压伺服系统和数字式液压伺服系统。

液压伺服控制系统除了具有一般液压传动所固有的优点外,还有系统刚度大、控制精度高、响应速度快、可以快速启动、停止和反向的优点。所以,可以组成体积小、质量小、加速能力强、动作迅速和控制精度高的大功率和大负载的伺服系统。但同样也存在一些缺点,如除了普通液压系统所具有的缺点外,它的控制元件(主要是各类伺服阀)和执行元件因为加工精度高,所以价格贵、怕污染,对液压油的要求高。

由于液压伺服系统有非常突出的优点,因此它的应用非常广泛。

7.2.1 伺服阀

伺服阀是一种以小的电气信号去控制系统内液体压力或流量的伺服元件。伺服阀是伺服控制系统的核心,它可以按照给定的输入信号连续成比例地控制流体的压力、流量和方向,使被控对象按照输入信号的规律变化。

伺服阀按照输出特性有流量控制阀、压力控制阀、压力—流量控制阀;按结构形式有滑阀、喷嘴挡板阀和射流管阀等。

1. 滑阀

1)滑阀的工作原理和结构特性

滑阀是最常用的结构形式,它常用作工业伺服阀的前置级和所有伺服阀的功率级。滑阀按照外接油口的多少不同分为二通、三通、四通等;按照控制边数的不同分为单边、双边和四边滑阀,其工作原理如图 7-3 所示。其中图 7-3(a)为二通单边滑阀,图 7-3(b)为三通双边滑阀,图 7-3(c)为四通四边滑阀。阀芯的位移不同于液压传动中开关式换向阀,而是双向连续变化的。基本功能是连续改变控制棱边(节流口)的流通面积,以改变进入液压缸(或执行件)两腔的压力和流量,达到控制液压缸输出运动和动力的目的。

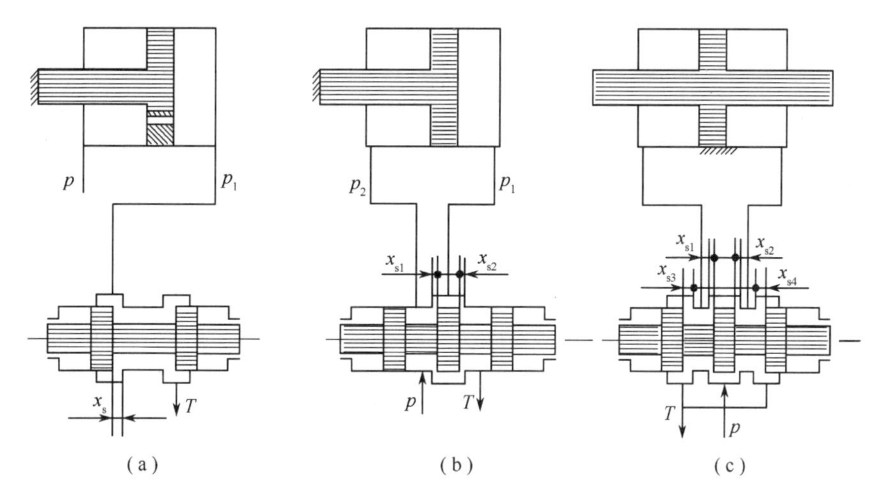

图 7-3 滑阀工作原理

(a)二通单边滑阀;(b)三通双边滑阀;(c)四通四边滑阀。

根据阀在中间平衡位置时控制棱边的不同初始开口量,滑阀又可以分为正开口、零开口和负开口,如图 7-4 所示。

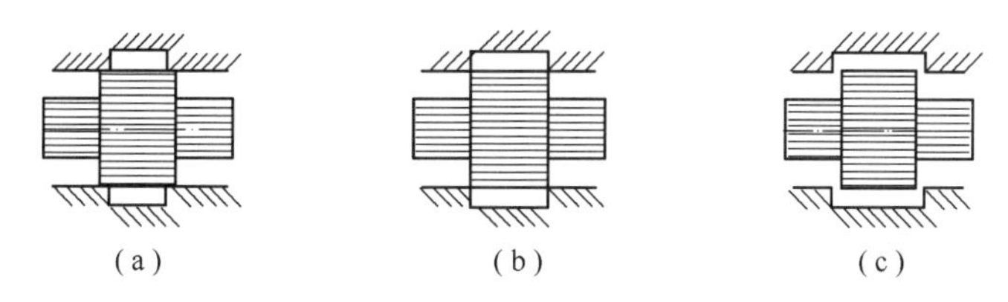

图 7-4 滑阀的开口形式

(a)负开口;(b)零开口;(c)正开口。

当阀芯移动时,不同初始开口量的阀将有不同的流量输出特性,图 7-5 为三种不同开口形式滑阀的位置—流量特性曲线。

阀的开口形式对其控制性能影响很大,尤其是在零位附近的特性。从图 7-4(a)可以看出,负开口滑阀在中间平衡位置时,四个节流口完全被遮盖,彻底切断了油源和执行件之间的通路。阀芯需要左右移动 x_{V0} 的距离后,才能将相应的节流口打开,才会有油液输给执行件。所以在滑阀的位置—流量特性曲线上形成一段没有油液输出的非线性死区,灵敏度低,高精度的伺服阀控制系统是不应该使用这类结构的伺服阀的。但这种结构的伺服阀制造容易、成本低,可以在工作过程的任何位置上可靠地停止,所以在手动伺服阀或比例控制系统中还选用这种阀。图 7-4(b)是零开口阀,其位置—流量特性曲线是线形的,控制性能好、灵敏度高。实际上,阀总存在径向间隙,节流工作边有圆角,有一定的泄漏,要求零位泄漏越小越好,但制造工艺复杂、成本高。图 7-4(c)是正开口阀,结构简单,但是液体无功损耗比较大。

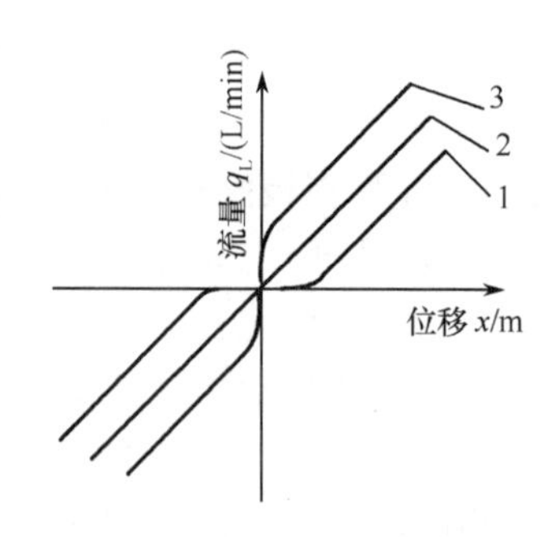

图 7-5　滑阀不同开口形式的位移—流量特性

1—负开口; 2—零开口; 3—正开口。

2)滑阀的流量—压力特性

滑阀的流量—压力特性反映了在静态情况下滑阀的负载流量 q_L 与阀芯位移 x_V、负载压力 p_L 之间的函数关系,即

$$q_L = f(p_L, x_V)$$

下面以理想的零开口四边滑阀为例分析阀的静态特性,首先假定阀的节流口边为锐边,各阀口匹配均匀对称,开口开度相等,油源压力稳定,油液是理想液体,管道无变形、无泄漏,忽略其他一切压力损失。

图 7-6 为零开口四边滑阀计算简图,当阀芯从零位右移 x_V 时,根据节流口的流量公式(设回油压力为零),进入液压缸的液体流量为

$$q_1 = C_d w x_V \sqrt{\frac{2}{\rho}(p - p_1)} \tag{7-1}$$

流出液压缸的液体流量为

$$q_2 = C_d w x_V \sqrt{\frac{2}{\rho} p_2} \tag{7-2}$$

在稳态时　$q_1 = q_2 = q_L$　(7-3)

油源供油压力　$p = p_1 + p_2$　(7-4)

负载产生的压力　$p_L = p_1 - p_2$　(7-5)

由式(7-4)、式(7-5)得

$$p_1 = \frac{1}{2}(p + p_L) \tag{7-6}$$

$$p_2 = \frac{1}{2}(p - p_L) \tag{7-7}$$

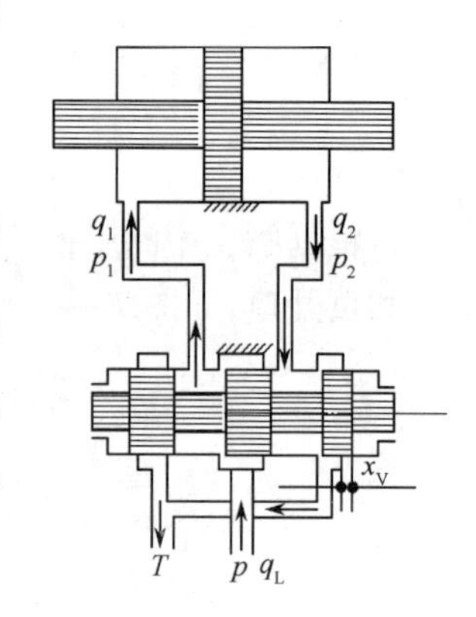

图 7-6　零开口四边滑阀计算简图

将式(7-6)、式(7-7)代入式(7-1)或式(7-2)得

$$q_1 = q_2 = q_L = C_d w x_V \sqrt{\frac{1}{\rho}(p - p_L)} \tag{7-8}$$

式中　w——阀口的面积梯度；

wx_V——阀口的几何流通面积。

式(7－8)就是理想零开口四边滑阀的流量—压力特性方程。为了便于清楚对比，将式(7－8)通过处理可以得到无量纲流量—压力特性方程为

$$\bar{q}_L = \bar{x}_V \sqrt{1 - \bar{p}_L \frac{x_V}{|x_V|}} \tag{7-9}$$

式中　$\bar{q}_L = q_L / q_{Lmax}$；

$\bar{x}_V = x_V / x_{Vmax}$；

$\bar{p}_L = p_L / p_{Lmax}$。

以$\bar{x}_V$为变参数，以$\bar{q}_L$为纵坐标、$\bar{p}_L$为横坐标可以绘制出许多条无量纲流量—压力特性曲线族，如图7－7所示。

曲线表现出非线性关系，基本呈现抛物线形状，这个现象主要是由节流口的非线性特性造成的，当$p > \frac{2}{3}p$时，非线性关系严重，x_V越大，非线性关系越严重。当p_L、x_V较小时，曲线可以近似当作直线对待；如果p_L为常量，x_V增加，负载流量也增加；由于滑阀的节流口是匹配对称的，阀在两个方向上的控制性能是一样的，所以流量—压力特性曲线对称于原点。

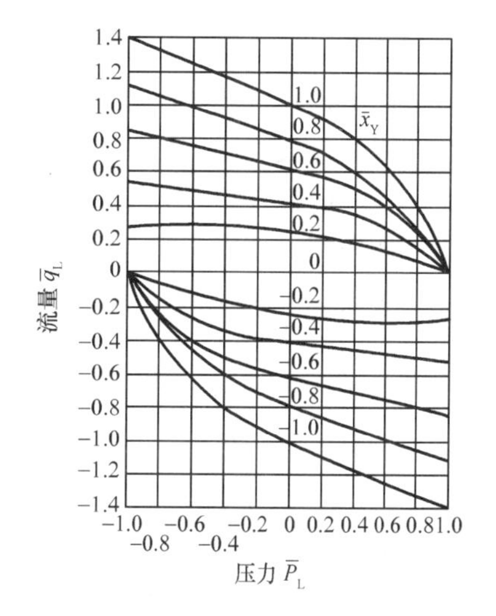

图7－7　零开口四边滑阀流量—压力曲线

滑阀的静态特性系数有流量放大系数、压力放大系数、流量压力系数。

(1)流量放大系数(流量增益)为

$$k_q = \frac{\partial q}{\partial x_V} \tag{7-10}$$

表示了在负载压力一定时，滑阀单位输入位移导致的负载流量变化的大小。K_q越大，滑阀对负载流量的控制就越灵敏。

(2)压力放大系数(压力增益)为

$$k_P = \frac{\partial p_L}{\partial x_V} \tag{7-11}$$

表示了在负载流量一定时，滑阀单位输入位移所导致的负载压力变化的大小。K_P越大，滑阀对负载压力的控制就越灵敏。

(3)流量压力系数为

$$k_c = -\frac{\partial q_L}{\partial p_L} \tag{7-12}$$

表示在滑阀开口x_V一定时，负载单位压力变化所导致的负载流量变化的大小。k_c越大，说明负载压力很小的变化就能对滑阀流量产生大的变化。

滑阀的三个静态特性系数之间的关系是

$$k_{\mathrm{P}}=\frac{\partial p_{\mathrm{L}}}{\partial x_{\mathrm{V}}}=\frac{\dfrac{\partial q_{\mathrm{L}}}{\partial x_{\mathrm{V}}}}{\dfrac{\partial q_{\mathrm{L}}}{\partial p_{\mathrm{L}}}}=\frac{k_{\mathrm{q}}}{k_{\mathrm{c}}}$$

$$\text{或 } k_{\mathrm{q}}=k_{\mathrm{P}}k_{\mathrm{c}} \tag{7-13}$$

滑阀的三个特性系数在确定系统的稳定性、响应特性和稳态误差时非常重要。流量增益直接影响系统的开环增益,因而对系统的稳定性有直接的影响;流量压力系数直接影响阀控液压马达、液压缸系统的阻压比;压力增益表明液压动力机构启动大惯性和大摩擦负载的能力。

需要说明的是,滑阀的特性系数是随工作点的变化而变化的。流量—压力曲线在原点处的阀系数称零点阀系数,也称零位工作点,因为阀经常在原点附近工作,因此是滑阀重要的工作点。此处阀的流量增益最大,系统的开环增益最高;压力—流量系数最小,系统的阻尼最低。如果系统在该点是稳定的,在其他点必然是稳定的。

滑阀的优点是压力增益可以很高,通过的流量可以很大,特性易于计算和控制,抗污染性能较好。缺点是配合公差要求严格,制造成本高,作用在阀芯上的力较多、较大且变化,要求较大的控制力。做前置级时,动态响应较低。

2. 喷嘴挡板阀

喷嘴挡板阀的工作原理如图 7-8 所示。喷嘴挡板阀主要由节流口 1、喷嘴 2、挡板 3 组成。具体结构可分为单喷嘴挡板阀和双喷嘴挡板阀,喷嘴和挡板之间形成一个可变的节流口,挡板的位置由输入信号控制。由于挡板的位移较小,挡板的转角也非常小,可以近似地按照平移的方式处理挡板与喷嘴之间的位移。

在图 7-8(a)中,压力一定的液体一部分流入液压缸的有杆腔,另一部分经过固定节流口后,其中一部分流入液压缸的无杆腔,其余经过喷嘴喷出,流回油箱。当信号改变挡板的偏转位置时,改变了可变的节流口的大小,也就改变了流经节流口的流量,从而改变了液压缸两腔的压力,使液压缸活塞产生运动。

双喷嘴挡板阀如图 7-8(b)所示,它相当于两个单喷嘴挡板阀的并联结构,其工作原理基本与单喷嘴挡板阀相同,但其所控制的负载形式有所不同,常用于对称结构,如双出杆液压缸。双喷嘴挡板阀由于结构对称而具有的优点是:温度和供油压力变化导致的零漂小,即零位点的工作漂移小;挡板所受的液动力小,在零位时的液动力平衡;压力—流量曲线的对称性和线性度好,压力控制敏感度比单喷嘴挡板阀大 1 倍。

喷嘴挡板阀的优点是结构简单、公差较大;特性可预测;无死区、无摩擦副,灵敏度高;挡板惯性很小,所需的控制力小,动态响应高。其缺点是抗污染性能差,要求很高的过滤精度;零位泄露量大,功率损耗大,效率低,通常做伺服阀的前置放大级。

3. 射流管阀

射流管阀工作原理如图 7-9 所示,它由射流管接收器组成。射流管阀不是采用节流的方式,而是靠能量分配和转换实现控制,能量的分配是靠改变射流管与接收器的相对位置实现的。射流管一般做成收缩形或拉瓦尔管形,当流体流经射流管时,将压力转换成动

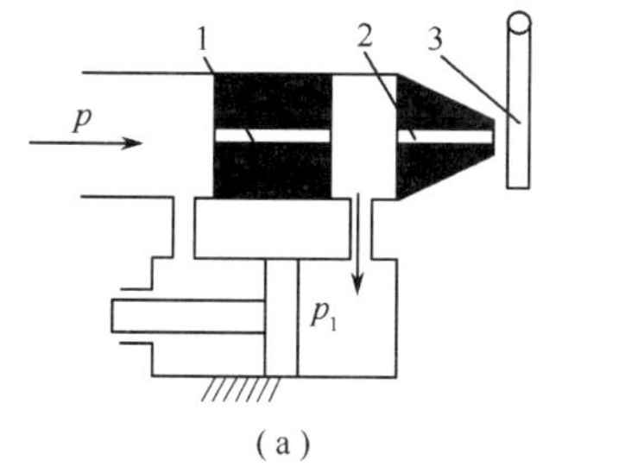

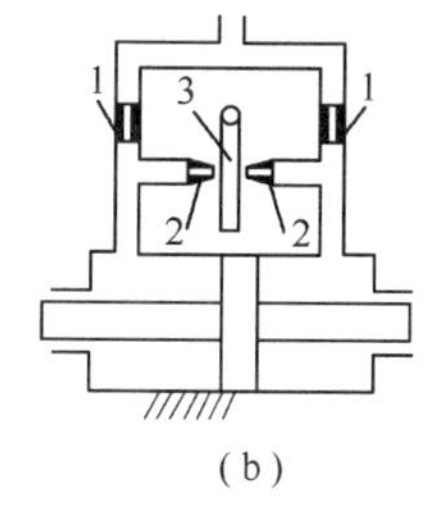

图 7－8 喷嘴挡板阀工作原理

(a)单喷嘴挡板阀；(b)双喷嘴挡板阀。

1—节流口；2—喷嘴；3—挡板。

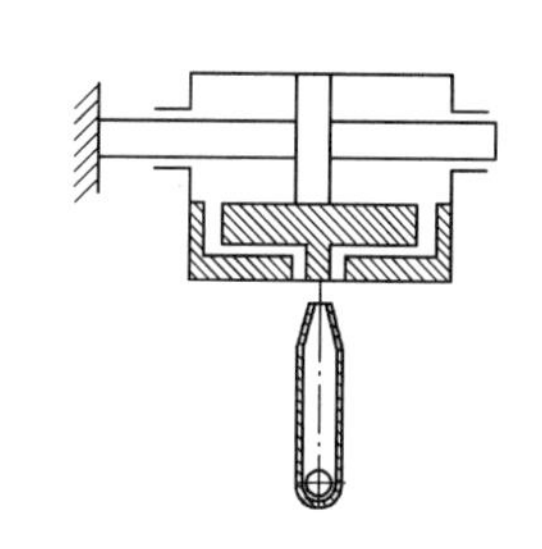

图 7－9 射流管阀工作原理

能射入接收器，接收器是一个扩张管，液流流经后减速扩压，使进入的流体恢复其压力能。当射流管位于接收器的两个接收通道之间时，两个接收通道内压力相等，液压缸两腔压力相等，活塞保持位置不变；假如当射流管向左偏移时，左侧接收孔道内的压力大于右侧接收孔道内的压力，使液压缸左移，同时接收器也和液压缸一起移动，直到射流管又位于两个接收孔道中间位置为止；反之亦如此。液压缸的移动方向由控制信号的方向决定，液压缸移动速度的快慢由控制信号的大小决定。

射流管阀的优点是结构简单，制造成本低廉；喷口较大，流量较大；抗污染能力很好，可靠性很高；无死区，转动摩擦小，灵敏度高；压力恢复系数和流量恢复系数较大，效率较高。缺点是射流管惯性较大，动态响应较低；特性不易预测，设计时要靠模型试验。适用于中小功率控制系统或伺服阀的前置级。

4. 电液伺服阀

伺服阀既是信号转换元件，又是功率放大元件，它是液压控制系统的心脏。

伺服阀分为电液伺服阀、气液伺服阀、机液伺服阀三大类，它们的基本组成部分相同。由于电液伺服阀应用很广、使用量大，所以通常所说伺服阀是指电液伺服阀。

1）电液伺服阀的工作原理和类型

电液伺服阀是电液伺服系统的功率放大转换元件，其作用是将输入的小功率电信号转换放大成液压大功率输出。它是电液伺服系统的核心元件，其性能的好坏对整个液压系统的性能影响很大。

电液伺服阀的种类很多，按照液压放大器的级数分为：单级、两级和三级电液伺服阀；按照电液伺服阀前置级放大器结构形式分为：滑阀式、喷嘴挡板阀式、射流管阀式；按照阀的内部结构及反馈形式分为：位置反馈式、负载压力反馈式和负载流量反馈式。但电液伺服阀基本都是由电气—机械转换器、液压放大器和反馈装置三部分组成，如图 7－10 所示。

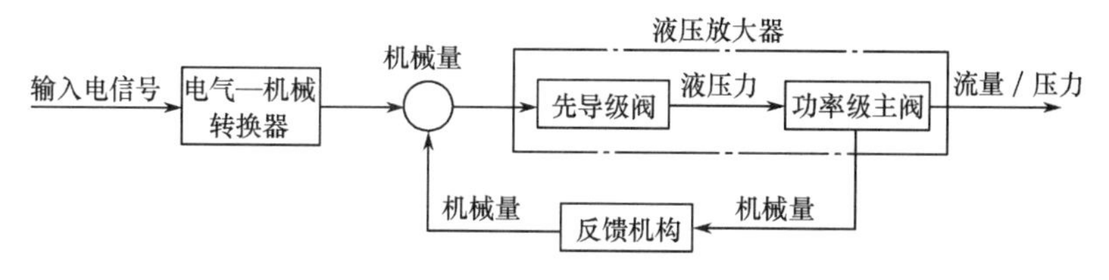

图 7－10 电液伺服阀的组成框图

若是单级电液伺服阀，则图 7－10 中无先导级阀；否则为多级阀。比例电磁铁、力马达或力矩马达形式之一的电气—机械转换器用于将输入电信号转换为力或力矩，以产生驱动先导级阀运动的位移或转角；先导级阀又称为前置级（可以是滑阀、锥阀、喷嘴挡板阀或插装阀），用于接收小功率的电气—机械转换器输入的位移或角度信号，将机械量转换为液压力驱动主阀；主阀（滑阀或插装阀）将先导级阀的液压力转换为流量或压力输出；设在阀内部的检测反馈机构（可以是液压、机械、电气反馈等）将先导阀或主阀控制口的压力、流量或阀芯的位移反馈到先导级阀的输入或比例放大器的输入端，实现输入输出的比较，从而提高阀的控制性能。

电液伺服阀的工作原理如图 7－11 所示。电液伺服阀由电磁和液压两部分组成，其电气—机械转换器是力矩马达，力矩马达由永久磁铁、导磁铁、衔铁、线圈和弹簧组成；前置级放大器是喷嘴挡板阀；液压功率放大器采用四边滑阀结构。当线圈没有信号电流通过时，衔铁、挡板、滑阀均处于中位。当线圈有信号电流通过时，磁铁被磁化，与永久磁铁初始的磁场合成产生电磁力矩，使衔铁连同挡板偏转一个角度。挡板的偏移改变了喷嘴和挡板之间的间隙，使得滑阀两端油液的压力发生变化，进一步导致滑阀阀芯向油液压力小的方向移动。阀芯的移动使反馈杆产生弹性变形，对衔铁挡板组件产生力反馈。当作用在衔铁挡板组件上的电磁力矩与反馈杆产生弹性变形和弹簧管的反力矩达到平衡时，滑阀停止移动，保持阀芯在一定的开口位置上，输出相应的流量。

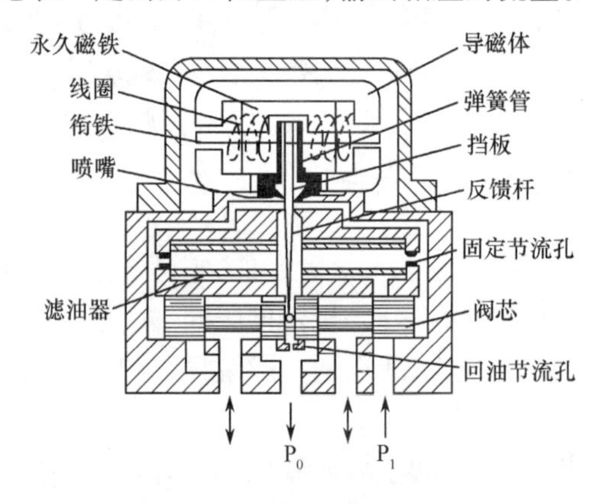

图 7－11　电液伺服阀工作原理

输入信号电流大小与衔铁的转角和挡板的位移以及滑阀位置成正比，在一定负载压力下，阀的输出流量与输入电信号成正比，当输入电信号换向时，阀芯位移方向改变，阀的输出流量也随之换向，所以，这种阀是一种流量控制型的电液伺服阀。

电气—机械转换器将输入的小功率电信号转换成阀芯的机械运动，输出的力或力矩很小，在流量大的情况下，满足不了直接驱动功率阀的需求，需要设置液压前置放大级。前置放大级可以采用滑阀、喷嘴挡板阀或射流管阀，最后的功率级采用滑阀。

2）电液伺服阀的静态特性

电液伺服阀的静态特性包括空载流量特性曲线、流量—压力特性曲线、压力特性曲线等。

（1）空载流量特性曲线。电液伺服阀的空载流量特性曲线如图 7－12 所示，它也是电液伺服阀流量增益曲线，反映了负载流量与输入电流在给定压降下的对应关系。

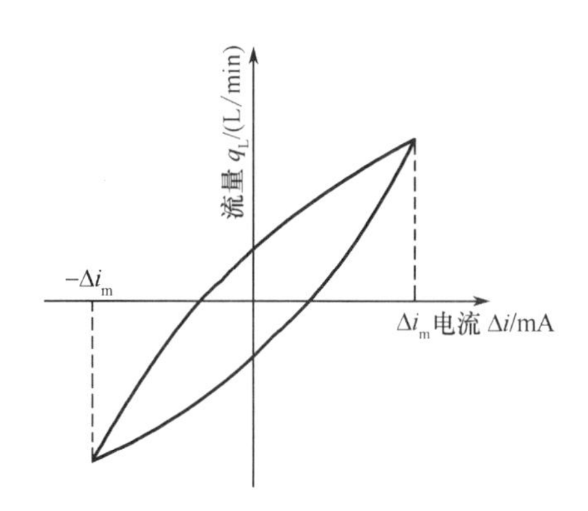

图 7－12　电液伺服阀流量特性曲线

理论上，负载流量与输入电流是线性关系，实际上，由于电液伺服阀的力矩马达磁铁的磁滞效应以及滑阀上的摩擦作用，造成了两条流量曲线的非线性和不重叠。因此由空载流量特性曲线可以确定伺服阀的静态滞后宽度、线性度、对称度、零漂等性能指标，同时也表明了伺服阀零位的类型（如零开口、正开口、负开口）。

（2）流量—压力特性曲线。电液伺服阀的流量—压力特性曲线如图 7－13 所示，表示电液伺服阀在稳态工作情况下，输入电流、负载流量、负载压力三者之间的关系，通常用这组曲线确定伺服阀的类型、规格，以便于负载流量和压力的匹配关系。

（3）压力特性曲线。电液伺服阀的压力特性曲线如图 7－14 所示，表明了伺服阀在负载流量为零的情况下（关闭两个负载通道），负载压力随输入电流在正负额定数值变化周期内的变化情况，反映了伺服阀的灵敏度，曲线的斜率是伺服阀的压力增益。一般希望伺服阀有较高的灵敏度。如果伺服阀的压力灵敏度低，说明阀的零位泄漏量大，阀芯与阀体的配合精度低，从而会使伺服系统的动作响应迟钝缓慢。

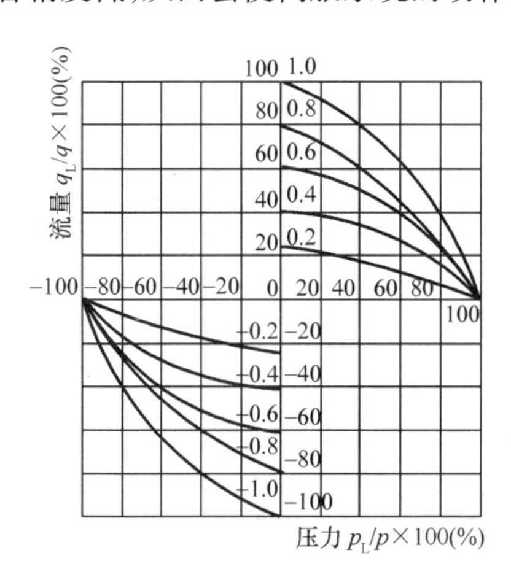

图 7－13　电液伺服阀流量—压力特性曲线

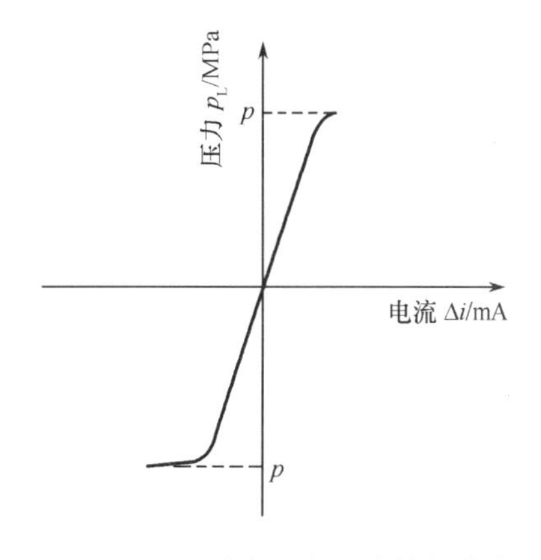

图 7－14　电液伺服阀压力特性曲线

（4）泄漏特性曲线。它是在流量为零的情况下，由回油口流出的阀内部泄漏量。泄漏量随输入电流变化而变化，当阀芯处于零位时泄漏量最大。对于多级伺服阀，泄流量是各级阀的泄漏之和。零位时泄漏量对于新阀而言反映了制造质量，对于旧阀则反映了磨损情况。

3）电液伺服阀的动态特性

电液伺服阀的动态特性常用频率响应或瞬态响应表示，频率响应是指伺服阀的输入电流在某一频率范围内做等幅正弦变化时，阀的输出空载流量与输入电流在稳定状态下的复数比。频率响应用幅频特性和相频特性表示，幅频特性是输出信号与输入信号的幅值比（dB）与频率的函数关系，相频特性是输出信号与输入信号的相位差与频率的函数关系。

幅值比 L 以分贝表示，即

$$L(\mathrm{dB}) = 20\lg \frac{A_{\mathrm{i}}}{A_{\mathrm{o}}}$$

式中 A_{o}——输入电流为基准频率时，输出流量的幅值；

A_{i}——在某一频率下输入流量的幅值。

伺服阀的频宽通常是以幅频值为 $-3\mathrm{dB}$ 时的频率与零频率间的区间作为幅频宽，以相位角滞后90°时的频率与零频率间的区间作为相频宽。

频宽是衡量电液伺服阀的重要动态参数，是电液伺服阀响应速度的度量，说明了伺服阀在多大范围内能够精确复现输入信号。选择伺服阀时其频宽必须根据系统的实际需要来确定，频宽大则响应速度快，但过大会使电子噪声和颤动信号传到负载上去；频宽太窄又会限制整个系统的响应速度。

4）电液伺服阀的选择

（1）电液伺服阀选择原则如下：

①电液伺服阀的工作原理、压力、额定流量和动态响应等性能必须满足被控系统的要求；

②尽量选择通用型号的伺服阀；

③注意伺服阀的电气性能与控制系统相匹配；

④附属装置配套完整；

⑤外形和工作液满足安装和系统装配要求；

⑥性能稳定、工作可靠、使用寿命长、价格合理。

（2）电液伺服阀的选择，以电液伺服阀驱动双作用液压缸，直接带动惯性负载 F_{L}、速度 v_{L}、系统压力 p_{P} 为例。

①液压缸活塞面积 A：

$$A = F_{\max}/p_{\mathrm{P}}$$

式中 $F_{\max}$——最大负载力。

②确定负载流量 q_{L} 和负载压力 p_{L}，考虑负载的速度和负载力分别为 v_{L} 和 F_{L}，则

$$q_{\mathrm{L}} = Av_{\mathrm{L}}$$

$$p_{\mathrm{L}} = F_{\mathrm{L}}/A$$

③确定电液伺服阀的流量 q_{v}，一般按照负载流量 q_{L} 的1.1倍～1.3倍选择，然后计算空流量：

$$q_0 = q_{\mathrm{v}}\sqrt{\frac{p_{\mathrm{P}}}{p_{\mathrm{P}} - p_{\mathrm{L}}}}$$

由空载流量 q_0 折算成样本压力 p_n 下的流量 q_n 为

$$q_n = q_0 \sqrt{\frac{p_n}{p_P}}$$

④确定电液伺服阀的频宽,一般取负载固有频率的3倍以上。

⑤系统的供油压力必须在电液伺服阀样本的许可压力范围内,电液伺服阀的流量应该等于或稍微大于计算流量 q_n,如过大将造成浪费和系统精度与性能的降低。

7.2.2 伺服控制系统

液压伺服控制系统按照控制信号的类别和伺服阀的类型分为:机械—液压、电气—液压、气动—液压等几种,其中应用较多的是机械—液压和电气—液压控制系统。按照负载运动性质及输出量的物理量可以分为液压位置伺服系统、液压速度伺服系统、液压加速度伺服系统、液压压力伺服系统。按照液压功率放大器的类型还可以分为节流控制(阀控)式和容积控制(泵控)式。在机械设备中,主要有机械—液压伺服控制系统和电气—液压伺服控制系统,下面仅就机械—液压伺服控制系统和电气—液压伺服控制系统进行介绍。

1. 机械—液压伺服控制系统

机械—液压伺服控制系统是一个闭环控制系统,是一个由机械装置将液压动力部件的输出反馈到输入端的机械—液压位置控制系统。该系统广泛应用于一些具有自行式功能的建设机械的转向系统、飞机舵面操作系统和液压仿型机床等。具有结构简单、工作可靠的优点。

机械—液压伺服控制系统的组成部分有伺服阀、液压缸和机械反馈机构。按照机械反馈机构的形式分为内反馈和外反馈两大类,液压缸体与伺服阀体刚性连接成一体组成反馈装置的系统称为内反馈系统;由机械连杆组成反馈装置的系统称为外反馈系统。

图7-15是外反馈式机械—液压伺服控制系统的原理图。

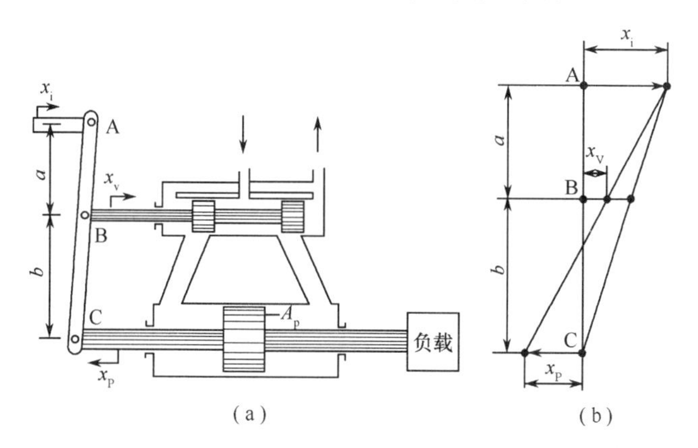

图7-15 机械—液压伺服控制系统原理

(a)原理图;(b)差动杆位移图。

系统采用四通阀控液压缸为动力部件,反馈部分采用杠杆装置。通过原理图可以看出,输入位移 x_i 和输出位移 x_p 通过差动杆AC进行比较,在B点给出偏差信号(阀位移) x_V。由图7-15(b)可以得出阀芯的位移为

$$x_v = k_i x_i - k_f x_P \tag{7-14}$$

式中　k_i——输入放大系数 $k_i = b/(a+b)$；

k_f——反馈系数 $k_f = a/(a+b)$。

设动力部件上的负载为惯性负载，外加力干扰 F_L，弹性负载很小可以忽略，给出动力部件的动态输出方程 $X_P(s)$ 如下：

$$X_P(s) = \frac{\frac{k_q}{A_P}X_V - \frac{k_c}{A_P^2}\left(\frac{V_t}{4\beta_e k_c}s+1\right)F_L}{s\left(\frac{s^2}{\omega_h^2}+\frac{2\zeta_h}{\omega_h}s+1\right)} \tag{7-15}$$

式中　A_P——活塞有效面积；

V_t——液压缸总行程容积(包括阀、连接管道容积)；

k_q——阀流量增益；

X_V——阀芯位移的拉普拉斯变换；

k_c——阀的压力流量系数；

β_e——油液有效体积弹性模量；

s——微分算子；

ω_h——动力部件的液压固有频率；

ζ_h——动力部件的液压阻尼比；

F_L——外加力干扰。

动态输出方程表示了液压缸对阀的输入位移和外载荷的响应特性。由式(7－14)和式(7－15)可以画出系统的传递函数方块图(图7－16)。

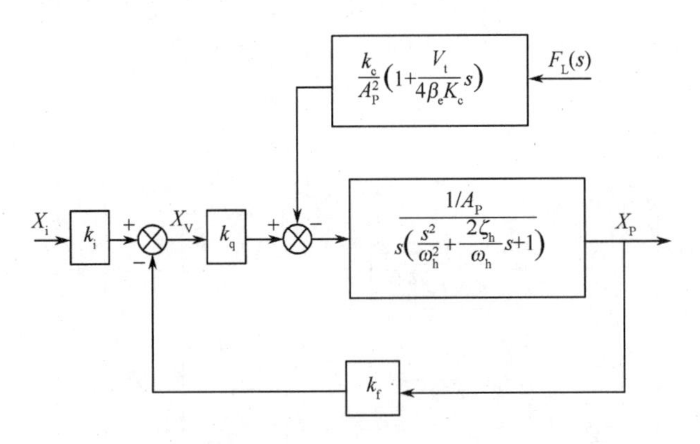

图7－16　机械—液压伺服控制系统传递函数方块图

通过方块图7－16可得出系统的开环传递函数 W_K(s)和闭环传递函数 $W_B(s)$ 分别为

$$W_K(s) = \frac{k_v}{s\left(\frac{s^2}{\omega_h^2}+\frac{2\zeta_h}{\omega_h}s+1\right)} \tag{7-16}$$

式中　k_v——开环放大系数，$k_v = k_q k_f / A_P$。

$$W_B(s)=\frac{k_v}{\frac{s^2}{\omega_h^2}+\frac{2\zeta_h}{\omega_h}s^2+s+k_v}=\frac{1}{\left(\frac{s}{\omega_b}+1\right)\left(\frac{s^2}{\omega_{nc}^2}+\frac{2\zeta_{nc}}{\omega_{nc}}s+1\right)} \tag{7-17}$$

式中　ω_b——闭环传递函数一阶环节的转折频率；

ω_{bc}——闭环传递函数二阶环节的固有频率；

ζ_{nc}——闭环传递函数二阶环节的阻尼比。

因为系统是一个闭环系统，其稳定性是决定系统能否正常工作的必要条件，为了使系统稳定，必须使相位裕量和增益裕量均为正值。因系统的相频特性的相位滞后量稍大于90°，因此相位裕量肯定是正值。所以稳定条件就只需增益裕量为正值即可，由此可以得到系统的稳定条件为

$$k_v<2\zeta_h\omega_h$$

式中　k_v——系统开环放大系数（开环增益）。

k_v 越大，系统响应越快，系统的稳态精度也越高。但 k_v 还要受到系统稳定性的限制。为了保证液压伺服系统的稳定性，通常规定相位裕量应该大于30°～60°，幅值裕量为6dB～12dB。由于液压阻尼比 ζ_h 和动力部件液压固有频率 ω_h 由执行元件及负载决定，当位置控制系统未加校正时，ζ_h 通常取值在0.1～0.2，所以开环系统放大系数限制在动力部件液压固有频率 ω_h 的20%～40%。这个值可以作为设计未加校正系统的经验数值。另外，系统稳定性还要受到整个系统结构刚度的影响，如执行元件与负载的连接刚度。反馈装置的刚度不足，将会使整个液压动力部件的固有频率降低，从而使稳定性变差。

系统的主要性能包括对控制信号输入的动态响应特性和系统误差。

动态响应特性指瞬态响应（时域响应）和频率响应。对机械—液压伺服控制系统而言，一般都能满足使用要求，不需采用特殊的校正措施。

对机械—液压伺服控制系统而言，系统总误差由稳态误差和静态误差组成，跟随误差（由给定输入信号引起的误差）和负载误差（由外负载力引起的误差）称为稳态误差；静态误差包括阀的死区、零漂、测量元件误差。为了保证系统要求的精度，总误差应该小于要求值，除了稳态误差外，还应该使系统的静态误差不超过误差总量的1/2。

2. 电液伺服控制系统

电液伺服控制系统主要有位置控制系统、速度控制系统和力控制系统等。电液位置伺服控制系统是最常见的伺服控制系统，有阀控系统和泵控系统，可用于飞机、船舶、冶金和建设机械等。

电液位置伺服控制系统具有响应速度快、控制精度高的优点。图7－17是电液（阀控液压缸）位置伺服系统原理图，指令信号与从传感器检测的反馈信号经过比较放大后，输入电液伺服阀，经过阀的转换放大后输出液压能，液压能推动液压缸活塞移动，活塞移动的位置总是按照指令信号给定的规律变化。

图7－18是电液位置伺服控制系统职能框图。

电液伺服阀的传递函数反映了功率级阀芯位移与输入电流的关系。当伺服系统的动力机构的液压固有频率 $\omega_h<50\text{Hz}$ 时，伺服阀传递函数可以用一阶环节近似表示

$$W(s)=\frac{Q(s)}{I(s)}=\frac{k_q}{T_v s+1} \tag{7-18}$$

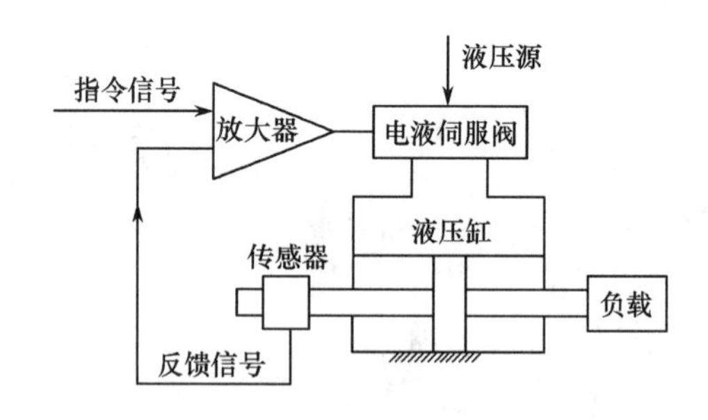

图 7－17　电液位置伺服控制系统原理

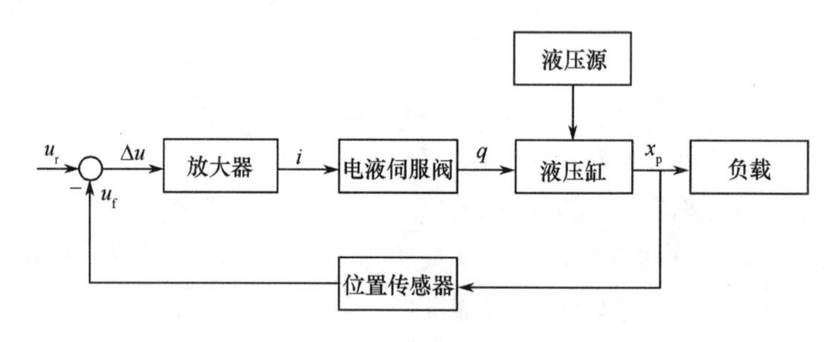

图 7－18　电液位置伺服控制系统职能框图

当伺服系统的动力机构的液压固有频率 $\omega_h > 50\text{Hz}$ 时，伺服阀传递函数可以用二阶环节近似表示

$$W(s)=\frac{Q(s)}{I(s)}=\frac{k_q}{\dfrac{s^2}{\omega_v^2}+\dfrac{2\zeta_v}{\omega_v}+1} \tag{7-19}$$

式中　k_q——伺服阀的流量增益；

T_v——伺服阀的时间常数；

ω_v——伺服阀的固有频率；

ζ_v——伺服阀的阻尼比。

因为电液伺服阀响应速度较快，动力机构的液压固有频率一般是回路中最低的，放大器和阀固有频率比动力执行机构的固有频率高，伺服系统的动态特性主要取决于动力执行机构。所以整个伺服系统的固有频率就可以认为等于液压马达或液压缸的固有频率，并且也可以忽略弹性负载的影响。通过如此简化，电液位置伺服控制系统的开环传递函数近似为

$$W_K(s)=\frac{k_v}{s\left(\dfrac{s^2}{\omega_h^2}+\dfrac{2\zeta_h}{\omega_h}+1\right)} \tag{7-20}$$

式中　k_v——开环放大系数，对动力部件，$k_v=k_q k_f/A_P$；

ω_h——动力部件的液压固有频率；

ζ_h——动力部件的液压阻尼比。

由式(7－20)可见，电液位置伺服控制系统的开环传递函数与机械—液压位置伺服控制系统的开环传递函数形式相同，说明了它们具有相同的分析方法和结论。

电液位置伺服控制系统的稳定性判据为

$$k_{\mathrm{v}} < 2\zeta_{\mathrm{h}}\omega_{\mathrm{h}}$$

电液位置伺服控制系统的精度分析也与机械—液压位置伺服控制系统相同。

3. 液压伺服系统的设计

液压伺服系统的设计包括静态设计和动态校验，如果静态设计不能满足动态指标的要求，则还需要对静态设计的有关参数进行修改或采用校正手段对系统进行有效的补偿和改进，以满足系统在动态和静态方面指标的要求。

液压伺服系统设计步骤如下：

(1)明确系统的应用要求和用途，确定有关的技术指标、可靠性要求等。

(2)掌握负载的性质和控制对象的运动工况、计算与控制对象运动规律相关的参数，如惯性力、黏性力、弹性力负载等；计算运动部件的速度、加速度，画出速度、加速度图；

(3)掌握系统的工作环境，如环境温度、湿度、粉尘、冲击、振动等情况。

(4)阅读技术文件，掌握系统的技术指标，如功率、效率、精度(包括静态误差、稳态误差、总误差)和动态品质，如稳定性(包括稳定裕度、相位稳定裕度)、动态响应品质(包括频宽、过程过渡时间、超调量)等。

(5)确定控制方案。根据所选定的控制方案，拟定控制系统的整体结构，绘制控制系统的原理方框图。

(6)进行静态设计计算。根据系统要求和负载性质、运动工况选择液压动力部件的结构形式和参数，主要包括系统压力、流量等，分析控制系统的工作循环状况，绘制系统的负载工况图。

(7)选择液压元件。根据系统的静态设计计算和匹配要求，选择伺服阀、比例阀、泵等有关元件和其他执行元件的类型。

(8)根据系统的工作状态和精度要求，初步确定系统的开环增益，选择检测元件、反馈元件、放大元件和其他元件。

(9)写出有关元件的运动方程和数学模型(传递函数)。

(10)绘制系统的方框图，写出系统的开环和闭环频率特性。

(11)分析系统的稳定性、校核系统的频宽。

(12)通过仿真或计算分析系统的过渡状态，校核动态品质。

(13)分析计算稳态误差，校核系统精度指标。

(14)修改设计。如果系统的精度或者动态品质不能满足使用要求，修改动力部件参数，或者采用校正方法，或者采用补偿方案，直至满足要求。

(15)选择液压源和辅助元件以及设备。

(16)模拟试验，必要时对以上设计进行修改或调整，直至满足系统要求。

7.3 比例阀与比例控制系统

比例控制技术是20世纪60年代末人们开发的一种可靠、价廉、控制精度和响应特性均能满足工业控制系统实际需要的控制技术。电液比例控制技术是介于普通液压阀的开关控制技术和电液伺服控制技术之间的控制方式。它可以实现对液体压力和流量连续地、按比例地跟随控制信号而变化。因此,电液比例控制技术的控制性能优于普通液压阀的开关式控制。虽然与伺服阀相比,由于比例阀在中位有死区,所以在控制精度和响应速度上,还略有些差距。但它显著的优点是抗污染能力强,大大减少了由污染而造成的液压系统工作故障。另外,比例阀的成本比伺服阀低,结构也简单,已在许多场合获得广泛应用。

比例控制技术经过几十年的不断发展,目前已达到较为完善的程度。主要表现在三个方面:首先是采用了压力、流量、位移、动压等反馈及电校正手段,提高了阀的稳态精度和动态响应品质,这些标志着比例控制设计原理已经完善;其次是比例技术与插装阀已经结合,诞生了比例插装技术;再次是以比例控制泵为代表的比例容积元件的诞生,进一步扩大了比例控制技术的应用。

7.3.1 比例阀的工作原理和类型

电液比例阀的结构形式很多,与电液伺服阀类似,通常是由电气—机械转换器、液压放大器(先导级阀和功率级主阀)和检测反馈机构组成(图7-19)。若是单级阀,则无先导级阀;否则为多级阀。比例电磁铁、力马达或力矩马达等电气—机械转换器用于将输入电信号通过比例放大器后转换为力或力矩,以产生驱动先导级阀运动的位移或转角。先导级阀又称为前置级(可以是滑阀、锥阀、喷嘴挡板阀或插装阀),用于接收小功率的电气—机械转换器输入的位移或转角信号,将机械量转换为液压力驱动主阀;主阀(滑阀、锥阀或插装阀)将先导级阀的液压力转换为流量或压力输出;设在阀内部的检测反馈机构(可以是液压、机械、电气反馈等)将先导阀或主阀控制口的压力、流量或者阀芯的位移反馈到先导级阀的输入端或比例放大器的输入端,实现输入输出的平衡。

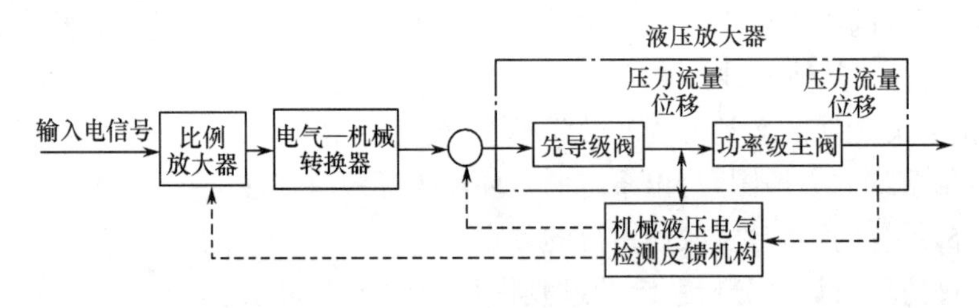

图7-19 电液比例阀的组成

比例控制的核心是比例阀。比例阀的输入单元是电气—机械转换器,它将输入信号转换为机械量。转换器有伺服电机和步进电机、力马达和力矩马达、比例电磁铁等形式。但常用的比例阀大都采用了比例电磁铁,比例电磁铁根据电磁原理设计,能使其产生的机械量(力或力矩和位移)与输入电信号(电流)的大小成比例,再连续地控制液压阀阀芯的位置,进而实现连续地控制液压系统的压力、方向和流量。比例电磁铁的结构如图7-20所示,由线圈、衔铁、推杆等组成,当有信号输入线圈时,线圈内磁场对衔铁产生作用力,衔铁在磁场中按信号电流的大小和方向成比例、连续地运动,再通过固联在一起的销钉带动推杆运动,从而控制滑阀阀芯的运动。应用最广泛的比例电磁铁是耐高压直流比例电磁铁。

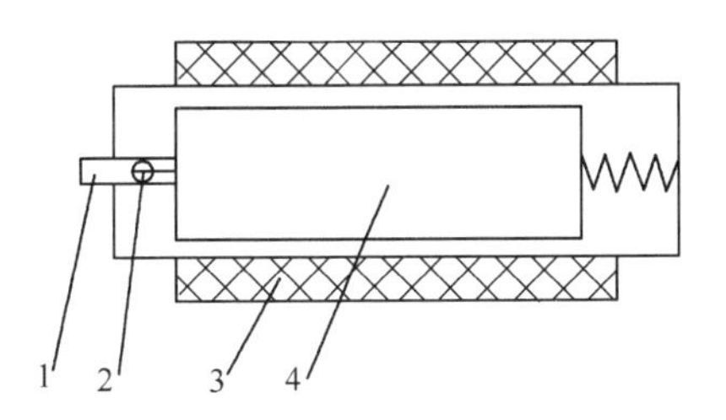

图 7-20　比例电磁铁结构简图

1—推杆；2—销钉；3—线圈；4—衔铁。

比例电磁铁的类型按照工作原理主要分为如下几类：

(1)力控制型。这类电磁铁的行程短，只有 1.5mm，输出力与输入电流成正比，常用在比例阀的先导控制级上。

(2)行程控制型。由力控制型加负载弹簧共同组成，电磁铁输出的力通过弹簧转换成输出位移，输出位移与输入电流成正比，工作行程达 3mm，线性度好，可以用在直控式比例阀上。

(3)位置调节型。衔铁的位置由阀内的传感器检测后，发出一个阀内反馈信号，在阀内进行比较后重新调节衔铁的位置，阀内形成闭环控制，精度高，衔铁的位置与力无关，在精度上几乎可以和伺服阀相比，国际上不少著名公司生产的比例阀都采用这种结构。

比例阀按主要功能，分为压力控制阀、方向控制阀、流量控制阀、比例复合控制阀四大类。

(1)比例压力阀：有溢流阀、减压阀、顺序阀，可以连续地对系统压力进行调节。

(2)比例方向阀：输入电流的极性决定了液流的流动方向，阀芯的行程与输入电流的大小成比例，方向阀又分内带位置传感器与不带位置传感器两类。

(3)比例流量阀：有比例调速阀和比例溢流流量控制阀，可以连续地对系统流量或速度进行调节。

(4)比例复合控制阀：一般是由两种不同功能的阀在结构上组合构成，如比例方向阀与定差减压阀组合起来构成的复合控制阀，使通过阀的流量不受负载影响，适合应用于开环控制系统中。

每一类又可以分为直接控制和先导控制两种结构形式，直接控制用在小流量、小功率系统中，先导控制用在大流量、大功率系统中，构成电液比例阀。

7.3.2　比例阀的选用

(1)根据用途和被控对象选择比例阀的类型。

(2)正确了解比例阀的动态、静态指标，主要有额定输出量、起始电流、滞环、重复精度、额定压力损失、温飘、响应特性、频率特性等。

(3)根据执行件的工作精度要求选择比例阀的精度，内含反馈闭环的阀的稳态、动态品质好。如果比例阀的固有特性，如滞环、非线形等无法使被控系统达到理想的效果，可以使用软件程序改善系统的性能。

(4)如果选择带先导阀的比例阀，要注意先导阀对油液污染度的要求。一般应符合 ISO18/15 标准，并在油路上加装 10μm 的进油滤油器。

(5)比例阀的通经应是执行器在最大速度时通过的流量，通径选得过大，会使系统的分辨率降低。

比例阀必须使用与之配套的放大器，阀与放大器的距离应尽可能短，放大器采用电流负反馈，设置斜坡信号发生器，控制升压、降压时间或运动加速度及减速度。断电时，能使阀芯处于安全位置。

7.3.3 比例控制系统

比例控制系统有直接比例控制和电液比例控制，本质上与伺服系统控制相似，可以参照伺服系统进行分析。根据有无反馈分为开环控制和闭环控制。比例阀控液压缸或液压马达系统可以实现速度、位移、转速和转矩等参数的控制，图 7－21 是开环比例控制系统结构方框图，图 7－22 是闭环比例控制系统结构方框图。其分析和设计方法可以参照液压伺服系统进行。

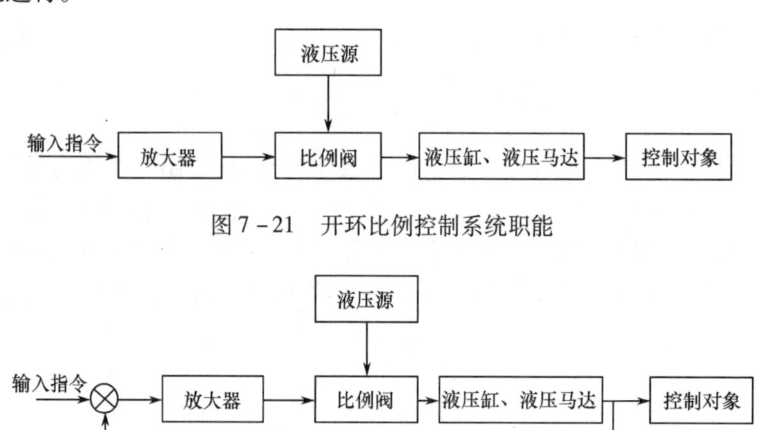

图 7－21　开环比例控制系统职能

图 7－22　闭环比例控制系统职能

7.3.4 电液伺服系统与比例伺服系统的比较

表 7－1　电液伺服系统与比例伺服系统的比较

名称	共性	区别
电液伺服系统	(1) 输入为小功率电气信号； (2) 输出与输入呈线性关系； (3) 可连续控制	(1) 均为闭环控制； (2) 输出为位置、速度、力等各种物理量； (3) 控制元件为伺服阀； (4) 控制精度高、响应速度高； (5) 用于高性能的场合
比例伺服系统		(1) 一般为开环控制，性能要求高时也可闭环控制； (2) 一般输出为速度或压力，闭环时也可以是位移等； (3) 控制元件为比例阀； (4) 控制精度较低、响应速度较低； (5) 用于一般工业自动化场合

7.4 电液数字控制阀

7.4.1 电液数字控制阀的工作原理

电液数字控制阀(简称数字阀)是用数字信号直接控制阀口的开启与关闭,从而达到控制液流的方向、压力和流量目的的阀类。与电液伺服阀和比例阀相比,数字阀的突出特点是:可直接与计算机接口,不需 D/A 转换器,结构简单;价格低廉;抗污染能力强;操作维护方便;数字阀的输出量准确、可靠地由脉冲频率或宽度调节控制,抗干扰能力强,可得到较高的开环控制精度等。所以得到了很快发展。在计算机实时控制的电液系统中,已部分取代比例阀。根据控制方式的不同,电液数字阀分为增量式电液数字阀和脉宽调节(PWM)式高速开关数字阀两大类。

1. 增量式电液数字阀

增量式数字阀是采用脉冲数字调制演变而成的增量控制方式,以步进电机作为电气—机械转换器,驱动液压阀芯工作,因此又称为步进式数字阀。增量式数字阀控制系统工作原理如图 7-23 所示。微型计算机发出脉冲序列经驱动器放大后使步进电机工作。步进电机是一个数字元件,根据增量控制方式工作。增量控制方式是由脉冲数字调制法演变而成的一种数字控制方法,是在脉冲数字信号的基础上,使每个采样周期的步数在前一采样周期的步数上,增加或减少一些步数,而达到需要的幅值;步进电机转角与输入的脉冲数成比例,步进电机每得到一个脉冲信号,便得到与输入脉冲数成比例的转角,每个脉冲使步进电机沿给定方向转动一个固定的布距角,再通过机械转换器(丝杆—螺母副或凸轮机构)使转角转换为轴向位移,使阀口获得相应开度,从而获得与输入脉冲数成比例的压力、流量。有的数字阀还设置用以提高阀的重复精度的零位传感器和用以显示被控量的显示装置。

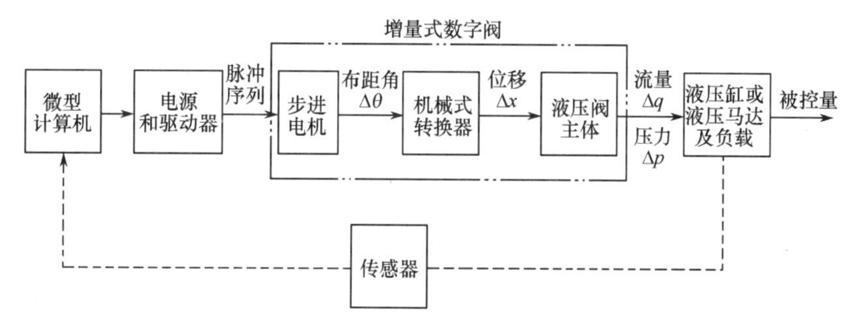

图 7-23 增量式数字阀控制系统工作原理

2. 脉宽调节式高速开关数字阀

脉宽调节式高速开关数字阀(简称高速开关数字阀)的控制信号是一系列幅值相等而在每一周期内宽度不同的脉冲信号,其工作原理如图 7-24 所示。微型计算机输出的数字信号通过脉宽调制放大器调制放大后使电气—机械转换器工作,从而驱使液压阀工作。由于作用于阀上的信号为一系列脉冲,因此液压阀只有与之相对应的快速切换的开和关两种状态,而以开启时间的长短来控制流量或压力。高速开关数字阀的结构与其他

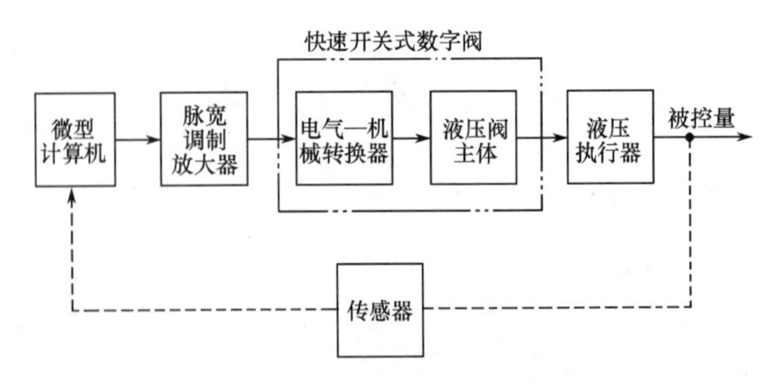

图 7-24 脉宽调节式高速开关数字阀控制系统工作原理

阀不同，它是一个快速切换的开关，只有全开和全闭两种工作状态。电气—机械转换器主要是力矩马达和各种电磁铁。

7.4.2 电液数字控制阀的典型结构

1. 增量式电液数字控制阀结构

图 7-25 为增量式电液数字流量阀。步进电机 1 的转动通过滚珠丝杆 2 转化为轴向位移，带动节流阀阀芯 3 移动，控制阀口的开度，从而实现流量调节。该阀的阀口由相对运动的阀芯 3 和阀套 4 组成，阀套上有两个通流孔口，左边一个为全周开口，右边为非全周开口，阀芯移动时先打开右边的节流口，得到较小的控制流量，阀芯继续移动，则打开左边阀口，流量增大，这种结构使阀的控制流量可达 3600L/min。阀的液流流入方向为轴向，流出方向与轴线垂直，这样可抵消一部分阀开口流量引起的液动力，并使结构紧凑。连杆 5 的热膨胀，可起温度补偿作用，减少温度变化引起流量的不稳定。阀上的零位移传感器 6 用于在每个控制周期终了控制阀芯回到零位，以保证每个工作周期有相同的起始位置，提高阀的重复精度。

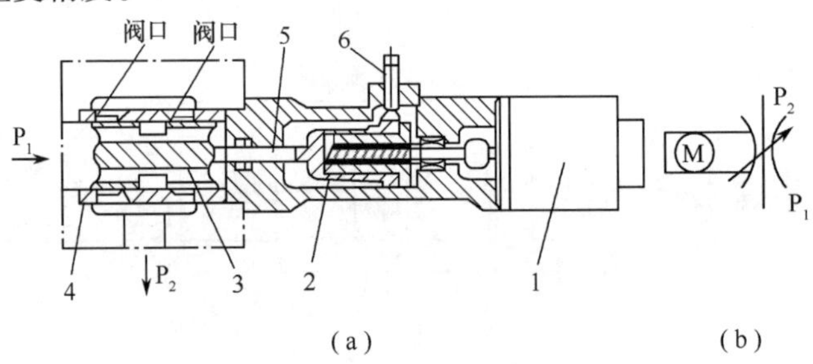

图 7-25 增量式电液数字流量阀结构

(a)结构图；(b)图形符号。

1—步进电机；2—滚珠丝杆；3—节流阀阀芯；4—阀套；5—连杆；6—零位移传感器。

2. 脉宽调节(PWM)式高速开关数字阀结构

高度开关式数字控制阀有二位二通和二位三通两种，两者又各有常开和常闭两类，为了减少泄露和提高压力，阀芯一般采用球阀或锥阀结构，也可采用喷嘴挡板阀。

图 7-26 所示力矩马达驱动的球阀式二位二通高速开关数字阀，其驱动部分为力矩马达，根据线圈通电方式不同，衔铁 2 顺时针或逆时针方向摆动，输出力矩和转角。液压部分有先导级球阀 4、7 和功率级球阀 5、6。若脉冲信号使力矩马达通电时，衔铁顺时针

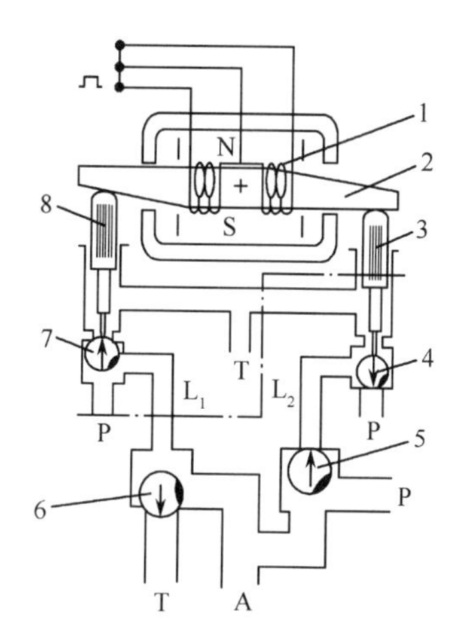

图 7-26 力矩马达驱动的球阀式二位二通高速开关数字阀结构

1—线圈锥阀芯；2—衔铁；3、8—推杆；4、7—先导级球阀；5、6—功率级球阀。

偏转，先导级球阀 4 向下运动，关闭压力油口 P，L_2 腔与回油腔 T 接通，功率级球阀 5 在液压力作用下向上运动，工作腔 A 与 P 相通。与此同时，球阀 7 受 P 作用于上位，L_1 腔与 P 腔相通，球阀 6 向下关闭，断开 P 腔与 T 腔通路。反之，如力矩马达逆时针偏转时，情况正好相反，工作腔 A 则与 T 腔相通。

7.5 负载敏感泵控系统与机械—液压伺服控制装置

7.5.1 负载敏感泵自动调节原理

负载敏感泵控系统由相应控制阀感应外部信号改变泵自身输出的流量和压力来匹配负载，避免了一般液压系统中由于溢流阀和节流阀带来的溢流和节流损失，使其具备了能量损失小、效率高的特点，如今得到广泛运用。

负载敏感泵控系统原理如图 7-27 所示，p_L 为负载需要的压力，通过流量控制阀 5，泵的流量 q_L 为负载需要的流量。当阀 5 的开度减小，表明负载需求流量减小，此时泵输出的流量大于负载所要求的流量，则阀 5 进出口压差（$p=p_S-p_L$）增大，推动负载敏感阀 1 的阀芯向右运动，使泵出口通过阀 1 左位与变量缸大腔 3 连通，由于变量缸大腔 3 与变量缸小腔 4 之间的面积差，推动变量斜盘角减小，使泵的流量减小，直到达到负载所需求的流量为止。反之，阀 5 的开度增大，泵输出流量小于负载所要求的流量，则 $p=p_S-p_L$ 减小，负载敏感阀 1 的阀芯向左运动，变量缸大腔 3 经过负载敏感阀 1 右位通油箱，泵的斜盘角增大，流量增大。

当负载保压时，$p=p_L$，负载敏感阀 1 无法开启，p_S 推动恒压阀 2 的阀芯向右运动，油液通过恒压阀 2 左位进入变量缸的大腔 3，使泵的流量减小到仅能维持系统的压力，斜盘角接近零偏角，泵的功耗最小。

当阀 5 关闭，即负载停止工作时，泵出口压力仅需为负载敏感阀 1 的弹簧设置压力，一般只有 14bar（1bar=10kPa）左右，流量接近为零。以上的分析说明：①该泵的输出压力和流量完全根据负载的要求变化。②保压时，泵的输出流量仅维持系统的压力。③空运转时，泵

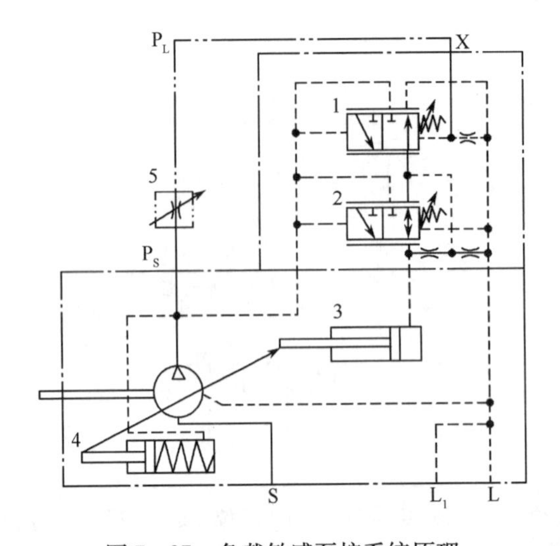

图 7-27 负载敏感泵控系统原理

1—负载敏感阀；2—恒压阀；3—变量缸大腔；4—变量缸小腔；5—外接流量控制阀。

的流量在低压、零偏角下运转。因此，负载敏感泵有三种状态，即一般工作状态、保压工作状态和空运转状态，其中一般工作状态和空运转状态由负载敏感阀感应负载需求产生。

7.5.2 机械—液压伺服控制装置

现代斜盘式柱塞变量泵根据使用工况不同，具有多种控制方式。在行走机械驱动方面，因机械—液压伺服控制方式使用方便、工作可靠，价格相对适宜，因而应用最广，并已形成一种固定的装置与液压泵集成在一起，用户根据自己所设计机器的控制目标参数和特征参数即可选用。与电动比例泵通过可编程控制器构成的控制装置相比，该装置的不足之处为使用场合有限，控制特性单一。这种控制装置在德国 Rexroth 公司的 A4VG 系列液压泵中称之为 DA 控制（图 7-28），意大利 SAM 公司 HCV 系列液压泵称之为 HNA 控制，德国 Linde 公司的 BPV 系列液压泵中称之为 An 控制等。各公司的控制装置尽管结

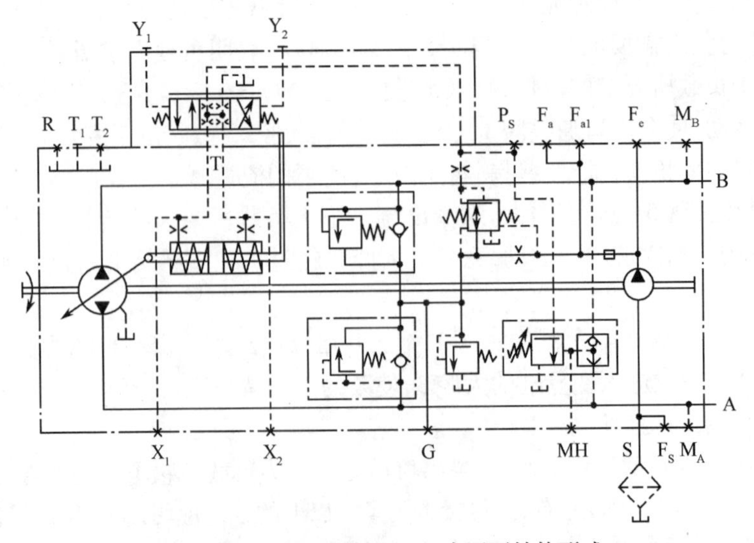

图 7-28 带 DA 控制 A4VG 液压泵结构形式

构和工作过程有所差异，但基本原理大同小异，都是由泵转速传感器、目标值选择器、泵出口压力传感器和排量控制执行器几个环节组成。

采用 A4VDA 控制形式的液压系统，具有横功率调节功能，特别适用于工程行走机械及煤矿运输机械，可以有效地减轻操作者的负担，自动保护发动机免于过载。

习　题

1. 什么是液压伺服系统？用于什么场合？
2. 液压伺服系统的工作原理是什么？有什么特点？
3. 液压伺服系统有哪些基本类型？分析它们各自的优缺点。
4. 液压伺服系统中的反馈有什么作用？
5. 滑阀式伺服阀有哪几种开口形式？它们的特性有什么不同？
6. 分析比较两边节流和四边节流的零开口液压伺服系统的优缺点。
7. 比例阀的工作原理是什么？
8. 液压比例控制有哪些类型？
9. 简述增量式电液数字阀的工作原理。

第8章　液压系统的设计计算

液压系统设计是液压主机设计的一个重要组成部分，设计时必须满足主机工作循环所需的全部技术要求，且静动态性能好、效率高、结构简单、工作安全可靠、寿命长、经济性好、使用维修方便。所以，要明确与液压系统有关的主机参数的确定原则，要与主机的总体设计综合考虑，做到机、电、液相互配合，保证整机的性能良好。

8.1　液压系统的设计步骤

8.1.1　液压系统的设计要求与工况分析

1. 设计要求

液压主机对液压系统的使用要求是液压系统设计的主要依据。因此，在设计液压系统时，首先应明确以下问题：

(1)主机和工作机构的结构特点和工作原理。主要包括主机的哪些动作采用液压执行元件，各执行元件的运动方式、行程、动作循环以及动作时间是否需要同步或互锁等。

(2)主机对液压传动系统的性能要求。主要包括各执行元件在各工作阶段的负载、速度、调速范围、运动平稳性、换向定位精度以及对系统的效率、温升等的要求。

(3)主机对液压传动系统控制技术的要求。

(4)主机的使用条件及工作环境。如温度、湿度、振动冲击以及是否有腐蚀性和易燃物质存在等情况。

2. 液压系统工况分析

对液压系统进行工况分析，即指对各执行元件进行运动分析和负载分析，对于运动复杂的系统，需要绘制出速度循环图和负载循环图，对简单的系统只需找出最大负载和最大速度点，从而为确定液压系统的工作压力、流量，为设计或选择液压执行元件提供数据。

以下对工况分析的内容作具体介绍。

1)运动分析

主机的执行元件按工艺要求的运动情况，可以用位移循环图($L-t$)、速度循环图($v-t$)，或速度与位移循环图($v-L$)表示，由此对运动规律进行分析。

(1)位移—时间循环图。图8-1为液压机的液压缸位移循环图，纵坐标L表示活塞位移，横坐标t表示从活塞启动到返回原位的时间，曲线斜率表示活塞移动速度。该图清楚地表明，液压机的工作循环分别由快速下行、减速下行、压制、保压、卸压慢回和快速回程六个阶段组成。

(2)计算和绘制速度—时间循环图。根据整机工作循环图和执行元件的行程或转速以及拟定的加速度变化规律，即可计算并绘制出执行元件的速度—时间循环图($v-t$)或速度—位移循环图($v-L$)。

工程中液压缸的运动特点可归纳为三种类型。图 8-2 为三种类型液压缸的 $v-t$ 图。

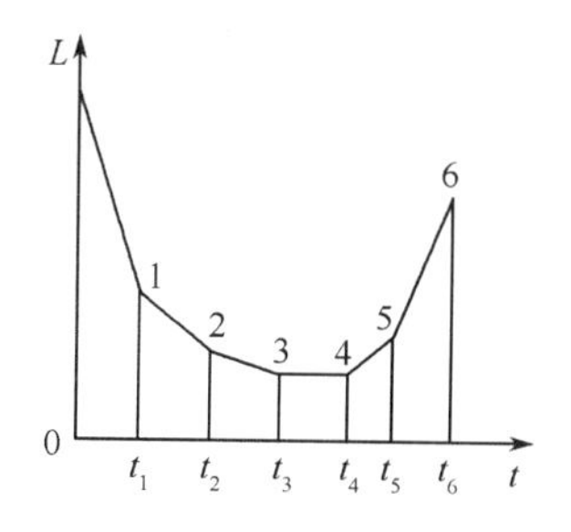

图 8-1 位移—时间循环图

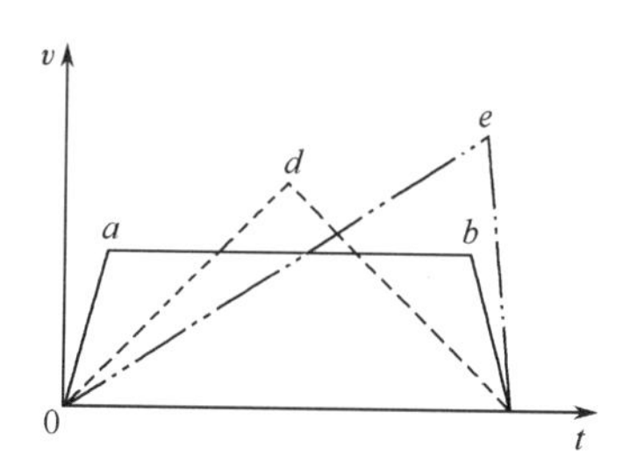

图 8-2 速度—时间循环图

第一种如图 8-2 中实线所示,液压缸开始作匀加速运动,然后匀速运动,最后匀减速运动到终点;第二种,液压缸在总行程的前一半作匀加速运动,在另一半作匀减速运动,且加速度的数值相等;第三种,液压缸在总行程的一大半以上以较小的加速度作匀加速运动,然后匀减速至行程终点。$v-t$ 图的三条速度曲线,不仅清楚地表明了三种类型液压缸的运动规律,也间接地表明了三种工况的动力特性。

(3)整机工作循环图。在具有多个液压执行元件的复杂系统中,执行元件通常是按一定的程序循环工作的。因此,必须根据主机的工作方式和生产率,合理安排各执行元件的工作顺序和作业时间,并绘制出整机的工作循环图。

2)负载分析

动力分析是研究机器在工作过程中,其执行机构的受力情况,对液压系统而言,就是研究液压缸或液压马达的负载情况。对于负载变化规律复杂的系统必须画出负载循环图,不同工作目的的系统,负载分析的重点不同。例如,对于工程机械的作业机构,着重点为重力在各个位置上的情况,负载图以位置为变量;机床工作台着重点为负载与各工序的时间关系。

(1)液压缸的负载及负载循环图。

①液压缸的负载力计算。一般而言,液压缸承受的动力负载有工作负载 F_w、惯性负载 F_m 和重力负载 F_g,约束性负载有摩擦阻力 F_f、背压负载 F_b 及液压缸自身的密封阻力 F_{sf},即作用在液压缸上的外负载为

$$F = \pm F_w \pm F_m + F_f \pm F_g + F_b + F_{sf} \tag{8-1}$$

a. 工作负载 F_w。工作负载与主机的工作性质有关,主要为液压缸运动方向的工作阻力。对于机床来说就是沿工作部件运动方向的切削力,此作用力的方向如果与执行元件运动方向相反为正值,两者同向为负值。该作用力可能是恒定的,也可能是变化的,其值要根据具体情况计算或由实验测定。

b. 惯性负载 F_m。惯性负载为运动部件在启动和制动过程中的惯性力,可按牛顿第二定律求出:

$$F_m = ma = m\frac{\Delta v}{\Delta t} \tag{8-2}$$

式中　m——运动部件的总质量(kg)；

a——运动部件的加速度(m/s^2)；

Δv——Δt 时间内速度的变化量(m/s)；

Δt——启动或制动时间(s)。

启动加速时,取正值;减速时,取负值。一般机械系统,Δt 取 0.1s ~ 0.5s;行走机械系统,Δt 取 0.5s ~ 1.5s;机床主运动系统,Δt 取 0.25s ~ 0.5s;机床进给运动系统,Δt 取 0.1s ~ 0.5s,工作部件较轻或运动速度较低时取小值。

c. 重力负载 F_g。当工作部件垂直放置和倾斜放置时,其本身的重量也成为一种负载,当上移时,负载为正值,下移时为负值。当工作部件水平放置时,其重力负载为零。

d. 摩擦阻力 F_f。摩擦阻力为液压缸驱动工作机构所需克服的机械摩擦力。对机床来说,摩擦阻力与导轨的形状、放置情况和工作部件运动状态有关。对最常见的平导轨和 V 形导轨,其摩擦阻力可按下式计算:

平导轨
$$F_f = f(mg + F_N) \tag{8-3}$$

V 形导轨
$$F_f = \frac{f(mg + F_N)}{\sin(\alpha/2)} \tag{8-4}$$

式中　F_N——作用在导轨上的垂直载荷;

α——V 形导轨夹角,通常取 $\alpha = 90°$;

f——导轨摩擦系数,它有静摩擦系数 f_s 和动摩擦系数 f_d 之分,其值可参阅相关设计手册。

e. 密封阻力 F_{sf}。密封阻力指装有密封装置的零件在相对移动时的摩擦力,其值与密封装置的类型、液压缸的制造质量和油液的工作压力有关。在初算时,可按液压缸的机械效率($\eta_m = 0.9 \sim 0.95$)考虑;验算时,按密封装置摩擦力的计算公式计算。

f. 背压负载 F_b。液压缸运动时还必须克服回油路压力形成的背压阻力,其值为

$$F_b = p_b A$$

式中　A——液压缸回油腔有效工作面积;

p_b——液压缸背压。

在液压缸参数尚未确定之前,一般按经验数据估计一个数值。

②液压缸运动循环各阶段的总负载力。液压缸运动分为启动、加速、恒速、减速制动等几个阶段,不同阶段的负载力计算是不同的。

启动阶段:
$$F = \frac{F_f \pm F_g + F_{sf}}{\eta_m}$$

加速阶段:
$$F = \frac{F_m + F_f \pm F_g + F_b + F_{sf}}{\eta_m}$$

恒速运动时:
$$F = \frac{\pm F_w + F_f \pm F_g + F_b + F_{sf}}{\eta_m}$$

减速制动:
$$F = \frac{\pm F_w - F_m + F_f \pm F_g + F_b + F_{sf}}{\eta_m}$$

③工作负载图。对复杂的液压系统,如有若干个执行元件同时或分别完成不同的工

作循环，则有必要按上述各阶段计算总负载力，并根据上述各阶段计算总负载力和它所经历的工作时间 t（或位移 s），按相同的坐标绘制液压缸的负载时间（$F-t$）或负载位移（$F-s$）图。图 8－3 所示为某机床主液压缸的工作循环和负载图。

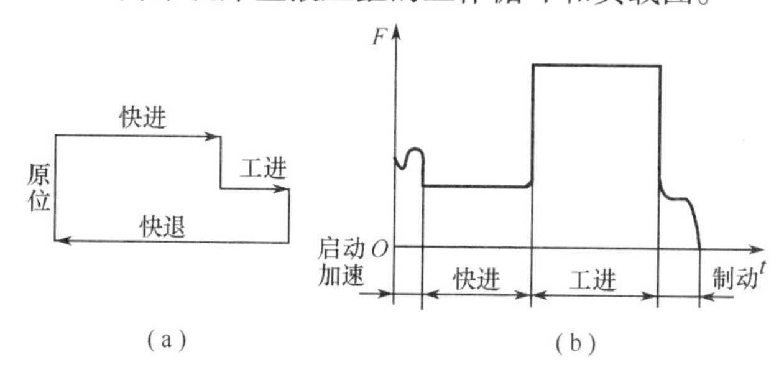

图 8－3　某机床主液压缸的工作循环图和负载图

(a)工作循环图；(b)负载图。

负载图中的最大负载力是初步确定执行元件工作压力和结构尺寸的依据。

（2）液压马达的负载。液压马达的负载力矩分析与液压缸的负载分析相同，只需将上述负载力的计算变换为负载力矩即可。

8.1.2　液压系统的设计方案

要确定一个机械的液压系统方案，必须和该机械的总体设计方案综合考虑。首先明确主机对液压系统的性能要求，进而抓住该类机械液压系统设计的核心和特点，然后按照可靠性、经济性和先进性的原则来确定液压系统方案。如对变速、稳速要求严格的机械（如机床液压系统），其速度调节、换向和稳定是系统设计的核心，因而应先确定其调速方式。而对于对速度无严格要求但对输出力、力矩有主要要求的机械（如挖掘机、装载机液压系统），其功能的调节和分配是系统设计的核心，该类系统的特点是采用组合油路。

1. 确定液压系统的形式

确定液压系统的形式就是确定系统主油路的结构（开式或闭式，串联或并联）、液压泵的形式（定量或变量）、液压泵的数目（单泵、双泵或多泵）和回路数目等。另外，尚需确定操纵的方式、调速的形式及液压泵的卸荷方式等。例如，目前在工程机械上，液压起重机和轮式装载机多采用定量开式系统，小型挖掘机采用单泵定量系统，中型挖掘机多采用双泵双回路定量并联系统，大型挖掘机多采用双泵双回路变量并联系统。行走机械和航空航天装置为减少体积和质量可选择闭式回路，即执行元件的排油直接进入液压油的进口。

2. 确定系统的主要参数

液压系统的主要参数有两个：压力和流量。系统的压力和流量都是由两部分组成：一部分由液压元件的工作需要决定；另一部分由油液流过回路时的压力损失和泄漏损失决定。

前者是主要的，占有很大的比重，后者是附加的，并应设法尽可能使之减少。因此，系统主要参数的确定，其实是确定液压执行元件的主要参数，因为这时回路的结构尚未确定，其压力损失和泄漏损失还都无法估计。

1）液压系统工作压力

液压系统工作压力是指液压系统在正常运行时所能克服外载荷的最高限定压力。

确定液压系统工作压力包括压力级的确定、液压泵压力和安全阀(或溢流阀)调定压力的选择。

系统的压力级选择与机械种类、主机功率大小、工况和液压元件的形式有密切关系。一般小功率机械用低压,大功率机械用高压。在一定的允许范围内提高油压,可使系统的尺寸减小,但容积效率会下降。常用的液压系统压力推荐见表8-1。

表8-1　各类设备的常用压力

机械类型	机　床				农业机械	工程机械
	磨床	组合机床	龙门刨床	拉床		
工作压力/MPa	≤2	3~5	≤8	8~10	10~16	20~32

在考虑上述各因素的情况下,还应参考国家公称压力系列标准值来确定系统的工作压力。

2)液压系统流量

根据已确定的系统工作压力,再根据各执行元件对运动速度的要求,计算每个执行元件所需流量,然后根据液压系统所采用的形式来确定系统流量。对单泵串联系统,各执行元件所需流量的最大值,就是系统流量。

对双泵或多泵液压系统,将同时工作的执行元件的流量进行叠加,则叠加数中最大值,就是系统流量。但应注意,对于串联的执行元件,即使同时工作,也不能进行流量叠加。如果对某一执行元件采用双泵或多泵合流供油,则合流流量就是系统流量。

3. 拟定液压系统原理图

1)拟定的方法步骤

拟定液压系统原理图是液压系统设计中重要的一步,对于系统的性能及设计方案的经济性、合理性都具有决定性的影响。拟定液压系统原理图一般分为两步进行:

(1)分别选择和拟定各个基本回路,选择时应从对主机性能影响较大的回路开始,并对各种方案进行分析比较,确定出最佳方案。

(2)将选择的基本回路进行归并、整理,再增加一些必要的元件或辅助油路,组合成一个完整的液压系统。

2)应注意的问题

(1)控制方法。在液压系统中,执行元件需改变运动速度和方向,对于多个执行元件,则还应有动作顺序及互锁等要求,如果机械要求实行一定的自动循环,则更应慎重地选择各种控制方式。一般而言,行程控制动作比较可靠,是通用的控制方式;选用压力控制可以简化系统,但在一个系统内不宜多次采用;时间控制不宜单独采用,而常与行程或压力控制组合使用。

(2)系统安全可靠性。液压系统的安全可靠性非常重要,因此,在设计时针对不同功能的液压回路,应采取不同的措施以确保液压回路及系统的安全可靠性。如为防止系统过载,应设置安全阀;为防止举升机构在其自重及失压情况下自动落下必须有平衡回路;支腿回路应有液压锁,回转机构应有缓冲、限速及制动装置等,以确保安全。另外,要防止回路间的相互干扰。如单泵驱动多个并联连接的执行元件并有复合动作要求时,应在负载小的执行元件的进油路上串联节流阀,对保压油路可采用蓄能器与单向阀,使其与其他动作回路隔开。

(3)有效利用液压功率。提高液压系统的效率不仅能节约能量,而且可以防止系统过热。如在工作循环中,系统所需流量差别较大时,应采用双泵和变量泵供油或增设蓄能器;在系统处于保压停止工作时,应使泵卸荷等。

(4)防止液压冲击。在液压系统中,由于工作机构运动速度的变换、工作负荷的突然消失以及冲击负载等原因,经常会产生液压冲击而影响系统的正常工作,因此在拟定系统原理图时应予以充分重视,并采取相应的预防措施。如对由工作负载突然消失而引起的液压冲击,可在回油路上加背压阀;对由冲击负载产生的液压冲击,可在油路入口处设置安全阀或蓄能器等。

8.1.3 液压系统的计算与元件选择

拟定完整机液压系统原理图之后,就可以根据选取的系统压力和执行元件的速度—时间循环图,计算和选择系统中所需的各种元件和管路。

1. 选择执行元件

初步确定了执行元件的最大外负载和系统的压力后,就可以对执行元件的主要尺寸和所需流量进行计算。计算时应从满足外负载和满足低速运动两方面要求来考虑。

1)计算执行元件的有效工作压力

由于存在进油管路的压力损失和回油路的背压,所以有效工作压力比系统压力要低(图8-4)。

由图8-4知,液压缸的有效工作压力为

$$p_1 = p - \Delta p - p_0 \frac{A_2}{A_1} \qquad (8-5)$$

液压马达的有效工作压力为

$$p_1 = p - \Delta p - p_0 \qquad (8-6)$$

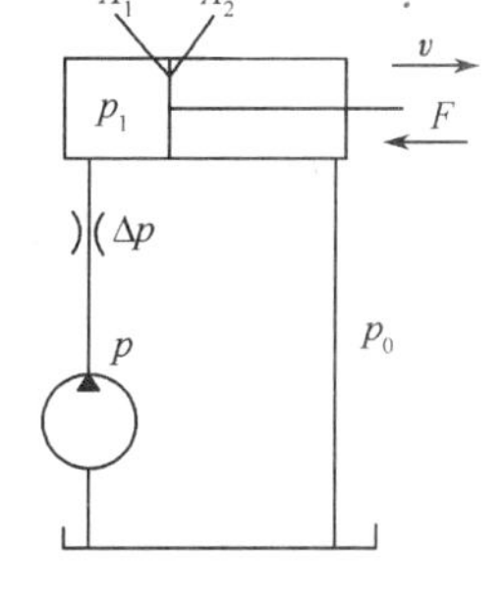

图8-4 有效工作压力示意图

式中 p_1——执行元件的有效工作压力(MPa);

p——系统压力,即泵供油压力(MPa);

Δp——进油管路的压力损失(MPa),初步估计时,简单系统取 $\Delta p = 0.2\text{MPa} \sim 0.5\text{MPa}$,复杂系统取 $\Delta p = 0.5\text{MPa} \sim 1.5\text{MPa}$;

p_0——系统的背压(包括回油管路的压力损失)(MPa)。简单系统取 $p_0 = 0.2\text{MPa} \sim 0.5\text{MPa}$,回油带背压阀时取 $p_0 = 0.5\text{MPa} \sim 1.5\text{MPa}$;

A_1、A_2——液压缸进油腔和回油腔的有效工作面积(m^2)。

2)计算液压缸的有效面积或液压马达的排量

(1)从满足克服外负载要求出发。对于液压缸,有效面积为

$$A = \frac{F_{\max}}{p_1 \eta_{\text{m}} \times 10^6} \qquad (8-7)$$

式中 A——液压缸有效面积(m^2);

$F_{\max}$——液压缸的最大负载(N);

p_1——液压缸的有效工作压力(MPa);

η_m——液压缸的机械效率,常取0.9~0.98。

对于液压马达,其排量应为

$$V_M = \frac{T_{max}}{159 p_1 \eta_{Mm} \times 10^3} \tag{8-8}$$

式中 V_M——液压马达排量(m^3/r);

T_{max}——液压马达的最大负载扭矩(N·m);

p_1——液压马达的有效工作压力(MPa);

η_{Mm}——液压马达的机械效率,可取0.95。

(2)从满足最低速度要求出发。对于液压缸,有效面积为

$$A \geqslant \frac{q_{min}}{v_{min}} \tag{8-9}$$

式中 A——液压缸有效面积(m^2);

q_{min}——系统的最小稳定流量,在节流调速系统中,决定于流量阀的最小稳定流量(m^3/s);

v_{min}——要求液压缸的最小工作速度(m/s)。

对于液压马达,其排量应为

$$V_M \geqslant \frac{q_{min}}{n_{Mmin}} \tag{8-10}$$

式中 V_M——液压马达排量(m^3/r);

q_{min}——系统的最小稳定流量(m^3/s);

n_{Mmin}——要求液压马达的最低转速(r/s)。

从式(8-7)和式(8-9)中选取较大的计算值来计算液压缸内径和活塞杆直径。对计算出的结果,按国家标准选用标准值。

从式(8-8)和式(8-10)中选取较大的计算值作为液压马达排量 V_M,然后结合液压马达的最大工作压力($p_1 + p_0$)和工作转速 n_M,选择液压马达的具体型号。

(3)计算执行元件所需流量。对于液压缸,所需最大流量为

$$q_{max} = A v_{max} \tag{8-11}$$

式中 q_{max}——液压缸所需最大流量(m^3/s);

A——液压缸的有效面积(m^2);

v_{max}——液压缸活塞移动的最大速度(m/s)。

对于液压马达,所需最大流量为

$$q_{Mmax} = V_M n_{Mmax} \tag{8-12}$$

式中 q_{Mmax}——液压马达所需最大流量(m^3/s);

V_M——液压马达的排量(m^3/r);

n_{Mmax}——液压马达的最大转速(r/s)。

2. 选择液压泵

1)确定液压泵的流量

$$q_{\mathrm{p}} \geqslant k\left(\sum q\right)_{\max} \tag{8-13}$$

式中 q_{p}——液压泵流量(m^3/s);

k——系统泄漏系数(一般取1.1~1.3,大流量取小值,小流量取大值);

$\left(\sum q\right)_{\max}$——复合动作的各执行元件最大总流量($\mathrm{m}^3/\mathrm{s}$),对于复杂系统,可从总流量循环图中求得。

当系统采用蓄能器,泵的流量可根据系统在一个循环周期中的平均流量选取,即

$$q_{\mathrm{p}} \geqslant \frac{k}{T}\sum_{i=1}^{n} V_i \tag{8-14}$$

式中 q_{p}——液压泵流量(m^3/s);

k——系统泄漏系数;

T——工作周期(s);

V_i——各执行元件在工作周期中所需的油液容积(m^3);

n——执行元件的数目。

2)选择液压泵的规格

选取额定压力比系统压力(指稳态压力)高25%~60%,流量与系统所需流量相当的液压泵。由于液压系统在工作过程中其瞬态压力有时比稳态压力高得多,因此选取的额定压力应比系统压力高一定值,以便泵有一定的压力储备。

3)确定液压泵所需功率

(1)恒压系统。驱动液压泵的功率为

$$P_{\mathrm{p}} = \frac{p_{\mathrm{p}} q_{\mathrm{p}}}{\eta_{\mathrm{p}}} \tag{8-15}$$

式中 P_{p}——驱动液压泵功率(W);

p_{p}——液压泵最大工作压力(Pa);

q_{p}——液压泵流量(m^3/s);

η_{p}——液压泵的总效率。

各种形式液压泵的总效率可参考表8-2估取,液压泵规格大,取大值,反之取小值;定量泵取大值,变量泵取小值。

表8-2 液压泵的总效率

液压泵类型	齿轮泵	螺杆泵	叶片泵	柱塞泵
总效率	0.6~0.7	0.65~0.80	0.60~0.75	0.80~0.85

(2)非恒压系统。当液压泵的压力和流量在工作循环中变化时,可按各工作阶段进行计算,然后用下式计算等效功率:

$$P = \sqrt{\frac{P_1^2 t_1 + P_2^2 t_2 + \cdots + P_n^2 t_n}{t_1 + t_2 + \cdots + t_n}} \tag{8-16}$$

式中　P——液压泵所需等效功率(kW)；

P_1、P_2、…、P_n——一个工作循环中各阶段所需的功率(kW)；

t_1、t_2、…、t_n——一个工作循环中各阶段所需的时间(s)。

注意，按等效功率选择电动机时，必须对电动机的超载量进行检验。当阶段最大功率大于等效功率并超过电动机允许的过载范围时，电动机容量应按最大功率选取。

3. 选择控制阀

对换向阀，应根据执行元件的动作要求、卸荷要求、换向平稳性和排除执行元件间的相互干扰等因素确定滑阀机能，然后再根据通过阀的最大流量、工作压力和操纵定位方式等选择其型号。

对溢流阀，主要根据最大工作压力和通过的最大流量等因素来选择，同时要求反应灵敏、超调量和卸荷压力小。

对流量控制阀，首先应根据调速要求确定阀的类型，然后再按通过阀的最大和最小流量以及工作压力选择其型号。

另外，在选择各类阀时，还应注意各类阀连接的公称通径，在同一回路上应尽量采用相同的通径。

4. 选择液压辅件、确定油箱容量

滤油器、蓄能器等可按第5章中有关原则选用，管道和管接头的规格尺寸可参照与其所连接的液压元件接口处尺寸决定。

油箱容积必须满足液压系统的散热要求，可按第5章中式(5-5)计算，但应注意，如果系统中不只有一个泵，则式(5-5)中的液压泵的流量应为系统中各液压泵流量总和。

8.1.4　液压系统的校核

1. 压力损失的计算

根据初步确定的管道尺寸和液压系统装配草图，就可以进行压力损失的计算。压力损失包括沿程阻力损失和局部阻力损失，即

$$\Delta p = \Sigma \Delta p_1 + \Sigma \Delta p_\zeta \tag{8-17}$$

式中　Δp——系统压力损失(Pa)；

$\Sigma \Delta p_1$——沿程阻力损失(Pa)；

$\Sigma \Delta p_\zeta$——局部阻力损失(Pa)。

沿程阻力损失是油液沿直管流动时的黏性阻力损失，一般比较小。局部阻力损失是油液流经各种阀、管路截面突然变化处及弯管处的压力损失。在液压系统中局部压力损失是主要的，必须加以重视。

关于沿程阻力损失和局部阻力损失的计算方法，可参考液压流体力学或有关的液压传动设计手册。

在液压系统设计时，应尽量避免不必要的管路弯曲和节流，避免直径突变，减少管接头，采用元件集成化，以便减少压力损失。

2. 热平衡验算

液压系统工作时，由于工作油液流经各种液压元件和管路时将产生能量损失，这种能

量损失最终转化为热能，从而使油液发热、油温升高，使泄漏增加、容积效率降低。因此，为了保证液压系统良好的工作性能，应使最高油温保持在允许范围内，并不超过65℃。

液压系统产生的热量主要包括液压泵和液压马达的功率损失、溢流阀溢流损失、油液通过阀体及管道等的压力损失所产生的热量。

1）液压泵功率损失所产生的热量

$$H_1 = P_{pin}(1 - \eta_B) \tag{8-18}$$

式中 H_1——液压泵功率损失产生的热量（kW）；

P_{pin}——液压泵输入功率（kW）；

η_p——液压泵总效率。

2）油液通过阀体的发热量

$$H_2 = \sum_{i=1}^{n} \Delta p_i q_i \tag{8-19}$$

式中 H_2——油液通过阀体的发热量（kW）；

Δp_i——通过每个阀体的压力降（MPa）；

q_i——通过阀体的流量（m^3/s）。

3）管路损失及其他损失（包括液压执行元件）所产生的热量

$$H_3 = (0.03 \sim 0.05) P_{pin} \tag{8-20}$$

式中 H_3——管路损失及其他损失所产生的热量（kW）；

P_{pin}——液压泵输入功率（kW）；

液压系统总发热为

$$H = H_1 + H_2 + H_3 \tag{8-21}$$

液压系统产生的热量，一部分保留在系统中，使系统温度升高；另一部分经过冷却表面散发到空气中去。一般情况下，工作机械经过一个多小时的连续运转后，就可以达到热平衡状态，此时系统的油温不再上升，产生的热量全部由散热表面散发到空气中。因此，其热平衡方程式为

$$H = C_T A \Delta T \tag{8-22}$$

式中 H——液压系统总发热量（kW）；

A——油箱散热面积（m^2），如果油箱三个边长的比例为1∶1∶1～1∶2∶3，且油面高度为油箱高度的80%，则$A = 0.065\sqrt[3]{V^2}$（V为油箱有效容积（L））；

ΔT——系统的温升（℃），即系统到达热平衡时的油温与环境温度之差；

C_T——散热系数（kW/（m^2·℃）），当自然冷却通风很差时，$C_T = (8 \sim 9) \times 10^{-3}$；自然冷却通风良好时，$C_T = (15 \sim 17.5) \times 10^{-3}$；当油箱用风扇冷却时，$C_T = 23 \times 10^{-3}$；用循环水冷却时，$C_T = (110 \sim 170) \times 10^{-3}$。

所以，系统的最高温升为

$$\Delta T = \frac{H}{C_T A} \tag{8-23}$$

计算所得的系统最高温升ΔT加上周围环境温度，不得超过最高油温允许范围。如

果所算出的油温超过了最高油温允许范围,就必须增大油箱的散热面积或使用冷却装置来降低油温。表 8－3 为典型液压设备的工作温度范围。

表 8－3　典型液压设备的工作温度范围

液压设备名称	正常工作温度/℃	最高允许温度/℃	油及油箱温升/℃
机床	30～50	55～70	30～35
数控机床	30～50	55～70	25
金属加工机械	40～70	60～90	
机车车辆	40～60	70～80	35～40
工程机械	50～80	70～90	30～35
船舶	30～60	80～90	30～35
液压试验台	45～50	约 90	45

3. 液压冲击的验算

在液压传动中产生液压冲击的原因很多,如液压缸在高速运动时突然停止,换向阀迅速打开或关闭油路,液压执行元件受到大的冲击负载等都会产生液压冲击。因此,在设计液压系统时很难准确计算,只能进行大致的验算,其具体的计算公式可参考液压流体力学或有关的液压传动手册。所以,在设计液压系统时,必须采取一些缓冲措施以缓冲液压冲击,如采取在液压缸或液压马达的进出口设置过载阀,换向阀的滑阀机能采用 H 型阀等措施。

8.1.5 绘制液压系统工作图和编写技术文件

液压系统设计的最后阶段是绘制工作图和编写技术文件。

1. 绘制工作图

(1)液压系统原理图。应附有液压元件明细表,注明各种元件的规格、型号以及压力阀、流量阀的调整值,画出执行元件工作循环图,列出相应电磁铁和压力继电器的工作状态表。

(2)元件集成块装配图和零件图。液压件厂提供各种功能的集成块,一般情况下,设计者只需选用并绘制集成块组合装配图。如没有合适的集成块可供选用,则需专门设计。

(3)泵站装配图和零件图。小型泵站有标准化产品供选用,但大、中型泵站往往需要个别设计,需绘制出其装配图和零件图。

(4)非标准件的装配图和零件图。按国家标准绘制出油箱等一些非标准件的零件图及装配图。

(5)管路装配图。应标明管道走向,注明管道尺寸、接头规格和装配技术要求等。

2. 编写技术文件

技术文件一般包括设计计算说明书,液压系统原理图,零部件目录表,标准件、通用件和外购件总表,技术说明书,操作使用及维护说明书等内容。

8.2 液压系统设计实例

下面以组合机床为例,进一步说明液压系统设计计算的内容及步骤。

某厂汽缸加工自动线上要求设计一台卧式单面多轴钻孔组合机床,机床有主轴 16

根，钻 14 个 ϕ13.9mm 的孔，2 个 ϕ8.5mm 的孔，要求的工作循环是：快速接近工件，然后以工作速度钻孔，加工完毕后快速退回原始位置，最后自动停止；工件材料为铸铁，硬度为 240HB。假设运动部件重 $G=9800N$；快进、快退速度 $v_1=v_3=0.1m/s$；动力滑台采用平导轨，静摩擦因数、动摩擦因数 $f_s=0.2$，$f_d=0.1$；往复运动的加速、减速时间为 0.2s；快进行程 $L_1=100mm$，工进行程 $L_2=50mm$。试设计计算其液压系统。

该卧式单面多轴钻孔组合机床的液压系统设计计算步骤如下。

1. 负载分析

1）计算切削阻力

钻铸铁孔时，其轴向切削阻力可用以下公式计算：

$$F_e=25.5DS^{0.8}(HB)^{0.6}$$

式中 F_e——钻削力（N）；

D——孔径（mm）；

S——每转进给量（mm/r）。

选择切削用量：钻 ϕ13.9mm 孔时，主轴转速 $n_1=360r/min$，每转进给量 $S_1=0.147mm/r$；钻 ϕ8.5mm 孔时，主轴转速 $n_2=550r/min$，每转进给量 $S_2=0.096mm/r$。则

$$F_e=14\times25.5D_1S_{8.}^{8}(HB)^{0.6}+2\times25.5D_2S_2^{0.8}(HB)^{0.6}=$$
$$14\times25.5\times13.9\times0.147^{0.8}\times240^{0.6}+2\times25.5\times8.5\times0.096^{0.8}\times240^{0.6}=$$
$$30500(N)$$

2）计算摩擦阻力

静摩擦阻力：$F_s=f_sG=0.2\times9800=1960(N)$

动摩擦阻力：$F_d=f_dG=0.1\times9800=980(N)$

3）计算惯性阻力

$$F_m=ma=\frac{G}{g}\frac{\Delta v}{\Delta t}=\frac{9800}{9.8}\times\frac{0.1}{0.2}=500(N)$$

4）计算各工况负载

根据以上分析得各工况负载如表 8-4 所列。

表 8-4 液压缸负载的计算

工 况	计 算 公 式	液压缸负载 F/N	液压缸驱动力 F_0/N
启动	$F_s=f_sG$	1960	2180
加速	$F_d=f_dG+F_m$	1480	1640
快进	$F_d=f_dG$	980	1090
工进	$F=F_e+F_d$	31480	35000
反向启动	$F_s=f_sG$	1960	2180
加速	$F_d=f_dG+F_m$	1480	1640
快退	$F_d=f_dG$	980	1090
制动	$F_d=f_dG-F_m$	480	530
注：$F_0=F/\eta_m$，η_m 为液压缸的机械效率，取 0.9			

2. 绘制液压缸的 $F-t$ 图与 $v-t$ 图

1)计算工进速度

工进速度可分别按加工 $\phi13.9$mm 孔和 $\phi8.5$mm 孔的切削用量计算,即

$$v_2 = n_1S_1 = 360/60 \times 0.147 = 0.88(\text{mm/s})$$

$$v_2' = n_2S_2 = 550/60 \times 0.096 = 0.88(\text{mm/s})$$

2)计算快进、工进时间和快退时间

快进: $t_1 = L_1/v_1 = 100 \times 10^{-3}/0.1 = 1(\text{s})$

工进: $t_2 = L_2/v_2 = 50 \times 10^{-3}/0.88 \times 10^{-3} = 56.8(\text{s})$

快退: $t_3 = (L_1 + L_2)/v_3 = (100 + 50) \times 10^{-3}/0.1 = 1.5(\text{s})$

3)绘液压缸的 $F-t$ 图与 $v-t$ 图

根据上述数据绘制液压缸的 $F-t$ 图与 $v-t$ 图,如图 8-5 所示。

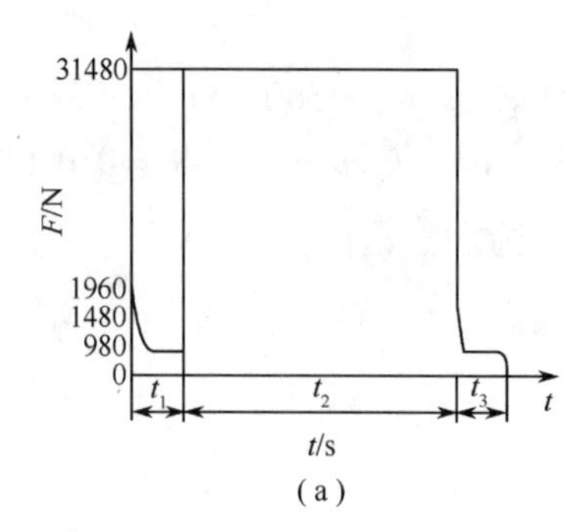

(a)

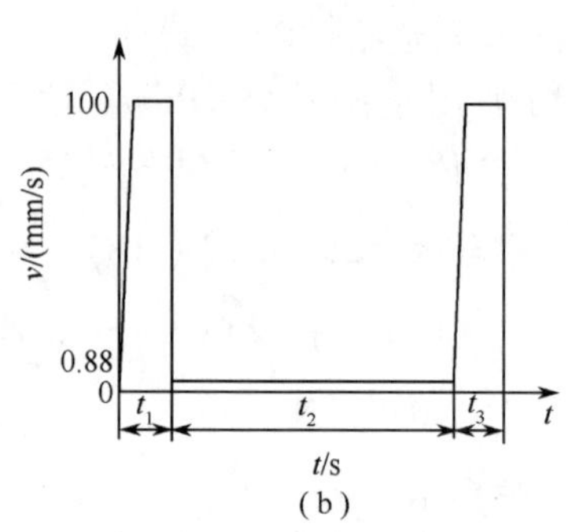

(b)

图 8-5 液压缸的 $F-t$ 图与 $v-t$ 图

(a)$F-t$ 图;(b)$v-t$ 图。

3. 确定液压系统参数

1)初选液压缸工作压力

由工况分析可知,工进阶段的负载力最大,所以,液压缸的工作压力按此负载力计算,根据液压缸与负载的关系及表 8-1,选 $p_1 = 40 \times 10^5$Pa。本机床为钻孔组合机床,为防止钻通时发生前冲现象,液压缸回油腔应有背压,设背压 $p_2 = 6 \times 10^5$Pa,为使快进快退速度相等,选用 $A_1 = 2A_2$ 差动油缸,假定快进、快退的回油压力损失为 $\Delta p = 7 \times 10^5$Pa。

2)计算液压缸尺寸

由工进工况出发,计算油缸大腔面积,由$(p_1A_1 - p_2A_2)\eta_m = F$ 得

$$A_1 = \frac{F}{\eta_m\left(p_1 - \frac{p_2}{2}\right)} = \frac{31480}{0.9 \times \left(40 - \frac{6}{2}\right)} = 94.5 \times 10^{-4}(\text{m}^2) = 94.5(\text{cm}^2)$$

液压缸直径 $D = \sqrt{\frac{4A_1}{\pi}} = \sqrt{\frac{4 \times 94.5}{3.14}} = 10.97(\text{cm})$,圆整后取标准直径 $D = 110(\text{mm})$。

因为 $A_1 = 2A_2$,所以 $d = \frac{D}{\sqrt{2}} = 0.707 \times 110 = 77.8(\text{mm})$,圆整后取标准直径 $d = 80(\text{mm})$,则液压缸有效面积为

$$A_1=\frac{\pi}{4}D^2=\frac{\pi}{4}\times 11^2=95(\text{cm}^2), A_2=\frac{\pi}{4}(D^2-d^2)=\frac{\pi}{4}\times(11^2-8^2)=44.7(\text{cm}^2)$$

3)计算液压缸在工作循环中各阶段的压力、流量和功率使用值

液压缸工作循环各阶段压力、流量和功率计算结果如表 8－5 所列。

表 8－5 液压缸工作循环各阶段压力、流量和功率计算

工况		计算公式	F/N	Δp/MPa	p_1/MPa	$q/(\text{m}^3/\text{s})$	P/kW
快进	启动	$p_1=\frac{F+A_2\Delta p}{A_1-A_2}$ $q=(A_1-A_2)v_1$ $P=p_1q\times 10^{-3}$	2180	—	0.43	—	—
	加速		1640	0.7	0.95	—	—
	快进		1090	0.7	0.90	0.83×10^{-3}	0.50
工进		$p_1=\frac{F+A_2p_2}{A_1}$ $q=A_1v_2$ $P=p_1q\times 10^{-3}$	35000	0.6	0.40	0.83×10^{-5}	0.03
快退	反向启动	$p_1=\frac{F+A_1p_2}{A_2}$ $q=A_2v_3$ $P=p_1q\times 10^{-3}$	2180	—	0.43	—	—
	加速		1640		1.84	—	—
	快退		1090	7×10^5	1.73	0.45×10^{-2}	0.80
	制动		530	—	1.2	—	—

4)绘制液压缸工况图

根据表 8－5 可绘制出液压缸的工况图，如图 8－6 所示。

4. 拟定液压系统图

1)选择液压回路

(1)调速方式。由工况图知，该液压系统功率小、工作负载变化小，可选用进油路节流调速，为防止钻通孔时的前冲现象，在回油路上加背压阀。

(2)液压泵形式的选择。从工况图中的 $q-t$ 可清楚地看出，系统工作循环主要由低压大流量和高压小流量两个阶段组成，最大流量与最小流量之比 $q_{max}/q_{min}=0.5/0.83\times 10^{-2}\approx 60$，其相应的时间之比 $t_2/t_1=56.8$。从提高效率考虑，选用限压式变量叶片泵或双联叶片泵较合适。在本方案中，选用双联叶片泵。

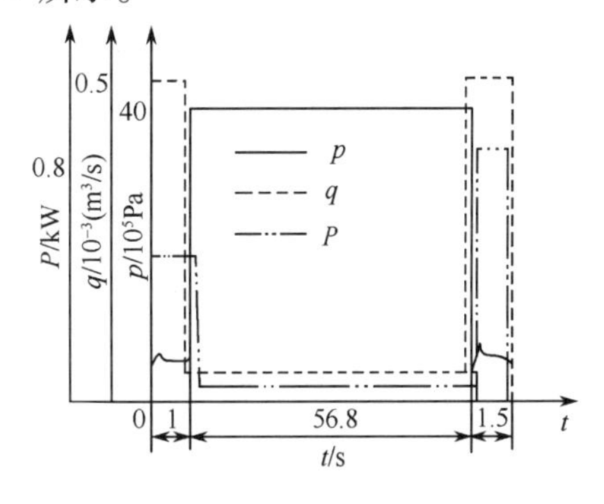

图 8－6 液压缸工况

(3)速度换接方式。因钻孔工序对位置精度及工作平稳性要求不高，可选用行程调速阀或电磁换向阀。

(4)快速回路与工进转快退控制方式的选择。为使快进快退速度相等，选用差动回路作快速回路。

2)液压系统图

在所选定基本回路的基础上，再考虑其他一些有关因素，便可组成图 8－7 所示液压系统图。

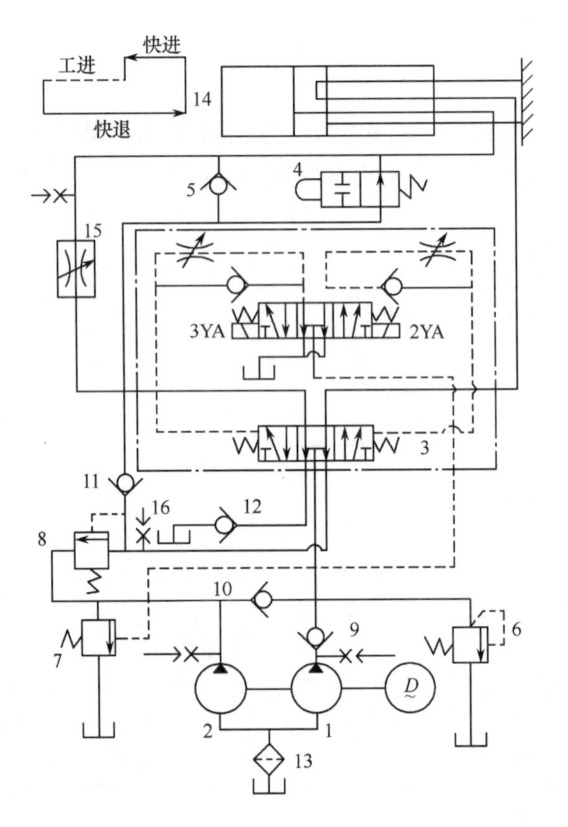

图 8－7　液压系统原理

1、2—双联叶片泵；3—三位五通电液换向阀；4—行程阀；5、9、10、11、12—单向阀；6—液流阀；7—顺序阀；8—背压阀；13—过滤器；14—液压缸；15—调速阀；16—压力表开关。

5. 选择液压元件

1）选择液压泵和电动机

（1）确定液压泵的工作压力。前面已确定液压缸的最大工作压力为 40×10^5Pa，选取进油管路压力损失 $\Delta p=5\times10^5$Pa，其调整压力一般比系统最大工作压力大 5×10^5Pa，所以泵的工作压力 $p_1=(40+5+5)\times10^5=50\times10^5$Pa，这是高压小流量泵的工作压力。

由图 8－7 可知，液压缸快退时的工作压力比快进时大，取其压力损失 $\Delta p'=4\times10^5$Pa，则快退时泵的工作压力为

$$p_2=(17.3+4)\times10^5=21.3\times10^5\text{Pa}$$

这是低压大流量泵的工作压力。

（2）液压泵的流量。由图 8－6 工况图可知，快进时的流量最大，其值为 30L/min，最小流量在工进时，其值为 0.51L/min，取系统泄漏折算系数 $K=1.2$，则液压泵最大流量应为

$$q_{\text{pmax}}=1.2\times30\times10^{-3}=36(\text{L/min})$$

由于溢流阀稳定工作时的最小溢流量为 3L/min，故小泵流量取 3.6L/min。

（3）确定液压泵的规格型号。根据以上计算数据，查阅产品目录，选用 YYB－AA36/6B 型双联叶片泵。

(4)选择电动机。由工况图可知,液压缸最大输出功率出现在快退工况,其值为0.78W,此时泵站的输出压力应为 $p_2=21.3\times10^5$ Pa,流量 $q_p=(36+6)$ L/min $=42$ L/min$(0.7\times10^{-3}\text{m}^3/\text{s})$。取泵的总效率 $\eta_p=0.7$,则电动机所需功率为

$$P=\frac{p_2q_p}{\eta_p}=\frac{21.3\times10^5\times0.7\times10^{-3}}{0.7}=2130(\text{W})$$

根据以上计算结果,查电动机产品目录,选与上述功率和泵的转速相适应的电动机。

2)选其他元件

根据系统的工作压力和通过阀的实际流量选择元件、辅件,其型号和参数如表8-6所列。

表8-6 所选液压元件的型号、规格

序号	元件名称	通过阀的最大流量/(L/min)	规格		
			型号	公称流量/(L/min)	公称压力/MPa
1、2	双联叶片泵		YYB-AA36/6B	36/6	6.3
3	三位五通电液换向阀	84	35DY-100B	100	6.3
4	行程阀	84	22C-100BH	100	6.3
5	单向阀	84	I-100B	100	6.3
6	液流阀	6	Y-10B	10	6.3
7	顺序阀	36	XY-65B	65	6.3
8	背压阀	≤0.5	B-10B	10	6.3
9	单向阀	6	I-10B	10	6.3
10	单向阀	36	I-63B	63	6.3
11	单向阀	42	I-63B	63	6.3
12	单向阀	84	I-100B	100	6.3
13	过滤器	42	XU-40×100		
14	液压缸		SG-E110×180L		
15	调速阀	≤1	Q-6B	6	6.3
16	压力表开关		K-6B		

3)确定管道尺寸

根据工作压力和流量,按照第5章中的相关公式可确定出管道内径和壁厚,其计算过程从略。

4)确定油箱容量

油箱容量可按经验公式估算,本例中取 $V=(5\sim7)q_p$,即 $V=6q_p=6\times(6+36)=252$ (L)。

6. 液压系统性能验算

1)回路压力损失

由于本系统集体管路尚未确定,故整个系统的压力损失无法验算。但是控制阀处压力损失的影响可以根据通过阀的实际流量及样本上查得的额定压力损失值予以计算。

2）液压系统的发热与温升的验算

由前述的计算可知，在整个工作循环中，工进时间为 56.8s，快进时间为 1s，快退为 1.5s。工进所占比例大于 96%，所以系统的发热和油液的温升可用工进时的情况来分析。

工进时，液压缸的负载 $F=31480\mathrm{N}$，移动速度 $v=0.88\times10^{-3}\mathrm{m/s}$，故其有效输出功率为

$$P=F\cdot v=31480\times0.88\times10^{-3}(\mathrm{W})=27.7(\mathrm{W})=0.027(\mathrm{kW})$$

减压泵输出的功率为

$$P_{\mathrm{p}}=\frac{p_1q_1+p_2q_2}{\eta_{\mathrm{p}}}$$

式中 p_1、p_2——小流量泵 1 和大流量泵 2 的工作压力，其中力 $p_1=50\times10^5\mathrm{Pa}$，$p_2=3\times10^5\times\left(\frac{36}{63}\right)=0.98\times10^5\mathrm{Pa}$，此值为大流量泵通过顺序阀 7 的泄荷损失；

q_1、q_2——小流量泵 1 和大流量泵 2 的输出流量，其中 $q_1=6\mathrm{L/min}$，$q_2=36\mathrm{L/min}$；

η_{p}——油泵总效率，$\eta_{\mathrm{p}}=0.75$。

故

$$P_{\mathrm{p}}=\frac{1}{0.75}\left[50\times10^5\times\frac{6\times10^{-3}}{60}+0.98\times10^5\times\frac{36\times10^{-3}}{60}\right]=0.75(\mathrm{kW})$$

由此得液压系统的发热量为

$$H=P_{\mathrm{p}}-\mathrm{P}=0.75-0.027=0.72(\mathrm{kW})$$

只考虑油箱的散热，其中油箱散热面积 $A=0.065\sqrt[3]{252^2}=2.59(\mathrm{m}^2)$

取油箱传热系数 $C_{\mathrm{T}}=13\times10^{-3}$，则油箱的温升为

$$\Delta T=\frac{H}{C_{\mathrm{T}}A}=\frac{0.72}{13\times10^{-3}\times2.59}=21.4(℃)$$

油液温升值没有超过允许值，系统无需添设冷却器。

8.3 液压系统的安装、使用和维护

8.3.1 液压系统的安装和清洗

1. 液压阀的连接形式与系统的安装

1）液压阀的连接

液压阀的安装连接形式与液压系统的结构形式和元件的配置形式有关。液压阀的配置形式分为管式、板式和集成式三种形式。配置形式不同，系统的压力损失和元件的连接安装结构也有所不同。目前，阀类元件的配置形式广泛采用集成式配置的形式，具体有下列三种形式。

（1）油路板式。油路板又称阀板，它是一块较厚的液压元件安装板，板式阀类元件用螺钉安装在板的正面，管接头安装在板的后面或侧面，各元件之间的油路由板内的加工孔

道形成。这种配置形式的优点是结构紧凑、管路短，调节方便，不易出故障，缺点是加工较困难。

(2)集成块式。它是一块通用的六面体，四周除一面安装通向执行元件的管接头外，其余三面均可安装阀类元件。集成块内有钻孔形成的油路，一般是常用的典型回路。一个液压系统通常由几个集成块组成，块的上下面是块与块之间的结合面，各集成块与顶盖、底板一起用长螺栓叠装起来，组成整个液压系统。这种配置形式的优点是结构紧凑、管路少，已标准化，便于设计与制造，通用性好、压力损失小。

(3)叠加阀式。其配置不需要另外的连接块，只需用长螺栓直接将各叠加阀装载在底板上，即可组成所需的液压系统。这种配置形式的优点是结构紧凑、管路少、体积小、质量小。

2)液压系统的安装

(1)安装前的准备工作与要求。

①对需要安装的液压元件，安装前应该用煤油清洗干净，并进行认真的校验，必要时需进行密封和压力试验，试验压力可取工作压力的 2 倍或系统最高压力的 1.5 倍。

②液压元件如在运输中或库存时内部受污染，或库存时间过长，密封件自然老化，安装前应根据情况进行拆洗。不符合使用要求的零件和密封件必须更换。对拆洗过的元件，应尽可能进行试验。

③仔细检查所用油管，应确保每根油管完好无损。在正式装配前要进行配管安装，试装合适后拆下油管，用氢氧化钠、碳酸钠等进行脱脂，脱脂后用温水清洗。然后放在温度为 40℃ ~60℃ 的 20% ~30% 的稀盐酸或 10% ~20% 的稀硫酸溶液中浸渍 30min ~40min 后清洗。取出后放在 10% 的氢氧化钠(苏打)溶液中浸渍 15min 进行中和，溶液温度为 30℃ ~40℃。最后用温水洗净，在清洁的空气中干燥后涂上防锈油。

④准备好所需的元件、部件、辅件、专用和通用工具等。

⑤应保证安装场地的清洁，并有足够的维护空间。

(2)液压系统的安装。安装时一般是按先内后外、先难后易和先精密后一般的原则进行，安装时必须注意以下几点：

①液压泵与其传动装置之间，一般情况必须保证两轴同心度在 0.1mm 以内，倾斜角不得大于 1°；液压泵的旋转方向及液压油的入口、出口不得接反。

②液压缸的安装应牢固可靠，为了防止热膨胀的影响，在行程长、温差大和要求高时，缸的一端必须保持浮动。

③安装吸油管时，注意不得漏气；安装回油管时，要将油管伸到油箱液面以下。

④管路布置应整齐，油管长度应尽量短，安装要牢靠，各平行与交叉油管之间应有 10mm 以上的空隙。

⑤液压阀的回油口应尽量远离泵的吸油口。

⑥系统中的主要管路和过滤器、蓄能器、压力计等辅助元件，应能自由拆装而不影响其他元件。各指示表的安装应便于观察和维修。

2. 液压系统的清洗

新制成或修理后的液压设备，当液压系统安装好后，在试车以前必须对管路系统进行清洗，对于较复杂的系统可分区域对各部分进行清洗，要求高的系统可分两次清洗。

1)系统的第一次清洗

(1)清洗前应先清洗油箱并用绸布或乙烯树脂海绵等擦净,然后给油箱注入其容量的60% ~70% 的工作油或试车油(不能用煤油、汽油、酒精等);

(2)先将系统中执行元件的进出油管断开,再将两个油管对接起来;

(3)将溢流阀及其他阀的排油回路在阀体前的进油口处临时切断,在主回油管处装上80 目的过滤网,

(4)开始清洗后,一边使泵运转,一边将油加热到50℃ ~80℃,当到达预定清洗时间的60% 以后,换用150 目 ~180 目的过滤网。

(5)为使清洗效果好,应使泵作间歇运转,停歇的时间一般为10min ~60min。为便于将附着物清洗掉,在清洗过程中可用锤子轻轻敲击油管。

清洗时间随液压系统的大小、污染程度和要求的过滤精度的不同而有所不同。通常为十几个小时。第一次清洗结束后,应将系统中的油液全部排出,并将油箱清洗干净。

2)系统的第二次清洗

第二次清洗是对整个系统进行清洗。先将系统恢复到正常状态,并注入实际运转时所使用的液压油,系统进行空载运转,使油液在系统中循环。第二次清洗时间为1h ~6h。

8.3.2 液压系统的压力试验与调试

1. 压力试验

系统的压力试验在管道冲洗合格、安装完毕组成系统,并经过空运转后进行。

1)空运转

(1)空运转应使用系统规定的工作介质。工作介质加入油箱时,应经过过滤,过滤精度应不低于系统规定的过滤精度。

(2)空运转前,将液压泵油口及泄油口(如有)的油管拆下,按照旋转方向向泵的进油口灌油,用手转动联轴节,直至泵的出油口出油不带气泡。接上泵油口的油管,如有可能,可向进油管灌油。此外,还要向液压马达和有泄油口的泵,通过漏油口向壳体中灌满油。

(3)空运转时,系统中的伺服阀、比例阀、液压缸和液压马达,应用短路过渡板从循环回路中隔离出去。蓄能器、压力传感器和压力继电器均应拆开接头而代以螺堵,使这些元件脱离循环回路;必须拧松溢流阀的调节螺杆,使其控制压力处于能维持油液循环时克服管阻力的最低值,系统中如有节流阀、减压阀,则应将其调整到最大开度。

(4)接通电源,点动液压泵电动机,检查电源是否接错,然后连续点动电动机,延长启动过程,如在启动过程中压力急剧上升,需查溢流阀失灵原因,排除后继续点动电动机直至正常运转。

(5)空运转时密切注视过滤器前后压差变化,若压差增大则应随时更换或冲洗滤芯。

(6)空运转的油温应在正常工作油温范围之内。

(7)空运转的油液污染度检验标准与管道冲洗检验标准相同。

2)压力试验

系统在空运转合格后进行压力试验。

(1)系统的试验压力。对于工作压力低于16MPa 的系统,试验压力为工作压力的1.5 倍;对于工作压力高于16MPa 的系统,试验压力为工作压力的1.25 倍。

(2)实验压力应逐级升高，每升高一级宜稳压 2min ~ 3min，达到试验压力后，持压 10min，然后降至工作压力进行全面检查，以系统所有焊缝和连接口无漏油，管道无永久变形为合格。

(3)压力试验时，如有故障需要处理，必须先卸压；如有焊缝需要重焊，必须将该管卸下，并在除净油液后方可焊接。

(4)压力试验期间，不得锤击管道，且在试验区 5m 范围内不得同时进行明火作业。

(5)压力试验应有试验规程，试验完毕后应填写《系统压力试验记录》。

2. 系统调试

对新研制的或经过大修、三级保养或者刚从外单位调来对其工作状况还不了解的液压设备均应对液压系统进行调试，以确保其工作安全可靠。

液压系统的调试和试车一般不能截然分开，往往是穿插交替进行。调试的内容有单向调整、空负载试车和负载试车等。

1)单向调试

(1)压力调试。系统的压力调试应从压力调定值最高的主溢流阀开始，逐次调整每个分支回路的各种压力阀。压力调定后，需将调整螺钉锁紧。

压力调定值及以压力连锁的动作和信号应与设计相符。

(2)流量调试(执行机构调速)。

①液压马达的转速调试。

a. 液压马达在投入运转前，应和工作机构脱开。

b. 在空载状态先点动，再从低速到高速逐步调试并注意空载排气，然后反向运转，同时应检查壳体温升和噪声是否正常。

c. 待空载运转正常后，再停机将液压马达与工作机构连接，再次启动液压马达并从低速至高速负载运转。如出现低速爬行现象，各检查工作机构的润滑是否充分，系统排气是否彻底，或有无其他机械干扰。

②液压缸的速度调试。

a. 对带缓冲调节装置的液压缸，在调速过程中应同时调整缓冲装置，直至满足该缸所带机构的平稳性要求。如液压缸系内缓冲且为不可调型，则需将该液压缸拆下，在试验台上调试处理合格后再装机调试。

b. 双缸同步回路在调速时，应先将两缸调整到相同的起步位置，再进行速度调整。

c. 伺服和比例控制系统在泵站调试和系统压力调整完毕后，宜先用模拟信号操纵伺服阀或比例阀试动执行机构，并应先点动后联动。

系统的速度调试应逐个回路(系指带动和控制一个机械机构的液压系统)进行，在调试一个回路时，其余回路应处于关闭(不通油)状态；单个回路开始调试时，电磁换向阀宜用手动操纵。

在系统调试过程中所有元件和管道应不漏油和没有异常振动；所有连锁装置应准确、灵敏、可靠。

速度调试完毕，再检查液压缸和液压马达的工作情况。要求在启动、换向及停止时平稳，在规定低速下运行时，不得爬行，运行速度应符合设计要求。

速度调试应在正常工作压力和工作油温下进行。

2)空载调试

空载调试是在不带负载运转的条件下,全面检查液压系统的各液压元件、各辅助装置和系统内各回路工作是否正常;工作循环或各种动作是否符合要求。其调试方法步骤如下:

(1)间歇启动液压泵,使整个系统运动部分得到充分的润滑,使液压泵在卸荷状态下运转(各换向阀处于中立位置),检查泵的卸荷压力是否在允许范围内,有无刺耳的噪声,油箱内是否有过多泡沫,油面高度是否在规定范围内。

(2)调整溢流阀。先将执行元件所驱动的工作机构固定,操作换向阀使阀杆处于某作业位置,将溢流阀徐徐调节到规定的压力值,检查溢流阀在调节过程中有无异常现象。

(3)排除系统内的气体。有排气阀的系统应先打开排气阀,使执行元件以最大行程多次往复运动,将空气排除;无排气阀的系统往复运动时间延长,从油箱内将系统中积存的气体排除。

(4)检查各元件与管路连接情况和油箱油面是否在规定范围内,油温是否正常(一般空载试车0.5h后,油温为35℃~60℃)。

3)负载调试

负载调试是使液压系统按要求在预定的负载下工作。通过负载试车检查系统能否实现预定的工作要求,如工作机构的力、力矩或运动特性等;检查噪声和振动是否在正常范围内;检查活塞杆有无爬行和系统的压力冲击现象;检查系统的外漏及连续工作一段时间后温升情况等。

负载调试时,一般应先在低于最大负载和速度的情况下试车,如果轻载试车情况正常,才逐渐将压力阀和流量阀调节到规定的设计值,以进行最大负载试验。

系统调试应有调试规程和详尽的调试记录。

8.3.3 液压系统的使用与维护

液压系统工作性能的保持,在很大程度取决于正确的使用与及时维护。因此必须建立有关使用和维护方面的制度,以保证系统正常工作。

1. 液压系统使用注意事项

(1)操作者应掌握液压系统的工作原理,熟悉各种操作要点、调节手柄的位置及旋向等。

(2)工作前应检查系统上各手轮、手柄、电器开关和行程开关的位置是否正常,工具的安装是否正确、牢固等。

(3)工作前应检查油温,若油温低于10℃,则可将泵开开停停数次进行升温,一般应空载运转20min以上才能加载运转。若油温在0℃以下,则应采取加热措施后再启动。如有条件,可根据季节更换不同黏度的液压油。

(4)工作中应随时注意油位高度和温升,一般油液的工作温度在35℃~60℃较合适。

(5)液压油要定期检查和更换,保持油液清洁。对于新投入使用的设备,使用三个月左右应清洗油箱,更换新油,以后按设备说明书的要求每隔半年或一年进行一次清洗和换油。

(6)使用中应注意过滤器的工作情况,滤芯应定期清洗或更换,平时要防止杂质进入油箱。

(7)若设备长期不用,则应将各调节旋钮全部放松,以防止弹簧产生永久变形而影响元件的性能,甚至导致液压故障的发生。

2. 液压设备的维护保养

维护保养应分为日常维护、定期检查和综合检查三个阶段。

(1)日常维护。通常是用目视、耳听及手触感觉等比较简单的方法,在泵启动前后和停止运转前检查油量、油温、压力、漏油、噪声以及振动等情况,并随之进行维护和保养。对重要的设备应填写“日常维护卡”。

(2)定期检查。定期检查的内容包括调查日常维护中发现异常现象的原因并进行排除;对需要维修的部位,必要时进行分解检修。定期检查的时间间隔一般与过滤器的检修期相同,通常为两三个月。

(3)综合检查。综合检查大约一年一次。其主要内容是检查液压装置的各元件和部件,判断其性能和寿命,并对产生故障的部位进行检修,对经常发生故障的部位提出改进意见。综合检查的方法主要是分解检查,要重点排除一年内可能产生的故障因素。

定期检查和综合检查均应做好记录,以作为设备出现故障查找原因或设备大修的依据。

习　题

1. 设计液压系统的依据和步骤是什么?

2. 对液压系统验算时应包括哪些方面?

3. 如何正确安装、调试和使用液压系统?

4. 液压系统的主要参数有哪两个?如何确定?试结合一个实例分析说明。

5. 一台专用铣床,铣头驱动电动机的功率为7.5kW,铣刀直径为120mm,转速为350r/min,如工作台重量为4000N,工件和夹具最大重量为1500N,工作台行程为400mm,快进速度为4.5m/min,工件速度为60mm/min~1000mm/min,其往复运动的加速(减速)时间为0.05s,工作台用平导轨,其静摩擦因数和动摩擦因数分别为0.2和0.1,试设计该铣床的液压系统。

第9章 液力传动基础

9.1 液力传动概述

9.1.1 液力传动概念

液力传动是液体传动的另一分支，它是由几个叶轮组成的一种非刚性连接的传动装置。这种装置把机械能转换为液体的动能，再将液体的动能转换为机械能，起着能量传递的作用。

首台液力传动装置是19世纪初由德国费丁格尔(Fottinger)教授研制出来并应用于大吨位船舶上的。图9-1是液力传动装置图。

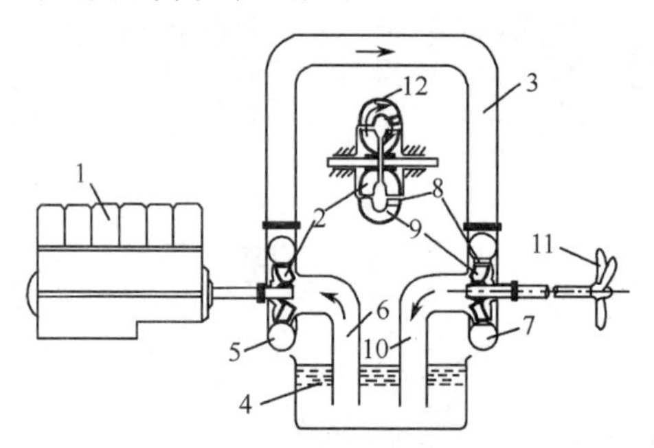

图9-1 液力传动装置

1—发动机；2—离心泵叶轮；3—导管；4—水槽；5—泵的螺壳；6—吸水管；7—涡轮螺壳；8—导轮；9—涡轮叶轮；10—排水管；11—螺旋桨；12—液力变矩器模型。

离心泵叶轮2在发动机1的驱动下，使工作液体的速度和压力增加，并借助于导管3经导轮8冲击涡轮9，此时液体释放能量给涡轮，涡轮带动螺旋桨转动，实现能量传递，这就是液力变矩器。它可使输入力矩和输出力矩不等；如果无导轮，就成为液力耦合器。图示方式的液力传动，由于导管较长，能量损失大，实际上所使用的液力变矩器是将各元件综合在一起而创制的完全新的结构形式，如图9-1中12所示。

目前，液力传动元件主要有液力元件和液力机械两大类。液力元件有液力耦合器和液力变矩器；液力机械元件是液力元件与机械传动元件组合而成的。

(1)液力耦合器。由图9-2(a)可知，它是由泵轮B和涡轮T组成的。泵轮与主动轴相连，涡轮与从动轴相接。如果不计机械损失，则液力耦合器的输入力矩与输出力矩相等，而输入与输出轴转速不相等。因工作介质是液体，所以B、T之间属非刚性连接。

(2)液力变矩器。图9-2(b)是液力变矩器结构简图。它主要由泵轮B、涡轮T及导轮D构成。B、T分别与主动轴、从动轴连接，导轮则与壳体固定在一起不能转动。当液力变矩器工作时，因导轮D对液体的作用，而使液力变矩器输入力矩与输出力矩不相等。

当传动比小时,输出力矩大,输出转速低;反之,输出力矩小而转速高。它可以随着负载的变化自动增大或减小输出力矩与转速。因此,液力变矩器是一个无极力矩变换器。

泵轮、涡轮、导轮常用B、T、D分别表示,而且有关参数角标也用这些符号标注。

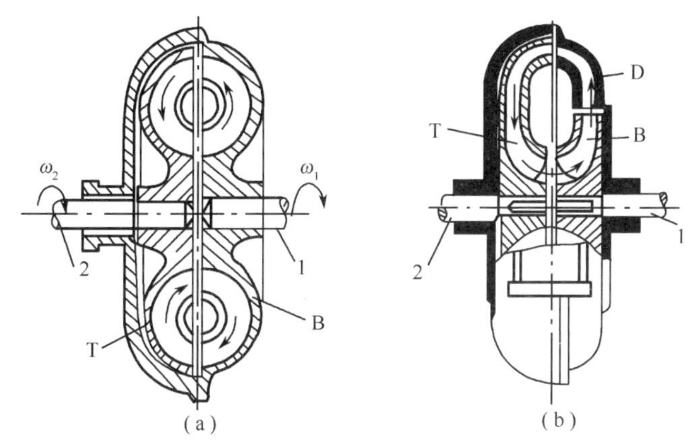

图9-2 液力耦合器与液力变矩器

(a) 液力耦合器; (b) 液力变矩器。

1—主动轴; 2—从动轴; T—涡轮; B—泵轮; D—导轮。

9.1.2 液力传动有关术语

(1)轴面。液力元件过旋转轴线的剖切面,也称轴截面或子午面,如图9-3所示。

(2)循环圆。液力元件中液体循环流动工作腔的轴面称循环圆,如图9-3所示。它有一定的几何形状,能表示出各工作轮排列顺序、位置及液体循环流动的方向。

(3)有效直径。循环圆(工作腔)的最大直径称为液力元件的有效直径,用D表示。

(4)平均流线。指在工作轮中的一条假想流线,该流线上液流的动力学效果与整个叶轮中的所有液流产生的动力学效果一样,该假想流线就是平均流线。

(5)工作轮进出口半径。工作轮叶片进出口边与平均流线的交点到轴线的长度。

(6)外环和内环。限定循环圆流道的工作轮外侧壁面及内侧壁面分别为外环及内环。

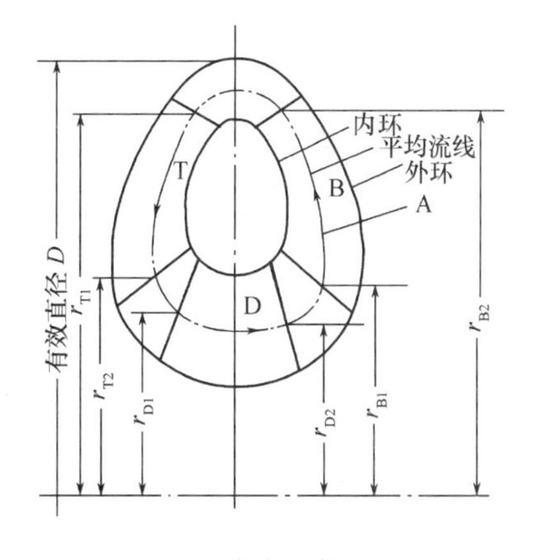

图9-3 液力元件循环圆

9.1.3 液力传动的工作液体

液力传动用的工作液体应满足如下要求：

(1)适宜的黏度。为减少摩擦损失，希望液体的黏度小，但润滑性能、密封性能会降低。所以黏度要适当，一般用油在100℃时，绝对黏度以5m²/s～8m²/s为宜。

(2)黏温性好。即要求液体黏度受温度的影响要小。

(3)不易产生泡沫、老化和沉淀。

(4)酸值要低、抗氧化性高。

(5)具有较高的闪点和较低的凝固点。液力元件工作时，油温常在80℃～100℃，甚至可达160℃，因此要求闪点不低于180℃；凝固点要低于-20℃，以利于在低温环境时液力元件的启动。

(6)要有较大的重度。重度大，液力元件传动的力矩也大。

(7)润滑性能好。

国内外液力传动所用液体品种繁多，国内多采用6号、8号液力传动油，也常用22号油代替。液力传动油是以22号油为基础油，再加入抗磨、抗氧化、增黏、防锈、抗泡沫、降凝等添加剂而成的。

几种常用油的性能参数指标见表9-1。

表9-1 液力传动用油的性能参数指标

性 能	22号透平油	8号液力传动油	6号液力传动油	20号液力传动油
重度/(20℃)/(kN/m³)	8.836	8.434	8.551	8.581
黏度/(m²/s)	(20～23)×10⁻⁶ (50℃)	(7.5～9)×10⁻⁶ (100℃)	(22～26)×10⁻⁶ (50℃)	
运动黏度比/(V50):(V100)不大于①		3.6	4.2	4
黏度指数	>90			
闪点(开口、不低于)/℃	180	150	180	>190
凝点(不高于)/℃	-15	-50②、-25	-25	-23
氧化后酸值/(mgKOH/g)	0.02			
铜片腐蚀/100℃×3h		合格	合格	
抗泡沫性 mL		50/0(93℃)	55/0(120℃)	180/0(120℃)
		25/0(24℃)	10/0(80℃)	20/0(80℃)
抗乳化度时间(不大于)/min	8			
临界载荷(不大于)/kN		784.5	823.8	784.5
颜色	无色透明	红色透明	浅黄色透明	淡黄色透明

①(V 50):(V 100)为50℃时运动黏度与100℃时运动黏度之比；

②-50℃适用于长城以北地区，-25℃适用于长城以南地区

9.1.4 液力传动的特点

液力传动主要有以下特点：

(1)自动适应性。液力变矩器的输出力矩能够随着外负载的增大或减小而自动地增大或减小,转速能自动地相应降低或增高,在较大范围内能实现无级调速,这就是它的自动适应性。自动适应性可使车辆的变速器减少挡位数,简化操作,防止内燃机熄火,改善车辆的通用性能。液力耦合器具有自动变速的特点,但不能自动变矩。

(2)防振、隔振性能。因为各叶轮间的工作介质是液体,它们之间的连接是非刚性的,所以可吸收来自发动机和外界负载的冲击和振动,使机器启动平稳、加速均匀,延长零件寿命。

(3)透穿性能。指泵轮转速不变的情况下,当负载变化时引起输入轴(即泵轮或发动机轴)力矩变化的程度。由于液力元件类型的不同而具有不同的透穿性,可根据工作机械的不同要求与发动机合理匹配,借以提高机械的动力和经济性能。

另外,还具有过载保护、自动协调、分配负载的功能。

但是,液力传动效率较低、高效范围较窄,需要增设冷却补偿系统,使结构复杂、成本高。

9.2 液力传动的基本理论

9.2.1 相对运动的伯努利方程

当连续的、不可压缩的液体沿着任何形状的静止管道做稳定流动时,只要液体在管道中没有流量、能量的输入或输出,若不计各种能量的损失,则在管道的任意两个缓变流动的端面上(如1、2端面),均遵守下列等式关系:

$$z_1 + \frac{p_1}{\rho g} + \frac{u_1^2}{2g} = z_2 + \frac{p_2}{\rho g} + \frac{u_2^2}{2g} \tag{9-1}$$

式中 z_1、z_2——在1、2处单位质量液体的位能(即比位能);

$\frac{p_1}{\rho g}$、$\frac{p_2}{\rho g}$——在1、2处单位质量液体的压能(即比压能);

$\frac{u_1^2}{2g}$、$\frac{u_2^2}{2g}$——在1、2处单位质量液体的动能(即比动能);

p——液体在断面型心上的压力;

u——液体在断面型心上的平均流速;

ρ、g——液体的密度和重力加速度。

z_1、z_2从几何意义上来讲是断面1、2的型心到基准平面的位置高度。式(9-1)就是实际液体在静止流道中流动时的能量守恒定律的数学表达式,也称作绝对运动的伯努利方程。它表明,如果不计能量损失,在任一缓流断面上三种能量(位能、压能、动能)可互相转换而能量总和不变。

上述方程只适应于液体在静止不动的流道中流动时的情况,但对于液力传动中流动在工作轮里的液体就不适用了。因为液体在这些工作轮中的运动,除了有沿着工作轮流道做相对运动外,同时还做与工作轮一起旋转的牵连运动。因此要计算液体流动的各种参数,就需要导出相对运动的伯努利方程。

假定把所研究的正在旋转的工作轮（如泵轮）置于和工作轮同轴线、同转速但转向相反的旋转平台上（图 9－4），此时工作轮中液体的相对速度就可看作绝对速度（因牵连速度为零）。这样，就可以利用绝对运动的伯努利方程，但应考虑因平台旋转而使工作轮中液体失去的能量 $\frac{u^2}{2g}$。

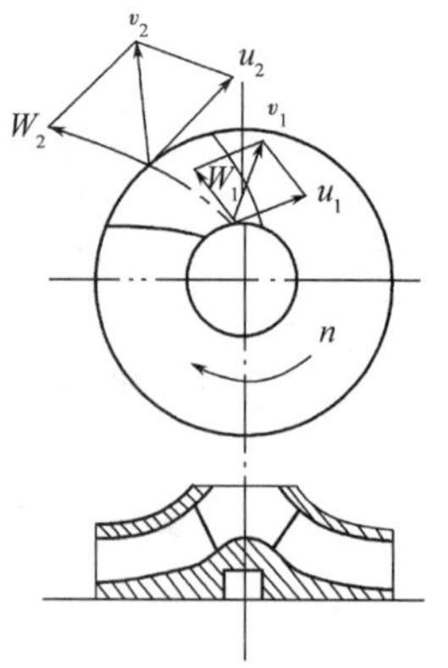

相对运动的伯努利方程为

$$z_1 + \frac{p_1}{\rho g} + \frac{w_1^2}{2g} - \frac{u_1^2}{2g} = z_2 + \frac{p_2}{\rho g} + \frac{w_2^2}{2g} - \frac{u_2^2}{2g} \qquad (9-2)$$

图 9－4　工作轮中液体的相对运动

式中　u_1、u_2——液体在工作轮进出口处牵连运动的速度；

w_1、w_2——液体在工作轮进出口处相对运动的速度；

$\frac{u_1^2}{2g}$、$\frac{u_2^2}{2g}$——工作轮进出口处单位质量液体作牵连运动的动能。

式（9－2）还可以改写成为

$$\left(z_2 + \frac{p_2}{\rho g} + \frac{w_2^2}{2g}\right) - \left(z_1 + \frac{p_1}{\rho g} + \frac{w_1^2}{2g}\right) = \frac{u_2^2 - u_1^2}{2g} \qquad (9-3)$$

式中　$\left(z_1 + \frac{p_1}{\rho g} + \frac{w_1^2}{2g}\right)$——相对运动液流在工作轮进口处单位质量液体的总机械能；

$\left(z_2 + \frac{p_2}{\rho g} + \frac{w_2^2}{2g}\right)$——相对运动液流在工作轮在出口处单位质量液体的总机械能。

对于泵轮 $u_2 > u_1$，泵轮出口处总机械能要比入口处的总机械能大 $\frac{u_2^2 - u_1^2}{2g}$，大出的这部分能量正是由于动力机使液体产生了牵连运动，有了离心力而使液体动能增加的。如果是涡轮，则与泵轮相反。因涡轮的 $u_2 < u_1$，所以它的出口处要比入口处总机械能少 $\left|\frac{u_2^2 - u_1^2}{2g}\right|$，而这部分能量被涡轮吸收后对外输出机械能。

9.2.2　液流在工作轮中的流动和速度三角形

液体在工作轮中的流动是一种复合空间运动。液体既要随工作轮一起作旋转运动，又要在旋转的工作轮叶片流道内流动。所以，液体在工作轮中的合成运动是呈螺管形态的运动（图 9－5）。

为了便于研究分析，将复杂的空间运动进行简化，然后再用实验的方法加以修正。假定如下：

（1）工作轮叶片无限多、无限薄。这样就可认为液体质点在叶轮内的流动是轴对称的，即质点的运动轨迹和叶片形状一样，叶轮中每个相应点上的运动轨迹和速度相同。

（2）工作轮出口处的流动情况与进口处流动的情况无关。

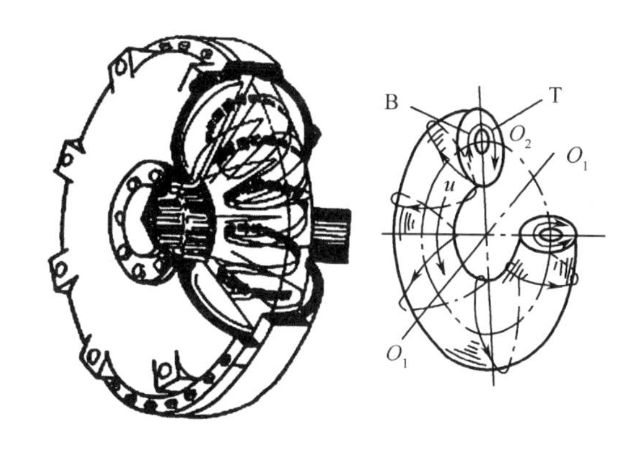

图 9-5　液体的螺管运动

(3)以平均流线代表整个工作轮叶片流道内液体运动的物理现象。

(4)液体不可压缩、稳定流动、无能量损失。

在工作轮中的平均流线上,任意点 A 处流体流动的速度可用速度三角形表示,如图 9-6所示。

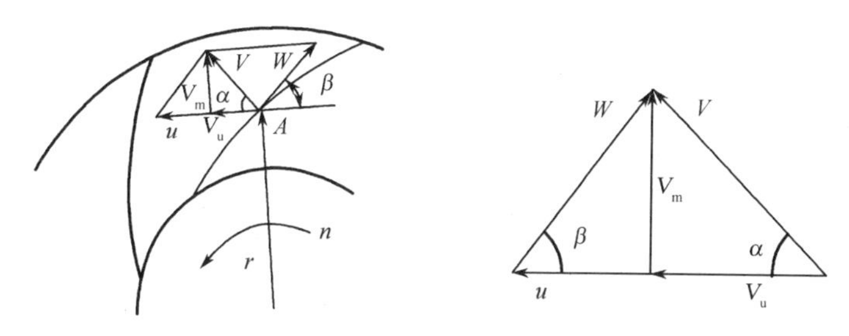

图 9-6　工作轮的液流速度三角形

$$u = v + w \tag{9-4}$$

式中　u ——液流随工作轮一起转动的速度,即牵连速度;

w ——液流沿着叶片方向运动的速度,即相对速度;

v ——液流的绝对速度。

由 u 、w 、v 组成的三角形称为速度三角形。需指出的是,此三角形并不位于纸面上所绘的速度三角形平面内,而是在过 A 点与平均流线相切的平面上。

另外,又可把绝对速度 v 分解为两个互相垂直的速度分量 v_u 、v_m ,v_u 是绝对速度的圆周分速度,是计算速度环量的参数;v_m 是绝对速度的轴面分速度,它关系到循环流量的大小。

9.2.3　工作轮的力矩方程

在液力传动中,需要计算工作轮的力矩,而求工作轮的力矩则要用到动量矩定理。

质量为 m 的质点与其运动的绝对速度 v 的乘积就是该质点的动量,动量 $\boldsymbol{mv}$ 是个向量。动量矩则是动量与该质点到旋转轴 O 的垂直距离 r' 的乘积,以 L 表示,如图 9-7 所示。那么,

$$L = mvr' = mvr\cos\alpha = mv_u r$$

式中　r ——质点到 O 轴的半径（$r' = r\cos\alpha$，$v_u = v\cos\alpha$）。

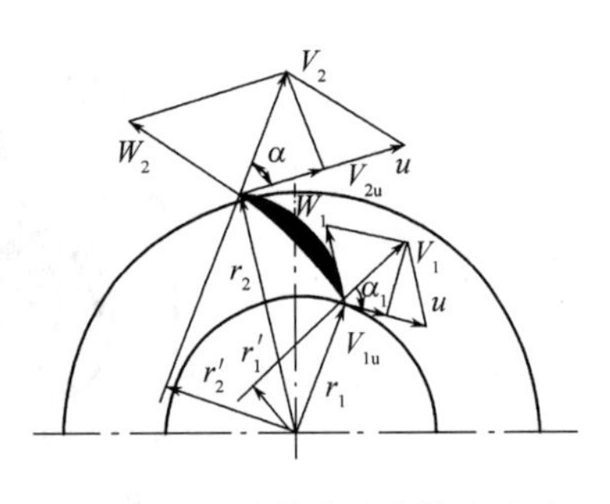

图 9－7　工作轮中的液体在叶片进出口处的动量矩

根据动量矩定理，工作轮作用于质点的力矩等于单位时间内液体质点动量矩的变化量，即

$$M = \frac{dL}{dt} = \frac{d(mv_u r)}{dt} = \frac{dm}{dt}(v_{2u}r_2 - v_{1u}r_1) \tag{9-5}$$

若单位时间内流经工作轮的液体流量为 Q，则

$$\frac{dm}{dt} = \rho Q \frac{dt}{dt} = \rho Q$$

所以

$$M = \rho Q(v_{2u}r_2 - v_{1u}r_1) \tag{9-6}$$

式中　M ——工作轮对液体的作用力矩（N·m），液体对工作轮的力矩则与 M 大小相等，方向相反；

Q ——工作轮流量，即循环圆流量（m^3/s）；

ρ ——工作液体的密度（kg/m^3）；

r_1、r_2 ——工作轮叶片进出口处的半径（m）；

v_{1u}、v_{2u} ——工作轮进出口处液流绝对速度 v 的圆周分速度（m/s）。

式（9－6）可改写为

$$M = \frac{\rho Q}{2\pi}(2\pi r_2 v_{2u} - 2\pi r_1 v_{1u}) = \frac{\rho Q}{2\pi}(\Gamma_2 - \Gamma_1) \tag{9-7}$$

式中　Γ_1 ——工作轮进口处液流的速度环量，$\Gamma_1 = 2\pi r_1 v_{1u}$；

Γ_2 ——工作轮出口处液流的速度环量，$\Gamma_2 = 2\pi r_2 v_{2u}$。

速度环量 $\Gamma = 2\pi r v_u$，即速度环量等于半径 r 的圆周长与在 r 半径上液流绝对速度的圆周分速度 v_u 的乘积。它表明了液体旋转的程度，工作轮的力矩取决于速度环量在出口和进口的差值。

式（9－6）、式（9－7）就是工作轮的力矩方程。

如果工作轮是泵轮，则

$$M_B = \rho Q(v_{B2u}r_{B2} - v_{B1u}r_{B1}) = \frac{\rho Q}{2\pi}(\Gamma_{B2} - \Gamma_{B1}) \tag{9-8}$$

若是涡轮，则

$$M_T = \rho Q(v_{T2u}r_{T2} - v_{T1u}r_{T1}) = \frac{\rho Q}{2\pi}(\Gamma_{T2} - \Gamma_{T1}) \tag{9-9}$$

若是导轮，则

$$M_D = \rho Q(v_{D2u}r_{D2} - v_{D1u}r_{D1}) = \frac{\rho Q}{2\pi}(\Gamma_{D2} - \Gamma_{D1}) \tag{9-10}$$

式中参数加角标 B、T、D 分别表示泵轮、涡轮、导轮的相关参数，而各参数的含义与式

(9－6)、式(9－7)的参数意义相同。

在式(9－9)中,因 $v_{T2u}r_{T2} < v_{T1u}r_{T1}$,所以 M_T 是个负值,它表示涡轮吸收了液体给与的能量而对外输出力矩。

参见图 9－8,当液体流进两个工作轮之间时,如 B 与 T 之间、T 与 D 之间和 D 与 B 之间,因液体不受叶片作用,故有

$$
\begin{cases}
\Gamma_{B1} = \Gamma_{D2} \\
\Gamma_{T1} = \Gamma_{B2} \\
\Gamma_{D1} = T_{T2}
\end{cases}
\tag{9-11}
$$

将式(9－11)代入式(9－8)、式(9－9)、式(9－10)中,得

$$
\begin{cases}
M_B = \dfrac{\rho Q}{2\pi}(\Gamma_{B2} - \Gamma_{D2}) \\
M_T = \dfrac{\rho Q}{2\pi}(\Gamma_{T2} - \Gamma_{B2}) \\
M_D = \dfrac{\rho Q}{2\pi}(\Gamma_{D2} - \Gamma_{T2})
\end{cases}
\tag{9-12}
$$

式(9－12)就是单级三工作轮液力变矩器的力矩方程。可知,液力变矩器各工作轮的力矩主要取决于相衔接的两个工作轮出口速度环量之差。工作轮的衔接次序如图 9－8 所示。

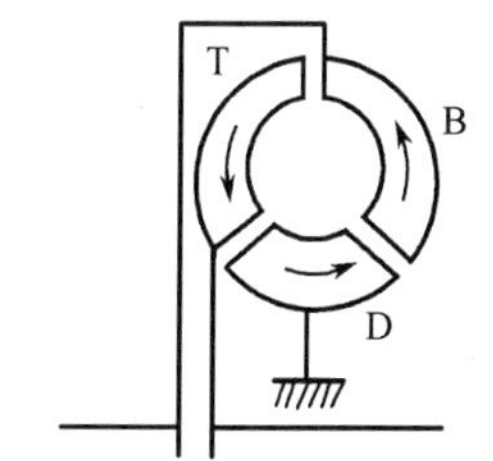

图 9－8　工作轮的衔接次序

9.2.4　液力变矩器的欧拉方程

根据式(9－6),工作轮作用于液体的功率应为

$$P = M\omega = \rho Q(v_{2u}r_2\omega - v_{1u}r_1\omega) = \rho Q(u_2v_2\cos\alpha_2 - u_1v_1\cos\alpha_1) \tag{9-13}$$

式中　ω ——工作轮旋转角速度;

u ——液体质点的圆周速度(牵连速度)。

根据能量守恒定律,当不计液力损失时,工作轮作用于液体的能量应等于能量的增量,因此

$$P = \rho g Q H_{t\infty} \tag{9-14}$$

将式(9－13)代入式(9－14),得

$$H_{t\infty} = \frac{u_2v_2\cos\alpha_2 - u_1v_1\cos\alpha_1}{g} \tag{9-15}$$

或为

$$H_{t\infty} = \frac{u_2v_{2u} - u_1v_{1u}}{g} \tag{9-16}$$

式中　$H_{t\infty}$ ——在工作轮叶片无限多且无限薄的情况下,不计液力损失时单位质量液体所获得的能量(即能头)。

式(9－15)或式(9－16)就称为液体流经叶片式工作轮时的欧拉方程。

根据工作轮进出口的速度三角形之间的关系,欧拉方程可改写为

$$H_{t\infty} = \frac{v_2^2 - v_1^2}{2g} + \frac{u_2^2 - u_1^2}{2g} + \frac{w_1^2 - w_2^2}{2g} \tag{9-17}$$

由式(9-17)可看出,液体在工作轮叶片流道中时,因叶片与液体的相互作用而产生的能量变化是由于绝对速度、牵连速度、相对速度的变化而引起的。

如果是泵轮,其欧拉方程为

$$H_{\mathrm{B}t\infty} = \frac{1}{g}(u_{\mathrm{B2}}v_{\mathrm{B2u}} - u_{\mathrm{B1}}v_{\mathrm{B1u}}) \tag{9-18}$$

或

$$H_{\mathrm{B}t\infty} = \frac{v_{\mathrm{B2}}^2 - v_{\mathrm{B1}}^2}{2g} + \frac{u_{\mathrm{B2}}^2 - u_{\mathrm{B1}}^2}{2g} + \frac{w_{\mathrm{B1}}^2 - w_{\mathrm{B2}}^2}{2g} \tag{9-19}$$

同理,对于涡轮也可列出它的欧拉方程。

液体流经泵轮时吸收了能量,$H_{\mathrm{B}t\infty} > 0$;而液体流经涡轮时,又将能量释放给涡轮,故 $H_{\mathrm{T}t\infty} < 0$;在导轮内无能量的传递,只有能量形式的变换,一般是把压能转变成动能。

由于实际的工作轮叶片不可能无限多、无限薄,液体受惯性、黏性的影响,所以实际的能头 H_t 要比理论能头 $H_{t\infty}$ 小,即 $H_t = \mu H_{t\infty}$,μ 是小于1的能量(能头)修正系数。

9.2.5 液力变矩器的相似原理

在液力传动中,由于液体在工作轮流道里流动极为复杂,至今还不能采用纯理论方法确切地把液力变矩器的特性计算出来。因此进行液力传动装置系列化设计,或者根据样机进行放大、缩小的仿型设计时,都采用相似原理的设计方法,而无需对每个液力传动元件进行逐一试验,既能减少设计工作量,又能保证液力传动的良好性能。因此,相似原理是液力传动装置系列化设计或仿型设计的理论基础。

1. 液力变矩器的相似条件

对不可压缩、稳定流动的液体,能满足如下条件,则该系列液力变矩器相似。

(1)几何相似。如果各个液力变矩器工作轮流道形状相同,对应的线性成比例,对应角度相等,则这些液力变矩器为几何相似。

(2)运动相似。如果各个液力变矩器中液体流态相似,即对应点液流的运动速度方向相同,大小成比例,或者对应点上的速度三角形相似,这称为运动相似。运动相似时的工况称为相似工况,此时液力变矩器的传动比相等。

(3)动力相似。各个液力变矩器对应点的液体质点所受力的性质相同,即力的方向相同,大小成比例,这称为动力相似。

实际上,要使两个液力变矩器完全符合动力相似是不可能的。通常只考虑影响液体流动规律的主要作用力使其符合条件,而忽略次要的力,这种相似称为部分力学相似。对于液力变矩器,主要的力是黏性力、惯性力,而不考虑重力、表面力、压力等,因此两液流的雷诺数应相等。

2. 相似定律

在相似条件下,并利用流量及欧拉方程等可推导出相似定律。把两个相似的液力变矩器中的一个作为模型,其参数的下角标用M表示,把另一个放大或缩小的实物液力变

矩器参数的下角标用 S 表示,相似定理表述如下。

第一相似定律:两个相似的液力变矩器,其流量 Q 之比等于有效直径 D 之比的三次方与泵轮转速 n_B 比值的乘积,即

$$\frac{Q_M}{Q_S}=\left(\frac{D_M}{D_S}\right)^3\left(\frac{n_{BM}}{n_{BS}}\right) \tag{9-20}$$

第二相似定律:两个相似的液力变矩器,其能头 H 的比值等于有效直径 D 比值的二次方与泵轮转速 n_B 比值的二次方的乘积,即

$$\frac{H_M}{H_S}=\left(\frac{D_M}{D_S}\right)^2\left(\frac{n_{BM}}{n_{BS}}\right)^2 \tag{9-21}$$

第三相似定律:两个相似的液力变矩器,其功率 P 之比等于有效直径 D 比值的五次方与泵轮转速 n_B 比值的三次方及工作液体重度 γ 之比的一次方的乘积,即

$$\frac{P_M}{P_S}=\left(\frac{D_M}{D_S}\right)^5\left(\frac{n_{BM}}{n_{BS}}\right)^3\left(\frac{\gamma_M}{\gamma_S}\right) \tag{9-22}$$

第四相似定律:两个相似的液力变矩器,其力矩 M 之比等于有效直径 D 比值的五次方与泵轮转速 n_B 比值的二次方及液体重度 γ 之比的一次方的乘积,即

$$\frac{M_M}{M_S}=\left(\frac{D_M}{D_S}\right)^5\left(\frac{n_{BM}}{n_{BS}}\right)^2\left(\frac{\gamma_M}{\gamma_S}\right) \tag{9-23}$$

习　题

1. 工作轮的力矩方程是在什么基本理论基础上推导出来的?

2. 工作轮的力矩方程与欧拉方程之间有什么关系?

3. 工作轮流道里某处质点的牵连速度 u 是否总与该处质点的绝对速度 v 的圆周分速度 v_u 方向相同? 为什么?

4. 用相似原理,推导第四相似定律,即 $\frac{M_M}{M_S}=\left(\frac{D_M}{D_S}\right)^5\left(\frac{n_{BM}}{n_{BS}}\right)^2\left(\frac{\gamma_M}{\gamma_S}\right)$。

5. 用涡轮液流速度三角形及涡轮力矩方程,说明液力变矩器具有输出力矩和转速能够随外界负载自动变化的性能,即具有自动适应性。

第10章　液力变矩器

10.1　液力变矩器的工作原理

最简单的液力变矩器是由泵轮B、涡轮T及导轮D组成。泵轮、涡轮、导轮称工作轮。这些工作轮都有弯曲的叶片，三者之间的流道互相衔接，构成封闭的环形空间，液体就在此空间循环流动，这封闭的空间就是循环圆(见图10-1及图9-3)。

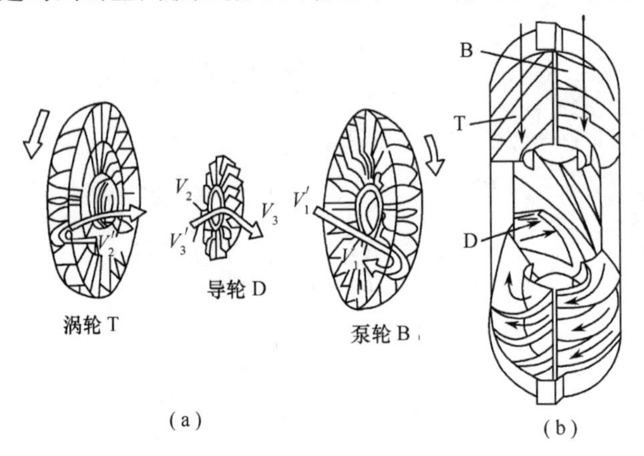

图10-1　液力变矩器工作原理

(a) 分置的三个叶轮；(b) 安装在一起的三个叶轮。

由发动机驱动泵轮使液体在流道里流动，把机械能转换成液体能(主要是动能，次为压能)，获得了液体能的液体由泵轮出口高速进入涡轮的入口和流道，再由涡轮出口流出。在此过程中液体把能量传递给涡轮，使涡轮输出力矩，带动负载，并且它输出的力矩和转速可随负载变化自动地做相应的变化。由涡轮流出的液体(此时能量较低)再流入与机架固定在一起不转动的导轮，经导轮变换液流方向后又流入泵轮。

变矩器的变矩原理是，循环圆中的液体受到泵轮、涡轮、导轮的力矩 M_B、M_T、M_D 作用，如果把式(9-12)中的三式相加，则

$$M_B + M_T + M_D = 0$$

或

$$-M_T = M_B + M_D$$

在一般情况下，$M_D > 0$，所以 $-M_T > M_B$。这说明，之所以液力变矩器能够变矩，是由于导轮的存在。如果 $M_D = 0$，则 $M_B = -M_T$，就变成了液体耦合器。$-M_T$ 表示涡轮对外输出力矩(即液体对涡轮的作用力矩)，“-”号并不表示涡轮的输出力矩与泵轮的输出力矩方向相反。

由于变矩器涡轮的形式(如轴流涡轮、向心涡轮、离心涡轮)不同，当涡轮轴上的负载

变化时，涡轮将对循环圆内的流量及泵轮的速度三角形有所影响，从而使泵轮力矩有所变化。当涡轮负载或转速变化对泵轮力矩没有影响或者影响很小时，称为液力变矩器不透穿；如果涡轮负载变大或变小，而泵轮力矩也相应变大或变小，称为正透穿；如果当涡轮轴上负载变大或变小时，而泵轮力矩却相应变小或变大，称为负透穿。

10.2 液力变矩器的特性参数和基本特性

10.2.1 液力变矩器的特性参数

（1）变矩系数 $K = \dfrac{M_T}{M_B}$，即涡轮力矩与泵轮力矩之比（以后章节里均取 $-M_T$ 的绝对值作为涡轮输出力矩），它表征了变矩器改变力矩的能力。

（2）传动比 $i = \dfrac{n_T}{n_B}$，即涡轮转速与泵轮转速之比。发动机一般都在额定转速下工作，而泵轮又与发动机直接相连，故 n_B 基本不变。而涡轮的负载变化时，n_T 随之变化，故 i 的变化表示了液力变矩器的工况，i 越小，说明涡轮负载越大。

（3）效率 $\eta = \dfrac{P_T}{P_B}$，即液力变矩器涡轮输出功率与泵轮输入功率之比。

$$\eta = \frac{P_T}{P_B} = \frac{M_T n_T}{M_B n_B} = Ki \tag{10-1}$$

（4）泵轮力矩系数 λ_B 及涡轮力矩系数 λ_T。根据第四相似定律式(9-23)，如果去掉角标 M、S，针对同一系列相似变矩器中的任一液力变矩器的泵轮和涡轮而言，则

$$\lambda_B = \frac{M_B}{\gamma n_B^2 D^5} \tag{10-2}$$

$$\lambda_T = \frac{M_T}{\gamma n_B^2 D^5} \tag{10-3}$$

由式(10-2)、式(10-3)可知

$$K = \frac{M_T}{M_B} = \frac{\lambda_T}{\lambda_B} \tag{10-4}$$

$$M_B = \lambda_B \gamma n_B^2 D^5 \tag{10-5}$$

$$M_T = \lambda_T \gamma n_B^2 D^5 \tag{10-6}$$

10.2.2 液力变矩器的基本特性

1. 液力变矩器的外特性

液力变矩器的外特性也称为输出特性，是当 n_B 为定值时 M_B、M_T、η 与 n_T 的关系，即

$$M_B = f_1(n_T)$$

$$M_T = f_2(n_T)$$

$$\eta = f_3(n_T)$$

$M_B = f_1(n_T)$ 、$M_T = f_2(n_T)$ 曲线一般是由试验方法测得参数后才绘制出来的，而 $\eta = f_3(n_T)$ 曲线则是根据 $\eta = \dfrac{M_T n_T}{M_B n_B}$ 绘制的。

图 10－2 是单级单相三元件液力变矩器的外特性曲线。当循环圆型式和有效直径 D 不同时，其特性曲线也不同。

由图 10－2 中可看出：

（1）n_T 增加，M_T 下降。当 $M_T = 0$（无载空转时），$n_T = n_{Tmax}$；在 $n_T = 0$（即启动时），M_T 很大，即启动力矩很大。

（2）n_T 增加，M_B 下降缓慢，即涡轮转速的变化（也表示涡轮负载的变化）对泵轮力矩 M_B 影响不明显。

（3）由 $\eta = \dfrac{M_T n_T}{M_B n_B}$ 可知，当 $n_T = 0$ 和 $M_T = 0$ 时，均出现 $\eta = 0$，所以 η 曲线与横坐标有两个交点且具有最大值。

2. 液力变矩器的原始特性

将泵轮的力矩系数 λ_B、变矩系数 K、变矩器效率 η 与变矩器的传动比 i 的关系特性，称为原始特性，即

$$\lambda_B = f_1(i)$$

$$K = f_2(i)$$

$$\eta = f_3(i)$$

理论和实验都已证明，λ_B、λ_T 都是 i 的函数，当然 $K = \lambda_T/\lambda_B$、$\eta = Ki$ 也是 i 的函数。液力变矩器的原始特性如图 10－3 所示。原始特性表示的是一系列几何相似、运动相似、动力相似的液力变矩器共同的基本特性，即这一系列符合相似条件的液力变矩器都有相同的特性。这些特性本质地反应出该系列液力变矩器的结构特点，所以命名为原始特性或类型特性。

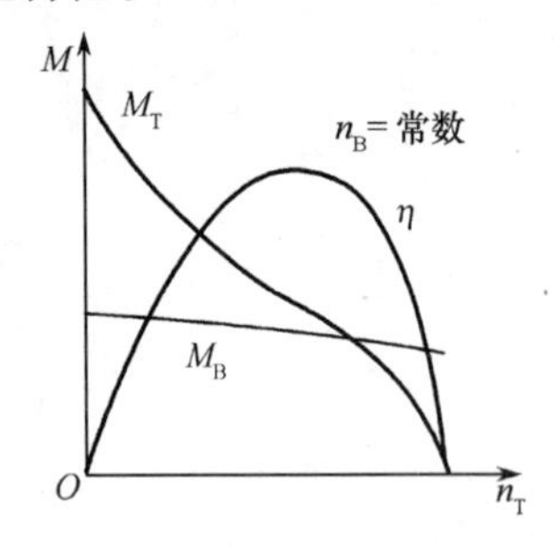

图 10－2　液力变矩器的外特性曲线

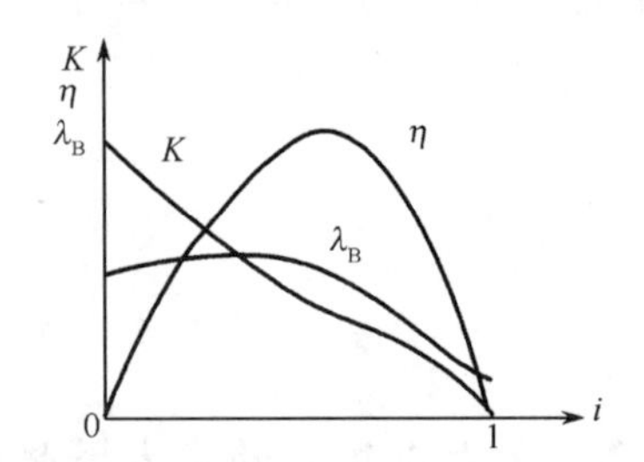

图 10－3　液力变矩器的原始特性曲线

原始特性曲线和外特性曲线可相互转换绘制。用户可根据产品提供的原始特性曲线和已确定了的 D、n_B、γ，并利用 $M_B = \lambda_B \gamma n_B^2 D^5$、$M_T = \lambda_T \gamma n_B^2 D^5$、$i = \dfrac{n_T}{n_B}$、$\lambda_T = K\lambda_B$、$\eta = Ki$ 公式，绘出外特性曲线。

3. 液力变矩器的通用特性

为了能了解 n_B 为某任意值，n_T 为某值时液力变矩器的工作参数，如 M_T 是多少，η 是多少，就需要用到通用特性曲线。它是分别用一组 n_B = 常数的条件下，做出的对应的一组 $M_T = f(n_T)$ 曲线和分别用一组 η = 常数的条件下所作的 $M_T = \phi(n_T)$ 曲线，用相同比例尺绘在同一个坐标图上的图形（图 10－4）。图中，n_{B1}、n_{B2}、n_{B3}、…表示泵轮为这些转速时的 $M_T = f(n_T)$ 曲线；η_1、η_2、η_3，…表示效率为这些值时的 $M_T = \phi(n_T)$ 曲线，凡是在同一条 $M_T = \phi(n_T)$ 曲线的工况点，其效率都相同。由于原始特性的 $\eta = f(i)$ 曲线是有最大值且和横坐标有两个交点的抛物线（图 10－3），所以，在通用特性图上会出现两条 η 等于同值的 $M_T = \phi(n_T)$ 曲线（$\eta = \eta_{max}$ 时除外）。

通用特性曲线绘制方法简述如下（图 10－5）：

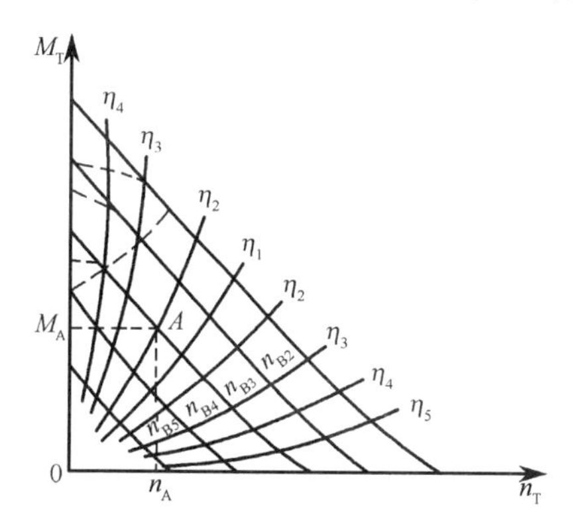

图 10－4　液力变矩器的通用特性曲线

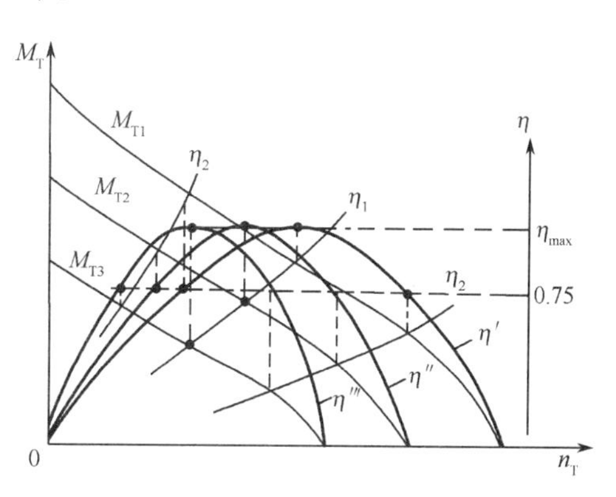

图 10－5　通用特性曲线的绘制方法

利用原始特性曲线及有关公式绘出当 $n_B = n_{B1}$、n_{B2}、…时分别是对应的 $M_T = f(n_T)$ 及对应的 $\eta = f(n_T)$ 曲线组，如图中的 M_{T1}、M_{T2}、…就是 $n_B = n_{B1}$、n_{B2}、…时的 $M_T = f(n_T)$ 线，η'、η''、…就是对应于 n_{B1}、n_{B2}、…时的 $\eta = f(n_T)$ 线。再用作图法找出 M_{T1}、M_{T2}，…线上效率 η 相等的点。将这些等效点连接起来，就成了等效率的 $\eta = \phi(n_T)$ 曲线，如 η_1、η_2、…，η_1、η_2 等点都应通过坐标原点。

通用特性曲线图表征了液力变矩器任一工况时的工作参数。例如，在图 10－4 中的 A 工况点，可知在此工况时，$M_T = M_A$、$n_T = n_A$、$n_B = n_{B3}$、$\eta = \eta_2$，再利用这些数据及原始特性曲线，还能知该工况时的 λ_B、K，并可计算出 M_B、λ_T 等。

4. 液力变矩器的输入特性

变矩器在不同的 n_B 时对发动机或者对泵轮施加负荷的特性称为输入特性，也称为负荷特性，即 $M_B = f(n_B)$ 的特性。

$$M_B = \lambda_B \gamma D^5 n_B^2 = c n_B^2$$

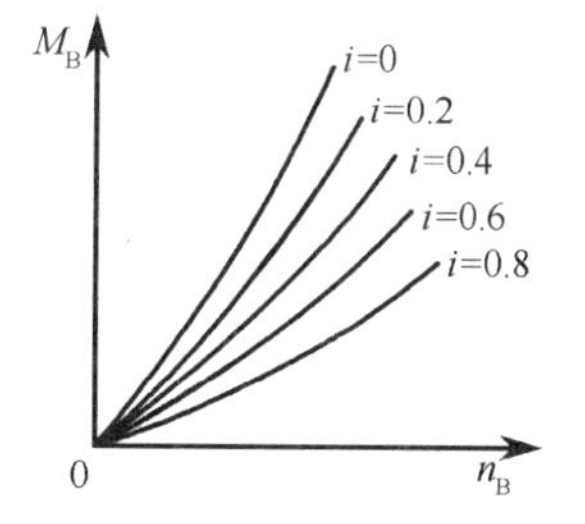

图 10－6　液力变矩器的输入特性

式中，$c = \lambda_B \gamma D^5$，对已知的液力变矩器，D 已确定，γ 也是已知的。$\lambda_B = f(i)$，如 i 为某定值，则 λ_B 也是定值，这样 c 就是常数，那么 $M_B = f(n_B^2)$ 是一条过坐标原点的抛物线。若取不同的 i，c 值也就为不同的常数，因此，就可得到一组特性曲线。图 10－6 就是具有透穿性液力变矩器的输入特性曲线。这一组输入特性曲线的分布宽度取决于原始特性 $\lambda_B = f(i)$ 曲线的形状，即液力变矩器透穿的程度，透穿度越大，则 $M_B = f(n_B^2)$ 曲线组分布得越宽，不透穿时，只有一条输入特性曲线，见图 10－7 。

在研究液力变矩器与发动机共同工作特性时要用到此特性线。

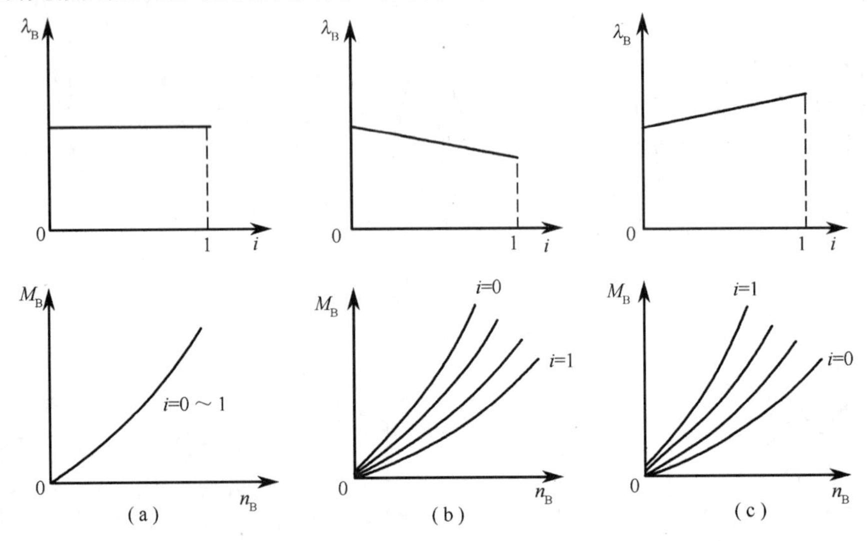

图 10－7　不同透穿性能液力变矩器的输入特性线

(a)不透穿；(b)正透穿；(c)负透穿。

10.3　液力变矩器的基本性能及其评价参数

液力变矩器的原始特性是分析它的基本性能和评价性能好坏的主要依据。一般可从变矩性能好坏、高效率范围大小及透穿性三方面评价液力变矩器性能。

10.3.1　液力变矩器的变矩性能及评价参数

液力变矩器的变矩性能是指涡轮输出力矩相对于泵轮输入力矩的变化程度，即 $K = f(i)$ ，当 i 不同时，变矩系数 K 值的变化程度。

在图 10－8 所示的原始特性中，K_0 是 $i = 0$ 即失速停转时的 K 值。K_0 越大，表示启动力矩越大；当 $K = 1$ 时的传动比为 i_m ，i_m 大，表示液力变矩器具有的增矩能力范围大。所

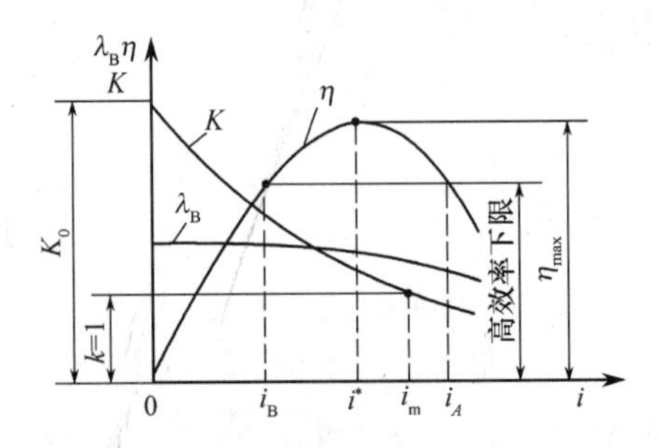

图 10－8　液力变矩器的原始特性

以，通常用 K_0 、i_m 作为评价变矩性能好坏的重要参数。

10.3.2 液力变矩器的高效率范围

当 $i = i^*$ 时，液力变矩器的效率 η 达到最大值 η_{max} 。允许的最高效率的下限所对应的 i 分别为 i_A 、i_B 。液力变矩器在传动比 i_A 与 i_B 之间工作时，都不会低于高效率允许的下限值（工程车辆和汽车分别为 0.75、0.8），这个范围称为高效区。高效区的大小用 $G_i = i_A/i_B$ 表示，G_i 称为高效范围相对宽度。通常用 η_{max} 值及 G_i 来评价变矩器的经济性能。

10.3.3 液力变矩器的透穿性能

液力变矩器的透穿性表示涡轮力矩 M_T（负载）的变化对泵轮力矩 M_B 的影响程度。若 n_B 不变，从 $M_B = \lambda_B \gamma n_B^2 D^5$ 式上可以看出，λ_B 值的变化能够反映出 M_B 的变化。又因 i 能反映 M_T 的变化（ i 大，M_T 小），所以液力变矩器的透穿性能可从 $\lambda_B = f(i)$ 这条原始特性上反映出来。

衡量液力变矩器透穿程度的参数是透穿度，即

$$P = \frac{M_{B0}}{M_{Bm}} = \frac{\lambda_{B0}}{\lambda_{Bm}} \tag{10-7}$$

式中 M_{B0} 、λ_{B0} ——当 $i = 0$（失速，即 $n_T = 0$）时的 M_B 及 λ_B 值；

M_{Bm} 、λ_{Bm} ——当 $i = i_m$（ $K = 1$ ，即耦合工况）时的 M_B 及 λ_B 值。

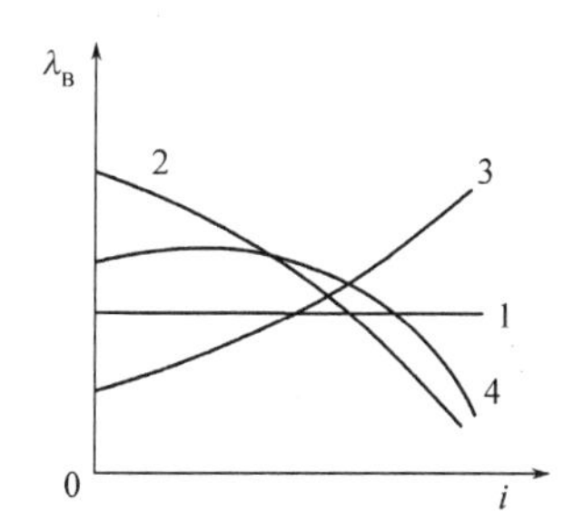

图 10－9 液力变矩器的几种透穿性

当 $P = 0.9 \sim 1.2$ 时，即 i（即 M_T 或 n_T）变化时，λ_B（或 M_B）不变化，或者变化甚微，称为不透穿，如图 10－9 中的 1 线。

当 $P \geqslant 1.2$ ，即 i 变小（ M_T 变大）时，而 λ_B（或 M_B）变大，称为正透穿，如图 10－9 中的 2 线。

当 $P < 0.9$ ，即 i 变小（ M_T 变大）时，λ_B（或 M_B）也变小，称为负透穿，如图 10－9 中 3 线。

当 $\lambda_B = f(i)$ 曲线表现有极值，随 i 不同，表现出正、负两种透穿性时，称为混合透穿，如图 10－9 中 4 线。

一般建设机械上多采用的是不透穿、正透穿及混合透穿，而几乎不采用负透穿，因为它会使动力性能、经济性能变坏。

10.4 液力变矩器的分类及结构形式

10.4.1 液力变矩器的分类

液力变矩器大致可分为下列几类：

（1）把装在泵轮与导轮或导轮与导轮之间刚性连接在同一根输出轴上的涡轮数目称为“级”。按级数多少来分，有单级、多级的液力变矩器。

(2)把液力变矩器中利用单向离合器或者其他机构的作用来改变参与工作的各工作轮的工作状态的数目,称为“相”。液力变矩器有单相及多相之分。

(3)按液流在循环圆中流动时流过涡轮的方向分,有离心式、向心式及轴流式涡轮液力变矩器。

(4)按在牵引工况时,涡轮轴与泵轮转向相同与否,分做正转和反转液力变矩器。

(5)根据液力变矩器能容系数是否可调,分为可调与不可调液力变矩器。

(6)把液力变矩器与机械传动组合而成的变矩器称为液力机械变矩器。根据功率分流不同,又分为内分流和外分流的液力机械变矩器。

10.4.2 液力变矩器的结构及特性

1. 单级单相液力变矩器

单级单相向心涡轮式液力变矩器是结构比较简单、工作性能稳定的一种变矩器。图10-10及图10-11分别是YB355-2型液力变矩器的结构图和原始特性图。

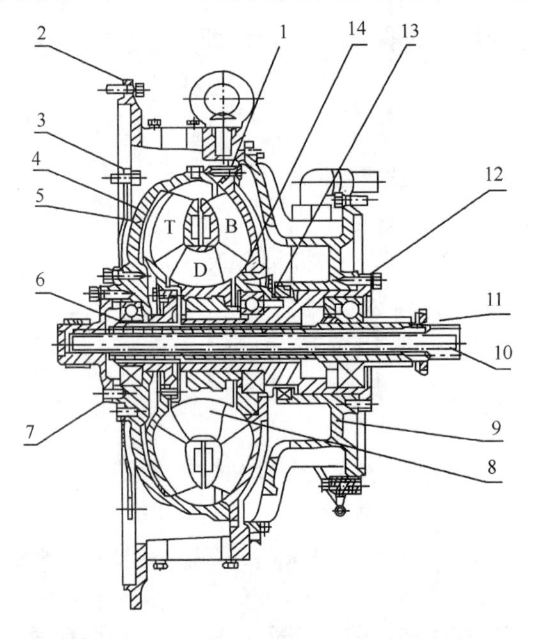

图10-10 YB355-2型向心涡轮液力变矩器

1—泵轮;2—外罩;3—弹性连接板;4—罩轮;5—涡轮;6—涡轮套;7—油泵驱动盘;8—导轮;9—机座;10—油泵轴;11—涡轮空心轴;12—导轮座;13—油封;14—泵轮套。

导轮8、泵轮1通过螺钉把它们连接起来组成液力变矩器的壳体,罩轮4通过弹性连接板3与发动机飞轮连接起来,这样发动机就可带动泵轮1转动。涡轮5通过涡轮套6与空心轴11相连,涡轮的动力由空心轴11对外输出。导轮8通过导轮座12与机座9固定在一起不能转动。油泵轴10活动地装在涡轮空心轴11内,轴的左端用花键、油泵驱动盘7、罩轮4等与发动机飞轮相连,右端有齿轮用来驱动液压泵工作。

这种液力变矩器的K_0值一般为3~4,最高效率$\eta^* = 0.85 \sim 0.90$。

另外,还有离心式涡轮液力变矩器,目前主要用于内燃机车的液力传动中,启动用的液力变矩器其K_0值可达6以上。

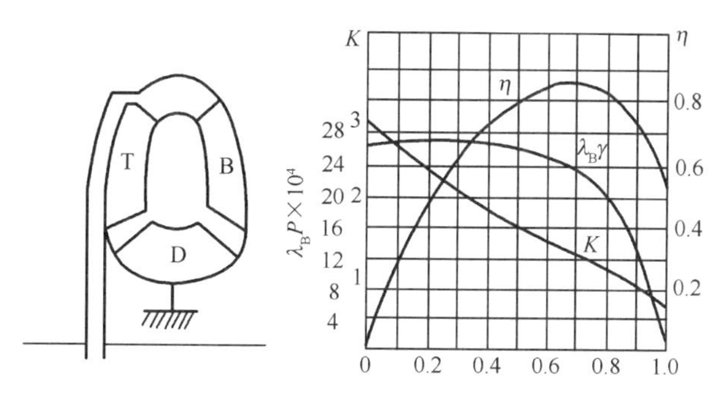

图 10－11　YB355－2 型液力变矩器原始特性线

2. 单级双相综合式液力变矩器

单级双相综合式液力变矩器的结构与单级单相液力变矩器的结构大体上相同，不同点是单级双相综合式液力变矩器的导轮是通过单向离合器与机架连接，不是直接与机架固定为一体。

单相离合器的工作原理见图 10－12 。外圈 7 与导轮固定，内齿 4 与导轮座 3 固定，而导轮座 3 又与机架固定。由原理图可看出，外圈顺时针转动，滚柱 5 使外圈和内齿松开，允许外圈转动；当外圈逆时针方向转动时，滚柱 5 将外圈与内齿楔紧，实际上外圈不能转动。

这种离合器又称超越离合器。若内齿不固定，外圈逆时针方向转动时，可带动内齿也同向转动。但当内齿转速超过外圈转速时，外圈的动力就不能传递给内齿了。离合器这种转速超越而离合的作用在后面提到的 ZL－50 型装载机上所使用的液力机械变矩器中要用到。

在单级双相液力变矩器中，导轮的转动与否，取决于涡轮负载的大小。因涡轮负载变化会引起转速的改变，从而使涡轮出口处绝对速度的圆周分速度 v_{T2u} 也相应变化。由导轮作用于液体力矩的方程 $M_D = \rho Q(v_{D2u}\gamma_{D2} - v_{D1u}\gamma_{D1}) = \rho Q(v_{D2u}\gamma_{D2} - v_{T2u}\gamma_{T2})$ 可知，v_{T2u} 的变化可使 M_D 为正、为零、为负。当涡轮负载较大时，$M_D > 0$，液流力图使导轮按与泵轮转向相反的方向转动，但此时，单向离合器楔紧，不允许导轮按此方向转动；当涡轮负载较小时，$M_D < 0$，液体对导轮作用力矩与前者相反，于是单向离合器松开，导轮与泵轮同向转动，见图 10－13(a)。单级三相综合式液力变矩器有两个导轮分别与两个单向离合器连接，各个导轮是否转动，也与涡轮负载有关，其原理与单导轮何时转动的原理相同，见图 10－13(b)。

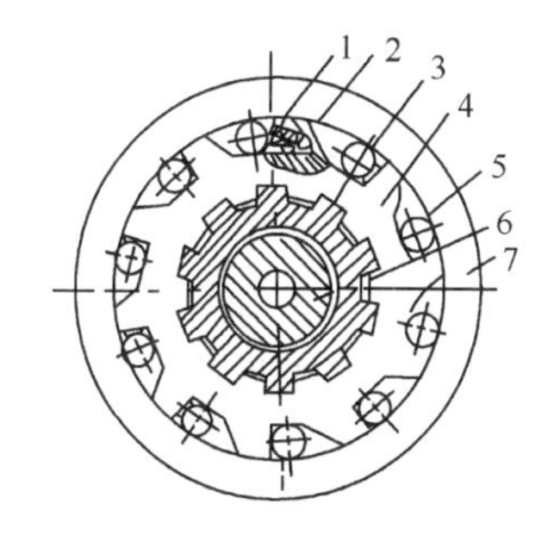

图 10－12　单相离合器

1—弹簧座；2—弹簧；3—导轮座；4—内齿；5—滚柱；6—涡轮轴；7—外圈。

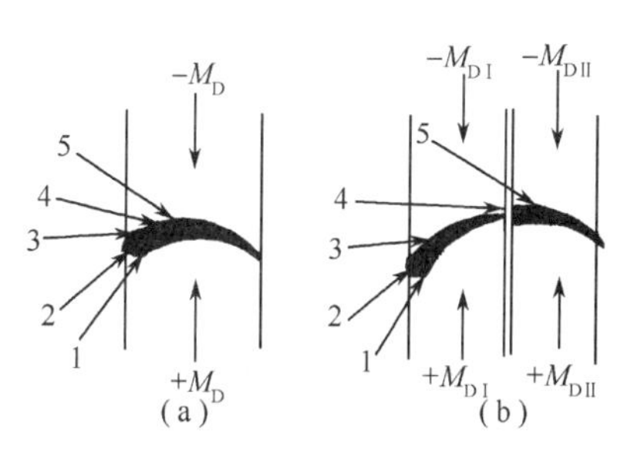

图 10－13　单导轮及双导轮受力情况

(a)单导轮受力图；(b)双导轮受力图。
(图中 1、2、3、4、5 分别是涡轮负载由小到大变化时导轮叶片受力方向)

图 10-14 是单级双相综合式液力变矩器的结构简图及其原始特性。当 $i < i_m$（对应于 $K > 1$）时,导轮被离合器楔住,不会转动,是变矩工况; $i > i_m$（$K = 1$）后,导轮受力与变矩工况时受力相反,离合器松开,导轮能够转动,变矩器工作在耦合工况。这时, $\eta = Ki = i$,是过原点且与变矩工况时的 η 相继接的一段直线。优点:提高了 $i > i_m$ 以后的效率,拓宽了 $K = K_0 \sim 1$ 的传动比范围。

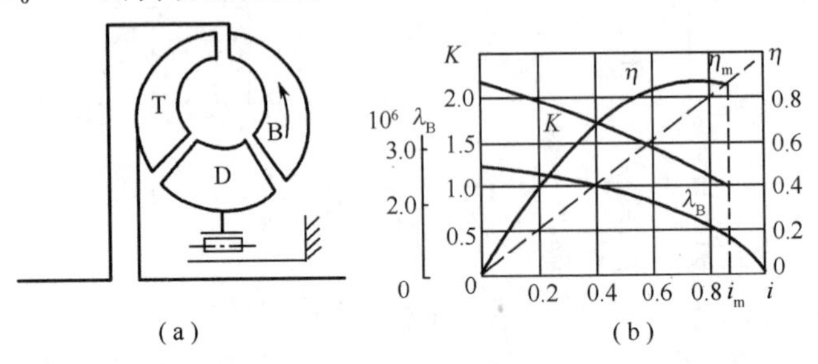

图 10-14　单级双相综合式液力变矩器

(a)双相变矩器结构原理; (b)原始特性线。

3. 单级三相综合式液力变矩器

图 10-15 是单级三相综合式液力变矩器的结构简图和原始特性图,它有三种工作状况:

(1)当 $i = 0 \sim i_1$（为 0~0.56)时,由于负载大,涡轮转速低,导轮Ⅰ和导轮Ⅱ的力矩均为正(图 10-13(b))。这时,两导轮均被各自的单向离合器楔紧而不能转动,使变矩器工作在变矩工况。因两导轮叶片组成的叶片弯曲度大,故可使变矩器获得较大的变矩系数 K ,增大了启动力矩。

(2)当 $i = i_1 \sim i_m$（为 0.56~0.84)时,涡轮负载变小,而转速升高,此时导轮Ⅰ的力矩 M_{DI} 为负,被单向离合器松开而转动,导轮Ⅱ的力矩仍为正,继续被单向离合器楔紧而不转动。这时的变矩器变成相当于只有一个固定的导轮,导轮总的叶片弯曲度减小,使 K 值有所下降,但 K 值仍然较大,效率 η 也仍然较大。

(3)当 $i > i_m$（$i > 0.84$, $K = 1$）时,负载较小、转速较高,此时导轮Ⅰ、Ⅱ的力矩 M_{DI}、M_{DII} 均为负值,都被单向离合器松开而转动,转动后 $M_{DI} = M_{DII} = 0$,使变矩器工作在耦合工况。耦合工况时 $K = 1$,效率 $\eta = i$ 是过原点的直线的一部分。

由原始特性线上可看出,单级三相综合式液力变矩器比单级单相液力变矩器具有如下优点:

(1)在低传动比区域,具有较高的变矩系数。

(2)高效区范围宽。

根据以上比较,单级多相综合式液力变矩器适用于低速行驶的机械(如装载机、推土机等);而在高速时($K = 1$ 后), λ_B 曲线急聚下降(图 10-15),表明泵轮所需输入力矩很小,发动机可把剩余的功率用于驱动工作机构的油泵,这一点对于需要停车(挂空挡)进行工作的机械很适宜。

4. 多级液力变矩器

图 10-16 是三级液力变矩器的结构简图和原始特性曲线。例如,过去曾广泛使用在车辆上的"里斯霍姆-斯密司"(Lysholm-Smith)就属此种。它虽有较高的 K_0 值(5~7)和

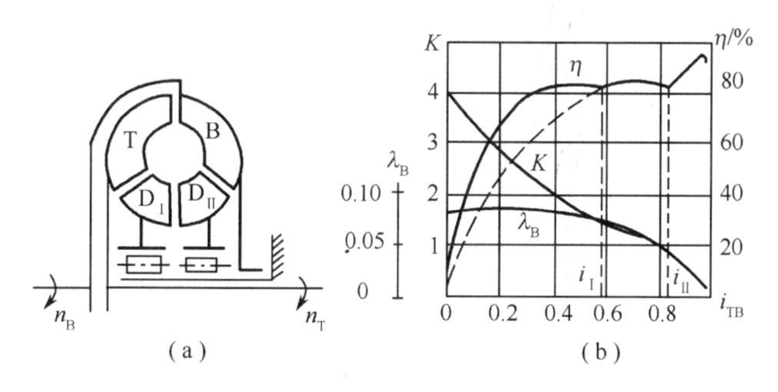

图 10－15　单级三相综合式液力变矩器结构简图及其原始特性曲线

(a)结构简图；(b)原始特性曲线。

较宽的高效区，但因结构复杂、价格昂贵，近来逐渐被单级、双级和综合式液力变矩器所取代。

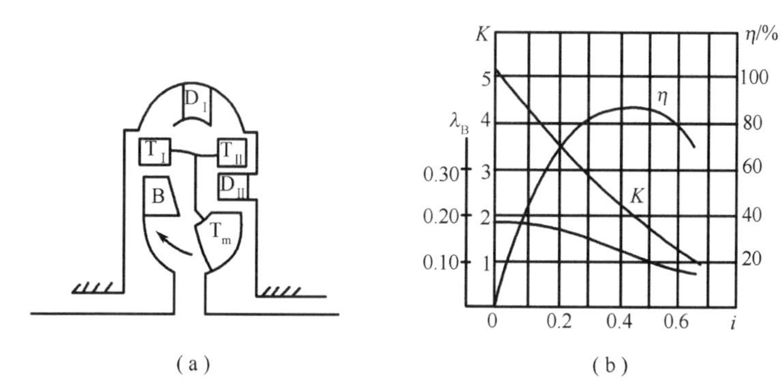

图 10－16　三级液力变矩器结构简图和原始特性曲线

(a)结构简图；(b)原始特性曲线。

5. 闭锁液力变矩器

图 10－17 是装有闭锁液力变矩器的单级三相综合式液力变矩器的结构简图。通过离合器 L 可将泵轮和涡轮直接连接，使传动系统变成纯机械运动，用来提高在高传动比时的传动效率。所以，只适用于道路平坦、高速行驶时，才闭合离合器 L，也可以用闭锁离合器的方法解决拖车启动和下长坡用发动机的制动问题。

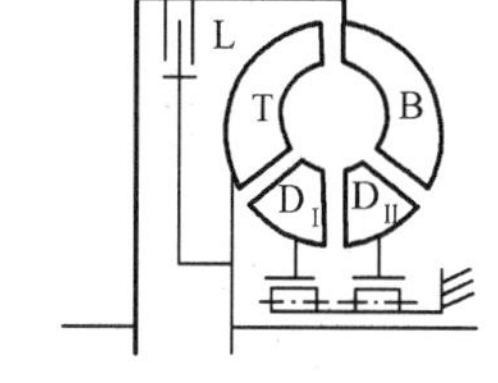

图 10－17　闭锁液力变矩器

6. 液力机械变矩器

如果把液力变矩器和机械传动元件以不同的方式组合起来，就成了一种新的液力传动元件，称为液力机械变矩器。利用机械元件和功率分流原理，可以改变液力变矩器的传动特性，扩大应用范围。

根据在液力机械变矩器内实现功率分流的不同，有内分流和外分流两种方式。

1)内分流液力机械变矩器

图 10－18 是一种内分流液力机械变矩器结构图，ZL－50 型装载机上所使用的就是这种液力变矩器。该变矩器虽有两个涡轮，但因没有刚性地连接在同一根轴上，所以依然属于单级液力变矩器。

发动机飞轮 1 通过弹性盘 5 及螺钉把与泵轮 10 固定在一起的罩轮 3 连接起来，泵轮

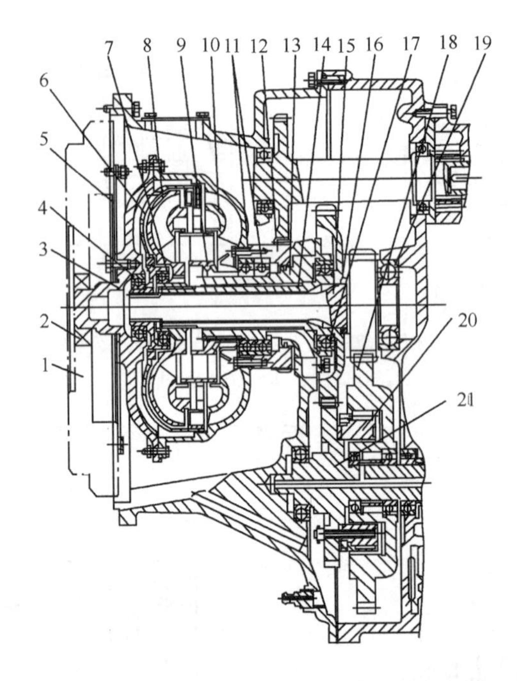

图 10－18　双涡轮内分流液力机械变矩器

1—飞轮；2—轴承；3—罩轮；4—轴承；5—弹性盘；6—第一涡轮；7—轴承；8—第二涡轮；9—导轮；10—泵轮；11—轴承；12—齿轮；13—导轮套轴；14—第二涡轮套轴；15—第一涡轮轴；16—隔离环；17—轴承；18—单向离合器外环齿轮；19—轴承；20—单向离合器；21—单向离合器内环齿轮。

10 上装有用来驱动液压油泵的齿轮 12，这些部件构成了变矩器的主动部分。主动部分的左右端分别用轴承 2、11 支承在飞轮中心孔及导轮套轴 13 上。

第一涡轮轴（实心轴）15 左端用花键与第一涡轮 6 连接，右端带有齿轮；第二涡轮轴（空心轴）14 左端也用花键与第二涡轮 8 连接，右端也带有齿轮。第二涡轮套轴 14 活动地套在第一涡轮轴 15 的外面，两个涡轮就是分别由这两根涡轮轴把动力通过齿轮传入行星轮变速器中去的。

导轮 9 用花键套装在与机架固定在一起的导轮套轴 13 上，导轮始终不能转动。

这种液力机械变矩器的结构简图及原始特性曲线见图 10－19 。

这种变矩器的特点是经过第一涡轮轴 6 右端齿轮与齿轮 7 减速后，再经单向离合器（这里用的是超越原理）把动力传给与齿轮 9 为一体的输出轴；第二涡轮轴 5 右端齿轮与齿轮 9 经过增速后直接向变速器输出动力。当来自变速器的负载较大时（即液力变矩器处于低传动比），单向离合器处于楔紧状态，这时第一、第二涡轮轴共同向变速器输出动力；当负载较小时，因第二涡轮轴 5 转速升高，使齿轮 9 的转速超越齿轮 7 的转速，此时单向离合器松开，使齿轮 7 空载转动，仅有第二涡轮轴输出动力。机械传动机构能够起到起步、重载时两涡轮共同输出动力，轻载时仅有第二涡轮单独输出动力的作用。因这种液力变矩器能够获得较大的变矩系数 K，提高机械的牵引力和扩展了高效区范围，随着外负载的变化，自动改变转速和力矩，故可减少变速器的换挡位数，简化操作。因此在国产的 ZL 系列装载机上，这种液力变矩器得到广泛应用。

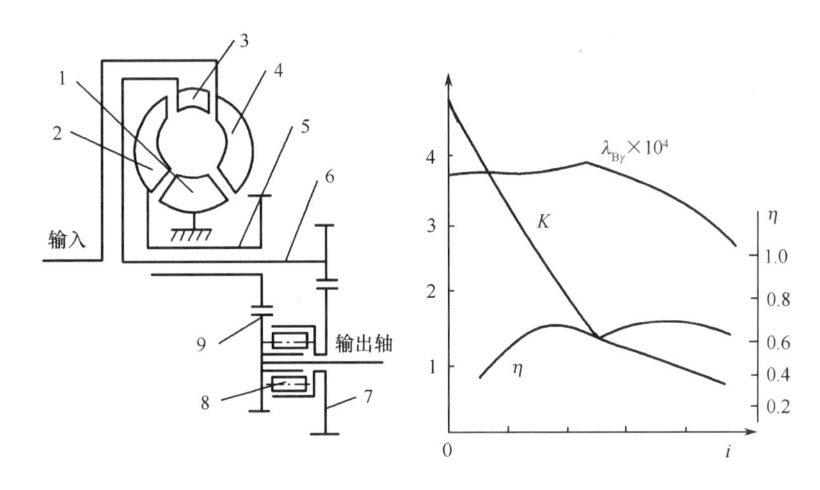

图 10－19　双涡轮液力机械变矩器结构简图及原始特性曲线

2）外分流液力机械变矩器

图 10－20 是美国卡特皮勒（Caterpillar）公司生产的一种外分流液力机械变矩器简图。图中 L 是闭锁离合器，Z 是制动器，H 是单向离合器。它有三种工况，简述如下：

（1）L 接合，Z 松开。此时，液力变矩器空转，是传动比 $i_{21}=1$ 直接传动。此工况主要用于车辆高速行驶，下长坡利用发动机制动及拖拉启动。

（2）L 分离，Z 制动。此时，液力变矩器不工作，该工况是一种纯机械的增速传动，$i_{21}=\left(\frac{1+\alpha}{\alpha}\right)$，$\alpha$ 是行星排特性参数。此工况适用于车辆的运输工况。

（3）L 及 Z 同时松开。此时输入的功率，分流传递。一路由行星排直接传递，另一路由液力变矩器传递，两路功率在输出轴上汇合。此工况适用于车辆的牵引。

由于液力变矩器已系列生产，因此可用发动机的输出力矩（等于泵轮力矩 M_B）和转速及液力变矩器的有效直径 D 绘制成液力变矩器的系列型谱（图 10－21），以供选用。

适合工程机械用的 375 液力变矩器系列有 270、295、320、345、375、405、440、475 八个

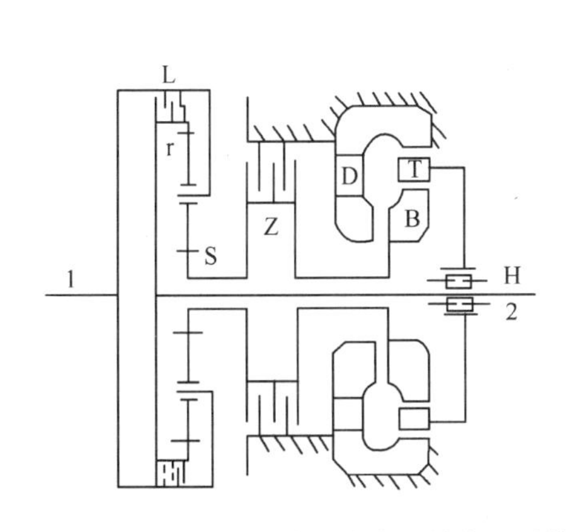

图 10－20　卡特皮勒外分流液力机械变矩器简图

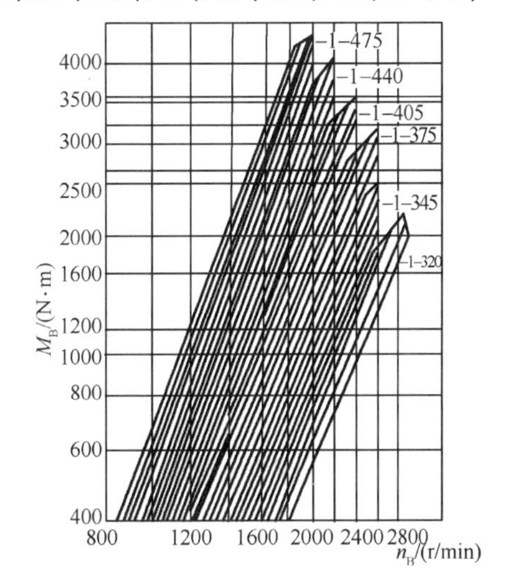

图 10－21　液力变矩器系列型谱

尺寸 64 个品种,其功率为 29.4kW ~ 294kW,发动机转速为 1500r/min ~ 2400r/min。

10.5 液力变矩器与内燃机的共同工作

当液力变矩器与内燃机配合后,可看做一种新的动力装置,它具有了新的特性。它们共同工作性能如何不仅取决于各自性能的好坏,而且也与两者能否很好地协调配置有很大的关系。因此,如何使它们合理匹配,如何选择液力变矩器的有效直径等就是研究其共同工作的目的。

10.5.1 液力变矩器和发动机匹配的要求及匹配原理

液力传动车辆的性能不仅与所用的发动机、液力变矩器及机械变速箱等的性能有关,而且与它们之间的匹配恰当与否有关。因此,其匹配要求是:

(1)为了获得良好的起步性能,希望液力变矩器在低速比时的负荷抛物线(特别是 $i=0$时)能通过发动机的最大转矩点。

(2)为使车辆具有较高的使用效率,希望共同工作范围能充分利用发动机的最大功率,要求综合式液力变矩器最高效率($i\approx1$)时的负荷抛物线通过发动机最大功率标定扭矩点。

(3)有良好的燃油经济性,希望共同工作的范围处于发动机比燃油消耗量最低值附近。

匹配原理是计算出发动机外特性曲线图和液力变矩器的输入曲线图,考察两者的交点,看是否符合匹配要求以及计算出输出特性,看输出特性是否符合要求。图 10-22 给出如何用两者间的特性曲线来确定液力变矩器与发动机的共同工作点。

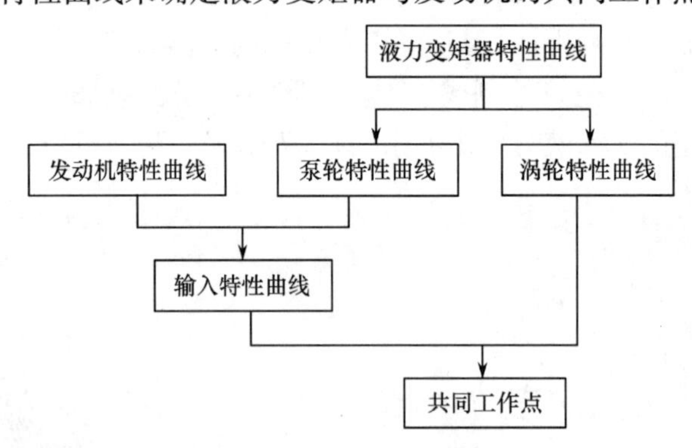

图 10-22 匹配原理

10.5.2 液力变矩器与内燃机共同工作的特性曲线绘制

对于已确定的液力变矩器及工作液体,其有效直径 D、液体重度 γ 及其原始特性线应是已知的,所选用的内燃机的特性线也应是已知的。内燃机曲轴(或飞轮)与液力变矩器直接连接后的工作称为共同工作。此时,泵轮就是内燃机的直接负载。在稳定运转时有

$$n_F = n_B$$

$$M_{FJ} = M_B$$

式中　n_F、n_B——内燃机、泵轮的转速；

M_{FJ}、M_B——内燃机输送给泵轮的力矩（净力矩）和泵轮力矩。

内燃机的净力矩是指内燃机曲轴力矩扣除辅助装置（如风扇、油泵等）消耗的力矩后，输入到泵轮上的力矩。

对于穿透性液力变矩器和内燃机共同工作的特性线绘制方法如下：

（1）在液力变矩器原始特性图上取若干个 i 值（图 10－23），如 $i = i_0$、i_1、i_2、…、i_j（一般 i 要包括 i_A、i_B、i_m、i^* 这几个特殊工况值，各符号意义参见图 10－8），就有与之对应的 λ_{B0}、λ_{B1}、λ_{B2}、…、λ_{Bj} 及 k_0、k_1、k_2、…、k_j 和 η_0、η_1、η_2、…、η_j。

（2）作液力变矩器的输入（负荷）特性线。根据公式 $M_B = \lambda_B \gamma D^5 n_B^2$，分别以 λ_{B0}、λ_{B1}、λ_{B2}、…、λ_{Bj} 为定值，可以做出若干条 $M_B = f(n_B)$ 的输入特性线，分别记作 M_{Bi0}、M_{Bi1}、M_{Bi2}、…、M_{Bij}，这一组曲线所分布的宽度与液力变矩器的透穿度有关。

（3）作液力变矩器与内燃机共同工作的输入曲线。将上述的液力变矩器输入特性线 M_{Bi0}、M_{Bi1}、M_{Bi2}、…、M_{Bij} 和内燃机的净特性线 $M_{FJ} = f(n_F)$ 用同一比例尺画在同一个坐标图上，就得到它们共同工作的输入特性曲线（图 10－24）。A_0、A_1、A_2、…、A_j 就是内燃机净外特性线与液力变矩器输入特性线上的几个交点。同样也可找到内燃机在部分特性线（图 10－24 中虚线）工作时与液力变矩器输入特性线的交点。

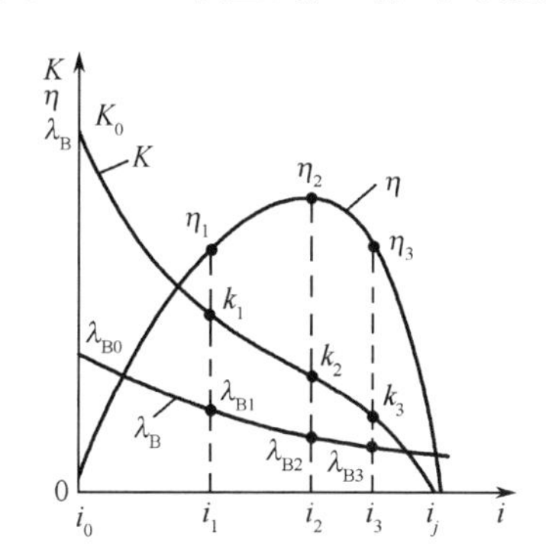

图 10－23　液力变矩器的原始特性

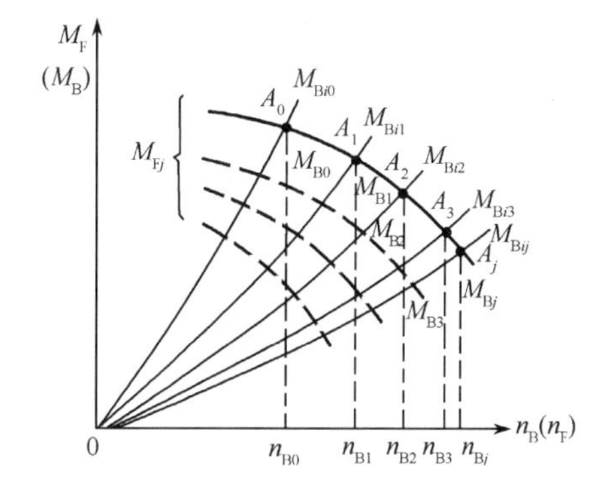

图 10－24　液力变矩器与内燃机共同工作的输入特性

（4）作液力变矩器与内燃机共同工作的输出特性曲线。以内燃机的净外特性为例，利用共同工作的输入特性图 10－24 和液力变矩器的原始特性图 10－23 及有关公式，可列出表 10－1 中各值。

表 10－1　液力变矩器各参数数据

参数	i	η	K	M_B	n_B	M_T	n_T
数据	i_0	η_0	K_0	M_{B0}	n_{B0}	M_{T0}	n_{T0}
	i_1	η_1	K_1	M_{B1}	n_{B1}	M_{T1}	n_{T1}
	i_2	η_2	K_2	M_{B2}	n_{B2}	M_{T2}	n_{T2}
	⋮	⋮	⋮	⋮	⋮	⋮	⋮
	i_j	η_j	K_j	M_{Bj}	n_{Bj}	M_{Tj}	n_{Tj}
说明	图 10－23			图 10－24		$M_T = KM_B$	$n_T = in_B$

根据表 10－1 数据可绘出 $M_B = f_1(n_T)$、$M_T = f_2(n_T)$、$\eta = f_3(n_T)$、$n_B = f_4(n_T)$。图 10－25 所示为液力变矩器与内燃机共同工作的输出特性线。

对于不穿透液力变矩器与发动机共同工作的输入和输出特性线的绘制方法与上述方法相同，是上述方法的特例，即液力变矩器输入特性曲线与内燃机的净外特性曲线只有一个交点，即只有一个工况点。所以，共同工作的输入、输出特性线的绘制要简单一些。

如果内燃机是柴油机，其绘制共同工作的输入和输出特性曲线的方法与上述方法基本相同，不再赘述。

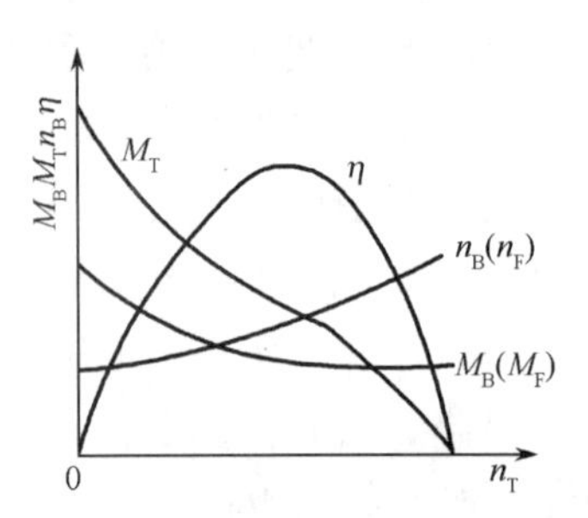

图 10－25　液力变矩器与内燃机共同工作的输出特性线

从图 10－25 可以看出，当液力变矩器与内燃机共同工作时，其输出特性比内燃机单独工作时的输出特性有明显的优点。如输出力矩 M_T 随输出转速 n_T 的减小而自动增大，能很好地适应外力矩的变化，而内燃机这样的特性就很差；又如当外力矩超过涡轮的最大力矩（$n_T = 0$）时，内燃机的转速 n_F（$n_F = n_B$）仍不为零，即内燃机仍不会熄火。对于像装载机、推土机这一类工作阻力变化很大的建设机械，这些优点尤为重要。

10.5.3　全功率匹配和部分功率匹配

有些工程机械（如轮式装载机），在作业时存在不同的两种工况。第一种工况是只驱动行走机构而不驱动工作装置（如运送物料），在此工况时，可认为发动机的功率或力矩基本上全部用来通过液力变矩器来驱动行走机构；第二种工况是在驱动行走机构的同时，还要用很大的功率（对于轮式装载机，这部分功率占发动机总功率的 40%～60%）去驱动工作装置。因在不同的工况下，液力变矩器吸收的功率差异很大，因此，在发动机与液力变矩器的匹配上应考虑变矩器是按发动机的全部功率来选择，还是按扣除了其他装置所必要的功率来选择，即全功率匹配还是部分功率匹配。

为分析方便起见，设柴油机与具有不透穿性液力变矩器共同工作，如图 10－26 所示。

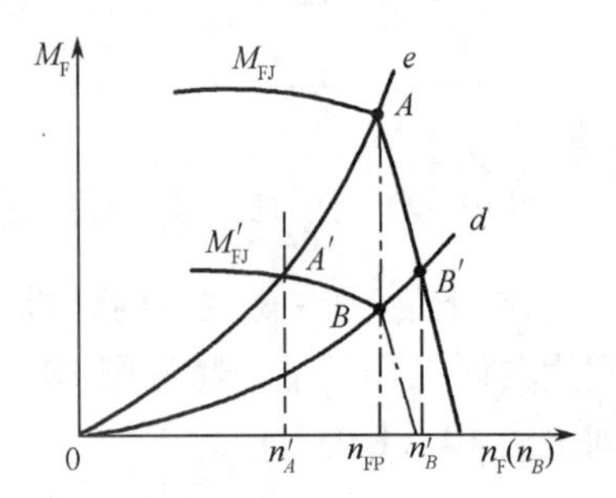

图 10－26　在两种工况下和液力变矩器的匹配

图 10－26 中，M_{FJ} 为第一种工况时柴油机输入到变矩器的力矩，M'_{FJ} 为第二工况时输入到变矩器的力矩。若按第一种工况，则应以 A 点的参数求液力变矩器的有效直径 D 值，这时的输入特性线 e 必然经过 A 点，表明柴油机是在最大功率工况下工作。但是，当处于第二种工况时，两者共同工作点变为 A'，转速为 n'_A，因而不能充分利用柴油机的功率。又因转速下降很多，还会造成工作装置动作缓慢，生产率下降。如果按第二种工况，则应以 B 点的参数求，此时的输入特性线 d 应通过 B 点。但是，在第一工况时，d 与 M_{FJ} 的交点为 B'，转速为 n'_B，因而也不能充分利用柴油机的功率。

因此，对于工作循环中存在上述两种工况时的建设机械，要有所兼顾，并考虑到工作装置的液压泵并不总是在最大工作压力下工作。一般应根据具体情况，用 A 和 B 之间适当的参数来计算液力变矩器的有效直径，这种匹配方法称为部分功率匹配。对于工作装置不经常和液力变矩器同时工作的建设机械,如推土机、自行式铲运机等就用 A 点参数计算,这即为全功率匹配。

10.5.4 液力变矩器与内燃机合理匹配的一般原则

(1)为了使液力变矩器与内燃机联合工作的性能良好,在为给定的发动机选择变矩器时,一般是通过调整有效直径来达到;在为已定的变矩器选择发动机时,一般是先画出变矩器的输入特性曲线,按工作需要和机械所需功率选择一个与上述输入特性配合得较好的发动机特性曲线。

(2)在液力变矩器与内燃机都定下来时,一般是在它们之间加装一个传动装置(根据具体情况可以是适当传动比的增速器或减速器),借以达到较好的配合。

(3)对于汽油发动机,一般都选择具有良好正透穿性的变矩器与其配合,这样在传动比小时,可获得发动机的最大力矩,而在大传动比时,可充分利用发动机的功率。对于柴油机,由于发动机的力矩特性曲线比较平坦,即发动机的扭矩变化不大,尤其是大型工程机械和重型车辆,由于其后备功率小,发动机经常在满负荷(接近最大扭矩)情况下工作。为了充分利用发动机的功率,则宜采用不可透穿性的变矩器与其配合。

10.6 液力变矩器与内燃机匹配的计算机辅助设计

如前所述,液力变矩器与内燃机匹配的常规方法是采用作图与手工计算相结合的办法进行的,费时费力。而借助 CAD 技术即可进行两者共同工作的特性计算,又可计算出匹配的若干评价参数,用以最佳选择。

10.6.1 液力变矩器与内燃机匹配的基本方法

1. 内燃机性能特性模型及外特性曲线

车辆在行驶过程中,内燃机转速取决于车辆行驶速度,扭矩取决于行驶阻力,两者没有特定的关系,但从内燃机的万有特性图可知不同转速和负荷下的扭矩,这样,只需建立阻力模型并将等效到内燃机曲轴端,再通过对万有曲线数据进行线性插值的方法即可得出内燃机扭矩转速之间的关系。

内燃机性能特性数学模型主要是用发动机使用外特性(对汽油机而言是使用外特性;对柴油机而言是功率特性)和内燃机万有特性来描述。描述内燃机特性的方法有表格法、插值法和模型法。

如果是已知实验数据的内燃机,其使用外特性可以看做是发动机转速的一元函数,一般可以用最小二乘法拟合获得;而万有特性可以看做是内燃机转速和内燃机转矩的二元函数,用曲面拟合法获得。对于只有不完全资料的内燃机模型的建立,一般可采用内燃机的简化模型。

通常,内燃机外特性曲线由内燃机台架试验获得,可用 $M_F = f_1(n_F)$ 或 $P_F = f_2(n_F)$ 两条曲线表示。在液力变矩器与内燃机匹配计算中,通常是用内燃机的净力矩曲线 $M_{FJ} = M_F - \Delta M = f_3(n_F)$,$\Delta M$ 是内燃机扣除输入到泵轮上的力矩后,其他装置所消耗的力矩。

用数值法进行匹配计算时,需要将没有函数关系的内燃机力矩特性曲线以拟合的方式用解析式表示,以便求解内燃机净外特性与液力变矩器的输入特性曲线的交点,即两者共同工作点。以柴油机为例,其力矩特性曲线是由外特性曲线段与调速特性线段组成,如图 10-27 所示。

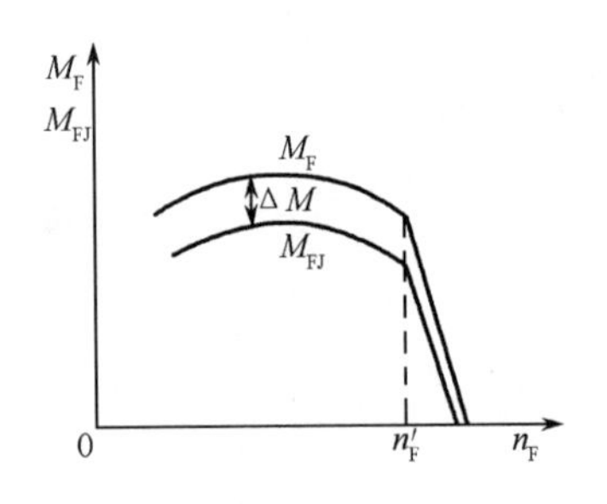

图 10-27　内燃机特性曲线

外特性曲线为单凸曲线,可近似用二次曲线表示,调速特性段为直线,可用直线方程表示。如果已知特性曲线上的若干离散点(n_{Fi} , M_{Fi}) ($i=1,2,\cdots$), 采用分段最小二乘法拟合,曲线方程如下:

$$M_F = a_0 + a_1 n_F + a_2 n_F^2 \quad (n_F \leqslant n'_F) \tag{10-8}$$

$$M_F = b_0 + b_1 n_F \quad (n_F > n'_F) \tag{10-9}$$

式中　n'_F ——柴油机外特性与调速特性交点所对应的转速;

a_0 、a_1 、a_2 、b_0 、b_1 ——待定系数。

2. 液力变矩器的原始特性曲线

对于单级向心涡轮液力变矩器,可采用如下输入输出回归模型:

$$M_B = c_0 n_B^2 + c_1 n_B n_T + c_2 n_T^2 \tag{10-10}$$

$$M_T = d_0 n_B^2 + d_1 n_B n_T + d_2 n_T^2 \tag{10-11}$$

式中　c_0 、c_1 、c_2 、d_0 、d_1 、d_2 ——待定系数。

将 $M_B = \lambda_B \gamma D^5 n_B^2$ 、$i = n_T/n_B$ 、$k = M_T/M_B$ 带入式(10-10)和式(10-11),并用 c_j 替换 $c_j/\lambda D^5$, d_j 替换 $d_j/\lambda D^5$ ($j = 0,1,2$)后,得

$$\lambda_B = c_0 + c_1 i + c_2 i^2$$

$$K\lambda_B = d_0 + d_1 i + d_2 i^2$$

于是,若已知一组离散点(i_L 、λ_{BL} 、K_L)($L=1,2,3,\cdots$),通过最小二乘法拟合处理,可确定式中的待定系数 c_j 、d_j (j=0,1,2)。变矩系数 K 和效率 η 的表达式为

$$k = \frac{d_0 + d_1 i + d_2 i^2}{c_0 + c_1 i + c_2 i^2} \tag{10-12}$$

$$\eta = \frac{d_0 + d_1 i + d_2 i^2}{c_0 + c_1 i + c_2 i^2} i \tag{10-13}$$

液力变矩器原始特性曲线多项式拟合的意义在于确定变矩器的高效区(即 $\eta=0.75$ 所对应的 i 值),并确定在任一 i 值所对应的 λ_B 、K 、η 值,以求共同工作的输入、输出特性。

3. 共同工作的输入特性

求解共同工作的输入特性,就是寻求内燃机净力矩曲线 $M_{FJ} = f_3(n_F)$ 与变矩器输入特性曲线 $M_B = f(n_B)$ 的一系列交点(图 10-28),由联立二曲线方程求解可得。但内燃机净力矩曲线与变矩器的输入特性曲线的交点可能在外特性线段(如图 10-28 中 i_1),

也可能在调速特性线段(如图 10－28 中 i_2)。若将净力矩曲线人为外延(见图 10－28 中虚线),则任一条输入特性曲线与两区段都有交点。由此可将输入特性曲线方程分别与两区段特性方程联立,求得各自交点后,再进行判断,取其实际交点。

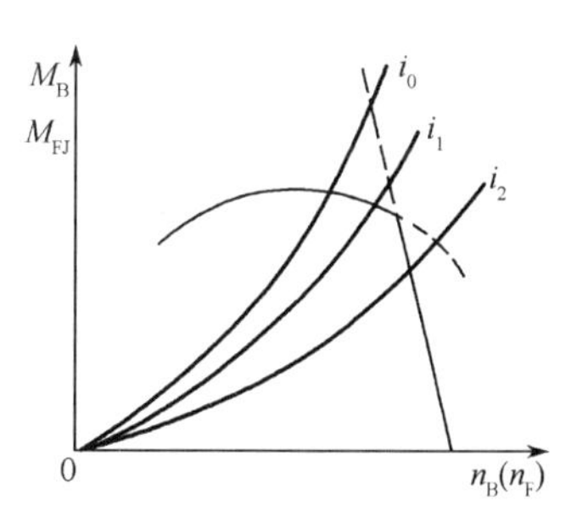

图 10－28　液力变矩器与内燃机共同工作的输入特性

1) 与外特性线段曲线方程联立

$$\begin{cases} M_F = a_0 + a_1 n_F + a_2 n_F^2 \\ M_{FJ} = M_F - \Delta M \\ M_B = \lambda_B \gamma D^5 n_B^2 \end{cases}$$

考虑到 $M_{FJ} = M_B$、$n_F = n_B$,经整理后,得

$$(a_2 - \lambda_B \gamma D^5) n_B^2 + a_1 n_B + (a_0 - \Delta M) = 0$$

其解为

$$n_{B1,2} = \frac{-a_1 \pm \sqrt{a_1^2 - 4(a_2 - \lambda_B \gamma D^5)(a_0 - \Delta M)}}{2(a_2 - \lambda_B \gamma D^5)} \tag{10-14}$$

由图 10－28 的几何关系,可知

$$n_{B(1)} = \max\{n_{B1}, n_{B2}\} \tag{10-15}$$

2) 与调速特性段直线方程联立

$$\begin{cases} M_F = b_0 + b_1 n_F \\ M_{FJ} = M_F - \Delta M \\ M_B = \lambda_B \gamma D^5 n_B^2 \end{cases}$$

同样考虑到 $M_{FJ} = M_B$、$n_F = n_B$,经整理后,得

$$\lambda_B \gamma D^5 n_B^2 - b_1 n_B + (\Delta M - b_0) = 0$$

其解为

$$n_{B3,4} = \frac{b_1 \pm \sqrt{b_1^2 - 4(\lambda_B \gamma D^5)(\Delta M - b_0)}}{2\lambda_B \gamma D^5} \tag{10-16}$$

同理可知

$$n_{B(2)} = \max\{n_{B3}, n_{B4}\} \tag{10-17}$$

由图 10－28 的几何关系,实际交点所对应的转速应为

$$n_B = \min\{n_{B(1)}, n_{B(2)}\} \tag{10-18}$$

再利用 $M_B = \lambda_B \gamma D^5 n_B^2$,就可求出对应的 M_B 值。那么就可得出内燃机与液力变矩器两者共同工作的工作点(n_{Bi}, M_{Bi})($i = i_1, i_2, i_3, \cdots$)。

4. 共同工作的输出特性

根据两者共同工作的工作点,按如下公式计算在各传动比 i 下的涡轮输出力矩 M_T、输出转速 n_T、输出功率 P_T 及变矩器效率。

$$M_{Ti} = K_i M_{Bi} \qquad n_{Ti} = n_{Bi} i$$

$$P_{Ti} = M_{Ti} n_{T_i} \qquad \eta_i = K_i i$$

$$i = i_1, i_2, i_3, \cdots \qquad \text{（这里 } i \text{ 指角标）}$$

以 i 为参数,可求得关于涡轮转速 n_{Ti} 的离散函数值 M_T、P_T、η,将这些离散值用最小二乘法拟合,得到函数关系式 $M_T = f_1(n_T)$、$P_T = f_2(n_T)$、$\eta = f_3(n_T)$。把所拟合的函数以图像的形式表示,就得到了共同工作的输出特性曲线,所得函数关系式也是求解匹配性能的评价参数。

5. 共匹配结果分析及问题的解决方法

匹配结果分析后,需要对不良结果提出解决方法,例如,液力变矩器最高效率时的输入特性没有通过发动机最大功率转矩点,液力变矩器负荷特性曲线区域未通过发动机经济区;液力变矩器在 $i=0$ 时的负荷特性曲线没有通过发动机的最大转矩点。

根据 $M_B = \lambda_B \rho n_B^2 D$,在转速不变的情况下,可以通过改变其余三项的值来提高扭矩,使液力变矩器输入特性曲线在启动工况下通过发动机的最大转矩点,如果不考虑 ρ,在保证 D 不变的情况下,一般都通过改变 λ_B 来实现。

10.6.2 匹配性能评价参数的确定原则

工程机械的工作环境较为恶劣,为使工程机械的牵引性能、经济性能及高效率工作性能不被破坏,应从以下几个方面来满足工程机械的作业要求:①为提高工程机械的作业生产率,应使变矩器最高效率工况 i^* 时的负荷抛物线经过发动机额定工作点;②液力变矩器在转速比 $i=0$ 时的负荷抛物线应通过发动机的最大扭矩点,以保证工程机械具有较大的起步扭矩;③要求变矩器的高效区范围尽可能地宽;④发动机燃油消耗量少;⑤变矩器涡轮上应具有较大的平均输出功率。

10.6.3 液力变矩器与发动机匹配性能的评价参数

常采用以下参数作为评价匹配性能的指标:

(1)最大输出力矩 M_{Tmax}。是液力变矩器失速工况($n_T = 0$)时的涡轮输出力矩,它表征车辆起步力矩的大小。

(2) 液力变矩器高效区输出转速范围 $G_n = n_{TA}/n_{TB}$。其中 n_{TA}、n_{TB} 为对应液力变矩器高效区上下限 i_A、i_B(图 10-8)的涡轮输出转速。它表征了共同工作特性中可用于正常工作的速度范围。

(3)液力变矩器高效区输出力矩范围 $G_M = M_{TB}/M_{TA}$。其中 M_{TA}、M_{TB} 为对应于 n_{TA}、n_{TB} 时的涡轮输出力矩,它表明共同工作在高效区内的动力特性。

(4)全工况范围内的平均输出功率为

$$P_{TP} = \frac{\int_0^{n_{Tmax}} P_T \mathrm{d}n_T}{n_{Tmax}} \tag{10-19}$$

式中 n_{Tmax}——空载时涡轮最大转速,$P_T = f_2(n_T)$。

该参数可用来评价车辆起步挡的起步加速能力。

(5)高效区的平均输出功率为

$$P_{TGP} = \frac{\int_{n_{TB}}^{n_{TA}} P_T \mathrm{d}n_T}{n_{TA} - n_{TB}} \tag{10-20}$$

式中　$P_T = f_2(n_T)$。

该参数评价车辆正常工作时的动力性能。

10.6.4　程序结构

所编程序结构及流程分别如图 10-29、图 10-30 所示。程序的计算结构,如共同工作输出特性、评价匹配性能参数等可以表格或其他形式输出,并可设置打印输出功能。

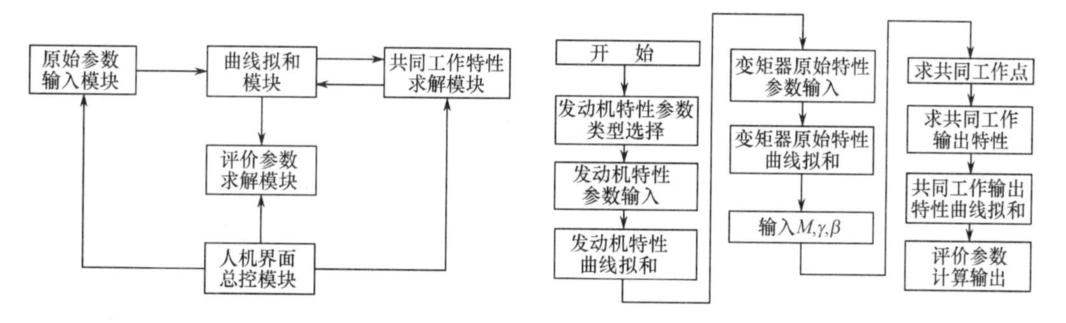

图 10-29　程序结构　　　　图 10-30　程序流程

例题 10.1　某工程机械采用的柴油机的净特性 $M_{FJ} = f(n_F)$ 曲线如图 10-31 所示,与之配用的是 YB355 -2 型液力变矩器,其原始特性见图 10-11。该液力变矩器和工作装置不经常同时工作。试绘制柴油机与液力变矩器共同工作的输入和输出特性曲线并对其匹配情况进行分析。

解:(1)绘制共同工作的输入特性线。在原始特性线上取 $i = 0$、$i = 0.1$、$i = 0.2$、…,并查找出对应的 $\lambda_B\gamma$ 值。根据 $M_B = \lambda_B\gamma D^5 n_B^2$ ($D = 0.355\text{m}$),计算出一系列的 $M_B = f(n_B)$ 曲线上的点的坐标值,填入表 10-2。由 $M_{FJ} = f(n_F)$ 与一系列的 $M_B = f(n_B)$ 曲线组成的图线(用相同的比例尺)就是共同工作的输入特性,如图 10-31 所示。

(2)绘制共同工作的输出特性曲线。根据原始特性及共同工作的输入特性完成表 10-3(表中只列出了部分数值)。

表 10-2　液力变矩器原始特性线各参数数据

i	0	0.1	0.2	0.3	0.45	0.67	0.815	0.89	0.95
$\lambda_B\gamma \times 10^4$	264.3	266.7	267.4	268.2	263.6	245.2	193.8	110.7	63.6
n_B /(r/min)	$M_B = \lambda_B\gamma D^5 n_B^2$								
1000	149.0	150.4	150.8	151.2	148.6	138.2	109.3	62.4	35.9
1250	232.8	235.0	235.6	236.3	232.2	216.0	170.7	97.5	56.0
1500	335.3	338.3	339.2	340.2	334.4	311.1	245.9	140.4	80.7
1750	456.4	460.5	461.7	463.1	455.2	423.4	334.6	191.1	109.8
1900	538.0	542.8	544.3	545.9	536.5	499.1	394.5	225.3	129.5
2000	596.1	601.5	603.1	604.9	594.5	553.0	437.1	249.7	143.4

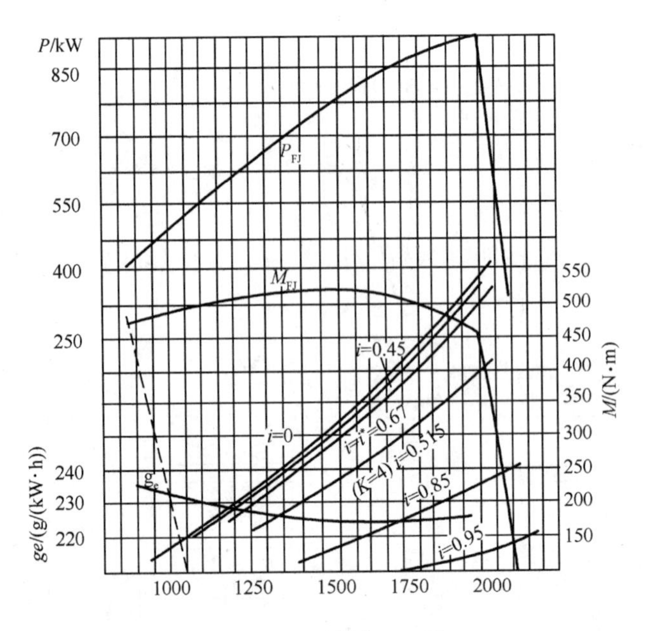

图 10－31　例题 10.1 图

根据表 10－3 可绘制出共同工作的输出特性曲线，如图 10－32 所示。

表 10－3　原始特性及共同工作的输入特性参数数据

i	η	K	M_B /(N·m)	n_B /(r/min)	M_T /(N·m)	n_T /(r/min)
0	0	2.89	480	1800	1392	0
0.2	0.46	2.30	477	1808	1097	362
0.45	0.75	1.67	475	1820	793	819
0.67	0.85	1.38	468	1850	646	1241
0.815	0.82	1.0	405	1920	405	1565
0.89	0.75	0.84	245	1970	206	1753
0.95	0.65	0.70	143	2000	100	1900
说明	由原始特性线上查找		由图 10－31 查找		$M_T = KM_B$	$n_T = in_B$

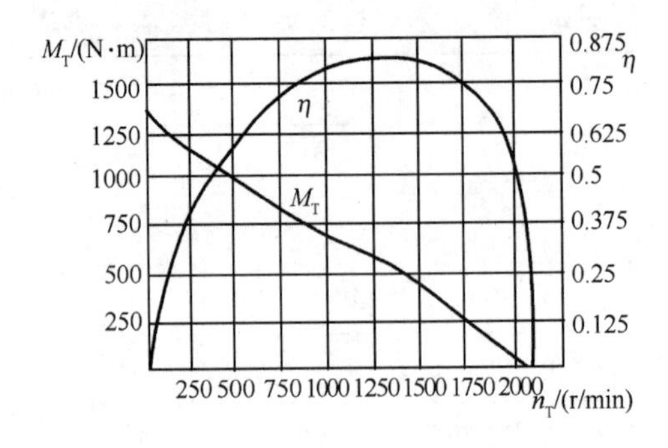

图 10－32　例题 10.1 图

(3) 匹配分析。

① $i = 0$，启动工况。启动柴油机的力矩大约为 148 N·m，液力变矩器的启动力矩约为 480 N·m；变矩器的启动输出力矩 $M_{T0} = 1392$ N·m。

②$i = i^* = 0.67$，高效工况。最高效率$\eta^* = 0.85$，柴油机的输出力矩465 N·m，接近标定工况时的力矩458 N·m（或输出功率接近最大功率91.1kW）；高效率的下限$\eta = 0.75$时，$i = 0.45$和$i = 0.89$的两条$M_B = f(n_B)$负载线包括了最大功率范围，变矩器的高效区输出转速$n_T = 819\text{r/min} \sim 1753\ \text{r/min}$。

$n_T < 1565\ \text{r/min}$为增矩输出转速范围。

在高效区，柴油机单位功率时间耗油率都小。

综上所述，用YB355－2型液力变矩器（$D = 355\text{mm}$）与该柴油机匹配得当。

10.7 液力变矩器的尺寸选择

在液力变矩器的类型及内燃机决定后，再就是要选用合适的液力变矩器的有效直径D。而D值大小又会影响液力变矩器与内燃机共同工作的工况是否能满足工作机械的要求。

根据$M_B = \lambda_B \gamma D^5 n_B^2$，可知

$$D = \sqrt[5]{\frac{M_B}{\lambda_B \gamma n_B^2}} \tag{10-21}$$

因内燃机是与泵轮直接相连接的，因此，式(10－21)也可改写为

$$D = \sqrt[5]{\frac{M_{FJ}}{\lambda_B \gamma n_F^2}} \tag{10-22}$$

式中　D——液力变矩器的有效直径(m)；

M_{FJ}、M_B——内燃机的净力矩及泵轮力矩，$M_{FJ} = M_B$ (N·m)；

n_F、n_B——内燃机的转速和泵轮转速，$n_F = n_B$ (r/min)；

λ_B——泵轮转矩系数($\text{min}^2/(\text{r}^2 \cdot \text{m})$)；

γ——工作液体的重度(N/m^3)。

下面分别讨论D的选择问题。

10.7.1 不透穿液力变矩器有效直径的确定

如前所述，当使用不透穿液力变矩器时，它的输入特性曲线不随i变化，只有一条。如果与其配用的是柴油机，因柴油机的力矩特性线比较平坦，最大功率的力矩与最大力矩相差不大，所以为了充分利用柴油机的功率，液力变矩器的有效直径应按下式计算：

$$D = \sqrt[5]{\frac{M_{FNJ}}{\lambda_B^* \gamma n_{FN}^2}} \tag{10-23}$$

式中　M_{FNJ}——柴油机最大功率时所具有的净力矩；

n_{FN}——柴油机最大功率时的转速；

λ_B^*——液力变矩器最高效率时的泵轮力矩系数。

用式(10－23)计算的D值，代入式$M_B = \lambda_B \gamma D^5 n_B^2$所作出的$M_B = f(n_B)$特性线与柴油机净特性线的交点$G$(图10－33)，必定是柴油机功率最高时工况点(标定工况)。但是

有时因需兼顾其他使用要求，也可加大或减小 D 值。例如，为了增加工作机械的启动力矩，那么加大 D 值后 $M_B = f(n_B)$ 线向上偏移（图 10－33 中虚线）与线 $M_F = f(n_F)$ 交点 G'，G' 工况时的力矩满足 $M'_{FJ} > M_{FNJ}$。总之，D 值大小尚需分析内燃机与液力变矩器共同工作特性并考虑工作机械要求后再最后确定。

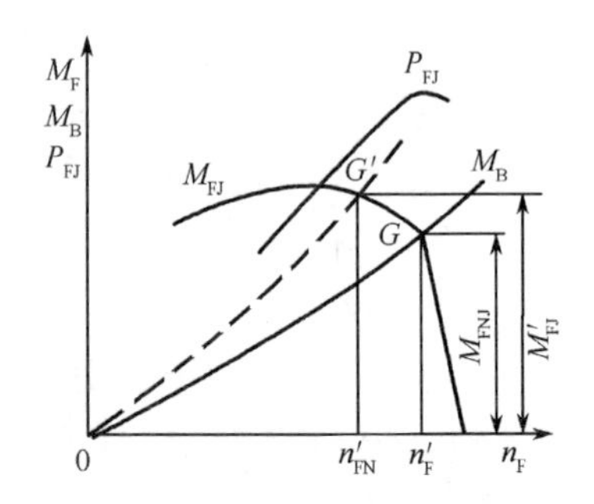

图 10－33　不透穿液力变矩器和柴油机共同工作的输入特性线

如果不透穿液力变矩器和汽油机同时共同工作，因汽油机的力矩特性线弯曲程度大，最大功率时的力矩和它的最大力矩相差较大，所以有按最大净功率和最大净力矩计算 D 值的两种方法。按前者进行液力变矩器和发动机匹配的方法称为高速匹配，按后者进行液力变矩器和发动机匹配的方法称为低速匹配。按最大净功率方法计算 D 值的公式与式（10－23）相同；按最大净力矩方法计算 D 值时用下式

$$D = \sqrt[5]{\frac{M_{FJ}}{\lambda_B^* \gamma n_{Fm}^2}} \tag{10-24}$$

式中　M_{FJ}、n_{Fm}——汽油机最大净力矩及最大净力矩时的转速。

用式（10－24）算出的 D 而选出的液力变矩器和汽油机共同工作，虽然能获得大的输出力矩，但因 D 大、效率低，不能充分发挥汽油机的功率等缺点，因此，一般仍是采用按最大净功率计算 D 的方法。

10.7.2　透穿性液力变矩器有效直径的确定

透穿性液力变矩器的 D，一般首先按式（10－23）计算，但式中的 λ_B 应为 λ_B^* 值。根据计算出的 D，然后在内燃机净力矩特性图上绘出包括启动工况（$i = i_0 = 0$）、最高效率工况（$i = i^*, \eta = \eta^*$）、耦合工况（$i = i_m, k = 1$），如果考虑车辆下坡行驶，还应有加速工况（$i = i_j, \lambda_T = 0$），四种工况时的 $M_B = f(n_B)$ 输入特性曲线如图 10－34 所示。直径 D 是否合适，应对上述几种工况进行分析。例如，在启动工况 A 点（$i = i_0 = 0$），希望能具有较大的启动力矩；在最大效率工况 B 点（$i = i^*$），能充分利用内燃机功率；耦合工况（$i = i_m, k = 1$），能比较接近内燃机的满负载工作；加速工况 c 点（$i = i_j$），超出内燃机的最高转速，还要考虑如何限制内燃机转速等问题。

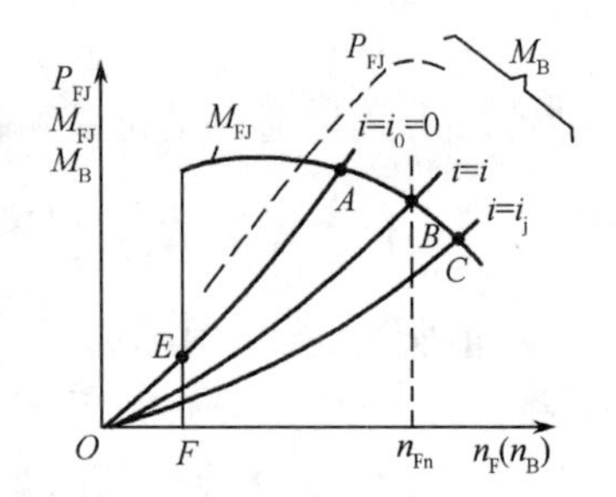

图 10－34　透穿性液力变矩器和内燃机共同工作的输入特性线

上述要求往往是矛盾的，如为了使启动工况时的启动力矩大，对于正透穿液力变矩器，需加大 D 值，使 EA 线向左移动，但又会带来内燃机启动阻力矩 FE 变大的缺点，所以 D 的确定，要综合考虑，分清主次。

10.7.3　综合式液力变矩器有效直径的确定

综合式液力变矩器有变矩工况（$i < i_m, k > 1$）和耦合工况（$i > i_m$）。如果单纯从变

矩工况考虑,D 的选择应根据 $i < i_m$ 工况下的某转矩系数,如接近于 $\eta = \eta^*$ 时的转矩系数 $\lambda_B = \lambda_{BB}$ 来进行,如图 10-35(a)所示 ;若单纯从耦合工况考虑,则应根据与高效率 η (0.94 ~0.97)相对应的 $\lambda_B = \lambda_{BH}$ 来进行计算。很明显,用一个综合式液力变矩器无法同时满足这两种工况。

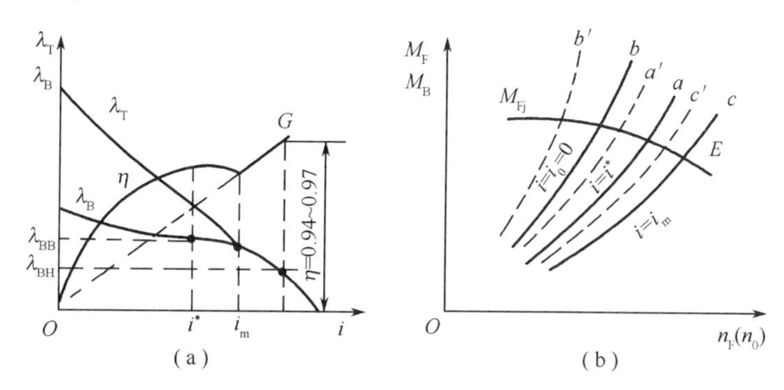

图 10-35 综合式液力变矩器的原始特性及内燃机共同工作的输入特性
(a)原始特性;(b)共同工作输入特性。

如果按照 $\lambda_B = \lambda_{BB}$ 计算 D,其输入特性线见图 10-33(b) 中的 a、b、c 抛物线。但是,当在耦合工况时,因 D 较小,使得 $i = i_m$ 时的输入特性线 c 与内燃机净力矩特性线 M_{FJ} 的交点 E 会很靠近或越出内燃机的最大转速,而此时正是由变矩器工况变为耦合工况的转折点。为了使综合式液力变矩器能在耦合工况工作,要求内燃机在 E 点工况后的转速再高些。但是,实际上内燃机的转速已增加不上去了。如果按耦合工况选择 D($\lambda_B = \lambda_{BH}$),必然计算出的 D 值较大,又会使变矩工况的性能变坏。因此,只能采取两者兼顾的办法,这样选择的 D,要比仅根据变矩工况所选的 D 值大一些,所以,相应的输入特性线应向左移动,如图 10-35 中 a' 、 b' 、 c' 所示,这将大大地扩展在耦合工况下工作的可能性。

为了合理地选择综合式液力变距器的尺寸,多采用挑选的方法。例如,给出若干个有效直径 D(相应于取 $\lambda_B = \lambda_{BB}$ ~ $\lambda_B = \lambda_{BH}$ 计算出的 D),对于每个 D 值,分别绘出变距器与内燃机共同工作的输入、输出特性线,并进行牵引计算,把各种不同方案所获得的计算结果进行动力性及经济性分析比较后,从中选择一个较理想的尺寸。

习 题

1. 液力变矩器的特性有哪些? 这些特性有何用处?
2. 研究液力变矩器与发动机共同工作特性有什么意义?
3. 如何选择、计算液力变矩器的有效直径 D? 原则是什么?
4. 综合式多相液力变矩器与单级单相式液力变矩器相比有何优缺点?

第11章　液力耦合器

11.1　液力耦合器的工作原理

液力耦合器是利用液体的动能而进行能量传递的一种液力传动装置，它是由泵轮1、涡轮2、外壳3组成的，如图11－1所示，其结构简图见图9－2(a)。

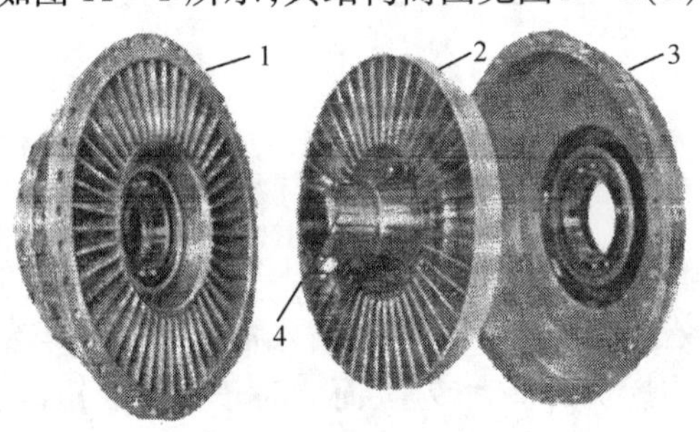

图11－1　液力耦合器主要构件

1—泵轮；2—涡轮；3—壳体；4—主轴。

在泵轮和涡轮环状壳体内，沿径向均匀地分布着很多叶片。泵轮1与盆状的壳体3固定，组成耦合器的外壳，壳内充满工作液体。涡轮置于壳体内，其端面与泵轮端面相对，有一定间隙且同轴线放置。泵轮与输入轴相连，涡轮与输出轴相连。目前使用最广泛的是无内环液力耦合器。

泵轮与涡轮及壳体所围成的空间，形成一个封闭的液体循环流道，该流道称为工作腔或循环圆，此圆最大直径称为液力耦合器的有效直径，用D表示。因工作液体在循环圆内作圆周运动，又随两工作轮一起绕轴线转动，因而工作液体在液力耦合器中是作圆周螺旋运动。

液力耦合器与液力变矩器工作原理相似。图11－2是液体在泵轮和涡轮进出口处的速度三角形，右边是泵轮B的速度三角形，左边是涡轮T的速度三角形。液力耦合器工作轮叶片出口处相对速度W_2都垂直于圆周速度u_2，因此出口速度三角形为直角三角形，出口绝对速度的圆周分速度就是u_2，出口轴面分速度就是W_2。工作轮入口处的速度三角形不是直角三角形，原因是液流进入叶片时相对速度W_1与圆周速度u_1不垂直，这时的液流角和叶片角不相等，产生了液流冲击损失。因一般情况下，液力耦合器的传动比$i = \frac{n_T}{n_B} < 1$，因此$u_{B2} > u_{T1}$，$u_{B1} > u_{T2}$。另外，泵轮和涡轮进口绝对速度与前一工作轮的出口绝对速度相等，即$v_{T1} = v_{B2}$，$v_{B1} = v_{T2}$。

液力耦合器工作轮叶片和液体的相互作用所产生的力矩与液力变矩器的作用原理一样。在理想条件下，液力耦合器的力矩方程为

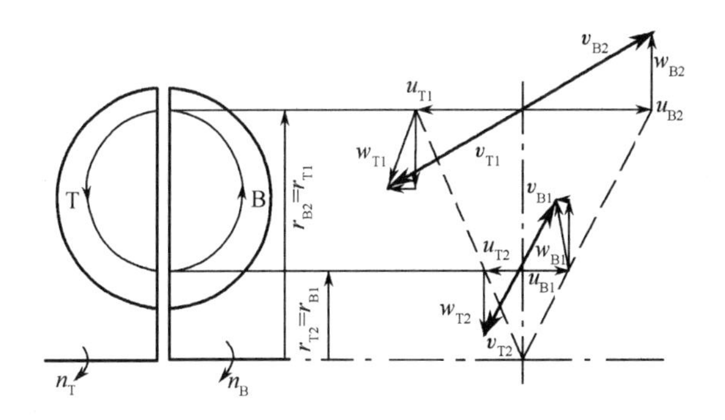

图 11－2　液力耦合器的速度三角形

泵轮：$M_B = \dfrac{\gamma Q}{g}(v_{B2u}r_{B2} - v_{B1u}r_{B1}) = \dfrac{\gamma Q}{g}(u_{B2}r_{B2} - u_{T2}r_{T2}) = \dfrac{\gamma Q}{2\pi g}(\Gamma_{B2} - \Gamma_{T2})$　　(11－1)

涡轮：$M_T = \dfrac{\gamma Q}{g}(v_{T2u}r_{T2} - v_{T1u}r_{T1}) = \dfrac{\gamma Q}{g}(u_{T2}r_{T2} - u_{B2}r_{B2}) = \dfrac{\gamma Q}{2\pi g}(\Gamma_{T2} - \Gamma_{B2})$　　(11－2)

将式(11－1)与式(11－2)相加，有

$$-M_T = M_B \tag{11-3}$$

上面推导过程中应用了如下速度和半径关系(图 11－2)：

$$v_{T1u} = v_{B2u} = u_{B2}\,,\ v_{B1u} = v_{T2u} = u_{T2}\,,\ r_{T2} = r_{B1}\,,\ r_{B2} = r_{T1}$$

式(11－3)说明，在不计各种损失的情况下，泵轮作用于工作液体的力矩与涡轮作用于液体的力矩大小相等、方向相反，或者说泵轮的输入力矩等于涡轮的输出力矩，力矩方向相同。今后为了分析方便，将 M_B、$-M_T$ 统称为传动力矩 M。

11.2　液力耦合器的特性

液力耦合器的特性是指它的主要性能参数，如传动力矩 M、泵轮转速 n_B、涡轮转速 n_T、传动比 i、转差率 s 和效率 η 等之间的关系。

$$i = \frac{n_T}{n_B} \tag{11-4}$$

$$s = \frac{n_B - n_T}{n_B} = 1 - i \tag{11-5}$$

$$\eta = \frac{M_T n_T}{M_B n_B} = \frac{n_T}{n_B} = i = 1 - s \tag{11-6}$$

11.2.1　液力耦合器的外特性

当 n_B、γ 都为常数时，$M = f_1(n_T)$、$\eta = f_2(n_T)$ 的关系称为液力耦合器的外特性，其特性图线如图 11－3 所示。图中横坐标也可用 i、s 来表示。

外特性由实验求得。因 $\eta = i$，所以当 i 与 η 用相同比例尺时，η 是从坐标原点起始与坐标轴成45°的直线。但当 $i=0.99\sim0.995$ 时，η 急速下降，这是此时的传动力矩 M 很小，而磨擦损失的力矩所占比例显著增加的缘故。所以当 $i=1$ 时，$\eta\neq1$。

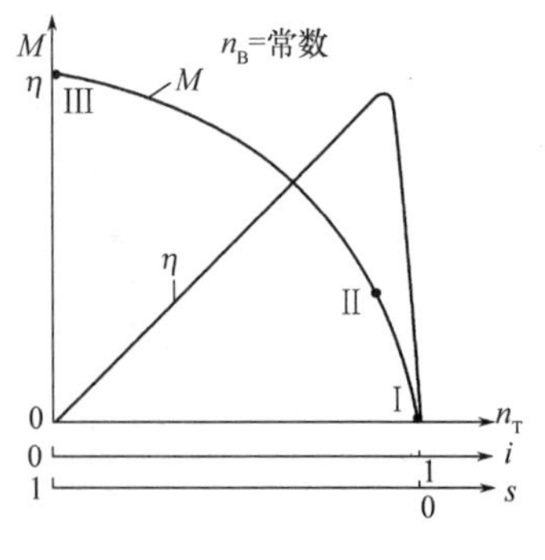

图11-3 液力耦合器的外特性

图中，Ⅰ点为零矩工况，此时，发动机带动耦合器空转，$M=0$、$n_B\approx n_T$、$i\approx1$、$\eta\approx0$、功率 $P\approx0$；Ⅱ点为设计工况，该工况点一般在接近液力耦合器可能达到的实际最高效率点，此时的效率用 $\eta_{\text{Ⅱ}}$ 表示，即 $\eta_{\text{Ⅱ}}=0.96\sim0.975$。通常用过载系数 G_Z 来评价液力耦合器的过载能力：

$$G_Z=\frac{M_{max}}{M_{\text{Ⅱ}}} \tag{11-7}$$

式中 M_{max}——$i=0$ 时的传动力矩；

$M_{\text{Ⅱ}}$——设计工况时的传动力矩。

Ⅲ点是零速工况，即 i（或 n_T）为零时的工况，这是车辆起步或制动时的工况。此时，$M=M_{max}$、$\eta=i=0$、功率 $P=0$，此工况下耦合器传递的功率转变为热能而消耗掉了。

液力耦合器的正常工作范围应在Ⅰ~Ⅱ两工况之间，而Ⅱ~Ⅲ工况之间是超载工作范围。

11.2.2 液力耦合器的原始特性

把液力耦合器的转矩系数 λ 与传动比 i、效率 η 与 i 之间的关系称为它的原始特性，即 $\lambda=f_1(i)$、$\eta=f_2(i)$。

对于同一系列彼此相似的液力耦合器，像液力变矩器一样，可以根据相似原理推导出它的力矩方程：

$$M=M_B=-M_T=\lambda\gamma D^5n_B^2 \tag{11-8}$$

式中 D——液力耦合器的有效直径。

理论证明，λ 是随 i 而变化的函数。对于同系列彼此相似的液力耦合器，不论大小是否相同，它们的原始特性曲线都是一样的，所以也称为类型特性，它是通过实验或外特性曲线并利用公式换算出来的，如图11-4所示。

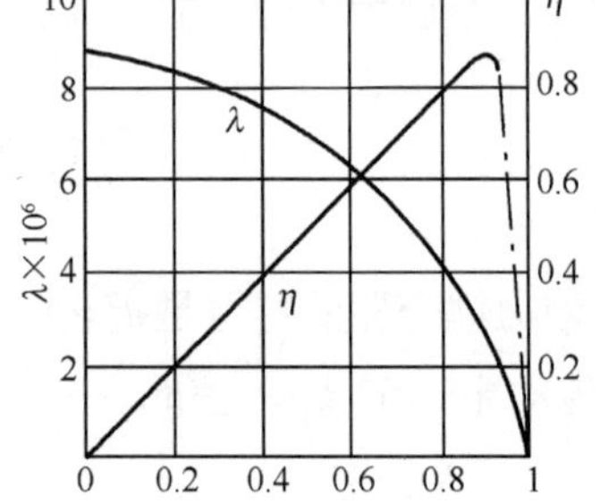

图11-4 液力耦合器的原始特性曲线

11.2.3 液力耦合器的通用特性

通用特性是在 D、γ 一定时，当不同的 n_B 时的 $M=f(n_T)$ 特性。它可由原始特性线及式(11-8)、$i=\dfrac{n_T}{n_B}$ 的关系绘制出它的通用曲线。取 $n_B=n'_B$，当取不同的若干个 n_T 时，就有若干个相对应的 i、λ、M、η 值，这样就能绘制出 $n_B=n'_B$ 时的 $M=f(n_T)$ 曲线。同理，取 $n_B=n''_B$、n'''_B、…，就可以得出多条 n_B 取不同值时的 $M=f(n_T)$ 曲线。将这些曲线绘在同一坐标图上，就成了液力耦合器的通用特性图，这些特性线覆盖一个平面区域，如图11-5所示。为了能了解任一工况时的效率，一般还在通用特性图上绘出等效率线，

如图中 η' 、η''、…

11.2.4 液力耦合器的输入特性

$M = M_B = f(n_B)$ 的关系称为输入特性，也称负荷特性。当 γ 、D 一定时，由原始特性知，给定 i 为某一值，就有对应的 λ 值，再以 n_B 作自变量代入转矩公式 $M = \lambda\gamma D^5 n_B^2$ ，可以得到一条 $M = f(n_B)$ 曲线；同理，i 给定一系列不同值时，就可以做出一系列这样的曲线，这就是液力耦合器的输入特性线，如图 11－6 所示。

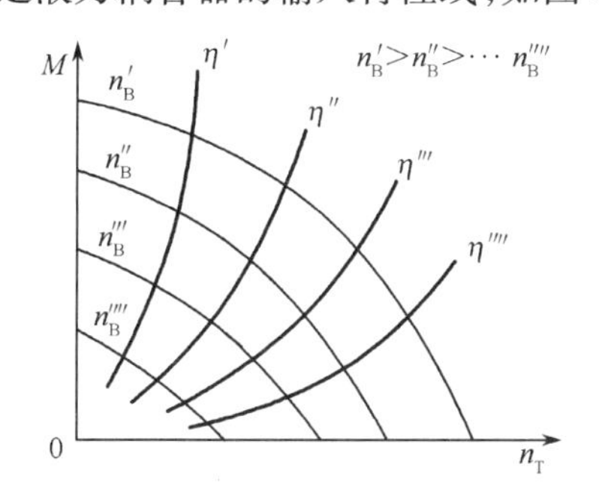

图 11－5 液力耦合器的通用特性

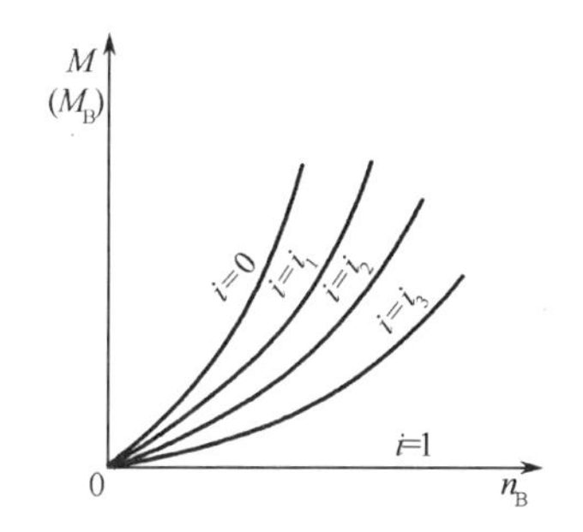

图 11－6 液力耦合器的输入特性

11.2.5 部分充液特性

液力耦合器在使用中，一般并不将工作液体完全充满，充液量和工作腔容积的比值 q 称为相对充液量。充液量改变，其外特性也将发生变化。

液力耦合器在部分充液时，环流具有自由表面。环流的分布和形状随转差率 s（或 i ）而变化。

当 $s = 0$ 时，泵轮和涡轮中的液体因离心压力相等而无相对流动，工作液体对称地分布在工作轮的外缘，如图 11－7(a)所示。当 s 增加，因泵轮和涡轮中的离心力不均衡，于是液体产生循环流动。涡轮内液体的向心流动到达 b 点时，流速已下降到零，环流从 b 点开始由向心流动变为离心流动，并由 c 点进入泵轮，如图 11－7(b)所示。如果 s 再增加到某值 s_1 时，涡轮液流的向心流动更强，使液流可流到它的内缘，并在 R_{B1} 处进入泵轮，如图 11－7(c)所示。这是一种临界状态，在此状态之前，液体循环流动是小循环。当 $s > s_1$ 后，因涡轮转速更低，液流的向心流动比离心流动大，所以液流会沿着涡轮内缘而进入泵轮，并紧贴泵轮外环内壁面流动，形成大循环，如图 11－7(d)所示，s_1 是小循环过渡到大循环的临界转差率。在临界状态，泵轮中液流平均流线的入口半径 R_{B1} 产生突变，使传递

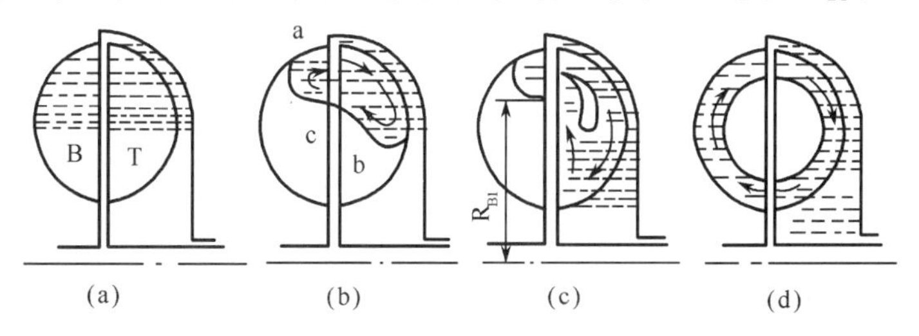

图 11－7 液力耦合器部分充液时的液流循环情况

力矩突然升高，影响运转的平稳性。采取措施有两个：一是在涡轮中心部位增设挡板；二是使涡轮诸叶片与其壳体构成的流动出口半径不相等，以缓解临界状态的突变程度。

相对充液量 q 不同，临界转差率 s_1 也不同，一般是 q 越大，s_1 越小。

11.3 液力耦合器的类型和结构

11.3.1 液力耦合器的类型

液力耦合器按其应用特性可分为三种基本类型，即普通型、限矩型、调速型及两个派生类型：液力耦合器传动装置与液力减速器。根据 GB/T 5837—93《液力耦合器型式与基本参数》国标规定，型号如下。

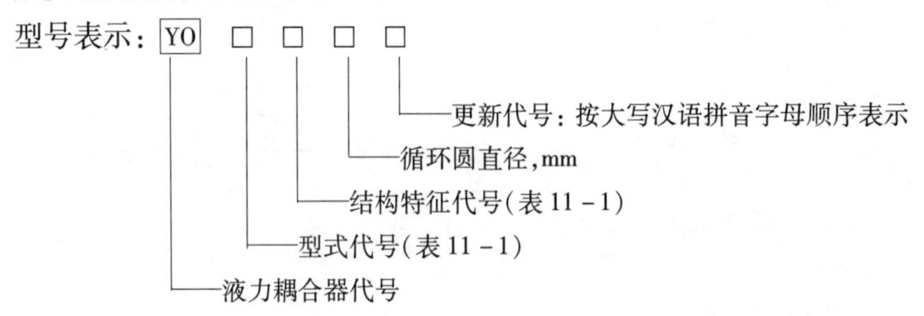

表 11－1 液力耦合器类型与代号

形式代号	普通型液力耦合器			限矩型液力耦合器					调速型液力耦合器			液力耦合器传动装置			液力减速器	
	P			X					T			C			J	
结构特征代号	快放阀式	滑环式	放油式	静压泄液式	动压泄液式	复合泄液式	阀控延充式	闭锁式	进口调节式	出口调节式	复合调节式	前置齿轮式	后置齿轮式	复合齿轮式	车辆用	固定设备用
	K	H	F	J	D	F	T	B	J	C	F	Q	H	F	C	G

我国的液力耦合器已形成不同型号的几个系列，如 YOXD 限矩型及 YOTC 调速型。图 11－8 为 YOXD 型液力耦合器的功率图谱。

11.3.2 液力耦合器的结构

1. 普通型液力耦合器

普通型液力耦合器是最简单的一种耦合器，它是由泵轮 1、涡轮 2、外壳皮带轮 3 等主要元件构成，如图 11－9 所示。它的工作腔体容积大、效率高（$\eta^* =0.96 \sim 0.98$，η^* 是最高效率），传动力矩可达 6 倍 ~7 倍的额定力矩。但因过载系数大，过载保护性能很差，所以一般用于隔离振动、缓减启动冲击或做离合器用。

2. 限矩型液力耦合器

常见的限矩型液力耦合器有静压泄液式、动压泄液式和复合泄液式三种基本结构。前两种在建设机械中用得较为广泛。

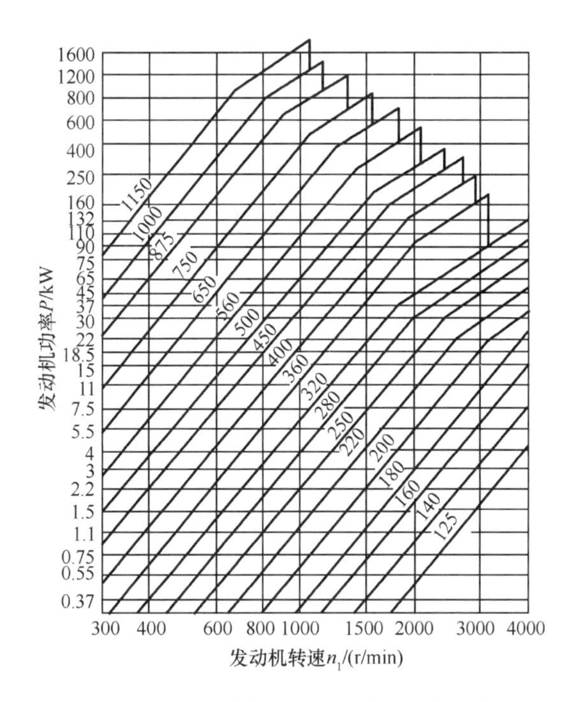

图 11-8　YOXD 限矩型液力耦合器功率图谱

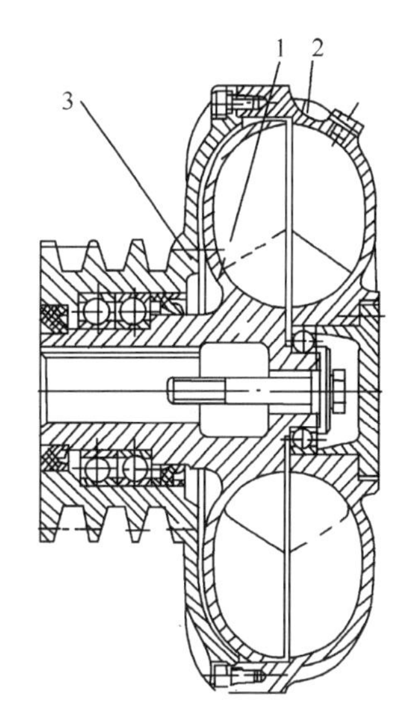

图 11-9　普通液力耦合器
1—泵轮；2—涡轮；
3—外壳皮带轮。

1)静压泄液式液力耦合器

图 11-10 是静压泄液式液力耦合器结构图及外特性图。为了减小液力耦合器的过载系数,提高过载保护性能,在高传动比时有较高的力矩系数和效率,因此,在结构上与普通型液力耦合器有所不同。它的主要特点是泵轮 2、涡轮 3 对称布置,并且有挡板 5 和侧辅腔 4。挡板装在涡轮出口处,起导流和节流作用。

这种液力耦合器是在部分充液条件下工作的。当转差率 $0 < s < s_1$(即 $1 > i > i_1$, i_1 是临界转差率 s_1 时的传动比)时,工作腔中的液流呈小循环,环流还不能触及挡板,所以,增加挡板后不会影响耦合器在此阶段的正常工作。但是,当 $s > s_1$(即 $i < i_1$)后,工作腔中的液流呈大循环而触及挡板。因挡板的节流作用,使环流流量减少而限制了传动力矩的增加。如果挡板直径较小,限矩作用不大;如果挡板直径过大,虽限矩作用明显,但因此而带来液流在挡板处产生旋涡,使液体温度上升而效率下降的后果,不能满足工作机械在低传动比时的要求,为此,需增设侧辅腔。侧辅腔位于涡轮外侧与外壳 6 之间,腔内储存的液体以约 $(n_B + n_T)/2$ 的转速旋转所造成的离心静压力与工作腔环流的压力相平衡。当超载时,n_T 降低(即 s 增大),侧辅腔内的液体转速也随之降低,致使腔内离心静压力下降。但是,这时在工作腔内的环流也因 s 的增大而使其流量、能量增加,导致环流的压力大于侧辅腔液体的压力,迫使工作腔的液体进入侧辅腔。这样,因工作腔的液体减少,使启动时及低传动比时的力矩下降,从而起到了过载保护作用。

这种液力耦合器,在高速传动比时,侧辅腔存油很少,因而传动力矩较大;而在低传动比时,侧辅腔存油较多,使特性曲线较为平坦,能较好地满足工作机械的要求。但需指出的是,由于液体出入侧辅腔跟随负载变化而反应速度慢,所以不适于负载突变和频繁启

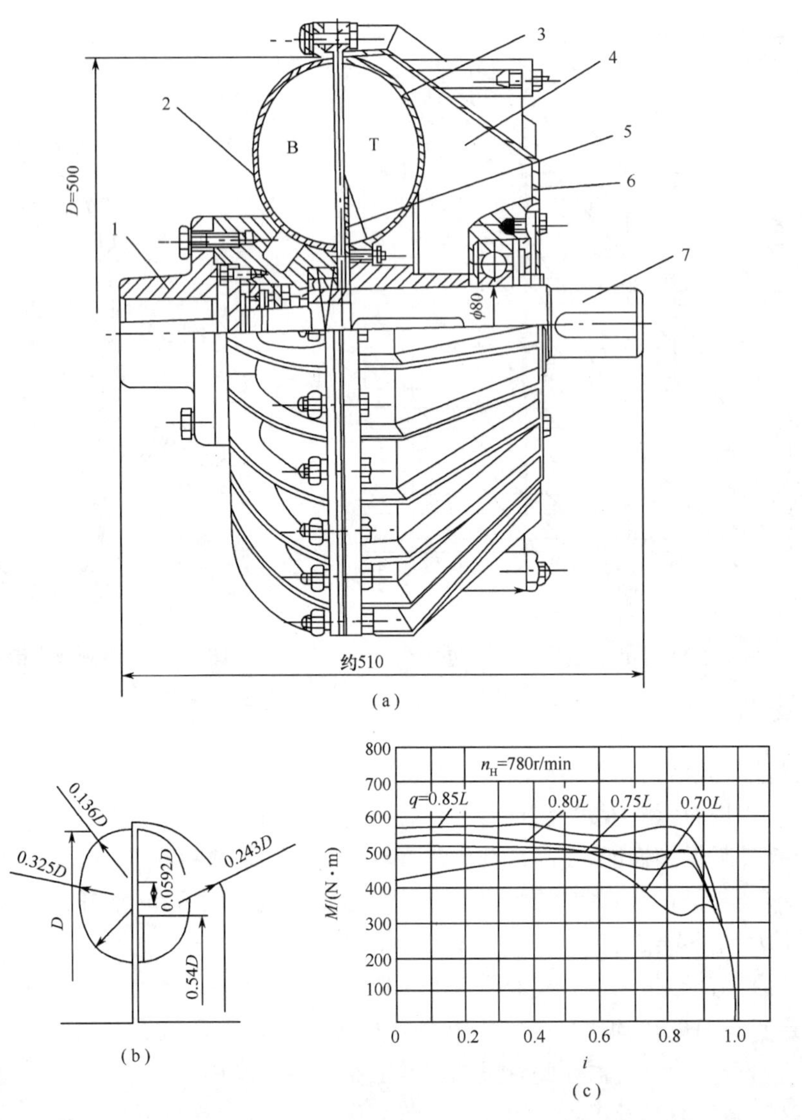

图 11-10 静压泄液式液力耦合器

(a)结构图；(b)腔型；(c)外特性曲线。

1—输入轴套；2—泵轮；3—涡轮；4—侧辅腔；5—挡板；6—外壳；7—输出轴。

动、制动的工作机械。因为这种液力耦合器多用于车辆的传动中，所以也称为牵引型液力耦合器。

2）动压泄液式液力耦合器

动压泄液式液力耦合器能够克服静压泄液式液力耦合器在突然过载时难以起到过载保护作用的缺点。图 11-11 是动压泄液式液力耦合器的结构和外特性图。

图 11-11 中，输入轴套 1 通过弹性联轴器及后辅腔外壳 9 而与泵轮 4 连接在一起，涡轮 7 用输出轴套 8 与减速器或工作机械相连起来，易熔塞 6 起过热保护作用。这种液力耦合器有前辅腔 2 和后辅腔 3，前辅腔是泵轮、涡轮中心部位的无叶片空腔；后辅腔是

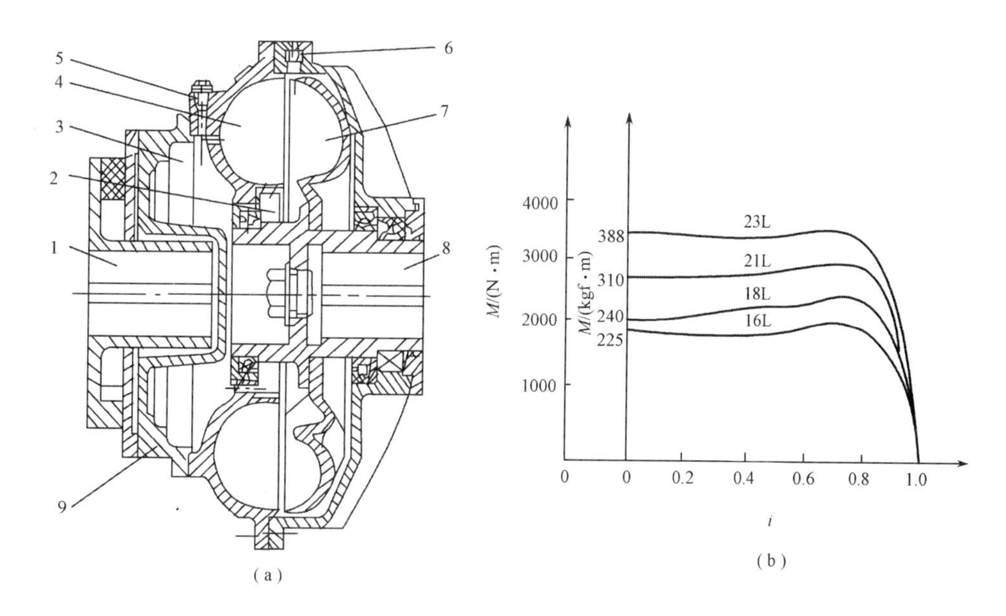

图 11－11　动压泄液式液力耦合器

(a)结构图；(b)外特性曲线。

1—主动半联轴器与输入轴套；2—前辅腔；3—后辅腔；4—泵轮；5—注油塞；

6—易熔塞；7—涡轮；8—涡轮轴(输出轴套)；9—后辅腔外壳。

由泵轮外壁与后辅腔外壳 9 所构成。前后辅腔有小孔相通，后辅腔有小孔与泵轮相通，前后辅腔与泵轮一起转动。

这种液力耦合器在不同的传动比 i 时，性能也不相同。

下面来讨论只有前辅腔时，对外特性的影响，见图 11－12(a)。

(1)当 $i = 1 \sim i_l$ 区段工作时，工作腔内的液体(体积 V_0)处于小循环流动，所以液体不能进入前辅腔内，特性线沿 al 变化；

(2)在 $i = i_l \sim i_d$ 区段，当 $i < i_l$ 后，工作腔内液体由小循环转变成大循环，此时就有部分液体泄注到前辅腔。随着 i 的减小，泄注到前辅腔的液体就越来越多，直到 $i = i_d$ 时，把前辅腔充满(容积为 V_1)。由于工作腔内的充液量不断减少，力矩下降，特性线沿 ld 变化，d 点为跌落点。

(3)在 $i = i_d \sim 0$ 区段时，因前辅腔已充满液体，工作腔内的液体不再减少，此时曲线按充液量为 $V_0 \sim V_1$ 的固有特性曲线上升到 e。这样，就形成了仅有前辅腔的限矩型液力耦合器的外特性曲线(图中 $alde$)。

液体由工作腔泄注到前辅腔是靠自身动能进行的，因此，动作迅速，一般只需 0.1s～0.2s 就可以充满前辅腔，所以有较好的动态特性。

为了能比较接近外特性为恒力矩这样的理想特性(即希望在 i_l、i_d、$i_e = 0$ 工况时的力矩 M_l、M_d、M_e 基本相等)，实践证明，仅仅采取改变前辅腔容积 V_1 的办法是不可行的。要使低传动比区段($i = 0 \sim i_d$)外特性曲线(de 线)较为平坦，设置了后辅腔，可使已充满前辅腔的液体通过小孔 f(图 11－12(b))流入后辅腔，从而使工作腔内的充液量继续减少，力矩不再升高，达到使图 11－12(a)中 lde 线趋于平坦的目的。

后辅腔的另一作用是“延充”，延充作用可改善启动性，当发动机开始启动时(涡轮还

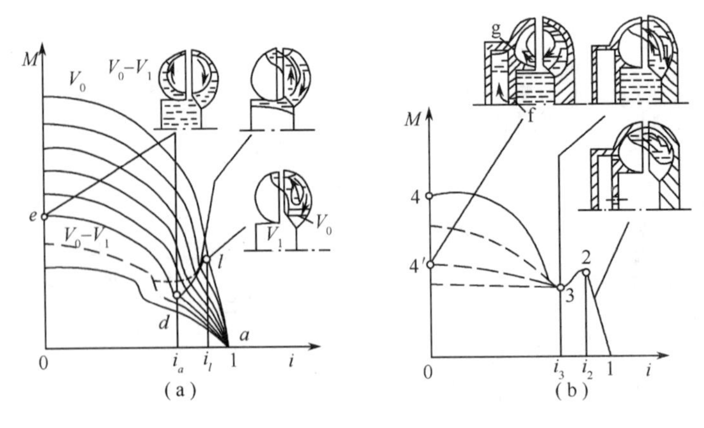

图 11－12　前后辅腔对特性的影响

(a)前辅腔对特性的影响；(b)后辅腔对特性的影响。

没有转动)，工作腔液体呈大循环，使液体充满前辅腔后又经小孔 f 进入后辅腔。由于工作腔充液量很少，力矩很小，因而发动机可轻载启动。随着发动机转速(也即泵轮转速)的升高，后辅腔内的液体因形成的油环压力增加而沿小孔 g 进入工作腔，又使工作腔的充液量增加，这就是“延充”。由于延缓充液作用，涡轮力矩增加，力矩达到启动力矩后(图 11－12(b)中的 4′)，涡轮开始转动。随着 i 的增加，工作腔中的液体流进前辅腔的量减少，而从后辅腔流入工作腔的液体增多，致使工作腔充液量增加，此阶段特性按 4′3 线变化；$i > i_3$ 后，前腹腔液体逐渐流回工作腔，特性线按 32 线上升；$i > i_2$ 后(i_2 是临界传动比)，工作腔液体呈小循环，特性线按 21 线变化，与普通液力耦合器在高速传动比阶段特性相同。图 11－12 中 1234 是无后腹腔时的外特性线；1234′为有后腹腔时的外特性线。显然，后者接近理想的平坦特性。

11.4　液力耦合器与内燃机的共同工作

在液力传动中安装液力耦合器的目的是为了实现过载保护、改善整机的牵引性能。内燃机与液力耦合器配合得好坏，会影响到整机性能，所以必须了解它们共同工作的一些特性。

在内燃机、液力耦合器已确定的情况下，内燃机的特性(外特性、部分特性、调速特性)及液力耦合器的有效直径 D、原始特性和工作液体的重度 γ、温度都应是已知的。

11.4.1　液力耦合器与内燃机共同工作的输入特性

因为内燃机是与液力耦合器直接相连接的，所以内燃机的转速 n_F 与液力耦合器泵轮转速 n_B 应该相等。如果把根据前述已知条件绘出的液力耦合器输入特性线(参见 11.2 节)与内燃机净特性线按同一比例尺绘在同一坐标图上，就得到液力耦合器与内燃机共同工作的输入特性曲线，见图 11－13。

对于共同工作的输入特性应尽可能地满足以下要求：

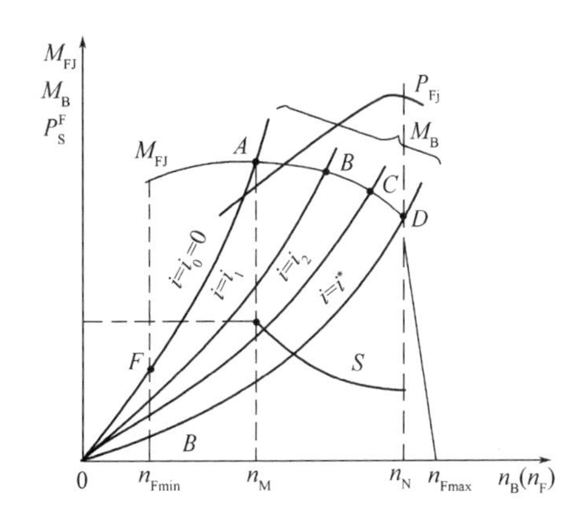

图 11－13　液力耦合器与内燃机共同工作的输入特性

(1)在制动工况($i = i_0 = 0$,即 $n_T = 0$)时,启动力矩要大。当内燃机在净外特性曲线上工作时, $i = 0$ 时的一条 $M_B = f(n_B)$ 曲线与内燃机 $M_{FJ} = f(n_F)$ 外特性曲线的交点 A,就是制动工况时的工作点。A 点应尽量位于 $M_{FJ} = f(n_F)$ 的极大值处,这样做的目的是使内燃机的启动力矩大。

(2)在高效传动比 i^* 时, $M_B = f(n_B)$ 输入特性线应通过 $M_{FJ} = f(n_F)$ 线的标定工况点 D(内燃机功率最大时的力矩)。这样配合,其经济性能好。

(3)转差率 $s = f(n_B)$ 曲线纵坐标值越小越好。因 $\eta = 1 - s$,s 值小,则表明在相应的转速下,效率高。$s = f(n_B)$ 特性曲线可用如下方法获得:根据 $s = 1 - i$,如 A、B、C、D 点对应的 n_B 值时的 s 值(即纵坐标值),分别应为 $1 - i_0 = 1 - 0 = 1$ 、$1 - i_1$ 、$1 - i_2$ 、$1 - i^*$,其横坐标值就是 A、B、C、D 各点对应的转速。最后把各个对应的纵横坐标值所确定的点用圆滑曲线连接起来,就得到 $s = f(n_B)$ 线。

(4)内燃机在最小稳定转速 n_{Fmin} (怠速)工作时,液力耦合器作用于内燃机上的附加力矩 EF 值要小。这样,内燃机启动容易。

上述要求有时是相互矛盾或者不能同时满足的。例如,要满足(2)的要求,就不一定能同时满足(1)的要求;又如,要满足(1)时,会使要求(4) 里的 EF 值变大。所以,要分清主次,全面协调各方面的要求。当共同工作输入特性不够理想时,可考虑采取改变液力耦合器的有效直径 D 及改换其他类型的液力耦合器的办法,以改善共同工作的特性。

11.4.2　液力耦合器与内燃机共同工作的输出特性

液力耦合器与内燃机共同工作时,输出轴(涡轮轴)上的力矩(记作 M_{GT})与其转速 n_T 之间的关系 $M_{GT} = f(n_T)$,称为它们共同工作的输出特性。共同工作的 $M_{GT} = f(n_T)$ 特性线绘制方法如图 11－14 所示。

(1)将液力耦合器的通用特性曲线(如图 11－14 所示,分别取 $n_B = n_1$ 、n_i 、n_2 、n_3 、n_4 、n_5 为定值时,做出相应的 $M = f(n_T)$ 曲线组,即为通用特性曲线,详况参见 11.2 节)和内燃机的净外特性线 $M_{FJ} = f(n_F)$ 用相同比例尺绘在同一个坐标图上。

(2)因当 $M = 0$ 时, $n_T = n_B = n_F$,所以 b_1、b_i、b_2、b_3、b_4、b_5的横坐标值就分别是 n_1 、n_i、n_2 、n_3 、n_4 、n_5 。再根据内燃机在某一转速下工作时,液力耦合器的输出力矩等于内

燃机在该转速时的力矩这一原则，则可以分别过 b_1、b_i、b_2、b_3、b_4、b_5 作垂直线，与 $M_{FJ}=f(n_F)$ 线交于 a'_1、a'_i、a'_2、a'_3、a'_4、a'_5。再分别过这些交点作水平线，与相应的 n_B 为某定值时通用特性线 $M=f(n_T)$ 交于 a_i、a_1、a_2、a_3、a_4、a_5。这几个点就是共同工作输出特性线上的点，由这些点连成的曲线就是共同工作的输出特性线 $M_{GT}=f(n_T)$。

从图 11－14 分析可看出：

（1）图中 $a_ia'_i$、$a_2a'_2$、$a_3a'_3$、$a_4a'_4$、$a_5a'_5$ 为转速差 $n_s(n_s=n_F-n_T)$，即速度损失。在低速时，速度损失要比高速时大，因而低速时效率要比高速时低。但是，共同工作时工作区域 $b_1ca_ia_2\cdots a_5b_5$ 要比内燃机单独工作时的区域 $b_1a'_1a'_ia'_2\cdots a'_5b$ 宽阔，这正是由转速差造成的，或者说是以功率损失而换取的。为了提高效率，最好能采用高的转速。

（2）当负载达到预定的最大值时，涡轮转速会急剧下降到零，但内燃机仍有一定的转速，不会熄火，能起过载保护的作用。

（3）根据共同工作的输出特性，可以进行车辆的牵引计算，评价车辆的动力性能和经济性。

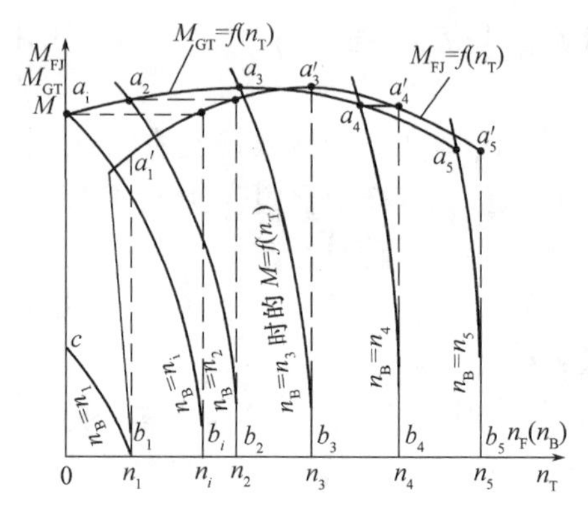

图 11－14　液力耦合器与内燃机共同工作的输出特性

11.5　液力耦合器的选择

11.5.1　液力耦合器形式的选择

首先应了解工作机械的性能、负载变化规律、功率和运转速度大小、启动是否频繁等各方面的要求以及发动机种类、特性、过载性等各方面的情况。不同的工作机械应选用的液力变矩器形式也不一样。

普通型液力变矩器主要应用于不需要过载保护，只起隔振和改善启动冲击、无调速要求的工作机械，如塔式起重机行走机构、建筑卷扬机、小型搅拌机等；对于载荷基本上是恒力矩，且对过载保护和启动平稳性要求高的工作机械，如带式输送机、球磨机、破碎机、搅拌机、打桩机等，应选用限矩型液力耦合器；调速型液力耦合器多半用在需要调节流量的叶片式风机和水泵上。

11.5.2 液力耦合器有效直径的选择

根据液力耦合器的基本方程 $M = \lambda\gamma D^5 n_B^2$，另外考虑到内燃机通常和液力耦合器直接相连（$n_B = n_F$），为了充分利用内燃机的功率，液力耦合器的有效直径 D 应按下式计算：

$$D = \sqrt[5]{\frac{M_{FPJ}}{\gamma\lambda^* n_{FP}^2}} \tag{11-9}$$

式中 D——液力耦合器的有效直径（m）；

M_{FPJ}、n_{FP}——内燃机最大净功率时的力矩（N·m）和转速（r/min）；

λ^*——耦合器计算工况（$\eta = 0.95 \sim 0.98$）时的力矩系数（$min^2/(r^2 \cdot m)$）；

γ——工作液体重度（N/m^3）。

根据式（11-9）计算出 D 后，还应根据与内燃机共同工作的特性，在启动力矩、过载保护、运转的经济性等各方面进行分析。如果不够理想，可适当改变 D 的大小及调节充液量来改善共同工作的特性。

习 题

1. 在选择液力耦合器时，应考虑到哪些内容？
2. 液力耦合器的通用特性曲线如何绘制？它有什么用途？
3. 对于液力耦合器与内燃机共同工作的输入特性应尽可能满足哪些要求？

第12章　典型机械设备液压系统分析

近年来,液压传动技术已广泛应用于工程机械、冶金机械、轻工机械、航空航天机械等领域。由于液压系统所服务的主机的工作循环、动作特点等各不相同,因而,相应的各液压系统的组成、作用和特点也不尽相同。本章通过对五个典型的建设机械液压系统的分析,以期使大家进一步熟悉各液压元件在系统中的作用和各种基本回路的组成及特点,并掌握分析液压系统的方法和步骤,增强综合应用能力。

12.1　组合机床动力滑台液压系统分析

组合机床是由通用部件和部分专用部件所组成的高效率专用机床,动力滑台是组合机床上实现进给运动的一种通用部件,配上动力头和主轴箱后便可以完成各种孔加工、端面加工等工序。液压动力滑台由液压缸驱动,在电气和机械装置的配合下可以完成各种自动工作循环。图12-1为YT4543型动力滑台的液压系统原理图,它能完成多种自动工作循环。

12.1.1　动力滑台快进

按下启动按纽,电磁铁1DT通电,先导阀5处于左位,液动换向阀4切换至左位,液控顺序阀3因系统压力不高仍处于关闭状态。这时,液压缸做差动连接,变量泵1输出最大流量。系统中油液流动情况如下:

进油路:变量泵1—单向阀11—液动阀4(左位)—行程阀9常位态(右位)—液压缸左腔。

回油路:液压缸右腔—液动阀4(左位)—单向阀12—行程阀9常位态(右位)—液压缸左腔。

12.1.2　第一次工作进给

当滑台快速前进到预定位置时,挡块压下行程阀9,使原来通过行程阀9进入液压缸左腔的油路切断。这时系统压力升高,顺序阀3打开;变量泵1自动减少其输出流量,以便与调速阀6的开口相适应。系统中油液流动情况如下:

进油路:变量泵1—单向阀11—液动阀4(左位)—调速阀6—电磁阀8(右位)—液压缸左腔。

回油路:液压缸右腔—液动阀4(左位)—顺序阀3—背压阀2—油箱。

12.1.3　第二次工作进给

当第一次工作进给结束时,挡块压下行程阀开关。电磁铁3DT通电。顺序阀3仍打

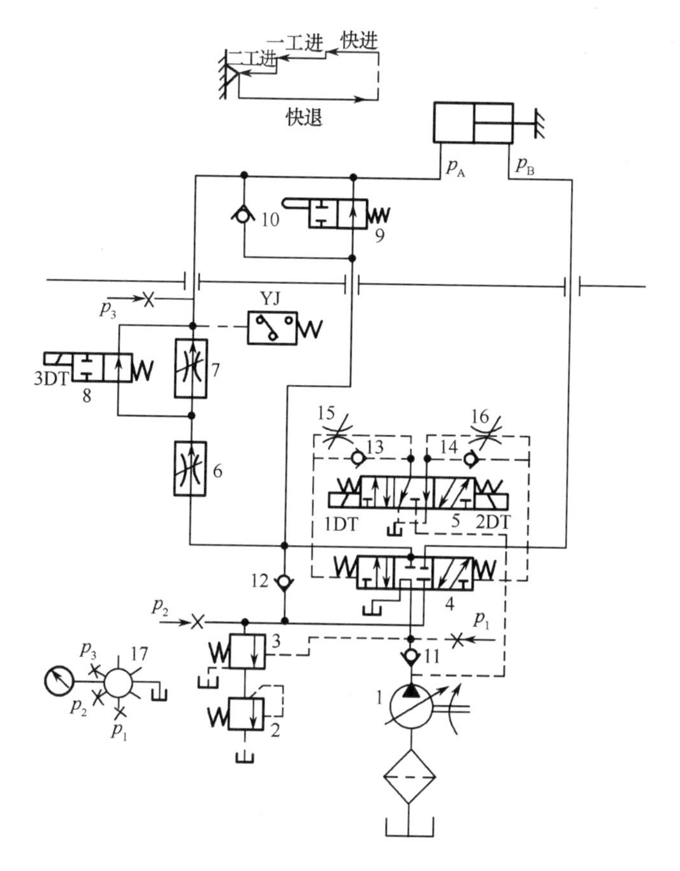

图 12-1　YT4543 型动力滑台液压系统原理

1—限压式变量叶片泵；2—背压阀；3—液控顺序阀；4—液动阀；5—先导电磁阀；6、7—调速阀；8—二位二通电磁阀；9—二位二通行程阀；10、11、12、13、14—单向阀；15、16—节流阀；17—压力表开关；p_1、p_2、p_3—压力表接点。

开，变量泵 1 输出流量与二工进调速阀的开口相适应。系统中油液流动情况如下：

进油路：变量泵 1—单向阀 11—液动阀 4（左位）—调速阀 6—调速阀 7—液压缸左腔。

回油路：液压缸右腔—液动阀 4（左位）—顺序阀 3—背压阀 2—油箱。

12.1.4　死挡块停留及动力滑台快退

在动力滑台第二次工作进给碰到死挡块后停止前进，液压系统的压力进一步升高，压力继电器发出动力滑台快速退回的信号，电磁铁 1DT 断电，2DT 通电，这时系统压力下降，变量泵 1 流量又自动增大。系统中油液的流动情况如下：

进油路：变量泵 1—单向阀 11—液动阀 4（右位）—液压缸右腔。

回油路：液压缸左腔—单向阀 10—液动阀 4（右位）—油箱。

12.1.5　动力滑台原位停止

当动力滑台快速退回到原位时，挡块压下行程开关，使电磁铁 1DT、2DT、3DT 断电，这时液动阀 4、电磁阀 5 处于中位，液压缸两腔封闭，滑台停止运动。系统中油液的流动情况如下：

卸荷油路：变量泵 1—单向阀 11—液动阀 4（中位）—油箱。

该系统的各电磁铁及行程阀动作如表 12－1 所列。

表 12－1　YT4543 型动力滑台液压系统的动作循环

动作＼元件	1DT	2DT	3DT	压力继电器	行程阀
快进（差动）	+	—	—	—	导通
一工进	+	—	—	—	切断
二工进	+	—	+	—	切断
死挡块停留	+	—	+	+	切断
快退	—	+	±	—	切断—导通
原位停止	—	—	—	—	导通

由上述可知，YT4543 型动力滑台的液压系统主要由下列一些回路组成。

（1）由限压式变量叶片泵、调速阀、背压阀组成的容积节流调速回路；

（2）差动连接式快速运动回路；

（3）电液换向阀式换向回路；

（4）行程阀和电磁阀式速度连接回路；

（5）三位换向阀式卸荷回路。

12.2　泵式混凝土湿喷机液压系统分析

泵式混凝土湿喷机是地下工程、岩土工程、市政工程等领域内广泛使用的一种施工设备。它利用压缩空气或其它动力，将按一定比例配置的混凝土，通过管道输送并高速喷射到受喷面上凝结硬化，从而形成混凝土支护层。它将混凝土的运输浇注和捣固结合为一道工序，无需或只需单面模板，可通过输送软管在高空、深坑或狭小的工作区间向任意方位施作薄壁的或复杂造型的结构，工序简单、机动灵活、操作方便，具有广泛的适应性。

泵式混凝土湿喷机采用液压双缸的形式，其两个油缸交替工作，使混凝土的输送工作比较平稳、连续而且排量也大为增加，充分利用了原动机的功率。其液压系统由主泵送系统、分配阀系统和搅拌系统组成，液压系统工作原理如图 12－2 所示。

12.2.1　主泵送系统

主泵送系统即推送油缸回路，由齿轮泵 1A、溢流阀 5、电磁换向阀 4、推送油缸 8、补油截止阀 16、闭合油路溢流阀 7 等组成。电动机 3 启动，主油阀 1A 向系统供油，压力油经换向阀 4 进入推送油缸 8，驱动混凝土缸做泵送工作；当油缸活塞行程到位后撞击行程开关，XK1（或 XK2）发出电信号，由电控系统控制电磁换向阀 4 和 6 同时换向，达到推送油缸与分配阀油缸同步换向的目的。1DT 和 2DT 轮流通电，使两个推送油缸轮流进油及回油，实行连续泵送混凝土。

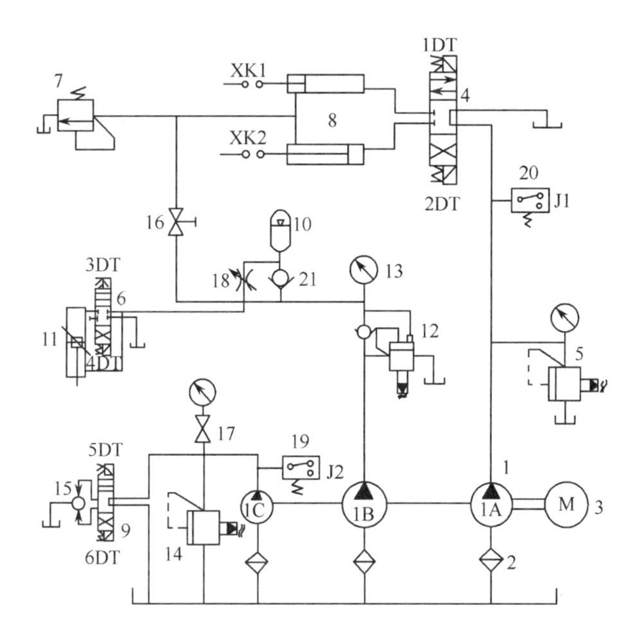

图 12－2　泵式混凝土湿喷机液压系统原理

1—三联齿轮泵；2—滤油器；3—电动机；4、6、9—电磁换向阀；5、7、14—溢流阀；8—推送油缸；10—蓄能器；11—分配阀油缸；12—卸荷溢流阀；13—压力表；15—液压马达；16—补油截止阀；17—压力表开关；18—单向节流阀；19、20—压力继电器；21—单向阀。

当输送混凝土管道发生堵管故障，系统压力将上升，压力继电器 J1 动作并发出电信号，通过电控系统使主泵送系统与分配阀系统之间的逻辑关系发生变化，让分配阀转而和处于吸入状态的混凝土缸相通，油缸往回运动，将管道内的混凝土吸至回程混凝土缸内，推程缸内的混凝土排入料斗内，即为“反泵”过程，往复几个行程后，自动恢复正常泵送。

12.2.2　分配阀系统

分配阀油路主要由齿轮泵 1B、卸荷溢流阀 12、蓄能器 10、电磁换向阀 6 及分配阀差动油缸 11 等组成。油泵 1B 的压力油经过单向阀到蓄能器 10 和电磁换向阀 6。当换向阀 6 接到行程开关发出的电信号后，换向阀动作，蓄能器内压力油迅速释放，进入分配阀差动油缸，使得分配阀迅速完成转换动作。蓄能器内的压力油被消耗后，系统油压下降，卸荷溢流阀 12 的溢流通道自动关闭，于是油泵又向系统供油，直到蓄能器油压升高到调定值为止。分配阀的换向速度用调节单向节流阀 18 来控制。

12.2.3　搅拌系统

搅拌系统主要由齿轮泵 1C、电磁换向阀 9、压力继电器 J2、溢流阀 14 及液压马达 15 等组成。油泵 1C 出来的压力油经换向阀 9，驱动液压马达 15 旋转，液压马达驱动搅拌轴旋转。工作时，搅拌叶片若被骨料卡住，系统压力将急剧上升，升至调定压力时，压力继电器 J2 动作，发出电信号，使电磁换向阀 9 换向，液压马达带动搅拌轴反转，反转时间由时间继电器控制，3s ~ 5s 后即恢复正常。

12.3 现代摊铺机液压系统分析

沥青混凝土摊铺机规格型号较多，各类型的摊铺机结构亦不完全相同，但主要结构均由发动机、传动系统、前料斗、刮板输送器、螺旋分料器、机架、操纵控制系统、行走系统、熨平装置和自动调平装置等组成。现代全液压沥青混凝土摊铺机主要包括以下液压回路：

(1)行驶液压回路。包括左行驶液压回路和右行驶液压回路，用来驱动摊铺机前进、后退和转向。

(2)螺旋分料器及刮板供料器液压回路。将混合料由前料斗送往后方，并将其沿横向布料。

(3)熨平板自动调平液压系统。使摊铺的混合料具有一定的平整度。

(4)熨平板振动液压回路。完成对沥青混合料的熨平和压实。

(5)熨平板提升液压回路。选择合适的摊铺厚度。

(6)熨平板伸缩液压回路。选择合适的摊铺宽度。

(7)熨平板振捣回路。使摊铺的混合料具有初步压实度和密实度。

(8)料斗液压回路。将料斗打开，接收来自自卸料车的混合料。

12.3.1 行驶液压驱动系统

现代全液压摊铺机的行驶驱动系统框图如图 12－3 所示。

发动机驱动左右侧行驶驱动液压泵，分别驱动左右行驶驱动马达，左右侧驱动轮都安装转速传感器，测得实际行驶速度，同时反馈给电子控制器，在两个驱动泵上安装比例调节装置，由电子控制器控制行驶速度大小、前进、后退、转向、制动等。

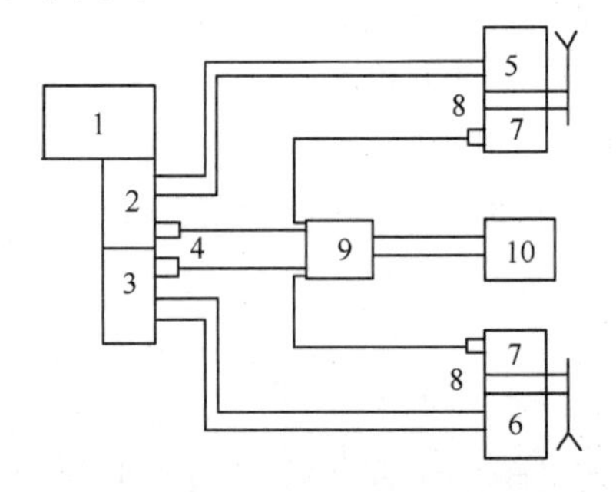

图 12－3　摊铺机行驶驱动系统框图

1—发动机；2—左行驶液压泵；3—右行驶液压泵；4—比例调节装置；5—左行驶马达；6—右行驶马达；7—制动器；8—转速传感器；9—电子控制器；10—操纵盘。

摊铺机左右行驶液压系统相互独立，两个回路既可以联动，实现直线行驶，又可以单独工作，实现转向或在弯道上摊铺作业。每一回路都有一个补油泵，对闭式回路进行补油、散热、提供控制压力油路。

现以行驶回路为例叙述其工作原理(图 12－4)。

行驶液压系统是用两台电比例控制变量柱塞泵 A4VG40EP 和两台电控两挡变量柱塞马达 A6VE80EZ 组成的两套相互独立的闭式系统，分别驱动两侧履带工作，其中柱塞马达带有意大利布雷维尼公司原装进口的减速机，减速机带有湿式、多片、盘式制动器，作为机器的停车制动装置，停车制动装置的接合由电磁阀控制。通过电磁阀 Y1a 和 Y1b、Y2a 和 Y2b 两者之一的通电来实现泵的正转或反转，从而实现摊铺机的前后行驶。而行驶速度大小的调节则依赖于 Y1a 和 Y1b、Y2a 和 Y2b 工作电流的大小：工作电流大，则泵的排量大，行驶速度也大；反之亦然。变量马达采用双位置变量控制系统，由电磁阀 Y14 和 Y15 调节其排量，排量大小只有两种状态，即最大和最小。当排量最小时，为高速小扭矩工况；当排量最大时，为低速大扭矩工况，即一般的作业工况。

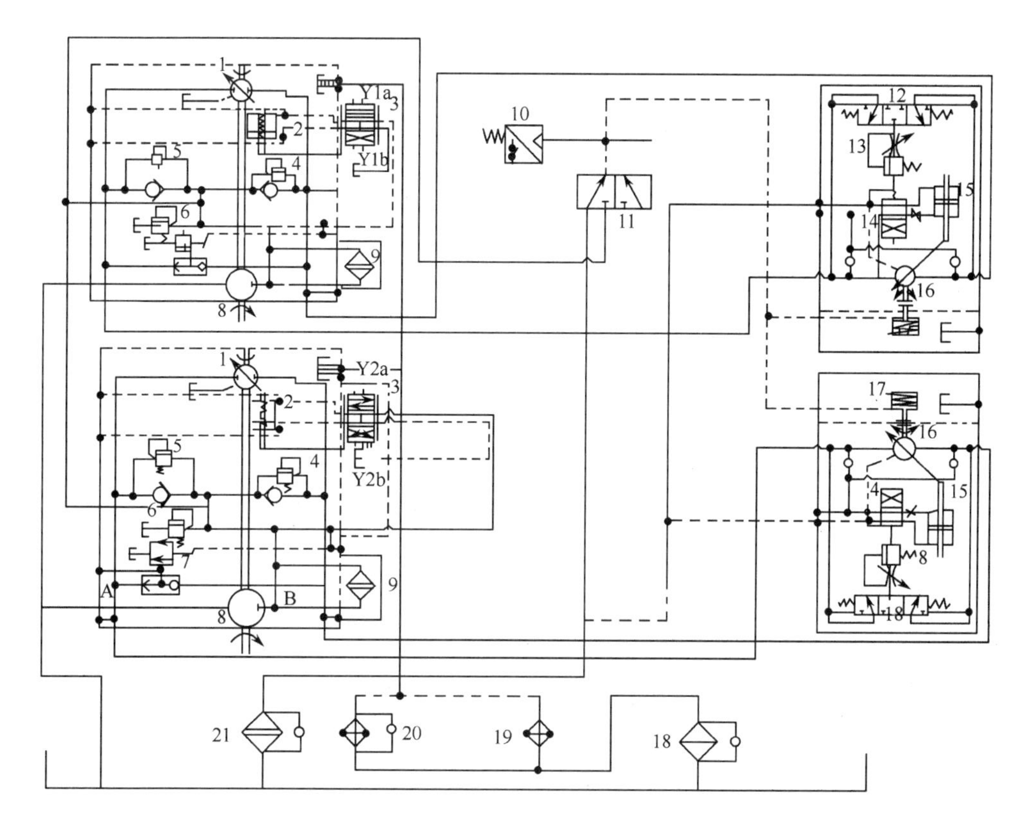

图 12-4　行走液压系统原理

1—行驶变量泵；2—补油泵；3、4—安全溢流阀；5、6—单向阀；7—补油泵安全溢流阀；8—梭阀；9—行驶马达；10—制动器；11—外控减压阀；Y1a、Y1b、Y2a、Y2b —前/后行驶控制电磁阀；Y 14、Y 15—电动机电磁阀；Y 16—解除制动电磁阀。

1. 行驶泵 A4VG40EP

行驶泵由以下几个部分组成：

(1)柱塞式变量油泵。由比例电磁阀控制油泵的斜盘角度,从而控制油泵的流量变化。电磁阀的开合由 PLC 或 PVR(比例放大器)控制。

(2)补油泵。为一齿轮泵,用来向闭式系统补充油量,必要时由 G 接口输出液压油,供其他系统使用。

(3)电比例控制阀及斜盘动作油缸。其上有两个电磁阀 Y1a、Y1b(Y2a、Y2b)控制的三位四通阀,进油来自补油泵,回油通油箱。在电磁阀的控制下,改变斜盘油缸活塞的位置,从而控制油泵的流量,用以改变电动机的转速。

(4)溢流阀。调整压力为 25bar(1bar = 100kPa),用来建立补油压力并防止补油压力过高。

(5)压力截断阀。由一个梭阀及一个外控溢流阀组成。当系统压力达到设定值后,使油泵的排量接近最低值,只能保证系统的泄漏流量。

①梭阀。两端接主油泵 AB 端,它使高压端的压力油进入溢流阀,并且低压口由阀芯堵死。

②外控溢流阀。当外控压力(油泵出口压力)达到设定值 400bar 时,由补油泵提供

的、经电比例阀进入油泵斜盘活塞腔的压力油被泄压,使油泵的供油量达到最小值。

(6)补油安全阀。共有两个,分别由单向补油阀和高压溢流阀组成。单向补油阀用来把补油泵来油向油泵的进口补油,因主泵出口的油压高,由单向补油阀把油路切断。高压溢流阀用来对柱塞泵出口压力进行溢流保护,把油泄到补油系统。高压溢流阀的压力设定为420bar,它比压力截断阀高,这样可以防止高压溢流阀经常出现高压溢流,减少系统发热。

2. 行驶马达 A6VE80EZ

行驶马达为两挡变量柱塞式液压马达,与减速机及制动器连成一体。液压马达由柱塞式马达、斜盘调节活塞、电磁阀 Y14(Y15)、冲洗阀及两个单向阀组成。

(1)柱塞式马达。把油液的液压能变成机械能输出力矩,它的转速由来油的流量及斜盘活塞的位置决定。

(2)斜盘活塞。有两挡,用来控制斜盘的角度,从而控制电动机的输出转速。

(3)电磁阀 Y14(Y15)。为两位四通阀,操纵斜盘活塞的两挡位置。

(4)两单向阀。接电动机的进出口及电磁阀,保证油泵进口高压油进入电磁阀,操纵斜盘活塞工作。

(5)冲洗阀。用来把从系统中引出的部分热油通过滤清器流回油箱,系统中的油再由油泵中的补油泵进行补充。冲洗阀后用一个带节流器的溢流阀控制冲洗的油量。

3. 停车制动器及其控制阀

停车制动器在减速机内,是一个湿式、多片、盘式制动器,由液压活塞操纵。当无油压时,在弹簧力作用下,制动器生效起停车制动作用;当有油压时,液压油的压力推动活塞克服弹簧力,松开制动器。

电磁阀 Y16 是一个两位四通阀,压力油来自主泵补油泵。通电时,通压力油,制动器松开。另有一个压力继电器,当系统压力小于 18bar 时,除发出灯光警示信号外,还将使整个系统停止工作。

4. 系统的工作

(1)行驶状态时。由于机器行驶速度快,把电动机的挡位放到高速挡,即斜盘在小角度位置。行驶速度的控制则利用油泵的电比例阀改变油泵的排量,从而改变行驶速度。

(2)工作状态时。由于机械工作时速度慢,把电动机的挡位放到低速挡(工作挡),即斜盘在大角度位置。工作速度也是利用油泵的电比例阀改变油泵的排量,从而改变工作行驶速度。

(3)油液的流向。此系统为闭合回路,油液在油泵和电动机中循环。油泵中的泄漏油、冷却油,经散热器和滤清器流回油箱。电动机中的泄漏油、冷却油、冲洗油等,经滤清器流回油箱。制动器的回油经电磁阀 Y16 和滤清器流回油箱。

补油油液的流向:由油箱—补油泵—压力油过滤器—补油单向阀—油泵进口。

12.3.2 供料系统

1. 刮板输料液压系统

刮板供料器液压系统采用的输料液压系统是由两台电比例控制变量柱塞泵 A4VG28EP 及两台低速大扭矩摆线马达(简称摆线马达)OMTS160 组成的两套相互独立

的闭式系统，摆线马达通过 REGGIANAI 减速机使左右刮板链独立实现无级变速。输料液压系统(其原理如图 12-5 所示)用来使摆线马达工作后经减速机带动刮板输料装置工作，把沥青混合料从接料斗输送到摊铺室中，根据摊铺机的工作需要，要求摆线马达能以不同的转速工作，以便产生不同的输料量，以满足机械摊铺的需要。

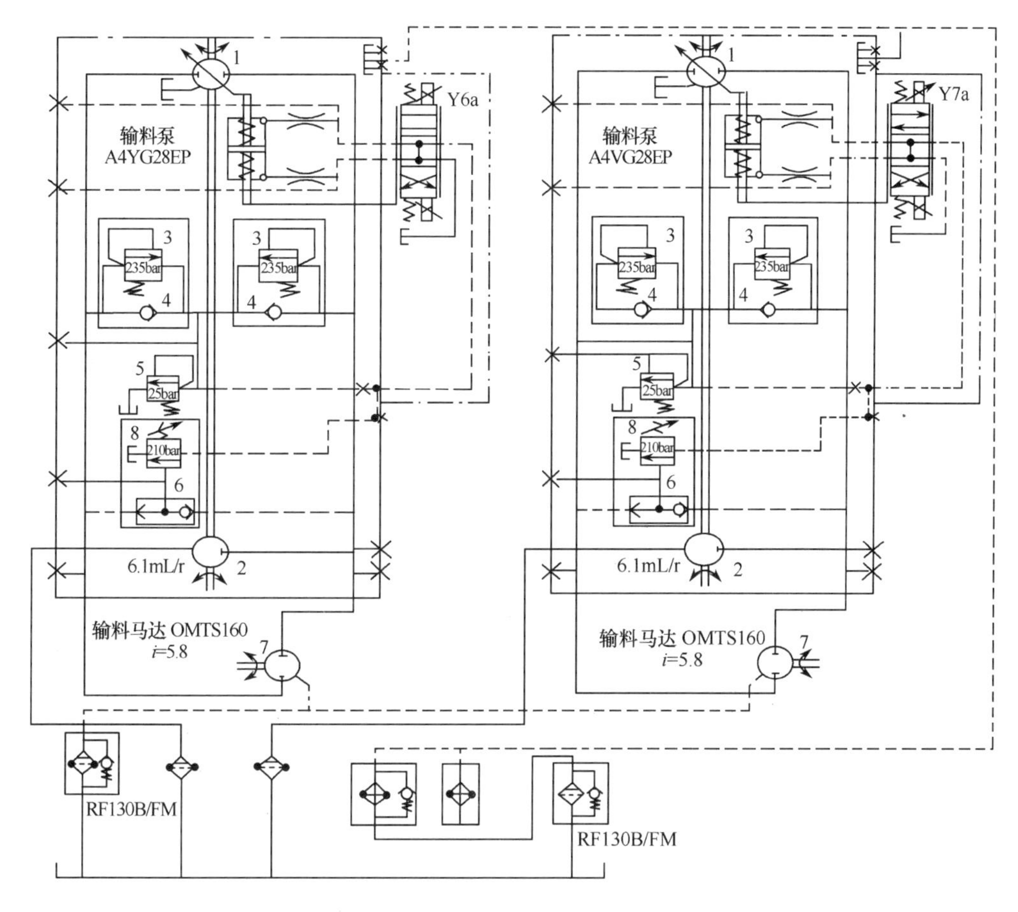

图 12-5　刮板输料液压系统原理

1—输送带泵；2—补油泵；3—安全溢流阀；4—单向阀；5—安全溢流阀；6—梭阀；
7—输送带马达；8—外控减压阀；Y 6a 、Y 78a—输送带电磁阀。

(1)输料泵 A4VG28EP。输料泵的结构、功用同行驶泵，只是其排量比较小。

(2)输料马达 OMTS160。输料马达为低速大扭矩、内啮合摆线齿轮马达，其配流特点是容积效率高、工作压力大。这是一个双向马达，但在实际上只作单向马达使用。它通过油泵输出流量的改变来改变电动机的转速。

(3)系统的工作。在工作时，电磁阀 Y6a(Y7a)通过不同的电量改变油泵斜盘活塞的位置，使油泵输出不同的排量，用来改变输料马达的转速，使输料系统得到适合的输料速度。电磁阀 Y6a(Y7a)可自动操作，既由料位传感器控制，也可手动控制。

(4)油液的流向。该系统为闭合同路，油液在油泵和电动机中循环。油泵中的泄漏油、冷却油和斜盘活塞回油，经散热器和滤清器流回油箱。电动机中的泄漏油、冷却油，经滤清器流回油箱。

系统的补油油液的流向：油箱—吸油过滤器—补油泵—补油单向阀—油泵进油口。

2. 螺旋分料液压系统

螺旋分料液压系统（其原理如图 12－6 所示）是利用液压马达带动螺旋分料器的螺杆旋转，根据工作需要，要求其转速能调整，必要时能反转。

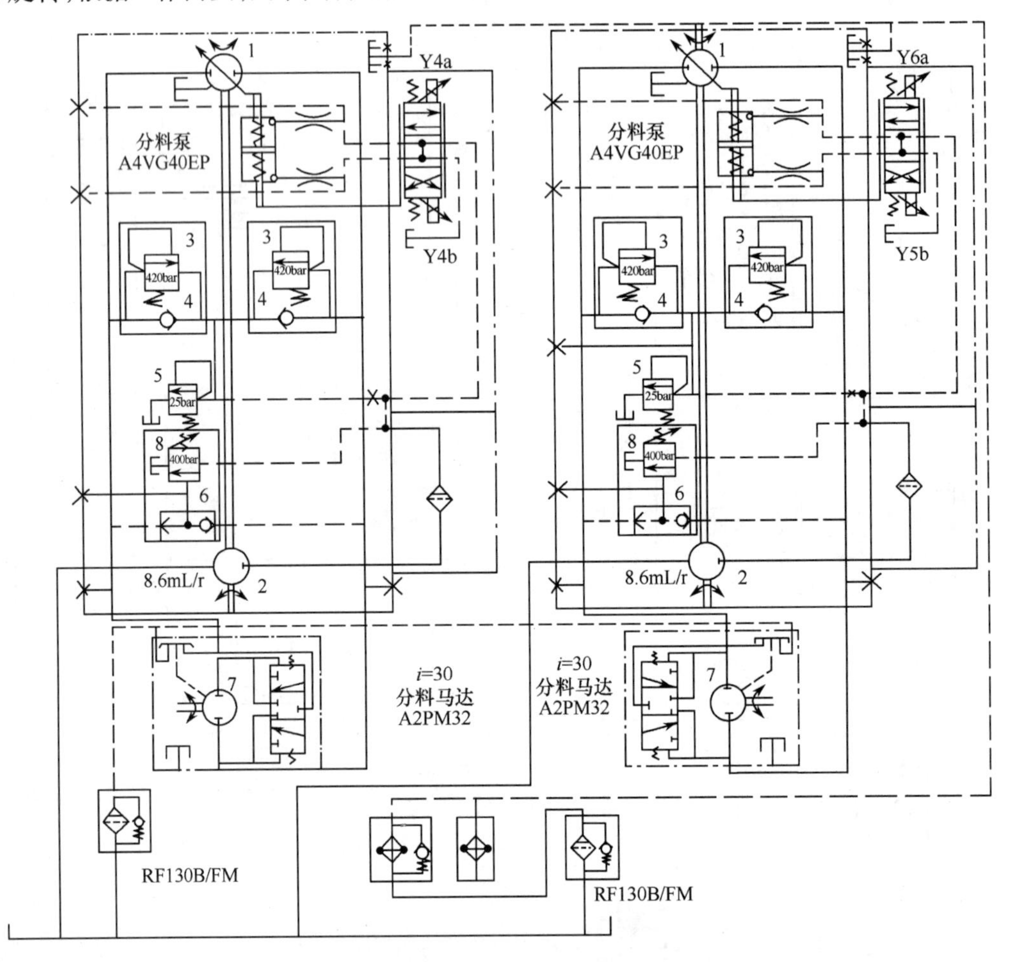

图 12－6　螺旋分料液压系统原理

1—布料泵；2—补油泵；3—安全溢流阀；4—单向阀；5—安全溢流阀；6—梭阀；7—分料马达；8—外控减压阀；Y 4a Y 4b Y 5a Y 5b —分料电磁阀。

螺旋分料液压系统是由两台电比例控制变量柱塞泵 A4VG40EP 与两台斜轴式定量柱塞马达（分料马达）A2FM32 组成的两套相互独立的闭式系统，分料马达通过 BREVINI 减速机分别驱动左右螺旋分料器，并独立实现无级变速。

（1）分料泵 A4VG40EP。其结构和工作过程与行驶泵完全相同。

（2）分料马达 A2FM32。为一个带冲洗阀的定量柱塞马达，它根据油泵送来的不同油量产生不同的转速。

（3）系统的工作。油泵的电磁阀 Y4a、Y4b（Y5a、Y5b）根据超声波料位传感器的操纵，使油泵的斜盘活塞处在不同的工位，使油泵的供油量与方向不同，从而改变分料马达的转速和方向，以满足螺旋分料装置均匀分料的目的。

(4)油液的流向。油液在闭合回路内循环流动,即油泵—电动机—油泵……。油泵中的泄漏油、冷却油经过斜盘活塞回油,经散热器和滤清器流回油箱。电动机中的泄漏油、冷却油及冲洗油,经滤清器流回油箱。系统的补油油液的走向:油箱—补油泵—压力油过滤器—补油单向阀—油泵进油口。

3. 料斗液压系统

油缸液压系统如图 12 -7 所示。料斗油缸液压系统是用来控制两料斗的开合,并预留了一个接门 G,用来向液压伸缩式熨平板的伸缩油缸供油。如不采用液压伸缩式熨平板,则将接口 G 堵死。

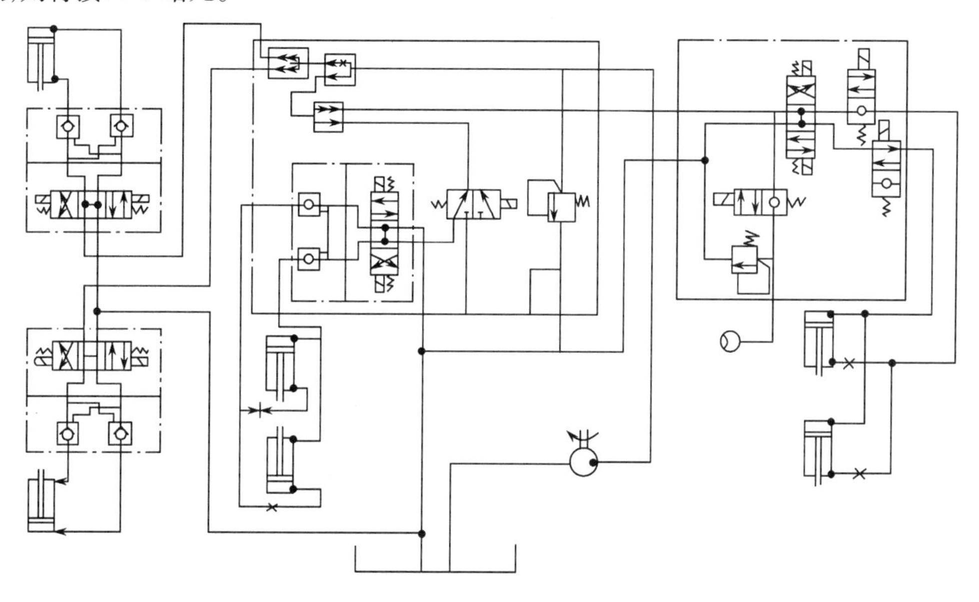

图 12 -7　油缸液压系统原理

料斗油缸液压系统的组成:主要有二位二通电磁阀 Y28、带液压锁的三位四通电磁阀 Y25、有杆腔旁节流阀及油缸(左右各一个)等。

(1)二位二通电磁阀 Y28。由于料斗油缸与熨平板伸缩油缸不能同时工作,故用二位二通阀 Y28 操控。

(2)带液压锁的三位四通电磁阀 Y25。用于操控料斗油缸的工作,液压锁用于防止两料斗的自动开合。

(3)有杆腔旁节流阀。用来进行一定的压力补偿,以使两料斗开合的速度接近。

12.3.3　振动、振捣系统

1. 振动液压系统

振动液压系统和冷却液压系统,其原理如图 12 -8 所示。

振动液压系统使熨平板在工作时产生 0 ~60Hz 的振动,以获得最佳路面平整度和密实度。振动是利用振动马达带动有偏心装置的轴工作,使机构发生振动,不同的振动马达转速就可以得到不同频率的振动。振动液压系统是由振动齿轮泵、溢流阀、电磁操纵阀 Y18、手控流量阀、振动马达、滤清器、油箱组成的开式系统。

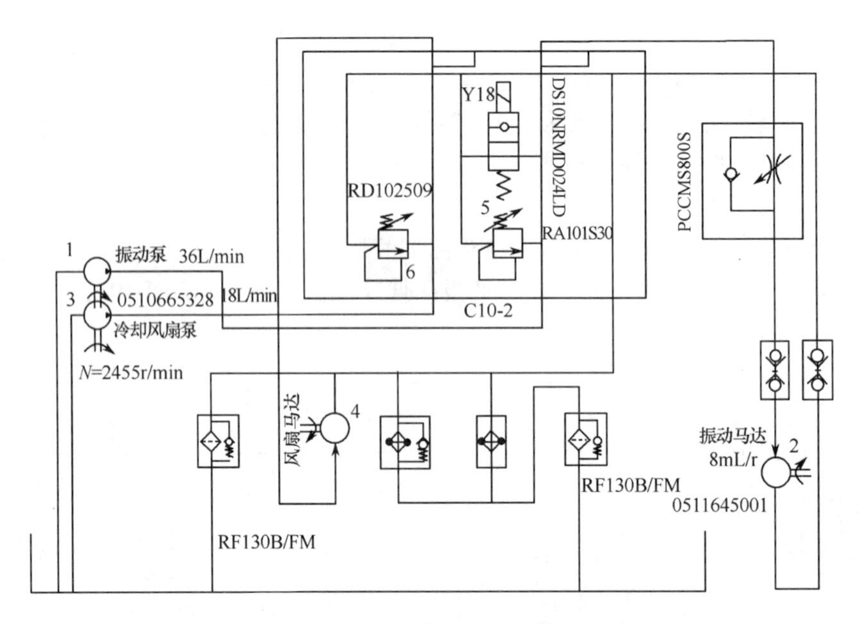

图 12－8 振动液压系统和冷却液压系统原理

1—振动泵；2—振动马达；3—冷却风扇泵；4—风扇马达；5—溢流阀；
6—安全阀；7—单向阀；Y18—电磁操纵阀。

油泵为定量齿轮泵，流量为 36L/min。溢流阀为安全阀，压力调定为 210bar。电磁阀为手动加自动，自动时由 PLC 控制，当无电时 1、2 接通，振动马达无油不工作，而有电时，2→1 单向断开，压力油进入到振动马达，发动机工作。手控流量阀装在机架后墙板上，用来调控进入振动马达的流量，以改变其转速，从而改变振动频率。振动马达为齿轮马达，它所产生的转速通过皮带驱动振动机构工作。与振动马达连接的管路采用两个快速接头进行连接，以方便装拆。

2. 冷却液压系统

由于液压系统的发热惊人，除发动机上带的冷却器外，系统中还设置一个风冷却器。且定量齿轮泵、安全阀、风扇齿轮马达及控制阀组成一个闭式系统，齿轮泵流量为 18L/min，安全阀调定压力为 50bar，齿轮马达带动风扇工作对风冷却器吹风，控制阀为温控加手控，用来控制风扇马达的工作。

这两个系统的两个齿轮泵为双联泵，内泵为振动泵，外泵为冷却风扇泵，它安装在发动机的辅助取力口上。

3. 振捣液压系统

振捣机构是用来对摊铺的混合料进行振捣预压实，使路面获得较高的预压密实度。根据不同的摊铺材料及摊铺厚度，要求振捣机构有 0～26.7Hz 的不同频率。振捣液压系统（其原理如图 12－9 所示）是由电比例控制变量柱塞泵和斜轴式柱塞马达组成的一套闭式液压系统，由柱塞马达输出转速给振捣机构，使夯锤频率实现无级变速。

振捣液压系统与螺旋分料液压系统相似，是由振捣泵 A4VG40EP 和振捣马达 A2FM32/61W－NAB026 组成。

操纵调节面板上的振捣频率调节旋钮，就改变电磁阀 Y3a 的电量，改变油泵斜盘活

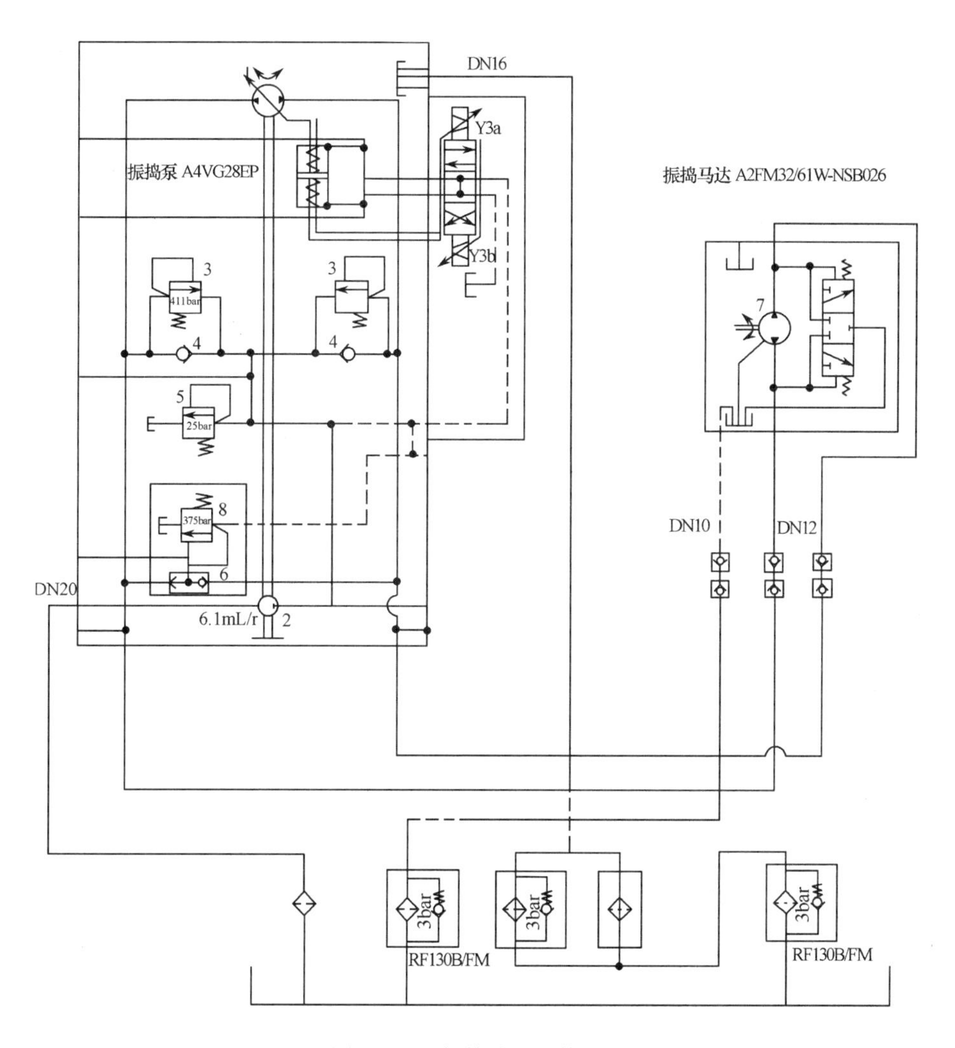

图 12－9　振捣液压系统原理

1—振捣泵；2—补油泵；3—安全溢流阀；4—单向阀；5—补油泵安全溢流阀；6—梭阀；
7—振捣马达；8—外控减压阀；Y 3a 、Y 3b —振捣控制电磁阀。

塞的位置。油泵流量的改变,使电动机的转速改变,振捣频率也就改变了。

由于振捣马达安装在熨平装置上,要经常装拆,所以与振捣马达的管路连接采用了快速接头连接,共三个,进油、回油和溢流各一个。

其他的工作过程和螺旋分料液压系统相同。

12.3.4　熨平板提升回路

现代摊铺机熨平板提升液压回路上一般设有液压防浮锁、液压反爬锁和液压平衡锁(简称"三锁"),进一步提高了沥青混凝土面层的摊铺质量,改善了沥青混凝土摊铺机的工作性能。

在摊铺过程中,若沥青混合料拌和站的产量小于沥青摊铺机的摊铺能力,将导致摊铺机出现停机待料现象(为了避免这种现象,应尽量使沥青混合料的拌和能力与摊铺机生产率均衡,一般应使拌和能力大于摊铺机生产率5% 左右)。由于摊铺机熨平板的夯实和振动通常条件下不可能使沥青料的密实度达到最终所需要的压实密度,加之沥青混合料在热态有一定的流动性,因此,摊铺机停机时,如果熨平板的提升油缸仍为工作时的状态,熨平板由于自重将会有一定程度的下降,在重新起步工作后,熨平板的下方将会出现一个台阶,这将对沥青面层的摊铺质量带来一定程度的影响,有时,这种影响通过碾压也不会消除。液压防浮锁的工作原理就是在熨平板提升油缸的油路上设置一套装置,当摊铺机前进时,能自动将熨平板提升油缸锁死,使停机过程中熨平板高度固定在停机前瞬间的位置,防止熨平板沉降和由此而形成的台阶现象。

若摊铺机等料时间很长,可使熨平板前后挡料板之间堆积的沥青料温度下降很大,尤其在气温较低的季节作业时更为明显。混合料温度下降,其流动性降低,对熨平板的支反力增加,从而使摊铺机重新起步后,熨平板将"上爬",即使自动找平装置的调节非常有效,但由于要有一个延时和渐进的过程,不可避免地在熨平板后方留下一道横向的"鱼脊",它对沥青面层带来的影响较之由于熨平板下沉而出现台阶更大。液压防爬锁的工作原理就是对熨平板提升油缸的油路设置另一套控制装置,当摊铺机由静止重新起步后,立即将熨平板提升油缸锁死,使熨平板在数秒钟内高度固定在起步时的位置,以便将熨平板前后挡板间堆积的那部分"冷料"铺完而不致使熨平板出现"上爬"的现象,从而消除或减轻"鱼脊"的形成。

在不计坡道工作时重力分力和风力等关系不大的各种力的情况下,熨平板主要受力为摊铺机行走装置通过熨平板大臂作用于熨平板的牵引力 P,熨平板前后挡板之间堆积的沥青混合料对熨平板前进的阻力 N,熨平板底板与其下方材料在前进时的滑动摩擦力 F。显然,只有当摊铺机行走系统通过熨平板大臂施加于熨平板的牵引力 P 足以克服 N 与 F 力之和时,摊铺机才能正常工作。如果因外界因素附着状况恶化,P 将下降,此时将出现打滑现象。液压平衡锁的作用就是当行走系统附着状况恶化时,通过熨平板提升油缸施加熨平板一个向上的提升力 W,这力将抵消熨平板的自重,进而有效地减少了滑动摩擦力 F,使机器前进时对 P 的要求降低,改善了摊铺机的工作性能。

除此之外,摊铺机还具有快速提升、快速卸载装置,以提高摊铺质量。

ABG422 熨平板提升液压回路如图 12-10 所示。

其工作过程如下:

定量泵 1 既作为调平回路的动力源,又作为提升回路、延伸回路、料斗回路的液压源。从泵 1 来的压力油经过第一个三通流量分配阀 2 分成两路:一路经稳流作用(流量为 4 L/min)流入自动调平回路;另一路流入另一三通流量分配阀后,又分成两路。一路经稳流作用,经单向阀 3(压力为 0.1MPa)流入提升油缸;另一路的油:当手动换向阀 8 处于中位,流向单向阀 3 较少时,将油路中液动换向阀 5 向右移动,液压油流向其他回路。当流向单向阀 3 的流量大或手动换向阀处于右位时,升降油缸有杆腔进油,在电磁阀 Y17、Y18 配合作用下熨平板上升,流经单向阀的流量起加速提升作用。溢流阀 6 应具有一定的压力,以保证换向阀 5 处于右位。

当 Y17、Y18 均处于左位时,熨平板提升油缸上腔的油被单向阀封闭,若此时外力使熨平板上升的力增大,由于熨平板与摊铺主机相当于刚性连接,熨平板的自重及主机的部分重量与此上升的外力相平衡,使熨平板在数秒内失去"浮动""爬行"的特性,其高度固定在起步时的位置。同样道理,当 Y15、Y16 均处于左位时,具有防下降的功能。熨平板

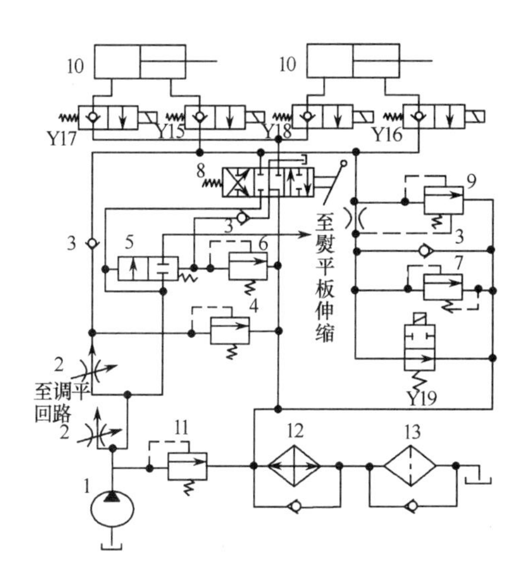

图 12-10 熨平板提升液压系统

1—定量泵；2—三通流量分配阀；3—单向阀；4、6、7、9、11—溢流阀；5—液控换向阀；
8—手动换向阀；10—熨平板提升油缸；12—冷却器；13—过滤器；Y15—左侧熨平板锁紧(防下降)；
Y16—右侧熨平板锁紧(防下降)；Y17—左侧熨平板防爬锁紧；Y18—右侧熨平板防爬锁紧；Y19—卸荷电磁换向阀。

需提升或下降时，Y15、Y16、Y17、Y18 均处于右位，在换向阀 8 的作用下，构成液压控制回路。

卸荷电磁阀 Y19 与分路式溢流阀 9 和定差减压阀 7 构成液压卸荷回路，Y19 在图示状态时，分路式溢流阀 9 快速溢流，能保证使回路快速卸荷。在 Y19 上位工作时，溢流阀 9 建立系统压力，起安全阀作用。溢流阀 11 调定系统最高压力为 21MPa。

12.3.5 熨平板延伸系统

在摊铺过程中，液压伸缩式熨平装置可在一定宽度范围内无级改变摊铺宽度，以适应越过障碍物或变路幅的工况要求。当熨平板延伸时，其振捣梁、螺旋摊铺器均需要加长，以满足匹配关系。ABG422 摊铺机的摊铺宽度可达 12m，即熨平板可以延伸到 12m。由于伸缩式熨平板是沿导管伸缩的，为了防止它发生扭转或变动，专门安装了一种锁止装置。熨平板延伸的液压回路如图 12-11 所示。

从定量泵 1 泵出的压力油经两个三通分流阀，最后分成两路，一路流向熨平板提升液压回路，一路流向液控换向阀 3，若料斗及提升液压回路处于关闭或半关闭状态，则液控换向阀在压力作用下向右移动，使液压油流入液控换向阀 4。此时，若电磁换向阀左右均处于中位，则液控换向阀 4 在压力的作用下向右运动，液压油流回油箱。当电磁阀开关 Y21.1 或 Y22.1 接通或同时接通时，即两个换向阀均处于右位，液压油打开液压锁流入延伸油缸的右腔，使熨平板收缩。若 Y21.2 或 Y22.2 接通或同时接通，熨平板延伸。液压锁 7 用来锁定延伸油缸，以保证熨平板在工作时，宽度保持不变。流回电磁阀的液压油大部分直接流回油箱，小部分经单向阀流入溢流阀 5，再流回油箱。溢流阀 5 应具有一定开启压力，以保证液控换向阀 3、4 处于右位，保证油路中的工作压力，当料斗及提升处于全开工作时，熨平板延伸油缸不能工作，系统最高压力为 21MPa，由安全溢流阀 9 决定。

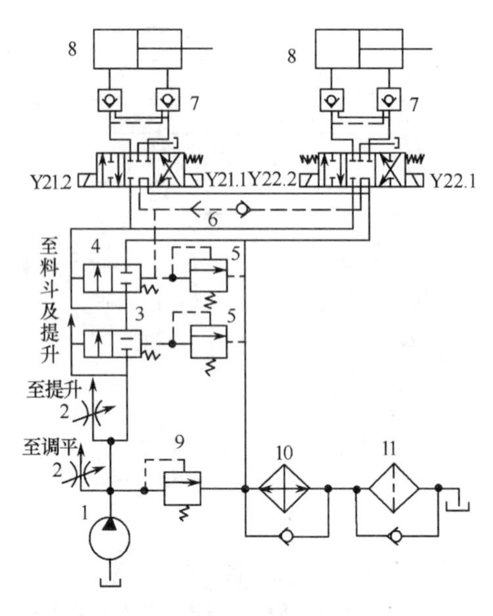

图 12-11 熨平板延伸液压回路

1—定量泵；2—流量分配阀；3、4—液控换向阀；5—溢流阀；6—梭阀；7—液压锁；8—伸缩油缸；9—安全溢流阀；10—冷却器；11—过滤器；Y21.1—左电磁阀(缩)；Y21.2—左电磁阀(伸)；Y22.1—右电磁阀(缩)；Y22.2—右电磁阀(伸)。

12.3.6 自动调平系统

摊铺机在施工过程中,其熨平板是处于浮动状态的,并由主机通过两侧大臂铰点水平牵引。这种浮动熨平板具有一定的自找平能力,但仅靠浮动熨平板的自找平能力是不能满足施工要求的。为了适应路基不平度的变化,提高路面的平整度,在摊铺过程中必须不断地调节大臂牵引点的位置。如果手动操作,不仅操作人员精神紧张,容易疲劳,而且施工质量也难以保证。因此,现代摊铺机普遍采用自动调平系统,其功能远超过机械本身的找平能力,可使路面更加平整,纵横坡更精确地符合规定要求。熨平板自动调平装置主要由调平泵、电磁阀、调平油缸、溢流阀等液压元件和路面纵坡传感器、横坡传感器、纵坡电子调平器、横坡电子调平器等电子元件组成。自动调平装置的功用就是使熨平板不受外界条件变化的干扰,始终保持平行于纵横基准而运动,自动调平装置,以电子元件作为检测装置,以液压元件作为执行机构,调整牵引点的升降。

为了提高路面的平整度,摊铺机上一般都装有自动调平装置。它的功能远超过机械本身的找平能力,可使路面更加平整,纵横坡更精确地符合规定要求。熨平板自动调平装置主要由调平泵、电磁阀、调平油缸、溢流阀等液压元件和路面纵坡传感器、横坡传感器、纵坡电子调平器、横坡电子调平器等电子元件组成。自动调平装置的功用就是使熨平板不受外界条件变化的干扰,始终保持平行于纵横基准而运动,自动调平装置,以电子元件作为检测装置,以液压元件作为执行机构,调整牵引点的升降。液压系统工作原理如图 12-12 所示。

来自定量泵 1 的油经单支分流阀 2 分成两路,一路进入不需要稳流工作系统即至熨

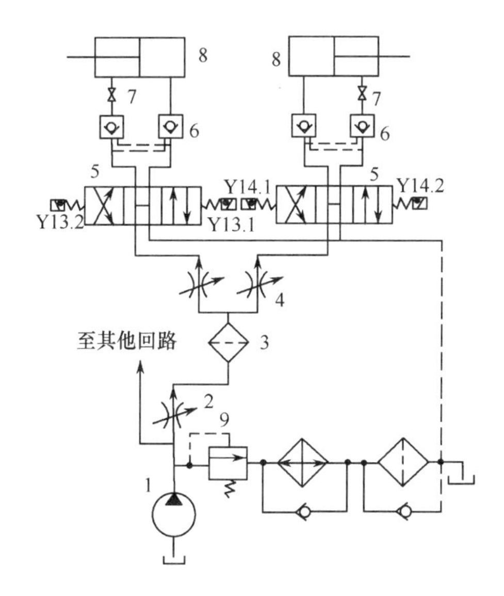

图 12－12　熨平板自动调平回路

1—定量泵；2—单支分流阀；3—过滤器；4—分流阀；5—电磁换向阀；6—液控单向阀（调平液压锁）；7—球型阀；8—调平油缸；9—安全溢流阀。

平板提升和料斗回路中；另一路经过稳流后，进入过滤器3。过滤后的油流入分流阀4，将其一分为二，保持两调平油缸调节和工作同步。当电磁换向阀处于中位时，液压锁的两个单向阀双向锁住，保证摊铺平整度。当受电磁信号的作用，Y13.1 与 Y14.1 通电时，调平油缸臂提升，自动调平之后又回到中位。电磁换向阀 Y13.2 与 Y14.2 通电时，调平油缸臂伸出。球型阀7关闭后可以起到阻止熨平板下沉的作用。

熨平板自动调平系统和熨平板提升系统都可以使熨平板进行升降运动，但自动调平系统使熨平板运动的范围比提升系统小得多。

12.3.7 辅助系统

液压系统辅助装置包括油箱、滤清器、散热器、油缸、快速接头及集中测压接头等。

（1）散热器：有两个，一个为发动机上附带的液压油散热器；另一个为新增设的，用风扇马达带动风扇进行风冷。两个散热器并联，对七台电比例变量柱塞泵和两台行驶马达的泄油进行散热，新增设的散热器带有旁通安全阀，安全阀压力调定为1.4bar。

（2）滤清器：有两个，一个用于经散热器以后的液压油的过滤；另一个用于所有电动机泄油及油缸回油的过滤。滤清器均带有旁通安全阀，安全阀压力调定为用3bar，其型号为 RF130B/FM，滤芯分别为 RE130N10B 和 RE130G10B。

（3）油管：根据需要采用钢管和软管。

（4）集中测压接头：为了对液压系统的压力进行检测，采用了集中测压的方式，测压接头板安装在操纵台左侧墙板上。

（5）快速接头：由于振捣泵和振动泵安装在熨平装置上，需经常拆卸，供油管接头采有快速接头，共有五个，振捣三个，振动两个。

（6）液压油箱：安装在机身的左侧、操纵台的下面，容积为280L，它由箱体、呼吸器、油温量检视器、放油阀、回油滤清器等组成。

12.4 采用电液比例控制技术的塑料注射成型机的液压系统分析

塑料注射成型机(简称塑机)是热塑性塑料制品注射成型的加工设备,能制造外形复杂、尺寸较精密或带有金属嵌件的塑料制品。

塑机加工塑料制品的过程和原理是:装在料筒内的塑料颗粒由塑化螺杆输送到加热区,加热至流动状态。熔化的塑料达到注射口(喷嘴处)后,以很高的压力和较快的速度注入温度较低的闭合模具内,保压一段时间,经冷却、凝固、成型成塑料制品。然后打开模具,将成品从模具中顶出。

图 12-13 是在电液比例控制技术产生之前,采用液压传动技术的塑机液压系统原理图(以国产 SZ-250A 塑机液压系统为例)。

图中,电磁溢流阀 V_1、V_2、V_3 分别作为液压泵 1、2、3 的安全阀。为了获得不同的驱动力,采用 4 个远程调压阀 V_4、V_5、V_6、V_7 提供四级压力。其中,远程调压阀 V_4 控制快速闭模时的低压保护压力,远程调压阀 V_5 控制注射压力和保压压力,远程调压阀 V_6 控制注射座移动缸的工作压力,远程调压阀 V_7 控制预塑电动机的工作压力。V_8 为背压阀,用来控制预塑时塑料熔融和混合程度,防止熔融塑料中混入空气。压力继电器 K 限定顶出液压缸 C_2 的最高工作压力,并作为顶出结束的发讯装置。单向节流阀 V_{13} 用于控制顶出制品的速度。V_{16} 可实现合模时液压缸 C_1 的差动连接,达到闭模增速的目的。V_{12} 为行程阀,用于安全门的液压—电气联锁。

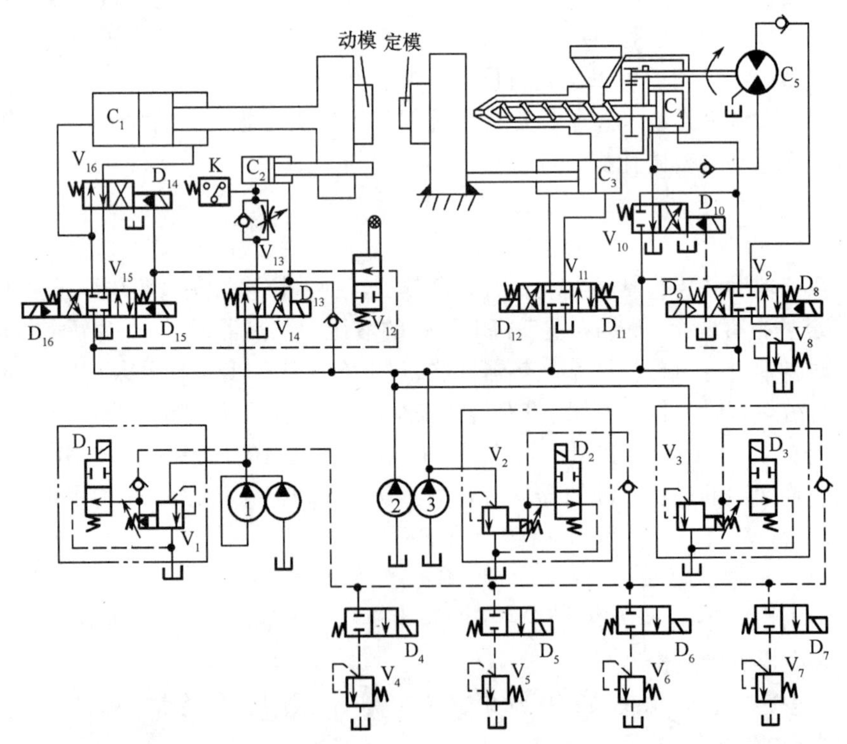

图 12-13 采用液压传动技术的塑机液压系统原理

螺杆的速度可根据需要，通过3台泵的选择性组合，实现多级调速。注射过程中，注射缸右腔的油液在螺杆反推力作用下，经 V_9、V_8 回油箱，其背压由 V_8 实现，同时，注射缸左腔产生真空，油箱的油液在大气压力作用下经 V_{10} 进入注射缸左腔。

图 12－13 所示液压系统的详细工作原理可参见有关文献。这种采用液压传动技术的塑机液压系统存在的问题是：

(1)压力和速度不能连续调节，导致在压力和速度的转换过程中产生冲击和噪声，难以获得高精度的塑料制品。

(2)系统采用元件较多，液压系统过于复杂，导致系统可靠性低，故障诊断难度大。

(3)液压系统效率较低，油液发热严重，降低了液压元件的使用寿命。

电液比例控制技术产生之后，对塑机液压系统进行了比较彻底的改造：一是用电液比例控制元件取代了原来的手调液压元件，以实现压力和流量的连续调节；二是用计算机控制系统取代了原来的继电器控制系统，通过优化注射工艺，较好地解决了老式塑机存在的上述问题。

新型塑机液压系统采用比例调速＋比例调压＋计算机控制的方案。根据所采用的比例元件不同，有泵控方案(采用比例压力流量复合控制泵)和阀控方案(采用电液比例控制阀)。

图 12－14 是采用比例压力流量复合控制泵的塑机液压系统原理图。从根本上讲，这仍属于开环控制的液压系统。

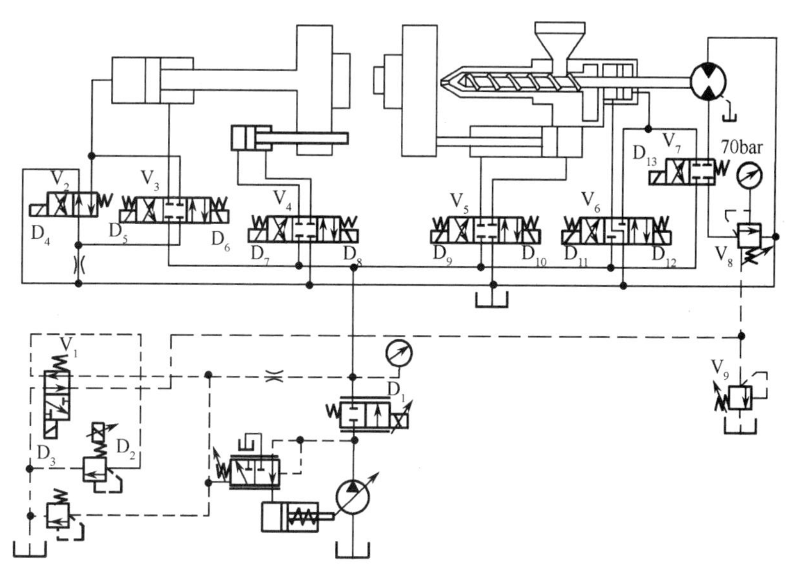

图 12－14　采用比例压力流量复合控制泵的塑机液压系统原理

与图 12－13 相比，图 12－14 具有以下优点：

(1)动力源采用一个比例溢流阀 D_2 调节系统压力，简化了采用4个远程调压阀的多级调压回路，使不同压力之间的切换更加平稳。图 12－15 是采用多级远程调压和比例调压的回路及性能对比。

显然，采用电液比例压力控制可以很方便地按照生产工艺及设备负载特性的要求，实现需要的压力控制规律，同时避免了压力控制阶跃变化引起的压力超调、振荡和液压冲

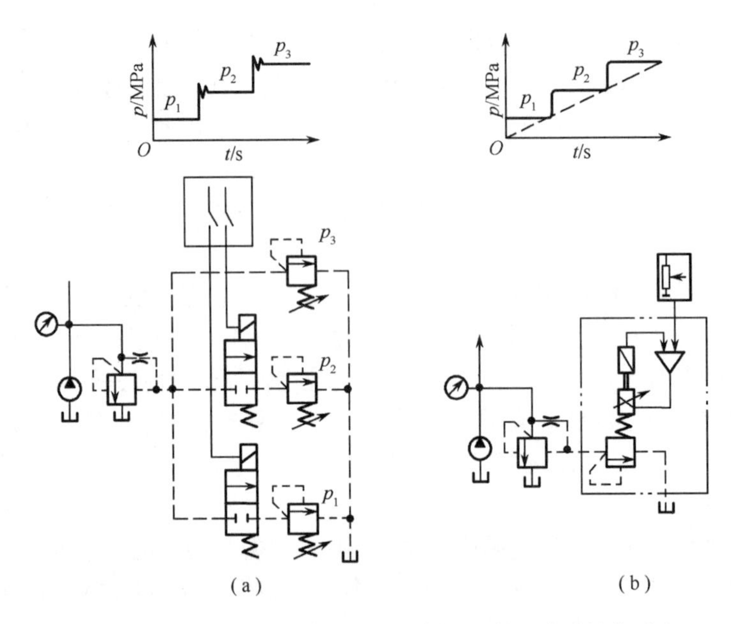

图 12－15　采用多级远程调压和比例调压的回路及性能对比

(a)多级远程调压；(b)比例调压。

击。另外,采用比例压力阀可以大大简化泵站的压力控制回路,提高控制性能,而且安装、使用和故障诊断都变得更加方便。

在电液比例压力控制回路中,有采用比例压力阀和比例压力泵两种方案。但以采用比例压力阀为基础的调压回路被广泛应用。采用比例压力阀进行压力控制一般有以下两种方式:①用一个直动式电液比例压力阀控制传统溢流阀或减压阀的先导遥控口,以实现对溢流阀或减压阀的比例控制;②直接选用比例溢流阀或比例减压阀。

(2)采用一个比例节流阀调节泵的输出流量。这样,便可根据产品要求精确调节每个执行元件的运动速度,且速度切换过程相当平稳,降低了系统振动的冲击噪声。

(3)执行元件的方向由普通电磁阀控制,简化了液压回路和电控系统。

12.5　机电一体化液压挖掘机系统分析

液压挖掘机在工业与民用建筑、交通运输、水利施工、露天采矿及现代军事工程中都有广泛的应用,是各种土方施工中不可缺少的机械设备。

机电一体化液压挖掘机与传统的液压挖掘机相比具有下述新功能。

(1)自动操作。在计算机的直接操作下自动完成给定的挖掘任务,并具有一定的局部自主判断能力。即当阻力过大,挖掘过程中断时,能自动修正挖掘路径,直到完成挖掘过程。在回转过程中,能自动识别和避开障碍物,达到原定的卸料位置。

(2)工况监测与故障报警。实时检测并显示挖掘机运行状态的各种参数。当检测到故障信号时,根据系统内的故障经验库,可以大致推断出故障所在,并同时报警。

(3)节能控制。合理调节柴油机工作油门开度,并适当调节变量泵排量,以适应各种不同负载工况,降低燃油消耗。

12.5.1 机电一体化液压挖掘机系统的组成

机电一体化液压挖掘机系统如图 12－16 所示，它主要由驱动与传动系统、执行机构、检测系统和控制系统四部分组成。

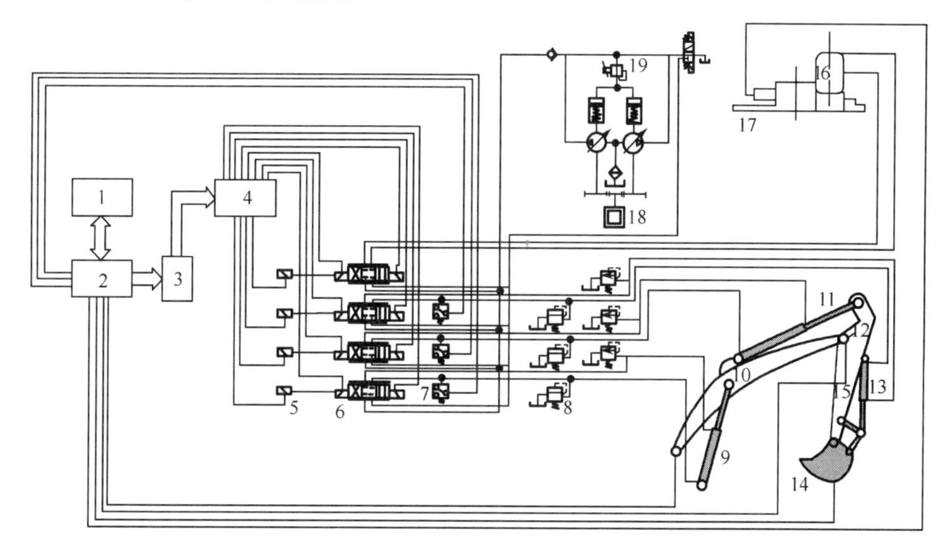

图 12－16 机电一体化液压挖掘机系统原理

1—PC；2—PCT－812；3—D/A 接口；4—液压阀驱动放大器；5—位移传感器；6—电液比例方向阀；7—压力传感器；8—溢流阀；9—动臂缸；10—动臂；11—斗杆缸；12—角位移传感器；13—铲斗缸；14—铲斗；15—斗杆；16—液压马达；17—回转平台；18—柴油机；19—电液比例减压阀。

（1）驱动与传动系统。包括发动机、液压泵、液压马达、电液比例方向阀、动臂缸、斗杆缸、铲斗缸及齿轮传动，它实现了液压挖掘机中各种能量的传递和转换。

（2）执行机构。由回转平台、动臂、斗杆、铲斗及工作装置连杆机构组成。传动系统接到控制信号后，按要求推动执行机构，产生一定的动作，以完成一定的任务。

（3）检测系统。以各种传感器为主要组成部分，随时向计算机反馈挖掘机及环境的变化信息，包括位置、姿态、速度、加速度、系统压力、柴油机水箱温度、柴油机转速以及外部环境的信息等。

（4）控制系统。由计算机根据任务要求，自动生成一条从初始状态到目标状态的安全运动路径，并由控制器控制挖掘机工作装置按照规划好的轨迹运行，直至达到给定的位置状态，完成给定的任务。

12.5.2 机电一体化液压挖掘机的工作技术要点

（1）采用了柴油机—液压泵复合控制，控制系统如图 12－17 所示。操作者根据工况，利用作业模式选择开关（功率预选开关）选择合理的功率模式：重载高速；正常工作；轻载低速。通过电子调节器调节发动机油门和液压泵的排量，使供给功率与负载需要功率相匹配。

当选择重载高速挡时，控制模块发出指令使柴油机在较大油门位置，与此同时，通过比例减压阀适当调节液压泵，使柴油机工作在最大功率输出点，功率得到充分发挥；当选

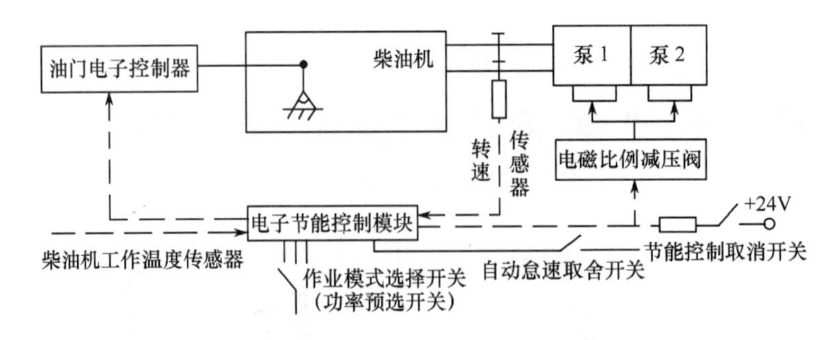

图 12－17　柴油机—液压泵复合调节控制系统

择正常工作挡时，柴油机在经济转速、液压泵在恒功率工作点上，此时为最经济工况；当选择轻载低速挡时，比例减压阀将液压泵调至排量更小的位置，同时进一步调小柴油机油门，降低其转速，使供给流量明显降低。

（2）采用了电液比例控制技术，通过改变 34B－R6/H6 型阀芯位移反馈的电液比例方向阀的比例电磁铁的输入电流，不仅可以改变阀的工作液流方向，而且可以控制阀口大小，实现流量控制，是一种较为理想的电液转换和功率放大元件，与伺服控制相比具有成本低、抗干扰性好、能量损失小、对油液清洁度无特殊要求等优点。

（3）工况在线检测系统包括单片主处理模块、面板控制模块、模拟信号调理模块、A/D转换及光电隔离模块、电源模块及传感器等部分，如图 12－18 所示。

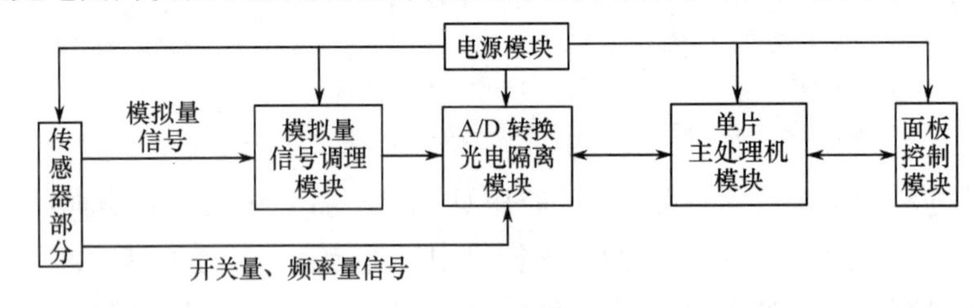

图 12－18　工况检测系统框图

单片主处理模块是系统的核心部分，主要功能有面板的控制管理，A/D 转换部分的控制管理，模拟量、开关量和转换信号的输入、处理和存储。

面板控制模块是整个系统的接入口，它包括键盘、声光报警电路和点阵式液晶显示器。

模拟信号调理电路的任务是实现各路模拟量信号的输入和调整、将传感器和敏感元件的输出电信号转变为满足 A/D 转换输入要求的标准电平信号。

A/D 转换及光电隔离模块的功能是将所有的被检测信号转变为单片机所接受的数字量，具体包括开关量的采集、转速信号的整形、模拟量的 A/D 转换和输入输出的光电隔离等。

电源模块将液压挖掘机上的蓄电池或发电机输出的＋24V 直流电转换为系统各模块以及系统配备的传感器所需的各种类型的电平电压。

传感器处于液压挖掘机与检测系统的接口位置，是一个能量变换器，它直接从液压挖掘机中提取被检测的工况特征参数，感受状态的变换并转换为便于测量的物理量。挖掘机的位置转角由安装在回转平台、动臂、斗杆和铲斗关节的角位移传感器进行测量，液压系统的负载由安装在各液压缸(液压马达)进口的压力传感器测量;回转过程遇到的障碍物由安装在铲斗处的超声波测距传感器测量。

(4)计算机控制系统将来自各传感器的检测信息和外部输入命令进行集中、存储、分析加工,根据信息处理结果,按照一定的程序和节奏发出相应的指令来控制整个系统有目的地运行。

目前国内已有机电一体化液压挖掘机的成熟产品,如湖南山河智能有限公司的SWEROB2009智能挖掘机,其主要特点如下:

(1)基于人机工程的挖掘机智能仪表系统。能实时显示作业过程中工作装置的姿态与位置,有效提高作业精度;具有辅助挖掘的作用;配备整机状态参数在线监视及故障报警功能。

(2)整机采用电液比例技术。采用LS系统,电液比例控制阀组,保证了运动控制的精度,具有良好的操控性。

(3)具有自学习功能的智能控制系统。具有多重控制模式,可在手动模式、遥控模式、自动模式之间任意切换,并有在线自学习功能,可以在线学习操作手的动作,高精度地自动重复再现所有动作。

(4)无线遥控功能(>500m)。实现了可靠、高灵敏度无线遥控功能,遥控距离大于500m。

(5)远程数据及图像传输功能。实现了车载控制器与上位机的远程数据及图像的传输功能,具有良好的实时性和高可靠性。

(6)便捷的自动复位功能。可将工作装置的任意姿态记录作为初始位置,通过自动控制算法实现工作装置的自主复位,减少劳动强度,提高工作效率。

(7)完善可靠的自动保护功能。

附录　常用液压传动图形符号摘要

（摘自 GB/T 786.1—1993）

一、基本符号、管路及连接

名称	符　号	名称	符　号
工作管路		柔性管路	
控制管路泄漏管路		组合元件框线	
连接管路		单通路旋转接头	
交叉管路	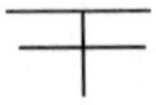	三通路旋转接头	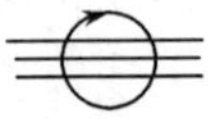

二、动力源及执行机构

名称	符　号	名称	符　号
单向定量液压泵	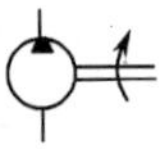	摆动液压马达	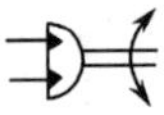
双向定量液压泵		单作用单活塞杠缸	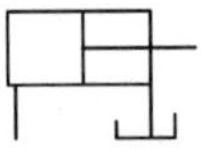
单向变量液压泵		单作用弹簧复位式单活塞杠缸	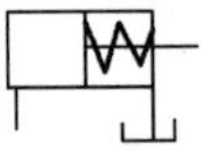
双向变量液压泵	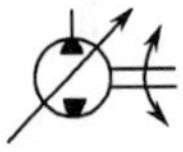	单作用伸缩缸	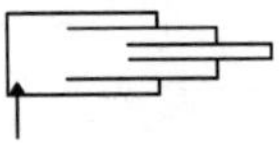
液　压　源		双作用伸缩缸	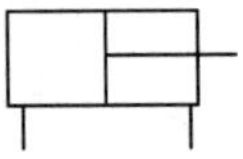
单向定量液压马达		双作用双活塞杆缸	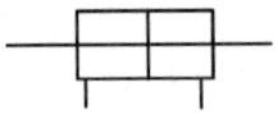
双向定量液压马达	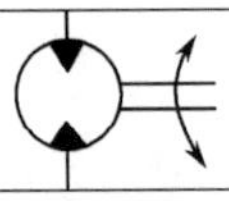	双作用可调单向缓冲缸	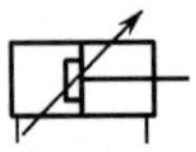
单向变量液压马达		双作用伸缩缸	
双向变量液压马达	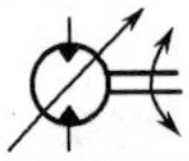	单作用增压器	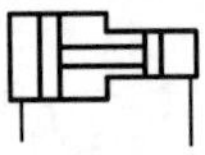

三、控制方式

名称	符号	名称	符号
人力控制一般符号	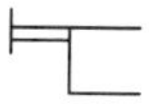	差动控制	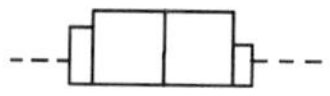
手柄式人力控制	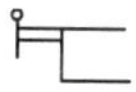	内部压力控制	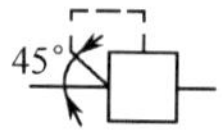 45°
按钮式人力控制	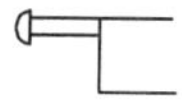	外部压力控制	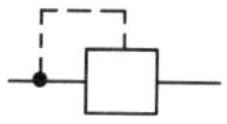
弹簧式机械控制		单作用电磁控制	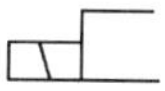
顶杆式机械控制	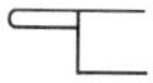	单作用可调电磁控制	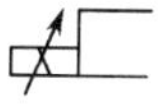
滚轮式机械控制	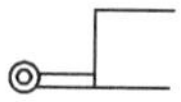	双作用电磁控制	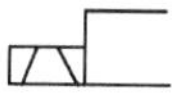
加压或卸压控制	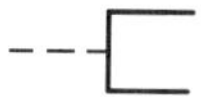	双作用可调电磁控制	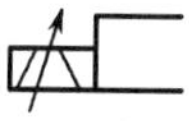
液压先导控制 （加压控制）	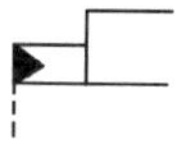	电液先导控制	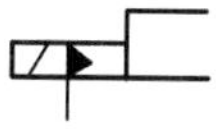
液压先导控制 （卸压控制）	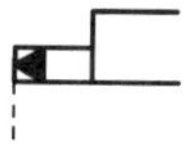	定位装置	

四、控制阀

名称	符号	名称	符号
溢流阀一般符号 或直动型溢流阀	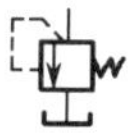	减压阀一般符号 或直动型减压阀	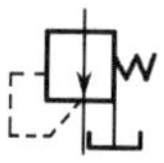
先导型溢流阀	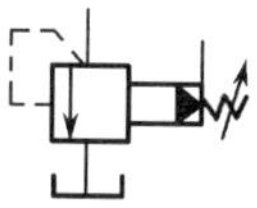	先导型减压阀	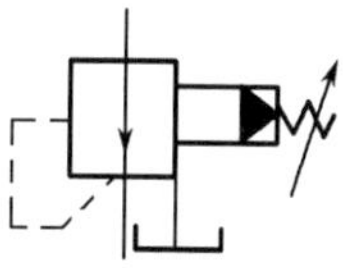
先导型比例电磁 溢流阀	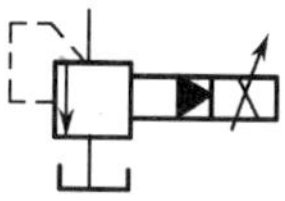	顺序阀一般符号 或直动型顺序阀	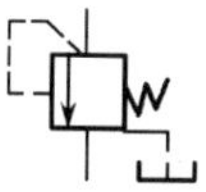

（续）

名称	符号
先导型顺序阀	
平衡阀(单向顺序阀)	
卸荷阀一般符号或直动型卸荷阀	
压力继电器	
不可调节流阀	
可调节流阀	
可调单向节流阀	
调速阀一般符号	
单向调速阀	
温度补偿型调速阀	
旁通型调速阀	
分流阀	

名称	符号
集流阀	
分流集流阀	
截止阀	
单向阀	
液控单向阀	
液压锁	
或门型梭阀	
二位二通换向阀（常闭）	
二位二通换向阀（常开）	
二位三通换向阀	
二位四通换向阀	
二位五通换向阀	
三位三通换向阀	
三位四通换向阀	

（续）

名称	符号	名称	符号
三位四通手动换向阀		三位四通电磁换向阀	
二位二通手动换向阀		三位四通电液换向阀	
三位四通液动换向阀		四通电液伺服阀	

五、辅件和其他装置

名称	符号	名称	符号
油箱		冷却器	
密闭式油箱（三条油路）		过滤器一般符号	
蓄能器一般符号		带磁性滤心过滤器	
弹簧式蓄能器		带污染指示器过滤器	
重锤式蓄能器		压力计	
		压差计	
气体隔离式蓄能器		流量计	
温度调节器		温度计	
加热器		电动机	M
		行程开关	

参考文献

[1]董继先,吴春英. 流体传动与控制[M]. 北京国防工业出版社,2008.
[2]贺利乐. 建设机械液压与液力传动[M]. 北京:机械工业出版社,2004.
[3]刘军营. 液压与气压传动[M]. 西安:西安电子科技大学出版社,2007.
[4]张利平. 液压阀原理、使用与维护[M]. 北京:化学工业出版社,2005.
[5]李松晶,阮健,弓永军. 先进液压技术概论[M]. 哈尔滨:哈尔滨工业大学出版社,2008.
[6]许益民. 电液比例控制系统分析与设计[M]. 北京:机械工业出版社,2006.
[7]张群生. 液压与气压传动[M]. 北京:机械工业出版社,2002.
[8]毛信理. 液压传动与液力传动[M]. 北京:冶金工业出版社,1993.
[9]贾铭新. 液压传动与控制[M]. 北京:国防工业出版社,2001.
[10]焦生杰,余 亮. 工程机械液力传动匹配的计算机辅助计算[J]. 西安公路交通大学学报,2001,21(4):89-92.
[11]王广怀. 液压技术应用[M]. 哈尔滨:哈尔滨工业大学出版社,2001.
[12]罗邦杰. 工程机械液力传动[M]. 北京:机械工业出版社,1991.
[13]颜荣庆,等. 现代工程机械液压与液力传动——基本原理·故障分析与排除[M]. 北京:人民交通出版社,2001.
[14]雷天觉. 新编液压工程手册[M]. 北京:北京理工大学出版社, 1998.
[15]李壮云,葛宜远. 液压元件与系统[M]. 北京:机械工业出版社, 1999.
[16]许福玲,陈尧明. 液压与气压传动[M]. 北京:机械工业出版社, 2004.
[17]杨乃乔,姜丽英. 液力调速与节能[M]. 北京:国防工业出版社, 2000.
[18]李有义. 液力传动[M]. 哈尔滨:哈尔滨工业大学出版社, 2000.
[19]沈兴全,吴秀玲. 液压传动与控制[M. 北京:国防工业出版社,2005.
[20]冯世波. A4V 系列液压泵的开发和应用[J]. 液压气动与密封,1999(4):16-18.
[21]姚怀新. 行走机械液压传动理论:连载 11[J]. 建筑机械,2003(8):70-72.
[22]黄宗益,李兴华,陈明. 液压传动的负载敏感和压力补偿[J]. 建筑机械,2004(4):52-55.